STRUKTUR UND EIGENSCHAFTEN DER MATERIE
IN EINZELDARSTELLUNGEN

BEGRÜNDET VON M. BORN UND J. FRANCK
HERAUSGEGEBEN VON S. FLÜGGE

XXII

ELEKTRONEN- UND IONENPROZESSE IN IONENKRISTALLEN

MIT BERÜCKSICHTIGUNG PHOTOCHEMISCHER PROZESSE

VON

PROFESSOR DR. OSTAP STASIW
INSTITUT FÜR KRISTALLPHYSIK BERLIN-ADLERSHOF

MIT 107 ABBILDUNGEN

SPRINGER-VERLAG
BERLIN · GÖTTINGEN · HEIDELBERG
1959

ISBN-13: 978-3-642-94765-0 e-ISBN-13: 978-3-642-94764-3
DOI: 10.1007/978-3-642-94764-3

Alle Rechte, insbesondere das der Übersetzung in fremde Sprachen, vorbehalten

Ohne ausdrückliche Genehmigung des Verlages ist es auch nicht gestattet, dieses Buch oder Teile daraus auf photomechanischem Wege (Photokopie, Mikrokopie) zu vervielfältigen

© by Springer-Verlag oHG. Berlin · Göttingen · Heidelberg 1959
Softcover reprint of the hardcover 1st edition 1959

Die Wiedergabe von Gebrauchsnamen, Handelsnamen, Warenbezeichnungen usw. in diesem Werk berechtigt auch ohne besondere Kennzeichnung nicht zu der Annahme, daß solche Namen im Sinn der Warenzeichen- und Markenschutz-Gesetzgebung als frei zu betrachten wären und daher von jedermann benutzt werden dürften

Vorwort

Während über den Stand der Störstellenreaktionen, der Elektronen-, Ionenleitung und der Diffusionsprozesse im festen Körper ausgezeichnete geschlossene Monographien vorliegen — dazu gehört auch das zuletzt in englischer Sprache erschienene Buch von KITTEL: Introduction to Solid State Physics — entstand der Wunsch, die Entstehung der photochemisch gebildeten Reaktionsprodukte in festen Körpern in ähnlicher Weise darzustellen. Dabei liegen gerade über diese Prozesse zahlreiche Veröffentlichungen aus den letzten 30 Jahren vor. Das Einfügen der photochemischen Prozesse in das Gebäude der Störstellenreaktionen ist das Ziel dieses Buches.

Der Nachweis der photochemischen Reaktionsprodukte wurde experimentell in den meisten Fällen durch die Messung der Absorption vorgenommen. Zum besseren Verständnis müssen deshalb auch die wichtigsten Gesetze der Theorie der Absorptionsspektren im gestörten und ungestörten Gitter behandelt werden.

Bei der Abfassung des Buches wurden die Arbeiten, die an einfachsten Ionengittern ausgeführt worden sind, ausführlich behandelt. Diese Beschränkung wurde absichtlich vorgenommen. Schon bei diesen einfachsten Substanzen ist es nicht immer möglich, die komplexe Natur der photochemischen Reaktionsprodukte einer eindeutigen theoretischen Behandlung zu unterziehen.

Sachlich erschien es zweckmäßig, die Einteilung der einzelnen Kapitel so vorzunehmen, daß zunächst die wichtigsten Grundgedanken der Störstellentheorie, der Elektronen- und Ionenprozesse abgeleitet wurden. Daneben war es notwendig, auch die Prozesse, bei denen die Versetzungen eine Rolle spielen, zu berücksichtigen.

Um diejenigen Leser, die beim Studium der photochemischen Prozesse wenig Interesse an mathematischer Behandlung der Absorptionsprozesse besitzen, nicht zu belasten, habe ich die Theorie der Störstellenabsorption erst im letzten Kapitel behandelt.

Neben den Ergebnissen, die gesichert sind, habe ich auch experimentelle Untersuchungen diskutiert, deren Deutung noch fraglich ist. Es soll mehr eine Anregung zur weiteren Arbeit als ein Bericht über feststehende Tatsachen sein.

Die benutzten Formelzeichen beziehen sich jeweils nur auf das betreffende Kapitel, sonst wäre eine mehrfache Indizierung einzelner Buchstaben, falls sie für das ganze Buch gelten sollten, unvermeidlich.

Bei der Niederschrift des XIV. Kapitels hat mich mein damaliger Mitarbeiter, Dr. MÖBIUS, tatkräftig unterstützt. Insbesondere wurde von ihm fast selbständig die Behandlung der strahlungslosen Prozesse vorgenommen. Mathematischer Anhang und nochmalige Durchrechnung desselben Kapitels wurde von Dr. SCHOLZ durchgeführt. Nach der Abfassung der Niederschrift des I.—XIII. Kapitels haben mich durch kritische Durchsicht insbesondere die Mitarbeiter Dr. VOLKE, Dipl.-Phys. BUSSE, INES EBERT (Kap. XIII) und bei der Durchsicht der gesamten letzten Korrektur Dipl.-Phys. H. D. KOSWIG tatkräftig unterstützt. Vor der Drucklegung konnte ich dadurch noch manches ändern und verbessern. Bei dem Namen- und Sachverzeichnis und bei der Herstellung der Abbildungen hat mich Dipl.-Phys. JAHN unterstützt. Allen meinen Mitarbeitern, die mir geholfen haben, und Fräulein SCHÖN, welche die notwendigen Schreibarbeiten ausführte, möchte ich dafür herzlich danken.

Gleichzeitig danke ich dem Springer-Verlag für die Geduld und das Entgegenkommen bei Berücksichtigung meiner Wünsche.

Berlin, im Juli 1958 O. STASIW

Inhaltsverzeichnis

Kapitel V: **Das Absorptionsspektrum von Ionengittern mit stöchiometrischem Überschuß der Kationen- oder Anionenkomponente**

Kapitel VI: **Absorptionsspektren von Ionengittern mit Fremdzusätzen**

Kapitel VII: **Elektronische Störstellentheorie**

Kapitel VIII: **Halbleiterprozesse**

Kapitel IX: **Lichtelektrische Leitung**

Kapitel XII: **Photochemische Prozesse in mechanisch verformten Kristallen**

Kapitel XIII: **Störstellen und Kernresonanz**

Kapitel XIV: **Anwendung der adiabatischen Näherung auf Kristalle mit Störstellen**

Einleitung

Die Stabilität von Ionengittern beruht auf der elektrostatischen Wechselwirkung der mit Ionen besetzten Gitterpunkte. Die Wechselwirkung zwischen den Ionen klingt nach dem Coulomb-Gesetz langsam mit der Entfernung ab und übertrifft in ihrer Reichweite alle anderen Kräfte, die noch in einem Gitter vorkommen können.

Der elektrostatischen Anziehungskraft zwischen entgegengesetzt geladenen Ionen wirkt eine Abstoßungskraft kurzer Reichweite entgegen, so daß die Entfernung zwischen den einzelnen Ionenschwerpunkten durch das Gleichgewicht der beiden Kräfte bestimmt wird. Neben diesen beiden Kräften, die den Hauptanteil bei der Bindung des Ionengitters tragen, können andere Kräfte, wie z.B. die van der Waalssche usw. zunächst vernachlässigt werden. Die van der Waalsschen Kräfte sind in Gittern vom gemischten Bindungstyp zu beachten.

Sind nun die beiden Hauptanteile der Kräfte bekannt, dann ist es prinzipiell möglich, die Gitterenergie des Ionenkristalls zu berechnen.

In einem Ionengitter ist der elektrostatische Anteil der Gitterenergie durch den Ausdruck

$$E_e = \frac{1}{2} \sum_{ij} \frac{e_i e_j}{r_{ij}}, \qquad i \neq j \tag{1}$$

gegeben. In einem Koordinationsgitter vom Steinsalztypus ist ein herausgegriffenes Ion von sechs Ionen entgegengesetzter Ladung im Abstand r_0 umgeben. Es folgen dann zwölf weitere Ionen gleicher Ladung im Abstand $r_0\sqrt{2}$, dann wieder acht Ionen entgegengesetzter Ladung im Abstand $r_0\sqrt{3}$ usw.

Das Potential des herausgegriffenen Ions ist dann

$$\varphi = -\frac{e^2}{r_0}\left(\frac{6}{\sqrt{1}} - \frac{12}{\sqrt{2}} + \frac{8}{\sqrt{3}} - \cdots\right) = -\frac{e^2}{r_0} A. \tag{1a}$$

Die genaue Berechnung der Summe des Ausdrucks in Klammern für einige der wichtigsten Gittertypen ist von MADELUNG[1] durchgeführt worden. Der Wert der Konstanten A, der vom Gittertypus abhängt, wird meist als Madelung-Konstante bezeichnet.

Die gesamte elektrostatische Gitterenergie ergibt sich aus dem gefundenen Ausdruck, Gl. (1a), wenn man ihn noch (von Randeffekten abgesehen) mit der Anzahl der Gitterpunkte N der Kationen oder Anionen multipliziert.

---

[1] E. MADELUNG: Gött. Nachr. **1909**, 100; **1910**, 43.

Man erhält

$$E = -\varphi \cdot N = +N \cdot A \cdot \frac{e^2}{r_0}. \tag{2}$$

Diese Berechnung stellt nur die erste Näherung dar.

Eine vollständigere Berechnung der Gitterenergie erfolgt durch die Berücksichtigung der Abstoßungsenergie, die nach BORN[2] vom Typ

$$W = \frac{1}{2} \sum_{ij} \frac{b}{r_{ij}^n} \tag{3}$$

ist.

Dieser Ansatz für die Abstoßungsenergie ist nur eine grobe Näherung. Nach BORN und MEYER[2] werden die Ergebnisse besser durch den Ansatz

$$W = \frac{a}{2} \sum_{ij} \exp\left(-\frac{r_{ij}}{\varrho}\right) \tag{3a}$$

wiedergegeben, wobei a und ϱ als Konstante anzusehen sind.

Benutzt man den ersten Ansatz für die Abstoßungsenergie, dann ergibt sich für die Gitterenergie der Wert

$$E = +N\left(\frac{A e^2}{r_0} - \frac{b}{r_0^n}\right). \tag{3b}$$

Die noch unbekannte Konstante b in der letzten Gleichung läßt sich aus der Gleichgewichtsbedingung $\left(\frac{\partial E}{\partial r}\right)_{r=r_0} = 0$ gewinnen. Der Wert n wird aus den experimentell gemessenen Werten der Kompressibilität gewonnen.

Für die Gitterenergie E, bei Berücksichtigung der Abstoßungskräfte, ergibt sich dann

$$E = +N \cdot A \cdot \frac{e^2}{r_0}\left(1 - \frac{1}{n}\right). \tag{4}$$

Der Wert der Gitterenergie kann auch experimentell aus der gemessenen Bildungswärme, falls man sich des Born-Haberschen Kreisprozesses bedient, ermittelt werden.

In der Tabelle 1 sind die Gitterenergien der wichtigsten und einfachsten Ionengitter dargestellt.

Die genaue Kenntnis der Gitterenergie ist deshalb von Bedeutung, weil bei sämtlichen Untersuchungen physikalischer Vorgänge im Ionengitter diese Größe eine entscheidende Rolle spielt und die Stabilität bestimmt.

Bis jetzt wurde vorausgesetzt, daß ein Ionengitter eine ideale Anordnung seiner Gitterpunkte besitzt und keine Störungen im Aufbau vorhanden sind. Ein solcher Aufbau ist höchstens in der Nähe des absoluten Nullpunkts zu erwarten.

---

[2] M. BORN: Handbuch der Physik, Bd. 24/2. Springer 1933.

Tabelle 1

Raumgitterenergien einiger Kristalle in eV nach LANDOLT-BÖRNSTEIN I, 4, 6. Aufl.

Zur Umrechnung wurde 1 eV $\triangleq$ 23,0 kcal/Mol benutzt. Die unter E_{theor} angegebenen Werte berücksichtigen die elektrostatischen Anziehungskräfte und die abstoßenden Kräfte (Potenzfunktion).

Die unter H_{exp} (Gitterenthalpie) angegebenen Werte sind aus dem Born-Haberschen Kreisprozeß gewonnen. [Gitterenergie und -enthalpie sind wegen der Kleinheit der Volumenarbeit unmittelbar vergleichbar.] Die dritte Spalte gibt die Abweichung $H_{\text{exp}}-E_{\text{theor}}$ an.

Substanz	E_{theor}	H_{exp}	$H_{\text{exp}}-E_{\text{theor}}$	Substanz	E_{theor}	H_{exp}	$H_{\text{exp}}-E_{\text{theor}}$
LiF . .	10,6	10,7	0,1	LiJ . .	7,4	7,9	0,5
NaF . .	9,3	9,4	0,1	NaJ . .	7,0	7,2	0,2
KF . .	8,2	8,6	0,4	KJ . .	6,4	6,6	0,2
RbF . .	7,8	8,0	0,2	RbJ . .	6,2	6,5	0,3
CsF . .	7,5	7,7	0,2	CsJ . .	5,9	6,3	0,4
LiCl . .	8,3	8,8	0,5	AgF . .	9,0	9,9	0,9
NaCl . .	7,8	8,0	0,2				
KCl . .	7,1	7,2	0,1	AgCl . .	8,1	9,3	1,2
RbCl . .	6,9	7,0	0,1	CuCl . .	9,0	10,2	1,2
CsCl . .	6,4	6,8	0,4	TlCl . .	6,9	7,4	0,5
LiBr . .	7,9	8,8	0,9	AgBr .	7,8	9,2	1,4
NaBr . .	7,4	7,7	0,3	CuBr .	8,6	10,0	1,4
KBr . .	6,8	6,9	0,1	TlBr . .	6,7	7,1	0,4
RbBr .	6,6	6,8	0,2				
CsBr . .	6,2	6,6	0,4	ZnO . .	42,7	42,0	—0,7
				MgO . .	41,0	39,7	—1,3

Es stellt sich aber heraus, daß ideale Kristalle bei den experimentellen Untersuchungen nicht zur Verfügung stehen. Synthetisch hergestellte oder in der Natur vorkommende Kristalle besitzen höchstens in kleinen Bezirken beim absoluten Nullpunkt eine solche ideale Struktur. In makroskopischen Kristallen existieren Störungen, wie z. B. Mosaikgrenzen, Versetzungen usw., die das Verhalten des Festkörpers, z. B. bei mechanischer Verformung seine Festigkeit, bestimmen.

Bei höheren Temperaturen wird sogar in den kleinen idealen Kristallbezirken infolge von Wärmeschwingungen der einzelnen Bausteine eine Fehlordnung aufgebaut. Einzelne Gitterionen werden ihre Gitterplätze verlassen und auf Zwischengitterplätze springen oder sich an der Oberfläche des Gitters anlagern. Die zu untersuchenden Vorgänge werden in einem solchen Ionengitter komplizierter.

Während in einem idealen Gitter bei hohem Ordnungsgrad die Anwendung statistischer Methoden vollkommen überflüssig ist, gelangt man in den realen Kristallen zum vollen Verständnis der experimentellen Ergebnisse nur dann, wenn man sich statistischer Methoden bedient. Nur dann stimmen Theorie und Experiment überein.

Die Bildung verschiedener Sorten von Störstellen in reinen Ionenkristallen oder solchen mit Zusätzen, die Wechselwirkung dieser Störstellen untereinander und mit dem Gitter ist für die Elektronen- und Ionenprozesse, die in diesem Buch behandelt werden, bestimmend, und deshalb sollen solche Vorgänge hier eingehend untersucht werden.

Erstes Kapitel

Statistik von Störstellen in Ionenkristallen

§ 1. Allgemeine statistische Behandlung von Störstellen im Kristallgitter

Die thermodynamische Behandlung von Störstellengleichgewichten in Festkörpern beruht auf den Arbeiten von SCHOTTKY und WAGNER[1,2]. In diesen Arbeiten wurde der Begriff der Fehlordnung im Kristallgitter eingeführt und nach allgemeinen statistischen Methoden ausgewertet. Diese Betrachtungsweise hat sich für die Klärung der Fragen der thermischen, optischen, elektrischen und anderer Eigenschaften des Festkörpers als außerordentlich fruchtbar erwiesen.

Nach diesen Arbeiten hat sich die Vorstellung durchgesetzt, daß das Kristallgitter im thermischen Gleichgewicht eine Fehlordnung besitzt, und zwar ist diese um so stärker je höher die Temperatur ist. Im thermischen Gleichgewicht wird eine bestimmte Zahl der Gitterionen die Gitterplätze verlassen und sich auf Zwischengitterplätzen, äußeren oder inneren Oberflächen anlagern. In den Ionengittern konnten durch verschiedene Untersuchungen hauptsächlich zwei Typen der Fehlordnung festgestellt werden, und zwar der Schottkysche und der Frenkelsche Typ[3] (Abb. 1). Bei der Schottkyschen Fehlordnung handelt es sich um eine Störung des Kristallgitters, indem nicht alle Gitterplätze des Idealkristalls besetzt sind. Im reinen Ionengitter entstehen dann Gitterlücken. Ein solcher Fehlordnungstyp erfordert im allgemeinen einen großen Energieaufwand und wird erst bei den Temperaturen dicht unterhalb des Schmelzpunktes von Bedeutung sein. Bei dem Frenkelschen Fehlordnungstyp handelt es sich um einen Unordnungszustand, der in einem reinen Gitter dadurch entsteht, daß Ionen, z. B. Kationen, ihre Gitterplätze verlassen und Zwischengitterplätze besetzen. Voraussetzung dafür ist, daß die Gitterionen genügend Raum auf den Zwischengitterplätzen vorfinden, d. h., daß kein erheblicher Energieaufwand notwendig ist, um diese Ionen auf Zwischengitterplätzen unterzubringen.

Außer diesen thermodynamisch faßbaren Unordnungszuständen gibt es noch andere, z. B. Versetzungen. Sie entstehen beim Kristallwachs-

---

[1] W. SCHOTTKY u. C. WAGNER: Z. physik. Chemie **2**, 163 (1930).

[2] W. SCHOTTKY: Z. Elektrochem. **45**, 33 (1939).

[3] J. FRENKEL: Z. Phys. **35**, 35 (1926).

tum oder bei der Verspannung infolge ungleichmäßiger Abkühlung des Kristalls und sind insbesondere für die mechanischen Eigenschaften des Festkörpers bestimmend. Ihr Einfluß auf die in diesem Buch behandelten Probleme ist ebenfalls nicht zu vernachlässigen.

In der theoretischen Untersuchung der Unordnungszustände im Ionengitter richtet sich zunächst das Interesse auf diejenigen Effekte, die

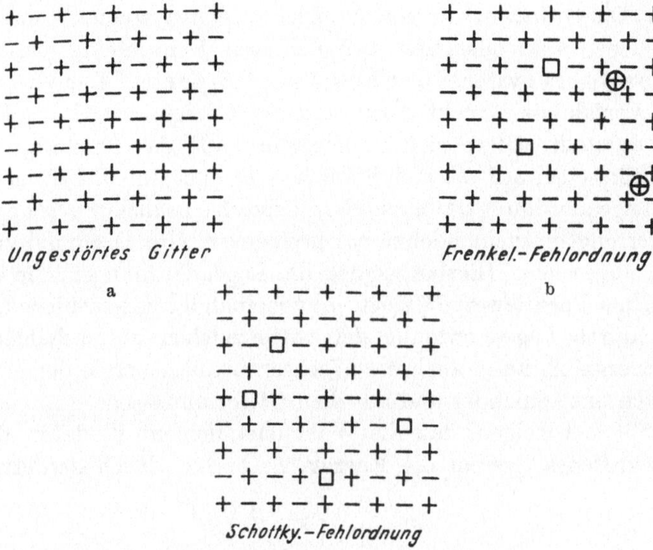

Abb. 1a—c. a Ungestörtes Ionengitter vom Steinsalztyp. b Fehlordnung nach FRENKEL: Kationen auf Zwischengitterplätzen und eine äquivalente Anzahl von Kationenlücken. c Fehlordnung nach SCHOTTKY: Kationen- und Anionenlücken in äquivalenter Anzahl

aus der thermodynamischen Statistik abgeleitet werden können. Hierzu gehören vor allem die Störstellengleichgewichte und damit zusammenhängende Probleme. Formal kann man die thermodynamischen Eigenschaften des Kristallgitters aus den thermodynamischen Potentialen der das System aufbauenden Gitterteilchen ableiten. Bei der Berechnung dieser Potentiale wird nicht nur das Ion auf Zwischengitterplatz, sondern auch die Gitterlücke als ein gesondertes Teilchen aufgefaßt. Um nun auch den Fall der eventuellen Wechselwirkung der Störstellen untereinander zu berücksichtigen, wollen wir das von GIBBS eingeführte statistische Verfahren der kanonischen Gesamtheit anwenden.

Wir betrachten zunächst ein System, z.B. ein Kristallgitter von einem bestimmten Volumen. Das Kristallgitter stellt eine homogene Phase dar, und es sind keine meßbaren Konzentrationsschwankungen der Störstellen innerhalb des Systems vorhanden. Die gleiche Anordnung denken wir uns in N Exemplaren nebeneinander aufgebaut und betrachten diese als eine gedachte Gesamtheit von sehr vielen gleichartigen Exemplaren. Wir können das System, dessen thermische Eigenschaften uns interessieren, als ein Element der gedachten Gesamtheit ansehen. Die gleichartigen Exemplare der Gesamtheit stehen in einer energetischen Wechselwirkung untereinander. Die Energie der ganzen Gesamtheit sei fest vorgegeben. Eine solche Gesamtheit bildet einen Thermostaten, in dem die Systeme Energie untereinander austauschen können. Diese Gesamtheit von N gleichartigen Systemen kann sich in verschiedenen Mikrozuständen befinden, wobei ein aus der Gesamtheit herausgegriffenes System i den Energiewert E_i besitzt. Der Vorteil eines solchen Verfahrens besteht darin, daß der Energiewert E_i die Systemenergie darstellt, sofern sich in unserem Falle das Kristallgitter mit seinen Störstellen auf einer einheitlichen Temperatur T befindet.

Die Lageanordnung des Kristalls, die durch eine diskrete Gruppierung der Gitterteilchen zueinander zu beschreiben ist, wird als ein individueller Zustand angesehen. Hierbei werden die Lageanordnungen, die zufällig den gleichen Energiewert E_i besitzen, voneinander unterschieden, sofern sie sich durch Lageanordnung der Gitterteilchen unterscheiden. Die Systemenergie E_i kann auch die Wechselwirkungsenergie der einzelnen Störstellen untereinander und mit dem Gitter umfassen.

Es läßt sich zeigen, daß die Wahrscheinlichkeit W_i dafür, daß ein herausgegriffenes System die Energie E_i besitzt durch den Ausdruck

$$W_i = \exp\left(\frac{\psi - E_i}{kT}\right) \tag{1}$$

gegeben ist. Die Summe der Wahrscheinlichkeiten muß naturgemäß gleich Eins sein, so daß man durch Summierung des Ausdruckes (1)

$$\exp\left(-\frac{\psi}{kT}\right) = \sum_{i=1}^{G} \exp\left(-\frac{E_i}{kT}\right) \tag{2}$$

bekommt. Dabei hat ψ die Bedeutung der freien Energie F. Der Ausdruck rechts in der Gl. (2) ist die aus G Gliedern bestehende Zustandssumme. Es ist zu summieren über alle möglichen Konfigurationen bei konstanter Fehlstellenzahl.

§ 2. Statistik für Störstellen ohne Wechselwirkung

Die Berechnung der Zustandssumme wird nur dann in einfacher Weise möglich, wenn die Wechselwirkung der Störstellen untereinander vernachlässigt werden kann und wenn die Störstellen keinen Einfluß auf das Wirtsgitter ausüben, der von ihrer Konzentration abhängt. Dies ist nur dann der Fall, wenn die Konzentration der Störstellen gering ist. Die Energie des Kristalls wird in diesem Falle nicht mehr von der speziellen Lage der verschiedenen Störstellen abhängen, sondern nur noch von ihrer Anzahl.

Dieser Spezialfall ist von SCHOTTKY und WAGNER eingehend untersucht worden und bildet die Grundlage der Fehlordnungstheorie für die Ionengitter. Wir wollen deshalb das Wesentliche ihrer Betrachtungen hier zusammenfassen.

Man betrachtet zunächst die Störstellen der Sorte 1, deren Anzahl n_1 ist. Die übrigen Störstellen werden durch $n_2, n_3, n_4, \ldots, n_e$ gekennzeichnet.

Es gibt

$$P_1 = \frac{N!}{(N-n_1)!\,n_1!} \tag{3}$$

verschiedene Möglichkeiten, die n_1 Störstellen der Sorte 1 auf den N Gitterplätzen des Kristalls anzuordnen. Jeder Störstelle der Sorte 1 kommt eine ganz bestimmte Energie ε_1 zu. Jedem der n_g normal besetzten Gitterplätze kommt die Energie ε_g zu. Die Energie E_i eines herausgegriffenen Systems ist also

$$E_i = n_1\varepsilon_1 + n_2\varepsilon_2 + \cdots + n_1\varepsilon_1 + n_g\varepsilon_g .$$

Damit wird die Zustandssumme

$$\left.\begin{aligned} Z &= \sum_{i=1}^{G} \exp\left[\frac{-E_i(n_1, n_2, \ldots n_e, n_g)}{kT}\right] \\ &= \sum_{n_1, n_2 \ldots n_e, n_g} \exp\left(-\frac{n_1\varepsilon_1}{kT}\right)\cdot\exp\left(-\frac{n_2\varepsilon_2}{kT}\right)\cdots\exp\left(-\frac{n_e\varepsilon_e}{kT}\right)\cdot\exp\left(-\frac{n_g\varepsilon_g}{kT}\right) \\ &= \frac{N!}{(N-n_1)!\,n_1!}\cdot\exp\left(-\frac{n_1\varepsilon_1}{kT}\right)\cdot\sum_{n_2, n_3, n_4 \ldots n_g}\exp\left[\frac{-E_i(n_2\ldots n_e, n_g)}{kT}\right]. \end{aligned}\right\} \tag{4}$$

Der Ausdruck $\frac{N!}{(N-n_1)!\,n_1!}\exp\left(-\frac{n_1\varepsilon_1}{kT}\right)$ auf der rechten Seite der Gl. (4) bedeutet nichts anderes als die ausgeführte Summation über verschiedene Verteilungsmöglichkeiten der Störstellen 1, bei denen die Gesamtenergie dieser Störstellensorte jeweils den gleichen Wert $n_1\varepsilon_1$ besitzt.

Bei kleinen Störstellenkonzentrationen $\left(x_i = \frac{n_i}{N} \ll 1\right)$ erhält man durch Anwendung der vereinfachten Stirlingschen Formel ($\ln N! = N\ln N - N$)

$$\ln\frac{N!}{(N-n_1)!\,n_1!} = -\,n_1\ln x_1 + n_1 .$$

Man kann damit weiter schreiben

$$Z = \exp[-n_1(\ln x_1 - 1)]\cdot\exp\left(-\frac{n_1\varepsilon_1}{kT}\right)\cdot\sum_{n_2\ldots n_e, n_g}\exp\left[\frac{-E_i(n_2, n_3\ldots n_e, n_g)}{kT}\right]. \tag{4a}$$

Die gleiche Betrachtung läßt sich auch auf Teilchensorte 2, 3 usw. ausdehnen. Für die Teilchen des ungestörten Gitters ist bei kleiner Fehlordnung $n_g \approx N$ und demzufolge nach Gl. (3) $P = 1$. Der Ausdruck (4a) bekommt dann die Gestalt

$$Z = \exp\left(-\left[n_1 \frac{\varepsilon_1 + kT(\ln x_1 - 1)}{kT} + n_2 \frac{\varepsilon_2 + kT(\ln x_2 - 1)}{kT} + \cdots + n_g \frac{\varepsilon_g}{kT}\right]\right). \quad (5)$$

Der Vergleich mit Gl. (2) zeigt, daß dann für die freie Energie $\psi = F$ gilt:

$$F = n_g \varepsilon_g + n_1\{\varepsilon_1 + kT(\ln x_1 - 1)\} + n_2\{\varepsilon_2 + kT(\ln x_2 - 1)\} + \cdots. \quad (6)$$

Führt man noch die Bezeichnungen

$$\begin{aligned} \varphi_1 &= n_1\{\varepsilon_1 + kT(\ln x_1 - 1)\} \\ \varphi_2 &= n_2\{\varepsilon_2 + kT(\ln x_2 - 1)\} \\ &\vdots \\ \varphi_e &= n_e\{\varepsilon_e + kT(\ln x_e - 1)\} \\ \varphi_g &= n_g \cdot \varepsilon_g \end{aligned}$$

ein, dann lautet die Gl. (6)

$$F = \varphi_1 + \varphi_2 + \cdots + \varphi_e + \varphi_g. \quad (6a)$$

§ 3. Thermisches Gleichgewicht von Störstellen

Nach der Bestimmung der freien Energie der im Kristallgitter gelösten Störstellenteilchen bereitet es keine weitere Schwierigkeit, das thermodynamische Gleichgewicht der Störstellen zu bestimmen. Im thermodynamischen Gleichgewicht ist

$$\delta F = \frac{\partial F}{\partial n_1} \cdot \delta n_1 + \frac{\partial F}{\partial n_2} \delta n_2 + \cdots + \frac{\partial F}{\partial n_e} \delta n_e + \varepsilon_g \delta n_g = 0 \quad (7)$$

oder nach der Einführung der Reaktionslaufzahl λ

$$\left.\begin{aligned} \frac{\partial F}{\partial \lambda} &= \frac{\partial F}{\partial n_1} \cdot \frac{\partial n_1}{\partial \lambda} + \frac{\partial F}{\partial n_2} \cdot \frac{\partial n_2}{\partial \lambda} + \cdots + \frac{\partial F}{\partial n_e} \cdot \frac{\partial n_e}{\partial \lambda} + \varepsilon_g \frac{\partial n_g}{\partial \lambda} \\ \frac{\partial F}{\partial \lambda} &= \sum_i \frac{\partial F}{\partial n_i} \cdot \nu_i = 0. \end{aligned}\right\} \quad (8)$$

Führt man noch die Größe $\frac{\partial F}{\partial n_i} = \mu_i$ ein, die das chemische Potential des Störstellenteilchens der Sorte i bedeutet, dann bekommt man die schon aus der chemischen Reaktionskinetik bekannten Gleichgewichtsbedingungen für Störstellen

$$\sum_i \mu_i \nu_i = 0. \quad (9)$$

Dabei bedeutet μ_i den Arbeitsaufwand (Zuwachs der freien Energie) zur Schaffung einer Störstelle.

Aus der Gl. (6) bekommt man für das chemische Potential der Störstelle der Sorte i

$$\frac{\partial F}{\partial n_i} = \varepsilon_i + kT \ln x_i = \mu_i. \tag{10}$$

§ 4. Störstellengleichgewichte bei tiefen und hohen Temperaturen im Spezialfall des Silberbromids

Betrachten wir als Beispiel einen AgBr-Kristall bei Zimmertemperatur. Im AgBr-Kristall kommt bei Zimmertemperatur praktisch nur der Frenkelsche Fehlordnungstyp im Kationenteilgitter in Frage. Als Störstellen werden bei Zimmertemperatur Silberionen auf Zwischengitterplätzen und eine entsprechende Anzahl Silberlücken gebildet. Im Gleichgewicht gilt entsprechend der Gl. (9)

$$\frac{\partial F}{\partial n_{\bigcirc A}} + \frac{\partial F}{\partial n_{\square A}} = \frac{\partial F}{\partial n_g} \quad \text{mit} \quad \frac{\partial n_{\bigcirc A}}{\partial \lambda} = \frac{\partial n_{\square A}}{\partial \lambda} - \frac{\partial n_g}{\partial \lambda}, \tag{11}$$

$$\left.\begin{aligned} \mu_{\bigcirc A} &= E_{\bigcirc A} + kT \ln x_{\bigcirc A} - kT \ln 2^* \\ \mu_{\square A} &= E_{\square A} + kT \ln x_{\square A}. \end{aligned}\right\} \tag{12}$$

Dabei bedeuten $x_{\bigcirc A}$ die Gitterkonzentration der Teilchen auf Zwischengitterplätzen und $x_{\square A}$ die Gitterkonzentration der Lücken im Kristallgitter, während $\mu_{\bigcirc A}$ und $\mu_{\square A}$ die chemischen Potentiale der entsprechenden Störstellen bedeuten. Zur Kennzeichnung der einzelnen Störstellenarten werden die von SCHOTTKY eingeführten Symbole verwendet. Die Zwischengitterplätze werden durch den Index $\circ$ und die Lücken durch den Index $\square$ gekennzeichnet, während Teilchen auf Gitterplätzen den Index g erhalten. Die Teilchensorte, die im ungestörten Gitter eine positive Ladung trägt, wird durch das Symbol A, die normalerweise negative Teilchensorte durch das Symbol B beschrieben.

Im thermodynamischen Gleichgewicht gilt entsprechend Gl. (9)

$$\mu_g = \mu_{\bigcirc A} + \mu_{\square A}. \tag{13}$$

Einsetzen der Gl. (12) in (13) liefert bei Berücksichtigung, daß $\mu_g = E_g$ ist, die Beziehung

$$x_{\bigcirc A} \cdot x_{\square A} = 2 \exp\left[-\frac{E_{\bigcirc A} + E_{\square A} - E_g}{kT}\right]. \tag{14}$$

Im Fall der reinen Frenkelschen Fehlordnung im Gitter gilt außerdem

$$x_{\bigcirc A} = x_{\square A} \tag{14a}$$

und es ergibt sich aus Gl. (14)

$$x_{\bigcirc A} = x_{\square A} = \sqrt{2} \exp\left[-\frac{E_{\bigcirc A} + E_{\square A} - E_g}{2kT}\right]. \tag{14b}$$

---

* Der Ausdruck $-kT \ln 2$ berücksichtigt die Tatsache, daß im Gitter vom NaCl-Typ auf N normale Kationengitterplätze $2N$ Zwischengitterplätze kommen.

Hier bedeutet $E_{\bigcirc A}+E_{\square A}-E_g$ die Energie, die aufgewendet werden muß, um ein Teilchen von einem normalen Gitterplatz unter der gleichzeitigen Erzeugung einer Leerstelle auf den Zwischengitterplatz zu bringen. Dieses Ergebnis wurde zuerst von FRENKEL abgeleitet. Die Beziehung (14b) gilt speziell für Kristalle, wie z.B. Silberbromid bei Zimmertemperatur, wo nur der Frenkelsche Fehlordnungstyp vorhanden ist, also wenn die Gitterkonzentration der Störstellen $x_{\bigcirc A}=x_{\square A}$ ist. Sie gilt schon nicht mehr im Silberbromid bei hoher Temperatur, wenn neben der Frenkelschen Fehlordnung auch noch die Schottkysche vorhanden ist. Der Schottky-Fehlordnungstyp entsteht dadurch, daß ein Ionenpaar seine Gitterplätze verläßt und sich an der Oberfläche des Gitters anlagert. Bei Anwesenheit von Frenkelschem und Schottkyschem Fehlordnungstypus ist $x_{\bigcirc A}\neq x_{\square A}$.

Es ist jedoch nicht schwierig, aus der allgemeinen Beziehung (9) die entsprechenden Gleichgewichtsbedingungen abzuleiten und die chemischen Potentiale der entsprechenden Störstellensorten zu finden. Für die Lückenstörstellen der Sorte B ergibt sich das chemische Potential entsprechend Gl. (10) zu

$$\mu_{\square B}=E_{\square B}+kT\ln x_{\square B}.$$

Wenn die Erzeugung des Lückenpaares durch die Anlagerung des entsprechenden Ionenpaares auf einem normalen Gitterplatz in der Nähe der Gitteroberfläche erfolgt, dann gilt für diese Reaktion die Gleichgewichtsbedingung

$$\mu_{AB}=\mu_{\square A}+\mu_{\square B}+\mu', \qquad (15)$$

wobei $\mu_{AB}\approx 2E_g$ und $\mu'\approx E_g$ das chemische Potential der Anlagerung des Ionenpaares an der Oberfläche bedeuten. E_g besitzt dann die gleiche Bedeutung wie in Gl. (14b). Aus der Gl. (15) ergibt sich

$$x_{\square A}\cdot x_{\square B}=\exp\left[-\frac{E_{\square A}+E_{\square B}-E_g}{kT}\right]=\exp\left[-\frac{E_F}{kT}\right]. \qquad (16)$$

Die Gln. (14) und (16) liefern die Massenwirkungsgleichungen zur Bestimmung der einzelnen Störstellenkonzentration. Es stehen jedoch nur zwei Gleichungen zur Bestimmung von drei Gitterkonzentrationen $x_{\bigcirc A}$, $x_{\square A}$ und $x_{\square B}$ zur Verfügung. Bei der Bildung der Störstellen wird jedoch das Kristallgitter insgesamt neutral bleiben, so daß noch eine Neutralitätsbedingung für Störstellen erfüllt sein muß. Die Neutralitätsbedingung liefert noch eine dritte Bestimmungsgleichung für die Störstellenkonzentrationen.

Es gilt nämlich noch

$$x_{\bigcirc A}+x_{\square B}=x_{\square A}. \qquad (17)$$

Aus den Gln. (14), (16), (17) können nun einzelne Störstellenkonzentrationen $x_{\bigcirc A}$, $x_{\square A}$ und $x_{\square B}$ berechnet werden.

In Ionengittern kommt, wie schon erwähnt wurde, hauptsächlich nur der Schottkysche und Frenkelsche Fehlordnungstypus in Frage, so daß diese Beziehungen zur Bestimmung der einzelnen Störstellenkonzentrationen der reinen Salze ausreichen. Bisher wurde angenommen, daß die einzelnen Störstellentypen dissoziiert vorkommen. Es ist natürlich möglich, daß Kationen- und Anionenlücke in assoziierter Form, als Lückenpaar vorkommen (Abb. 2). Die Störstellen reagieren also miteinander und bilden Störstellenmoleküle. Bezeichnet man das chemische Potential der komplexen Störstellen, also der Lückenpaare, mit μ_k, dann gilt im Gleichgewicht

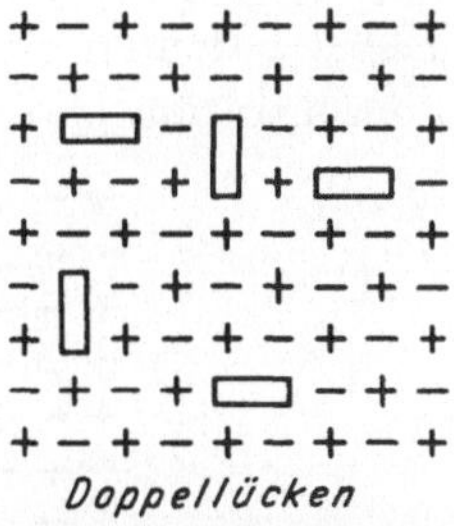

$$\mu_k = \mu_{\square A} + \mu_{\square B},$$

wobei

$$\mu_k = E_k + kT \ln x_k - kT \ln g\,* \tag{18}$$

ist. Dabei bedeutet $E_{\square A} + E_{\square B} - E_k$ die Energie, die bei der Bildung des Störstellenkomplexes gewonnen wird, und x_k die Gitterkonzentration der Störstellenkomplexe.

Doppellücken

Abb. 2. Bildung von Doppellücken im Kristallgitter. Kationen tragen negative, Anionenlücken positive Überschußladung. Infolge Coulomb - Wechselwirkung zwischen Kationen- und Anionenlücken entstehen assoziierte Doppellückenkomplexe

§ 5. Störstellengleichgewichte in Mischkristallen

Der Kristall AB, z.B. Silberbromid, der aus einfach geladenen Ionen besteht, kann unter Umständen eine geringe Menge einer anderen Substanz, z.B. $CdBr_2$, in gelöster Form enthalten. Wenn Mischkristallbildung vorliegt, werden sich die neu hinzugekommenen zweiwertigen Ionen C (im Falle $AgBr + CdBr_2$ die Cd^{++}-Ionen) auf normalen A-Plätzen einbauen. Außerdem müssen A-Lücken entstehen, damit die Neutralität gewahrt bleibt (Abb. 3).

Die Berechnung des thermodynamischen Gleichgewichts des hier betrachteten Falles bereitet keine Schwierigkeiten, solange es sich nur um geringe Konzentrationen des Zusatzes handelt[4]. Aus Gl. (10) kann man ähnliche Folgerungen ziehen wie in § 4, wenn man die C-Ionen als neue Störstellensorte ansieht. Die Zahl der Anordnungsmöglichkeiten dieser Störstellen ist durch Gl. (3) gegeben. Neben isolierten C-Ionen und Lücken können noch infolge rein elektrostatischer Anziehung C-Ionen mit A-Lücken assoziieren und Komplexe $Cd^{\bullet}_{G}\,Ag'_{\square}$ bilden. Auch für diese Störstellensorte ist die Zahl der Realisierungsmöglichkeiten im Prinzip durch Gl. (3) gegeben. Es müssen lediglich noch zusätzlich

* Wobei $-kT \ln g$ noch die Zahl der Doppellückenorientierungen im Kristallgitter berücksichtigt.

[4] O. Stasiw u. J. Teltow: Ann. Phys. 1, 261 (1947).

verschiedene Orientierungsmöglichkeiten des Komplexes im Gitter berücksichtigt werden.

Für das chemische Potential μ_c der freien C-Ionen, in unserem Beispiel der Cd^{++}-Ionen, ergibt sich nach Gl. (10)

$$\mu_c = E_c + kT \ln x_c . \tag{19}$$

Dabei bedeuten x und E mit dem entsprechenden Index c die Gitterkonzentration und die Energie der dazu gehörigen Störstellen. Für die

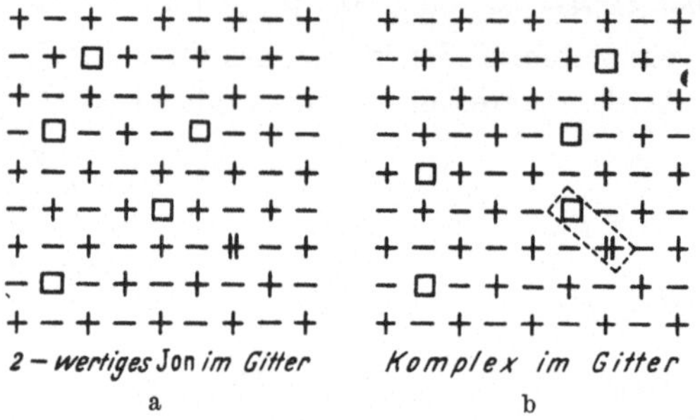

2 – wertiges Jon im Gitter

a

Komplex im Gitter

b

Abb. 3a u. b. a Zweiwertige Kationen im Gitter. Ein Wirtsgitterion wird durch ein zweiwertiges positives Ion ersetzt. Aus Neutralitätsgründen entsteht eine äquivalente Anzahl Kationenlücken im Gitter. b Bildung assoziierter Komplexe infolge elektrostatischer Wechselwirkung zweiwertiger, im Gitter eingebauter Ionen mit Kationenlücken

Komplexe $Cd_G^{\bullet} Ag'_{\square}$ gilt analog Gl. (18) für das chemische Potential der Ansatz

$$\mu_k = E_k + kT \ln x_k , \tag{20}$$

wobei Gl. (20a) $x_k = y - x_c$ ist, bei der bekannten Konzentration des Zusatzes y. Bei Gl. (20) wurden die verschiedenen Orientierungsmöglichkeiten im Gitter allerdings nicht berücksichtigt! Für die Bildung der Komplexe aus freien C-Ionen und Lücken A gilt nach Gl. (9)

$$\mu_k = \mu_c + \mu_{\square A} . \tag{21}$$

Durch Einsetzen von (19), (20) und (12) in die Gl. (21) ergibt sich das Massenwirkungsgesetz

$$\frac{x_c \cdot x_{\square A}}{x_k} = \frac{1}{g} \exp\left[- \frac{E_{\square A} + E_c - E_k}{kT} \right] . \tag{22}$$

Durch Berücksichtigung der Gln. (14), (22), (20a) und der Neutralitätsbedingung $x_{\bigcirc A} = x_{\square A} - x_c$ ist es möglich, die Konzentrationen $x_{\bigcirc A}$, $x_{\square A}$, x_c, x_k der einzelnen Störstellen zu ermitteln.

§ 6. Ansätze zur Statistik der Störstellen mit Wechselwirkung

Bei der bisherigen Behandlung der Anordnungszustände im Kristallgitter, die zur Bestimmung der freien Energie F in der Gl. (6) führte, war vorausgesetzt, daß alle Anordnungen der Störstellen und der Gitterbausteine gleich wahrscheinlich sind, d.h., daß keine Wechselwirkung der Ionen und Störstellen untereinander vorhanden ist und daß der Ausdruck (2)

$$\exp\left(-\frac{F}{kT}\right) = \sum_{i=1}^{G} \exp\left(-\frac{E_i}{kT}\right)$$

in verschiedene und nur von den Teilvariablen n_1, n_2 usw. abhängige Anteile, entsprechend der Gln. (5) und (6), sich zerlegen läßt. Die Verteilung der Störstellensorte i mit der gleichen Lageenergie E_i auf die Gitterplätze ist unter der Voraussetzung der gleichwahrscheinlichen Anordnungen durch den Ausdruck (3)

$$P_i = \frac{N!}{(N-n_i)!\,n_i!}$$

gegeben. Für kleine Konzentrationen der Störstellen, die oft als Überschußladungen wirken, z.B. Lücken oder Zwischengitterplätze, braucht die Wechselwirkung der Störstellen infolge großer Abstände voneinander nicht berücksichtigt zu werden. Bei hohen Konzentrationen und geringen Abständen der Störstellen gilt nicht mehr der Ansatz der gleichwahrscheinlichen Verteilung. Die Besetzung eines Gitterplatzes neben einer Störstelle mit negativer Überschußladung mit einer Störstelle mit positiver Überschußladung wird infolge Wechselwirkung häufiger vorkommen als es diesem Ansatz entspricht. Dies ist eine besondere Erschwernis. Versuche zur Lösung der Gl. (2) unter den allgemeinen Voraussetzungen wurden von KIRKWOOD[5] unternommen.

Es ist versucht worden, die Coulombsche Wechselwirkungsenergie der geladenen Störstellen in Ionengittern nach dem aus der Elektrolyttheorie bekannten Verfahren von DEBYE-HÜCKEL[6] zu berücksichtigen. Der Weg, der zur Berücksichtigung der Wechselwirkung nach DEBYE-HÜCKEL führt, besteht darin, daß im Endresultat der Rechnungen, die zu den Massenwirkungsgleichungen führen, Aktivitäten eingeführt werden. Man hat einfach in den Massenwirkungsgleichungen, wie sie z.B. in Gl. (10) und (14) vorkommen, die Konzentrationen der einzelnen Störstellen mit den entsprechenden Aktivitätskoeffizienten zu multiplizieren. Die Konzentrationsabhängigkeit des Aktivitätskoeffizienten wird im Kristallgitter mit den Ansätzen, die aus der Elektrolyttheorie stammen, ausgewertet. Diese Überlegungen gelten für eine vollständige Dissoziation der Störstellenteilchen.

Bei einer teilweisen Assoziation der entgegengesetzt geladenen Störstellen berücksichtigt LIDIARD[7] im Anschluß an die Arbeiten von

---

[5] J. G. KIRKWOOD: J. Chem. Phys. **2**, 778 (1934).

[6] E. HÜCKEL: Zusammenfassende Darstellung: Ergebn. exakt. Naturw. **3**, 199 (1924).

[7] A. B. LIDIARD: Phys. Rev. **94**, 29 (1954).

BJERRUM[8] bei der Berechnung des Aktivitätskoeffizienten nur die Konzentration der vollständig dissoziierten Störstellen[9].

Die Berechnung der Wechselwirkungsenergie nach DEBYE-HÜCKEL ist jedoch ein sehr anfechtbares Vorgehen und kann nur eine Näherung für verdünnte Konzentrationen darstellen. Praktisch kommt man bei verdünnten Konzentrationen durchaus schon mit den Ansätzen der gleichwahrscheinlichen Verteilung aus.

Es wurde neuerdings gezeigt, daß auch zwischen zwei neutralen Störstellen (falls ihre Schwingungsfrequenzen übereinstimmen) eine Anziehung resultiert. Ein solcher Vorgang ist als eine Anziehung infolge eines Resonanzeffektes zu betrachten[10].

§ 7. Störstellenstatistik in Mischkristallen bei Berücksichtigung einfacher Stufenversetzungen

Bei den bisherigen Untersuchungen der Störstellenstatistik wurde bisher nur atomare Fehlordnung der Gitterbausteine vorausgesetzt.

In realen Kristallen, insbesondere bei tiefen Temperaturen sind die Strukturfehler von entscheidender Bedeutung. Auch an Versetzungen, auf die wir bei der Diskussion der photochemischen Prozesse nochmals eingehen, können Störstellen, z. B. Lücken und bei Mischkristallen zusätzlich Fremdionen, angelagert werden. Infolge Wechselwirkung einzelner Störstellen werden assoziierte Komplexe auch an den Versetzungen gebildet. In einem solchen Gitter vermehrt sich die Anzahl der Störstellensorten im Verhältnis zu einem reinen Gitter beträchtlich.

Bei dem Hereinbringen einer Halbebene zwischen zwei Netzebenen in der y-Richtung (Abb. 4) bildet die Linie senkrecht zum Punkt O in der z-Richtung die Kante einer Stufenversetzung. Durch eine solche Stufenversetzung wird in einem Kristallgitter eine neue Art der Störung hervorgerufen.

In der Umgebung von O können sich sowohl Lücken wie auch Fremdionen bevorzugt anlagern und so neue Störstellensorten bilden. Solche Anlagerungseffekte an Stufenversetzungen wurden von BASSANI und THOMSON[11] behandelt.

Die Gleichgewichtskonzentration einzelner Störstellen ergibt sich auch hier aus der Berechnung der freien Energie

$$F = U - TS, \tag{23}$$

wobei $S = k \cdot \ln P$ einzusetzen ist.

---

[8] N. BJERRUM: Danske Vidensk. Selsk. 7 (1926/27).

[9] J. TELTOW: Zusammenfassende Darstellung: Halbleiterprobleme III, herausgeg. von W. SCHOTTKY, S. 26. Vieweg 1956.

[10] E. W. MONTROLL u. R. B. POOTS: Phys. Rev. 100, 525 (1955).

[11] B. F. BASSANI u. R. THOMSON: Phys. Rev. 102, 1264 (1956).

In Ionenkristallen mit reiner Schottkyscher Fehlordnung, wie dies z. B. in NaCl der Fall ist, werden durch Zusatz von zweiwertigen Kationen praktisch nur Na-Lücken und Fremdionen, die an Stelle von Kationen eingebaut sind (§ 5) vorkommen. An einer in Richtung von z bei O verlaufenden Ionenreihe, die eine gerade Versetzungslinie einer Stufenversetzung bildet, können zweiwertige Fremdionen oder Lücken angelagert werden. Infolge elektrostatischer Anziehung wird ein Teil dieser Fremdionen mit Kationenlücken, die sich in unmittelbarer Nachbarschaft der Versetzungslinien befinden, assoziierte Störstellen bilden. Auf diese Weise entstehen an Stufenversetzungen neue Sorten von Störstellen, die im versetzungsfreien Gitter nicht vorkommen. Faßt man die Versetzungen als eine neue im Gitter vorhandene Phase auf und vernachlässigt man die Wechselwirkung der Störstellen in weiterer Umgebung, so kann die Zahl der Realisierungsmöglichkeiten P und damit auch S in der Gl. (23) berechnet werden. Bezeichnet man mit N_v die Zahl der positiven Ionen in den Versetzungslinien, mit N_G die Zahl der positiven Ionen im Gitter, mit $N'_{\square v}$, N_k und N_{kv} die Zahl der Lücken an Versetzungslinien, der Komplexe im Gitter und der Komplexe an den Versetzungslinien und mit N_F die Zahl der insgesamt zugegebenen Fremdionen im Gitter, dann ergibt sich für P

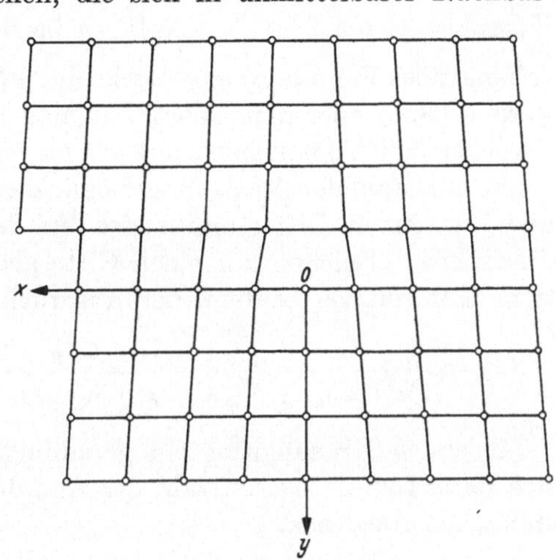

Abb. 4. Zwischen zwei Ebenen wird eine Halbebene eingeschoben. Eine abwechselnd aus positiven und negativen Teilchen in Richtung z verlaufende Ionenreihe bildet in Ionengittern eine gerade Versetzungslinie

$$P = P_1 \cdot P_2 \cdot P_3, \tag{23a}$$

wobei P_1 die Zahl der möglichen Anordnungen an den Versetzungslinien, P_2 die der Komplexe im Gitter und P_3 die der freien Fremdionen und Lücken im Gitter bedeutet.

Die Zahl der Anordnungsmöglichkeiten an den Versetzungslinien P_1 ist

$$P_1 = \frac{N_v!}{N'_{\square v}!\, N_{kv}!\, (N_v - N'_{\square v} - N_{kv})!},$$

dabei werden freie Fremdionen in der Versetzungslinie nicht mitgezählt. Darin liegt eine gewisse Unvollkommenheit in der Berechnung der freien Energie eines Gitters mit den Versetzungen.

Entsprechend ergibt sich für die Komplexe im Gitter

$$P_2 = \frac{g^{N_k} \cdot 2^{N_k}\left(\frac{N_G}{2} + N_F\right)!}{N_k!\left(\frac{N_G}{2} + N_F - N_k\right)!}.$$

Zur Bildung eines Komplexes werden nämlich stets zwei Gitterplätze benötigt. Deshalb ist die Gesamtzahl der Anordnungsmöglichkeiten für Komplexe gleich $2^{N_k}\left(\frac{N_G}{2} + N_F\right)!$. Da bei der Komplexbildung in der Umgebung eines Fremdions eine Lücke auf g Nachbarplätzen untergebracht werden kann, oder umgekehrt, hat man im Zähler die Zahl der Realisierungsmöglichkeiten noch mit g^{N_k} zu multiplizieren.

Für die Zahl der Anordnungsmöglichkeiten der isolierten Fremdionen und Lücken im Gitter ergibt sich bei der Berücksichtigung, daß die dissoziierten Teilchen nur einen Gitterplatz besetzen, gleichzeitig aber leere Gitterplätze schaffen, der Ausdruck

$$P_3 = \frac{(N_G + 2N_F - 2N_k)!}{(N_G + 2N_{kv} + N'_{\square v})!\,(N_F - N_k - N_{kv} - N'_{\square v})!\,(N_F - N_k - N_{kv})!}.$$

In einem Kristallgitter mit geradlinigen Stufenversetzungen ergibt sich dann für die Gesamtzahl der Anordnungsmöglichkeiten der Störstellen der Ausdruck

$$\left.\begin{aligned} P = {} & \frac{N_v!}{N'_{\square v}!\,N_{kv}!\,(N_v - N'_{\square v} - N_{kv})!} \cdot \frac{g^{N_k} \cdot 2^{N_k}\left(\frac{N_G}{2} + N_F\right)!}{N_k!\left(\frac{N_G}{2} + N_F - N_k\right)!} \times \\ & \times \frac{(N_G + 2N_F - 2N_k)!}{(N_G + 2N_{kv} + N'_{\square v})!\,(N_F - N_k - N'_{\square v} - N_{kv})!\,(N_F - N_k - N_{kv})!}, \end{aligned}\right\} \quad (23\text{b})$$

wobei g ein Geometriefaktor ist und den Betrag 12 im NaCl-Gitter besitzt.

Die Energie U in der Gl. (23) setzt sich aus der Bildungsenergie einzelner Störstellen zusammen. Sie muß gesondert berechnet werden. Die Berechnungen sind natürlich schwierig und nur bei erheblichen Vereinfachungen möglich.

Wäre der Entstehungsmechanismus von Stufenversetzungen bekannt (was im allgemeinen nicht der Fall ist), dann könnte aus der Gl. (23) bei Berücksichtigung von Gl. (23b) die freie Energie F in dem einfachsten wechselwirkungsfreien Fall berechnet werden.

Die Gleichgewichtskonzentration der Störstellen im Kristallgitter und an den Versetzungslinien, wie sie aus der Gl. (23) folgt, läßt eine anschauliche Deutung zu. Die Versetzungslinien bilden im Kristallgitter eine neue Phase, und die Ionen in der Umgebung der Versetzungslinien stellen eine Grenzfläche zwischen der Kristall- und Versetzungsphase dar.

Bei der Berechnung der freien Energie der an der Grenzfläche angelagerten Störstellen spielt neben der Anlagerungsenergie noch die Zahl der Anordnungsmöglichkeiten bei der Besetzung der Oberfläche um die Versetzungslinie eine bedeutende Rolle. Die Zahl dieser Anordnungsmöglichkeiten ist durch P_1 in der Gl. (23a) gegeben. Die Glieder P_2 und P_3 stellen die Anordnungsmöglichkeiten der Störstellen in dem Kristall dar und bestimmen das Verhalten dieser Störstellen im Innern des Gitters. Bei der Berechnung des Gleichgewichts ist lediglich die Gleichheit der chemischen Potentiale der Störstellen im Kristall μ_{kr} und an den Grenzflächen um die Versetzungslinien μ_{ver} zu fordern.

Die Größe der Grenzfläche um die Versetzungslinien, d.h. die Konzentration (Versetzungslinien/cm^2), wird bei einer solchen Behandlung als bekannt vorausgesetzt. Die Bildung der Versetzungslinien selbst und die Berechnung ihrer Konzentration läßt sich infolge nicht gesicherter Kenntnisse bei ihrer Entstehung nicht durchführen.

Bassani und Thomson berücksichtigen noch bei ihren Berechnungen die Debye-Hückelsche Beziehung aus der Elektrolyttheorie und schätzen die Wechselwirkung der Störstellen untereinander ab. Ein solcher Vorgang, insbesondere die Benutzung der kugelsymmetrischen Verteilung der Raumladung zur Erklärung der Vorgänge in der ungleichmäßig mit den Ladungen besetzten Versetzungslinie, ist natürlich anfechtbar und deshalb wollen wir darauf nicht eingehen.

Bisher wurden die Versetzungen als von vornherein gegebene Tatsache angesehen. Deshalb bleibt die Diskussion der grundsätzlichen Frage übrig, ob und wie die Versetzungen im thermodynamischen Gleichgewicht entstehen können.

§ 8. Bildung von Stufenversetzungen im Zusammenhang mit der Schottkyschen Fehlordnung

Will man das Kristallgitter als einen Mischkristall behandeln, der aus Gitterionen, Lücken und Versetzungen besteht, dann zeigt eine einfache Abschätzung des Minimums der freien Energie

$$F = U - TS,$$

die im wesentlichen durch das Entropieglied $S = k \ln P$ bestimmt ist, daß im thermodynamischen Gleichgewicht keine Möglichkeit zur Bildung von Versetzungen besteht und daß es sich bei den Versetzungen nur um metastabile Zustände handeln kann[12,13].

Zunächst ist es durchaus möglich, daß die Versetzungen durch eine lineare Assoziation von Lücken (die bei hoher Temperatur vorhanden

[12] O. Stasiw: Halbleiterprobleme II, herausgegeb. von W. Schottky, S. 190, Vieweg 1955.

[13] F. R. N. Nabarro: Proc. Phys. Soc. Suppl. 1948.

sind) entstehen. Dann müßte aber dem stabilen Endzustand im Gitter, also den gebildeten Versetzungen, eine kleinere freie Energie als dem Zustand der völligen Lückendissoziation entsprechen. Wenn man aber bedenkt, daß die Zahl der Realisierungsmöglichkeiten P, die das Entropieglied S im Ausdruck der freien Energie F bestimmt, für Versetzungen um mehrere Größenordnungen kleiner als für völlig dissoziierte Lücken ist, dann müßte die Ausscheidung von Lücken und die Bildung von Versetzungen darauf beruhen, daß der Anteil U überwiegt.

Den Zustand einer solchen tiefsten freien Energie, bei der der energetische Anteil U den höchsten Betrag liefert, erreicht man im Gleichgewicht durch Diffusion von Lücken an die Oberfläche und durch die Bildung eines versetzungsfreien Gitters. Die Bildung von Versetzungen muß demnach auf einer Bildung von linearen Lückenassoziationen infolge einer Abnahme der Schottkyschen Fehlordnung beruhen, jedoch unter der Voraussetzung, daß den Lücken bei der Abkühlung keine Zeit gelassen wird, bis an die Oberfläche zu diffundieren. Demnach ist das Vorhandensein der Versetzungen als ein metastabiler Zustand im Kristallgitter aufzufassen.

Mit dieser Metastabilität und mit der verschwindenden Lageentropie der Versetzungen hängt es zusammen, daß man die Versetzungen in bezug auf Ionengleichgewichte als eine neue im Gitter entstandene Phase auffassen muß. Störstellenkonzentrationen an den Versetzungen können dann aus den Störstellenkonzentrationen im Gitter berechnet werden. Solange solche Rechnungen nicht quantitativ durchgeführt sind, werden Schlüsse, die aus dem Modell gezogen werden, nur qualitativen Charakter tragen.

Einen ähnlichen Vorgang wie die Bildung von Versetzungen stellt z.B. die Zwischenstufe dar, die sich bei der Ausscheidung von Farbzentren vor der Entstehung des Alkalimetalls im Kristallgitter ausbildet.

Wir haben nur kurz die grundsätzlichen Fragen, die durch Versetzungen im Kristall aufgeworfen werden, behandelt. Wir werden gelegentlich zur Klärung der photochemischen Prozesse bei tiefen Temperaturen die Versetzungen in Betracht ziehen, da hier der Einfluß der Versetzungen wesentlich sein kann. Wir müssen uns jedoch bewußt sein, daß diese Modelle durchaus nicht den üblichen Sicherheitsgrad besitzen.

§ 9. Realkristalle

In den beiden letzten Abschnitten wurde gezeigt, daß Versetzungen und damit auch Mosaikgrenzen vom thermodynamischen Standpunkt als eine neue im Kristallgitter gebildete Phase aufzufassen sind. Demnach wird in den Realkristallen ein Zweiphasensystem aufgebaut, das aus Oberflächen- und Gitterphase besteht. Bei der Ionen-, Elektronenleitung oder den photochemischen Prozessen in Realkristallen bewegen sich die Elektronen und Ionen in diesen beiden Phasen. Es ist zu erwarten, daß in einem solchen zusammengesetzten System die Beweglichkeit der Ionen oder Elektronen in der Oberflächenphase andere Werte als im Gitter besitzt. Die Konzentration freier Elektronen oder Ionen wird im allgemeinen in beiden Phasen verschieden sein. Auch die Gitterkonzentration von Störstellen, z.B. von Fremdionen, wird im Gitter und an der Versetzung nicht gleich sein.

Während bei der Messung der Elektronen- und Ionenleitung bei hohen Temperaturen im wesentlichen die Prozesse in der Gitterphase eine ausschlaggebende Rolle spielen, braucht dies nicht mehr bei tiefen Temperaturen der Fall zu sein.

Sowohl theoretische wie auch experimentelle Schwierigkeiten bereitet im gegenwärtigen Zeitpunkt die Untersuchung der Elektronen- und Ionenprozesse an inneren Oberflächen, die durch Versetzungen beschrieben werden können. Schon geringe Verunreinigungen oder Deformation der Kristalle können die Reproduzierbarkeit und damit auch die Diskussion der Meßergebnisse bei tiefen Temperaturen außerordentlich erschweren.

Zweites Kapitel

Fehlordnungsenergie

§ 1. Gitterenergie und Fehlordnungsenergie

Eine der nächsten Aufgaben ist es, zu versuchen, die einzelnen Fehlordnungsenergien E_i, die in den Gln. (I, 16) auftreten, zu berechnen. Wir wollen uns hier auf Ionengitter beschränken, da für diese eingehende Untersuchungen unternommen wurden.

Die Berechnung der Bindungsenergie in einfachen Ionengittern erfolgt unter der Voraussetzung, daß die Kraftzentren punktförmig sind. Die Bindung der Bausteine im Gitter wird als eine elektrostatische Anziehung zwischen den entgegengesetzt geladenen Ionen betrachtet. Die so berechnete Gitterenergie ergibt bei Berücksichtigung des Abstoßungspotentials im allgemeinen gute Übereinstimmung mit den aus den Experimenten gewonnenen Daten.

Die Ausbauarbeit, d.h. die zur Entfernung eines Ions von seinem normalen Gitterplatz ins Unendliche erforderliche Arbeit, ist aber nicht identisch mit der potentiellen Energie des Ions in bezug auf die übrigen Gitterpunkte. Wäre nur diese potentielle Energie bei der Entfernung der Ionen vom Gitterplatz zu berücksichtigen, dann müßten die Fehlordnungsenergien, die aus dem Experiment bestimmt werden, den Betrag dieser potentiellen Energie, die in Alkali- und Silberhalogeniden einige eV ist, besitzen. Dies widerspricht jedoch den experimentellen Ergebnissen.

Die aus dem Experiment ermittelten Fehlordnungsenergien sind nämlich bedeutend kleiner als derjenige Betrag, der sich allein aus reiner

Coulomb-Wechselwirkung ergibt. Die entstandene Lücke stellt nämlich eine Überschußladung dar. Diese Überschußladung verursacht eine Polarisation der Umgebung, und die dabei freiwerdende Energie verkleinert die Ausbauarbeit der Gitterionen.

Bei der Berechnung der Fehlordnungsenergie beim Ausbau eines Wirtsgitterions in Gittern hoher Symmetrie können die Anteile der Gitterverzerrung zunächst vernachlässigt werden. Bei der Bestimmung der Ausbauarbeit der Fremdionen oder der Ionen, die an Versetzungen angelagert sind, müssen jedoch noch die elastischen Energien, die einen merklichen Beitrag zur Ausbauenergie liefern können, berücksichtigt werden. Hier soll zunächst der Ausbau der Gitterionen in Gittern vom Steinsalztypus, wo die Polarisationsenergie den größten Beitrag liefert, berechnet werden.

Die Polarisationsenergie, die bei der Bildung einer Lücke frei wird, setzt sich aus zwei Anteilen zusammen, und zwar aus der Deformierbarkeit der Elektronenhüllen der die Lücke umgebenden Ionen und aus der Verschiebung der Ionen aus ihrer Ruhelage. Die tatsächliche Ausbauarbeit U ist demnach

$$U = U_1 - A_1,$$

wobei U_1 die Gitterenergie und A_1 die bei der Bildung einer Lücke freiwerdende Polarisationsenergie bedeuten.

§ 2. Berechnung der Polarisationsenergie aus der Deformierbarkeit der Elektronenhüllen

Die Berechnung des Einflusses der Polarisation auf die Ausbauenergie eines Ions ist meistens nicht sehr einfach. Wir wollen zunächst an einem Beispiel den Einfluß der Deformierbarkeit der Ionen auf die Ausbauarbeit im Prinzip behandeln und dann entsprechend den Ansätzen von Mott, Littleton, Hutner, du Pré u. a.[1-7] die wichtigsten Ergebnisse mitteilen.

Befindet sich ein deformierbares Ion in einem elektrischen Feld E_i, dann wird in dem Ion ein Dipol mit einem Dipolmoment

$$\mu_i = \alpha_i E_i = e_i r_i \tag{1}$$

---

[1] N. F. Mott u. M. J. Littleton: Trans. Faraday Soc. **34**, 485 (1938).

[2] F. K. du Pré, R. A. Hutner u. E. S. Rittner: J. Chem. Phys. **17**, 198, 204 (1949); 18, 379 (1950).

[3] P. Brauer: Z. Naturforsch. **7**a, 372, 741 (1952). — Z. Elektrochem. **57**, 744 (1953).

[4] F. Bassani u. F. G. Fumi: Nuovo Cimento **11**, 274 (1954).

[5] J. R. Reitz u. J. L. Gammel: J. Chem. Phys. **19**, 894 (1951).

[6] J. Yamashita u. T. Kurosawa: J. phys. Soc. Japan **9**, 944 (1954).

[7] F. Bassani u. R. Thomson: Phys. Rev. **102**, 1264 (1956).

erzeugt. Der Proportionalitätsfaktor (Polarisierbarkeit) α_i kennzeichnet die Deformierbarkeit des Ions, e seine Ladung und r_i die Verschiebung des Ladungsschwerpunktes. Die vom Feld zur Erzeugung einer Ladungsverschiebung geleistete Arbeit ist

$$A = \int_0^d e\, E_i\, d r_i . \tag{2}$$

Setzt man für E_i den Ausdruck aus der Gl. (1) ein, dann ist diese Arbeit

$$\int_0^d \frac{e^2 r_i d r_i}{\alpha_i} = \left(\frac{\mu_i^2}{2\alpha_i}\right)_{r_i = d} . \tag{3}$$

Befindet sich das deformierbare Ion im Felde e/r^2 einer Punktladung, dann erhält man $\mu_i = \frac{\alpha_i e}{r^2}$ und der zur Erzeugung eines Dipols aufzuwendende Energiebetrag ist

$$\frac{\mu_i^2}{2\alpha_i} = \frac{\alpha_i e^2}{2 r^4} . \tag{4}$$

Nach der Erzeugung des Dipols μ_i wird dieser von der Punktladung angezogen, wobei die Energie

$$\frac{e \mu_i}{r^2} = \frac{\alpha_i e^2}{r^4} \tag{5}$$

gewonnen wird. Der Gesamtenergiegewinn durch die Polarisation eines Ions setzt sich aus den beiden Energiebeträgen zusammen. Man erhält den Ausdruck

$$V = \frac{1}{2} \alpha_i \frac{e^2}{r^4} = \frac{1}{2} e \frac{\mu_i}{r^2} = \frac{1}{2} e \varphi_i . \tag{6}$$

Entfernt man von einem Gitterpunkt eine Ladung, dann wird sich, wenn man die Wechselwirkung der Dipole untereinander nicht berücksichtigt, die Polarisationsenergie der Ionen in der Umgebung der Fehlstelle aus den Beträgen der einzelnen Ionen zusammensetzen. Bezeichnet man den Abstand der Ionen vom Mittelpunkt der Fehlstelle mit r_i, so ist die Polarisationsenergie

$$V = \frac{1}{2} e^2 \sum_i \frac{\alpha_i}{r_i^4} = \frac{1}{2} e \sum_i \frac{\mu_i}{r_i^2} = \frac{1}{2} e \sum_i \varphi_i . \tag{7}$$

V ist das von den Dipolen herrührende Potential am Ort der fehlenden Ladung. (Es wurde angenommen, daß die Ionenlagen unverändert bleiben und nur die Deformierbarkeit der Elektronenhüllen die Polarisierbarkeit bestimmt.)

Die Gl. (7) entstand unter der Vernachlässigung der Dipol-Dipol-Wechselwirkung. MOTT und LITTLETON berücksichtigen diese Wechselwirkung in folgender Weise. Die makroskopische Polarisierbarkeit P

eines Mediums mit der Dielektrizitätskonstanten ε_0 ergibt sich unter der Voraussetzung, daß das Medium aus Punktladungen besteht

$$P = \frac{1}{4\pi}(-E + D) = \frac{1}{4\pi}\left(1 - \frac{1}{\varepsilon_0}\right)\frac{e}{r^2} = (\alpha_1 + \alpha_2)\, E\, \frac{1}{2a^3}, \tag{8}$$

wobei $\varepsilon_0 = n^2$ nur die Polarisation der Elektronenhüllen berücksichtigt, und

$$E = \frac{e}{\varepsilon_0 r^2} \quad \text{und} \quad D = \frac{e}{r^2}$$

ist. a ist die halbe Gitterkonstante, α_1 und α_2 sind die Polarisierbarkeiten der Kationen und Anionen im Ionengitter vom Steinsalztyp.

Das Feld

$$E = \frac{1}{4\pi}\left(1 - \frac{1}{\varepsilon_0}\right)\frac{e}{r^2} \cdot \frac{2a^3}{\alpha_1 + \alpha_2} \tag{9}$$

im Gitter, das angenähert die Dipol-Dipol-Wechselwirkung berücksichtigt, erzeugt in einem positiven Ion mit der Deformierbarkeit α_1 ein Dipolmoment μ_1. Das negative Ion mit der Deformierbarkeit α_2 erhält dementsprechend ein Dipolmoment μ_2. Es ist

$$\left.\begin{aligned} \mu_1 &= \alpha_1 \cdot E = \frac{2\alpha_1}{\alpha_1 + \alpha_2} \cdot \frac{1}{4\pi} \cdot \left(1 - \frac{1}{\varepsilon_0}\right)\frac{e}{r^2}\, a^3 \\ \mu_2 &= \alpha_2 \cdot E = \frac{2\alpha_2}{\alpha_1 + \alpha_2} \cdot \frac{1}{4\pi} \cdot \left(1 - \frac{1}{\varepsilon_0}\right)\frac{e}{r^2}\, a^3. \end{aligned}\right\} \tag{10}$$

Der Gesamtbetrag des von den Dipolen herrührenden Potentials am Ort der fehlenden Ladung ergibt sich aus Gl. (7) durch Summation

$$V = -\,e a^3 \left(M_1 \sum_k \frac{1}{r_k^4} + M_2 \sum_a \frac{1}{r_a^4}\right), \tag{11}$$

wobei

$$M_1 = \frac{2\alpha_1}{\alpha_1 + \alpha_2} \cdot \frac{1}{4\pi} \cdot \left(1 - \frac{1}{\varepsilon_0}\right)$$

bedeutet. Die entsprechende Bedeutung hat M_2.

Diese Darstellung gibt nur in groben Zügen die Überlegungen von Mott und Littleton in nullter Näherung wieder. Die Auswertung der letzten Gleichung für NaCl-Gitter ergibt

$$V = -\frac{e}{a}(6{,}3346\, M_2 + 10{,}1977\, M_1). \tag{12}$$

In erster Näherung werden die sechs unmittelbar in der Nähe der Lücke befindlichen Ionen gesondert behandelt. Für das an der Leerstelle verursachte Potential ergibt sich dann der Ausdruck

$$V = -\frac{e}{a}(4{,}1977\, M_1 + 6{,}3346\, M_2) - \frac{6\mu}{a^3}. \tag{13}$$

Ähnliche Berechnungen, auch für andere Ionensalze sind von RITTNER, HUTNER und DU PRÉ durchgeführt und in der Tabelle 2 dargestellt.

*Tabelle 2**

Substanz	Benutzte Daten				Berechnete Werte				
	a A	ε_0	R_1 cm³	R_2 cm³	α_1 10^{-24} cm³	α_2 10^{-24} cm³	v_1 eV	v_2 eV	$v_1 + v_2$ eV
LiF . .	2,009	1,92	0,074	2,65	0,025	0,884	2,92	1,81	4,73
LiCl . .	2,565	2,75	0,074	9,30	0,023	2,95	3,14	1,89	5,03
LiBr . .	2,745	3,16	0,074	12,14	0,025	4,11	3,18	1,91	5,09
LiJ . .	3,000	3,80	0,074	18,07	0,025	6,20	3,17	1,89	5,06
NaF . .	2,310	1,74	0,457	2,65	0,171	0,993	2,13	1,50	3,63
NaCl . .	2,814	2,25	0,457	9,30	0,147	2,98	2,43	1,53	3,96
NaBr . .	2,980	2,62	0,457	12,14	0,161	4,27	2,60	1,61	4,21
NaJ . .	3,231	2,91	0,457	18,07	0,155	6,11	2,57	1,57	4,14
KF . .	2,670	1,85	2,12	2,65	0,892	1,12	1,75	1,66	3,41
KCl . .	3,139	2,13	2,12	9,30	0,750	3,29	1,96	1,42	3,38
KBr . .	3,293	2,33	2,12	12,14	0,779	4,46	2,06	1,43	3,49
KJ . . .	3,526	2,69	2,12	18,07	0,792	6,75	2,18	1,44	3,62
RbF . .	2,820	1,93	3,57	2,65	1,45	1,08	1,64	1,76	3,40
RbCl . .	3,270	2,19	3.57	9,30	1,32	3,43	1,86	1,48	3,34
RbBr . .	3,427	2,33	3,57	12,14	1,34	4,56	1,91	1,44	3,35
RbJ . .	3,663	2,63	3,57	18,07	1,36	6,90	2,02	1,42	3,44
AgCl . .	2,773	4,01	4,33	9,30	1,62	3,48	3,12	2,55	5,67
AgBr . .	2,884	4,62	4,33	12,14	1,65	4,62	3,24	2,49	5,73
MgO . .	2,101	2,95	0,238	9,88	0,041	1,70	3,98	2,43	6,41
MgS . .	2,595	5,11	0,238	26,0	0,044	4,78	4,05	2,41	6,46
MgSe . .	2,725	5,95	0,238	26,8	0,053	5,96	4,02	2,38	6,40
CaO . .	2,398	3,28	1,19	9,88	0,306	2,54	3,59	2,37	5,96
CaS . .	2,840	4,49	1,19	26,0	0,257	5,62	3,52	2,17	5,69
CaSe . .	2,955	5,04	1,19	26,8	0,301	6,77	3,51	2,15	5,66
CaTe . .	3,172	6,79	1,19	35,6	0,325	9,71	3,53	2,14	5,67
SrO . .	2,572	3,45	2,18	9,88	0,660	2,99	3,33	2,37	5,70
SrS . .	2,935	4,36	2,18	26,0	0,493	5,88	3,34	2,12	5,46
SrSe . .	3,115	4,80	2,18	26,8	0,607	7,46	3,25	2,06	5,31
SrTe . .	3,235	5,60	2,18	35,6	0,565	9,22	3,29	2,04	5,33
BaO . .	2,761	3,83	3,94	9,88	1,39	3,49	3,12	2,47	5,59
BaS . .	3,175	4,64	3,94	26,0	1,10	7,28	3,10	2,07	5,17
BaSe . .	3,310	4,97	3,94	26,8	1,26	8,60	3,04	2,03	5,07
BaTe . .	3,493	5,66	3,94	35,6	1,23	11,1	3,02	1,95	4,97

§ 3. Beitrag der Ionenverschiebung zur Polarisationsenergie

Nunmehr soll noch die Ausbauarbeit unter gleichzeitiger Berücksichtigung der Ionenverschiebung bestimmt werden. Man gewinnt die Ausbauarbeit durch folgenden Kreisprozeß. Zunächst wird ein Ion (es kann ein gittereigenes oder Fremdion sein) von seinem ursprünglichen Platz im Gitter ins Unendliche gebracht. Die Lage der übrigen Ionen des Gitters wird dabei festgehalten. Die dazu erforderliche Energie sei

* Es bedeuten: R_1, R_2 Molrefraktionen der Kationen und Anionen, v_1, v_2 Polarisationsenergien beim Ausbau eines Kations und Anions.

U_1. Man läßt dann die Ionen des Gitters in den neuen Gleichgewichtszustand unter Gewinnung der Arbeit A_1 übergehen. Anschließend bringt man das ausgebaute Ion in seinen Ursprungsort zurück. Die im zweiten Schritt erreichten Ionenlagen werden dabei nicht geändert. Die gewonnene Energie sei U_2. Schließlich läßt man die Gitterionen wieder in ihre Ausgangslage zurückkehren. Bei dem letzten Prozeß wird die Energie A_2 gewonnen. Die Energiebilanz für diesen Kreisprozeß ist

$$U_1 - A_1 - U_2 - A_2 = 0. \tag{14}$$

Für die Ausbauarbeit U_A gilt also

$$U_A = U_1 - A_1 = U_2 + A_2. \tag{15}$$

Unter der Voraussetzung $A_1 = A_2$ erhält man

$$U_A = \tfrac{1}{2}(U_1 + U_2). \tag{16}$$

Die Ausbauarbeit U_A läßt sich somit als Summe zweier Lageenergien U_1 und U_2 darstellen. In diesem Falle ist

$$U_1 = -\frac{A e^2}{a} + 6w(a), \qquad U_2 = -\frac{A e^2}{a} + eV + 6w(a+x). \tag{17}$$

V ist das am Ort der Lücke infolge Elektronen- und Ionenpolarisation erzeugte Potential, x die Verschiebung der sechs nächsten Nachbarn, und $w(a)$ die Abstoßungsenergie. Entwickelt man $w(a)$ in eine Potenzreihe und bricht nach dem zweiten Glied ab, dann erhält man für die Ausbauarbeit U_A den Ausdruck

$$\left.\begin{aligned} U_A &= -\frac{A e^2}{a} + \frac{1}{2} eV + 3[w(a) + w(a+x)] \\ &= -\frac{A e^2}{a} + \frac{1}{2} eV + 6\left[w(a+x) - \frac{1}{2} x w'(a+x)\right]. \end{aligned}\right\} \tag{18}$$

Diese Gleichung benutzen MOTT und LITTLETON zur Berechnung der Ausbauenergie, wobei es wieder bei der Bestimmung des Potentials V auf eine Näherungsmethode ankommt. Analog zu Gl. (8) ist die Polarisation P in großer Entfernung r vom Mittelpunkt der erzeugten Lücke

$$P = \frac{1}{4\pi}\left(1 - \frac{1}{\varepsilon}\right)\frac{e}{r^2} = \frac{1}{2a^3}(\mu_1 + \mu_2). \tag{19}$$

Da es sich in diesem Fall um Ionenverschiebungen handelt, ist im Gegensatz zu Gl. (8) für ε die statische Dielektrizitätskonstante einzusetzen.

Aus den für die Dipolmomente geltenden Gleichungen

$$\left.\begin{aligned} \mu_1 &= \alpha_1 E_e + ex = \alpha_1 \cdot E_e + \frac{e^2}{p} E_i \\ \mu_2 &= \alpha_2 E_e + ex = \alpha_2 \cdot E_e + \frac{e^2}{p} E_i \end{aligned}\right\} \tag{20}$$

folgt

$$\frac{\mu_1}{\mu_2} = \frac{\beta + \beta_1}{\beta + \beta_2} \tag{21}$$

mit

$$\beta = \frac{e^2}{p a^3} \cdot \frac{E_i}{E_e}, \quad \beta_1 = \frac{\alpha_1}{a^3}, \quad \beta_2 = \frac{\alpha_2}{a^3}.$$

E_e und E_i ist das effektive Feld für die Elektronen und Ionenpolarisation. $p x$ ist in erster Näherung die Abstoßungskraft infolge Überlappung der Ionen. x wurde durch die Gleichgewichtsbedingung $p x = e E_i$ eliminiert.

Unter Benutzung der Gln. (19), (20) ergibt sich für die einzelnen Dipolmomente

$$\mu_1 = M_1' a^3 \frac{e}{r^2}, \quad \mu_2 = M_2' a^3 \frac{e}{r^2}, \tag{22}$$

wobei

$$M_1' = \frac{1}{4\pi}\left(1 - \frac{1}{\varepsilon}\right) \frac{\beta + \beta_1}{\beta + \frac{1}{2}(\beta_1 + \beta_2)}$$

$$M_2' = \frac{1}{4\pi}\left(1 - \frac{1}{\varepsilon}\right) \frac{\beta + \beta_2}{\beta + \frac{1}{2}(\beta_1 + \beta_2)}$$

ist.

Die Verschiebung der Ionen x ist

$$x = \frac{1}{4\pi}\left(1 - \frac{1}{\varepsilon}\right) \frac{\beta}{\beta + \frac{1}{2}(\beta_1 + \beta_2)} a^3 \frac{\alpha}{r^2}. \tag{23}$$

In nullter Näherung ergibt sich analog zur Gl. (12) für das Potential V der Ausdruck

$$V = -\frac{e}{a}(10{,}1977\, M_1' + 6{,}3346\, M_2'). \tag{24}$$

Dabei wurde angenommen, daß die Gln. (22), (23) auch für die Ionen in unmittelbarer Umgebung der Lücke ihre Gültigkeit behalten.

In der ersten Näherung wird beim Ausbau eines Kations das Dipolmoment und die Verschiebung x der benachbarten Ionen gesondert berechnet. Für den Außenbereich werden die Gln. (22), (23) als gültig angenommen. Die Endergebnisse der Rechnungen sind unabhängig von dem Verhältnis E_i/E_e in den Gleichungen für β, so daß man praktisch mit gleichem effektiven Feld für die Elektronen- und Ionenpolarisation rechnen kann.

Eine Bestimmung der Ausbauarbeit der Fremdionen bei gleichzeitiger Berücksichtigung der elastischen Gitterverzerrung wurde von BRAUER[3] durchgeführt. Diese elastische Gitterverzerrung, die durch den größeren Raumbedarf des Fremdions zustande kommt, ist in grober Näherung umgekehrt proportional der Entfernung von der Störstelle. Die dadurch bewirkte Ladungsverschiebung des Ions beschreibt er durch einen Dipol mit dem Moment $\mu_\nu = e\xi\nu$. Zu der nullten Näherung in Gl. (24) kommt dadurch ein Zusatzglied.

§ 4. Elementare Bestimmung der Polarisationsenergie

Noch vor den Berechnungen von MOTT und LITTLETON wurden die Fehlordnungsenergien von JOST[8,9] in Analogie zum Auflösungsvorgang des Steinsalzes im Wasser elementar bestimmt. Die Auflösung einer festen Substanz im Wasser besteht aus zwei Prozessen, aus der Abtrennung der einzelnen Ionenpaare vom normalen Gitterverband und ihrer Auflösung im Wasser. Die Entstehung der Fehlordnung im Ionengitter kann als ähnlicher Vorgang aufgefaßt werden. Die Entfernung eines Ions aus dem Gitterverband wird als erster Prozeß angesehen. Dafür muß der volle Betrag der Gitterenergie aufgewendet werden. Wenn nun aber die Fehlstelle entstanden ist, so ist die Entstehung der Fehlstellen als ein Lösungsvorgang im Kristallgitter zu betrachten. Die gesamte zur Auflösung notwendige Energie besteht dann aus zwei Anteilen, aus der Abtrennungsenergie der Ionen vom Gitterverband und der Lösungsenergie der Störstellen im Gitter. Der Betrag der Coulomb-Energie, der zur Abtrennung der Ionen aufgewendet werden muß, ist nahezu gleich der Gitterenergie. Der Betrag der Lösungsenergie einer Lücke in einem Medium mit der Dielektrizitätskonstante ε ist gleich

$$E_{\mathrm{pol}} = -\frac{1}{2}\frac{e^2}{r}\left(1 - \frac{1}{\varepsilon}\right). \tag{25}$$

Das Potential $\frac{e}{r}$ des Ions im Gitterverband sinkt im Wasser auf $\frac{e}{r \cdot \varepsilon}$ des früheren Wertes herab. Dabei wird die Energie E_{pol} gewonnen. Dieser Energiebetrag kann einen großen Anteil der bei der Entfernung des Ions aufzuwendenden Arbeit kompensieren. Diese Überlegungen, die nur einen qualitativen Charakter haben, zeigen, daß die Fehlordnungsenergie im allgemeinen bedeutend kleiner als die Gitterenergie ist.

Drittes Kapitel

Platzwechselvorgänge, Diffusion und Ionenleitung

§ 1. Mechanismus der Platzwechselvorgänge

Im thermodynamischen Gleichgewicht entstehen im Kristallgitter infolge der Temperaturbewegung verschiedene Arten von Störstellen. Wie wir in Kapitel I und II gesehen haben, kann mit steigender Temperatur eine zunehmende Anzahl von Gitterionen ihre Plätze verlassen und sich an der Oberfläche anlagern. Dabei wird aus Neutralitätsgründen im Ionengitter die gleiche Anzahl von Kationen- undAnionenlücken entstehen (Schottkyscher Fehlordnungstyp), oder es können Gitter-

---

[8] W. JOST: Z. physik. Chemie A **169**, 129 (1934). — Z. techn. Phys. **16**, 363 (1935). — Trans. Faraday Soc. **34**, 860 (1938).

[9] W. JOST u. G. NEHLEP: Z. physik. Chemie B **32**, 1 (1936); **34**, 348 (1936).

ionen ihre Plätze verlassen und sich auf Zwischengitterplätzen anlagern (Frenkelscher Fehlordnungstyp). Im Ionengitter sind vorwiegend diese beiden Fehlordnungstypen verwirklicht. Die Art der Störstellen und ihre Konzentration ist thermodynamisch festgelegt.

Sowohl Lücken wie auch Ionen auf Zwischengitterplätzen werden ständig unter dem Einfluß der Temperaturbewegung der umgebenden Ionen ihre Lage im Raum ändern. Ein Zwischengitterplatzion ist im allgemeinen von unbesetzten Zwischengitterplätzen umgeben, und es bedarf nur einer verhältnismäßig kleinen Platzwechselenergie U, um auf einen benachbarten Zwischengitterplatz zu springen. Die Aufenthaltsdauer einer Lücke auf einem bestimmten Gitterplatz hängt ebenfalls von der Energie ab, die für den direkten Platzaustausch mit den die Lücke umgebenden Ionen nötig ist. Im allgemeinen sind alle Platzwechselvorgänge an die Anwesenheit solcher Störstellen gebunden. Für die Diffusion und Ionenleitung bei höheren Temperaturen sind die Platzwechselvorgänge der Störstellen von entscheidender Bedeutung. Im völlig geordneten Gitter ohne Störstellen wird ein Platztausch stattfinden, wenn zwei gleichartige Teilchen gleichzeitig ihren Ort verändern. Ein solcher Platzwechsel erfordert jedoch einen hohen Energieaufwand, so daß er praktisch im Ionengitter zu vernachlässigen ist. Ein Ion auf einem normalen Gitterplatz kann nur dann leicht springen, wenn sich in seiner unmittelbaren Nachbarschaft eine Lücke oder ein Ion auf einem Zwischengitterplatz befindet. Die Wahrscheinlichkeit eines Platzwechsels ist um so größer, je kleiner die Platzwechselenergie ist.

a

b

Abb. 5a u. b. Durch Fehlordnung ermöglichte Platzwechselsprünge. a Ein Ion auf dem Zwischengitterplatz springt auf dem direkten Wege zum benachbarten unbesetzten Zwischengitterplatz (durch Pfeil angedeutet). b Die Diffusion eines Zwischengitterions erfolgt durch Verdrängung eines gleichartigen benachbarten Ions vom normalen Gitterplatz

Für den Platzwechsel der Ionen auf Zwischengitterplätzen sind verschiedene Mechanismen möglich. Ein Ion auf Zwischengitterplatz kann auf direktem Wege zum nächsten Zwischengitterplatz springen. Wahrscheinlich ist es jedoch, daß, wie die Abb. 5a u. b zeigt, die Diffusion eines Ions auf Zwischengitterplatz durch Verdrängung eines gleichartigen benachbarten Ions von dem normalen Gitterplatz auf den nächsten Zwischengitterplatz erfolgt, dabei nimmt das Ion, das sich am Anfang auf dem Zwischengitterplatz befand, jetzt den Gitterplatz ein.

Die Aktivierungsenergie, die für den Platzwechsel erforderlich ist, hängt von der Struktur des Gitters und von den Eigenschaften der umgebenden Ionen ab. Auch die Selbstdiffusion, die experimentell direkt durch Diffusion radioaktiver Isotope verfolgt werden kann, läßt sich, wie wir später sehen werden, auf die Diffusion von Lücken oder Zwischengitterplätzen zurückführen.

§ 2. Der Diffusionskoeffizient von Störstellen

Die Theorie der Platzwechselvorgänge ist zuerst von JOST[1,2], WAGNER[3,4] und später von MOTT[5,6], SEITZ[7] und DIENES[8] diskutiert worden. Die Diffusion von Fremdionen konnte von STASIW, TELTOW[9,10] und später LIDIARD[11] auf die Diffusion von Leerstellen zurückgeführt werden. Die für den Platzwechselvorgang notwendige Energie kann theoretisch nur ganz roh abgeschätzt werden und wird hauptsächlich aus experimentellen Daten gewonnen.

Zur quantitativen Diskussion wollen wir den Platzwechsel einer Lücke mit den umgebenden Ionen zugrunde legen.

Der Teilchendiffusionskoeffizient D einer Störstelle ergibt sich aus dem Ansatz

$$D = g s^2 \nu, \tag{1}$$

wobei s der Sprungweg ist. Im Ionengitter ist s von der Größenordnung der Gitterkonstanten a, da der Platzwechsel nur mit den Nachbarionen gleichen Vorzeichens stattfinden kann. g ist ein Geometriefaktor von der Größenordnung 1 und ν die Zahl der sekundlichen Sprünge in eine Nachbarlage. Die Sprungfrequenz ist

$$\nu = \nu_0 \exp\left(-\frac{U}{kT}\right). \tag{2}$$

Im Falle der Lückendiffusion stellt ν_0 die Normalschwingungsfrequenz des Gitterions und U die Platzwechselenergie dar. ν_0 ist nicht ganz sicher bekannt, kann aber proportional der Ultrarotschwingungsfrequenz gesetzt werden, welche von der Größenordnung 10^{13}/sec bis 10^{14}/sec ist. Durch Einsetzen der Gl. (2) in die Gl. (1) ergibt sich für die Lückendiffusion

$$D_\square = D_{0\square} \cdot \exp\left(-\frac{U}{kT}\right), \tag{3}$$

---

[1] W. JOST: Diffusion u. chemische Reaktion in festen Stoffen. Steinkopff 1937.

[2] W. JOST u. G. NEHLEP: Z. physik. Chemie B **32**, 1 (1936).

[3] E. KOCH u. C. WAGNER: Z. Physik. Chemie B **38**, 295 (1938).

[4] C. WAGNER: J. phys. Chem. **57**, 738 (1953).

[5] N. F. MOTT u. M. J. LITTLETON: Trans. Faraday Soc. **34**, 458 (1938).

[6] N. F. MOTT u. R. W. GURNEY: Electronic Processes in Ionic Crystals. Oxford Clarendon 1940.

[7] F. SEITZ: Revs. Mod. Phys. **18**, 384 (1946).

[8] J. DIENES: J. Chem. Phys. **1**, 620 (1948).

[9] E. SCHÖNE, O. STASIW u. J. TELTOW: Z. physik. Chemie **197**, 145 (1951).

[10] J. TELTOW: Ann. Phys. **5**, 63, 71 (1949).

[11] A. B. LIDIARD: Philos. Mag. **46**, 815, 1218 (1955).

wobei

$$D_{0\square} = g\, s^2\, \nu_0 \tag{3a}$$

ist.

Der Wert für den Diffusionskoeffizienten der Ionen auf Zwischengitterplätzen kann in ähnlicher Weise abgeleitet werden. U ist dann die Platzwechselenergie für die Ionen auf Zwischengitterplätzen.

§ 3. Störstellenabhängigkeit des Selbstdiffusionskoeffizienten

Der Selbstdiffusionskoeffizient D_s eines Gitterions ergibt sich, falls der Platzwechselvorgang durch den Sprung eines Gitterions in die benachbarte Lücke erfolgt, zu

$$D_s = D_\square \cdot w_\square . \tag{4}$$

$w_\square$ ist die Wahrscheinlichkeit dafür, in Diffusionsrichtung neben den Gitterionen Lücken vorzufinden, und diese ist

$$w_\square = x_\square = \frac{n_\square}{N}, \tag{5}$$

wobei $n_\square$ gleich der Anzahl der Lücken im Kristallgitter ist und N die Anzahl der Gitterbausteine einer Sorte bedeutet. Bei der Abschätzung in § 2 wurde der Einfachheit halber vorausgesetzt, daß die Platzwechselenergie einen temperaturunabhängigen Wert besitzt. Tatsächlich wird die Volumenänderung des Gitters mit der Temperatur den Betrag von U verändern, so daß der tatsächliche Diffusionskoeffizient D in der Gl. (3) auf der rechten Seite noch mit einem schwach temperaturabhängigen Faktor C zu multiplizieren ist. Es ergibt sich

$$D_\square = C \cdot D_{0\square} \cdot \exp\left(-\frac{U_0}{kT}\right). \tag{6}$$

Für Gl. (4) ergibt sich dann

$$D_s = D_{0\square} \cdot C \cdot \frac{n_\square}{N} \cdot \exp\left(-\frac{U_0}{kT}\right), \tag{7}$$

wobei jetzt U_0 die Platzwechselenergie beim absoluten Nullpunkt bedeutet. Die Temperaturabhängigkeit der Schwellenenergie U kann mittels einer Entwicklung auf die Form

$$U = U_0 + T \left.\frac{dU}{dT}\right|_{T=0}$$

gebracht werden.

Die Konzentration der Lücken $x_\square$ wird bei der idealen Gültigkeit der Wagner-Schottkyschen Theorie nach der Gl. (16) des Kapitels I bei verdünnten Konzentrationen

$$\frac{n_\square}{N} = x_\square = \exp\left[-\frac{1}{2} \cdot \frac{E_F}{kT}\right]. \tag{7a}$$

Diese Beziehung gilt außerdem nur dann, wenn die Volumenänderung bei der Schaffung einer Lücke vernachlässigt und die Änderung der Schwingungsfrequenz der Teilchen in der Umgebung einer Lücke, die ebenfalls einen Beitrag zur freien Energie liefert, unberücksichtigt bleibt. Auch hier ergibt sich der tatsächliche Wert der Störstellenkonzentration $x_\square$ erst dann, wenn die rechte Seite der letzten Gleichung noch mit einem Proportionalitätsfaktor B multipliziert wird, so daß

$$n_\square = B \cdot N \cdot \exp\left[-\frac{1}{2} \cdot \frac{E_F}{kT}\right]. \tag{8}$$

Die Proportionalitätsfaktoren B und C sind von MOTT[6] für Ionengitter vom Typ des Kochsalzgitters abgeschätzt worden. Der Faktor C ist ungefähr gleich 10^3 bis 10^4.

Für den Selbstdiffusionskoeffizienten D_s der Gl. (4) ergibt sich dann

$$D_s = D_{0\square} \cdot B \cdot C \cdot \exp\left[\frac{-(\frac{1}{2} E_F + U_0)}{kT}\right]. \tag{9}$$

§ 4. Bestimmung von Selbstdiffusionskoeffizienten in Alkalihalogeniden mit Zusätzen

Die Messungen des Selbstdiffusionskoeffizienten von Na^+ in NaCl-Kristallen sind von MAPOTHER, CROOKS und MAURER[12] ausgeführt worden. Später bestimmte WITT[13] noch die Selbstdiffusion von K^+ in KCl-Kristallen, allerdings bei gleichzeitigem Zusatz von Sr^{++}-Ionen.

In Kaliumchloridkristallen mit Strontiumchloridzusatz wird ein zweiwertiges Sr^{++}-Ion ein Wirtsgitterion K^+ ersetzen und aus Neutralitätsgründen eine Kaliumlücke im Gitter erzeugen. Ist die Konzentration des Strontiumzusatzes groß gegenüber der Eigenfehlordnung des Gitters, dann wird die Konzentration der Lücken (mindestens in dem Temperaturbereich, in dem noch keine merkliche Assoziation der K^+-Lücken und Zusatzionen vorhanden ist), nur durch die Konzentration der Zusatzionen gegeben. Die Selbstdiffusionskonstante läßt sich dann nach der Gl. (9) berechnen, wobei die Konzentration der Lücken $x_{\square A}$ gleich der Konzentration des Zusatzes ist. In beiden Fällen wurden radioaktive Substanzen als Indikatoren zur Bestimmung der Diffusionskoeffizienten benutzt. Die Ergebnisse der Messungen von MAURER sind in der Abb. 6 dargestellt.

Diese Ergebnisse können nur oberhalb von 500° C mit der Gl. (9) verglichen werden. Bei tiefen Temperaturen beeinflussen noch Störstellen den Diffusionskoeffizienten, die durch Verunreinigungen hervorgerufen werden. Auf eine solche Beeinflussung wollen wir später eingehen. Bei hohen Temperaturen ist die thermische Fehlordnungskonzentration so

---

[12] D. MAPOTHER, H. N. CROOKS u. R. MAURER: J. Chem. Phys. **19**, 1073 (1951).
[13] H. WITT: Z. Phys. **134**, 117 (1953).

groß, daß die Beeinflussung der Störstellenkonzentration durch Verunreinigungen keine Rolle spielt. Eine weitere Komplikation kann bei tiefen Temperaturen die Messung des Selbstdiffusionskoeffizienten beeinflussen. Im Falle des NaCl-Gitters kann eine Assoziation der Natrium- und Chlorlücken eintreten, die bei der exakten Berechnung des Selbstdiffusionskoeffizienten berücksichtigt werden muß.

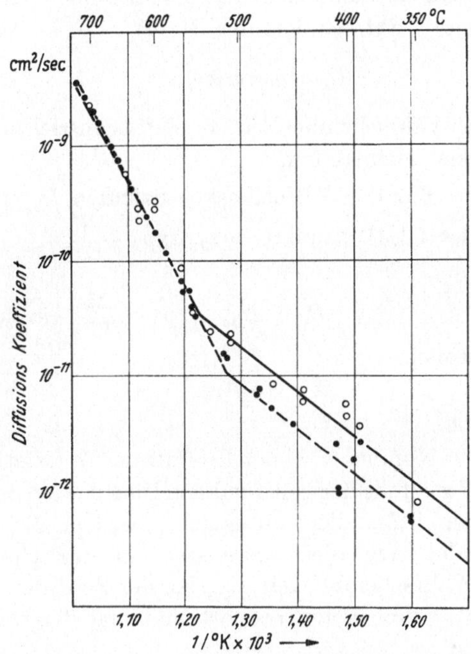

Abb. 6. Temperaturabhängigkeit des Selbstdiffusionskoeffizienten in NaCl. Die ausgezogene Linie zeigt die gemessenen, die gestrichelte die aus der Leitfähigkeit errechneten Werte

§ 5. Diffusion von Fremdionen in Mischkristallen

Auch die Diffusion der mischkristallartig im Gitter eingebauten Fremdionen ist mit der Anwesenheit der schon im Gitter vorhandenen und durch den Zusatz beeinflußten Störstellen verknüpft. Wir wollen eine solche Diffusion am Beispiel der Silberbromidkristalle mit Zusätzen von $CdBr_2$ und $PbBr_2$ untersuchen[9]. Die Konzentration der einzelnen Störstellen im AgBr-Gitter, insbesondere bei verdünnten Konzentrationen des Zusatzes, wird durch Massenwirkungsgleichungen beschrieben, wie sie im Kapitel I abgeleitet wurden.

Ein Cadmiumion auf normalem Gitterplatz (Abb. 7) kann am leichtesten dann auf einen benachbarten Gitterplatz springen, wenn sich in seiner unmittelbaren Nachbarschaft eine Silberionenlücke befindet. Andere Prozesse der Diffusion von Cadmiumionen, z.B. direkter Austausch des Cadmiumions mit einem benachbarten Silberion auf normalem

Gitterplatz, kosten erheblich mehr Energie und sind daher als unwahrscheinlich anzusehen.

Bei der quantitativen Diskussion wird also angenommen, daß der Mechanismus der Diffusion der Fremdionen stets an die Anwesenheit einer Lücke in der Nachbarschaft gebunden ist.

Der Teilchendiffusionskoeffizient D_c eines einzelnen Fremdions ergibt sich aus einem Ansatz ähnlich dem der Gl. (4)

$$D_c = g\, s^2 \nu_c w_{\Box c}. \tag{10}$$

$w_{\Box c}$ bedeutet die Wahrscheinlichkeit, in Diffusionsrichtung neben den Fremdionen Lücken anzutreffen.

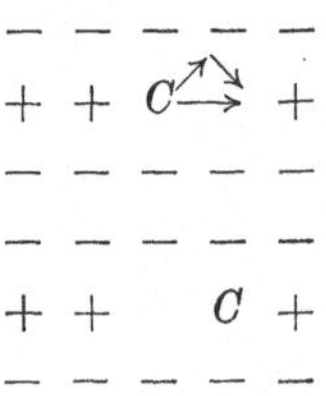

Abb. 7. Sprung eines zweiwertigen Ions C auf den benachbarten leeren Gitterplatz

Für den Diffusionskoeffizienten D_c ergibt sich aus der Gl. (10) und $\nu_c = \nu_{0c} \exp\left(-\frac{U_c}{kT}\right)$

$$D_c = D_{0c} \cdot \exp\left(-\frac{U_c}{kT}\right) \cdot w_{\Box c}, \tag{11}$$

wobei

$$D_{0c} = g\, s^2 \nu_{0c}$$

ist.

Nunmehr soll der Einfluß der Assoziation und beide Grenzfälle der vollständigen Dissoziation und Assoziation der Störstellen untersucht werden. Bei vollständiger Assoziation befindet sich die Lücke stets in der Umgebung eines Fremdions. Die Wahrscheinlichkeit $w_{\Box c}$ ist der Zahl der benachbarten Kationengitterplätze umgekehrt proportional und der Diffusionskoeffizient ergibt sich zu

$$D_c = D_{0c} \exp\left(-\frac{U_c}{kT}\right) \cdot w_{\Box c}; \qquad w_{\Box c} = \frac{1}{12}. \tag{12}$$

Ist eine teilweise Dissoziation vorhanden, dann wird dieser Sachverhalt am einfachsten dadurch beschrieben, daß man die an Fremdionen angelagerten Lücken als Moleküle behandelt und hierauf Massenwirkungsgesetze anwendet. Die Wahrscheinlichkeit dafür, eine Lücke in der Umgebung eines Fremdions anzutreffen, ist der Konzentration der Komplexe x_k gleich ($w_{\Box} = x_k$). Die Gitterkonzentration der Komplexe x_k ergibt sich aus der Massenwirkungsgleichung

$$\frac{x_c \cdot x_{\Box A}}{x_k} = \frac{1}{g} \exp\left(-\frac{W}{kT}\right), \tag{12a}$$

wobei W die Assoziationsenergie bedeutet. Der Fremddiffusionskoeffizient ist

$$D_c = \frac{1}{g} \cdot D_{0c} \cdot \exp\left(-\frac{U_c}{kT}\right) \cdot x_k. \tag{13}$$

Bei vollständiger Dissoziation, also für den Fall $W \ll kT$, ist der Ausdruck auf der rechten Seite der Gl. (12a) konstant. x_k wird unabhängig von der Temperatur und hängt nur von der Konzentration des Zusatzes $y = x_k + x_c$ ab.

Bei der bisherigen Berechnung der Fremddiffusion wurde stillschweigend vorausgesetzt, daß die Zahl ν der Sprünge pro Sekunde der Lücken in der Umgebung eines Fremdions bedeutend größer ist als die Zahl ν_c der Sprünge des Fremdions. Dies trifft auch im allgemeinen zu und wurde von SCHÖNE, STASIW und TELTOW[9] untersucht. Ist die Zahl der sekundlichen Sprünge von Fremdionen jedoch vergleichbar mit derjenigen der Kationenlücken oder größer, dann setzt sich die neue Sprungfrequenz ν_c' aus zwei Anteilen ν und ν_c zusammen, und zwar ist

$$\frac{1}{\nu_c'} = \frac{1}{\nu} + \frac{1}{\nu_c}; \qquad \nu_c' = \frac{\nu \cdot \nu_c}{\nu + \nu_c}, \tag{14}$$

wobei ν und ν_c die Zahl der sekundlichen Sprünge des Fremdions und der Lücke bedeuten. Die Fremddiffusionskonstante D_c ist dann

$$D_c = g \cdot \nu_c' s^2 = g \cdot \frac{\nu \cdot \nu_c}{\nu + \nu_c} \cdot s^2. \tag{15}$$

Dieser allgemeine Fall wurde zuerst von SCHOTTKY angegeben.

Von LIDIARD wurde noch versucht, den Mechanismus der Fremddiffusion weiter auszubauen. Bei der bisherigen Betrachtung wurde vorausgesetzt, daß nur diejenigen Fremdionen, in deren unmittelbarer Nachbarschaft sich eine Kationenlücke befindet, als Komplexe aufzufassen sind und nur deren Sprungwahrscheinlichkeit bei der Diffusion maßgebend ist.

Man kann auch noch die Sprünge und ihren Einfluß auf die Diffusionskonstante betrachten, die weiter von den Fremdionen entfernte Lücken ausführen, wobei die zwischen Lücke und Fremdion wirkende Coulombsche Anziehungskraft berücksichtigt wird. Solche Untersuchungen, die sich auf den vorher angegebenen prinzipiellen Gedankengängen aufbauen, sind von LIDIARD für einige spezielle Fälle durchgeführt worden.

Das Verhalten des Fremddiffusionskoeffizienten D_c im AgBr mit $CdBr_2$-Zusatz wurde experimentell von SCHÖNE, STASIW und TELTOW untersucht. Besonders einfach läßt sich der experimentelle Tatbestand in den beiden Grenzfällen der vollständigen Assoziation und der Dissoziation, wie sie in den Gln. (12) und (13) dargestellt sind, deuten.

Bei 350° C und bei 400° C steigt tatsächlich der Diffusionskoeffizient proportional mit der Konzentration. Ganz anders liegen die Verhältnisse bei tiefen Temperaturen. Oberhalb eines ganz bestimmten Konzentrationsbereiches sind praktisch sämtliche Cadmiumionen mit Silberionenlücken assoziiert. Für reine Komplexe gilt die Gl. (12). Sie zeigt, daß im Bereich der tiefen Temperaturen der Diffusionskoeffizient unabhängig von der Konzentration des Zusatzes ist. Die Messungen (Abb. 8) zeigen auch diesen Verlauf. Bei 250° und 300° C ist oberhalb von einem Mol-%-Zusatz keine Abhängigkeit des Diffusionskoeffizienten von der Zusatzkonzentration vorhanden. Unterhalb von einem Mol-% macht sich jedoch die Dissoziation der Störstellen $Cd_G^{\cdot}Ag_{\square}'$ bemerkbar. Die steigende Dissoziation von Störstellen bei geringen Konzentrationen ist für die Abnahme des Wertes des Diffusionskoeffizienten verantwortlich.

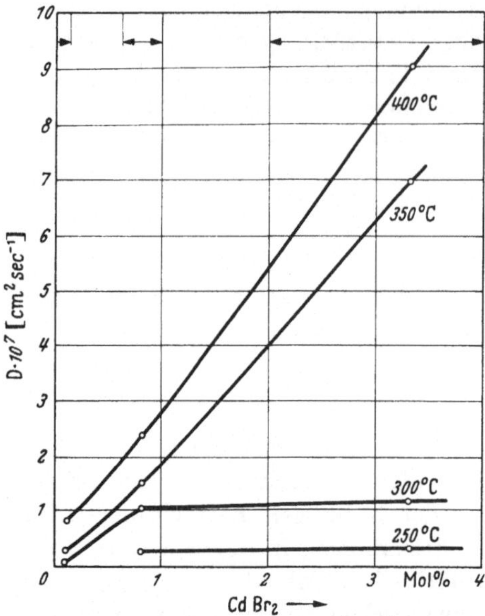

Abb. 8. Diffusion von $Cd_G^{\cdot}$ in AgBr. Infolge vollständiger Dissoziation wächst die Diffusionskonstante der $Cd_G^{\cdot}$ bei der Temperatur 350° und 400° C proportional mit der Konzentration des Zusatzes. Bei 300° und 250° C ist die Diffusionskonstante infolge überwiegender Assoziation oberhalb 1% des Zusatzes konzentrationsunabhängig

Die Anwendung des Platzwechselmodells zeigt, daß bei dem Zusatz CuBr zu Silberbromid neben dem Ersatz der Silberionen auf normalen Gitterplätzen durch Kupferionen auch ein Einbau auf Zwischengitterplätzen stattfindet. Der Diffusionskoeffizient des Kupfers im AgBr ist um Größenordnungen größer als der der Cadmium- oder Bleiionen. Eine so rasche Diffusion ist nur möglich, wenn der Einbau von Kupferionen anders als der des Cadmium- oder Bleizusatzes erfolgt.

§ 6. Platzwechselvorgänge und Ionenleitung

Ähnlich wie bei der Diffusion spielt der Platzwechsel der Störstellen auch bei der Ionenleitung eine entscheidende Rolle. Die elektrolytische Leitung in Ionengittern beruht darauf, daß im elektrischen Felde nur Ionen auf Zwischengitterplätzen oder Ionenlücken wandern können. Man kann sogar — wie wir später sehen werden — in speziellen Fällen aus der Ionenleitung die Konzentration der fehlgeordneten Teilchen bestimmen.

Die Ionenleitfähigkeit σ setzt sich zusammen aus den Leitfähigkeiten der einzelnen fehlgeordneten Ionensorten.

Es ist

$$\sigma = \sum \sigma_i \tag{16}$$

mit

$$\sigma_i = n_i e v_i. \tag{16a}$$

v_i bedeutet die Beweglichkeit der Störstelle i im elektrischen Feld. Nach EINSTEIN besteht zwischen der Beweglichkeit und der Diffusionskonstanten die Beziehung

$$v = \frac{e \cdot D}{kT} \quad \text{oder} \quad \sigma_i = n_i D_i \frac{e^2}{kT}. \tag{17}$$

Durch Einsetzen der entsprechenden Größen aus den Gln. (3a), (6), (8) und (17) in die Gl. (16a) ergibt sich für Lücken

$$\left.\begin{aligned} \sigma_i &= BN \cdot \exp\left(\frac{-E_F}{2kT}\right) \cdot e^2 \cdot \frac{D}{kT} \\ &= B \cdot C \cdot N \frac{e^2}{kT} g a^2 \nu_0 \exp\left[\frac{-(\frac{1}{2} E_F + U)}{kT}\right] \\ &= \sigma_{0i} \exp\left[\frac{-(\frac{1}{2} E_F + U)}{kT}\right], \end{aligned}\right\} \tag{18}$$

wobei

$$\sigma_{0i} = BCN \frac{e^2}{kT} g \cdot a^2 \cdot \nu_0$$

ist. σ_{0i} zeigt gegenüber dem Glied

$$\exp\left[\frac{-(\frac{1}{2} E_F + U)}{kT}\right]$$

nur eine geringe Temperaturabhängigkeit und kann als eine Konstante angesehen werden. Wirken bei der Ionenleitung mehrere Sorten von Fehlordnungsteilchen mit, dann ist die Gesamtleitfähigkeit

$$\sigma = \sum \sigma_i = \sum \sigma_{0i} \exp\left[\frac{-(\frac{1}{2} E_F + U_i)}{kT}\right]. \tag{19*}$$

Die in den einzelnen Gliedern der Summe neben σ_{0i} im Exponenten vorkommenden Größen ergeben sich wie bei der Ableitung von Gl. (18) aus den in Kapitel I abgeleiteten Beziehungen für die Konzentrationen der Fehlordnung.

§ 7. Temperaturabhängigkeit der Ionenleitung und ihr Zusammenhang mit der Fehlordnungsenergie

Die gemessenen Leitfähigkeitskurven entsprechen insbesondere bei hohen Temperaturen durchaus der in der Gl. (19) abgeleiteten Beziehung. Die Ergebnisse der Messungen an Alkalihalogeniden werden in vielen Lehrbüchern und Monographien diskutiert[6]. Bei tiefen Temperaturen treten Abweichungen auf, die durch eine Verunreinigung der

* In Gl. (19) müssen bei der Summation die verschiedenen Sorten von Fehlordnungsteilchen auch durch die entsprechenden Fehlordnungsenergien E_F berücksichtigt werden.

Substanz oder durch Einfrieren von Nichtgleichgewichtszuständen beim Abkühlen verursacht werden. Auch Strukturfehler, deren Behandlung zunächst außerhalb der Thermodynamik liegt, spielen bei tiefen Temperaturen eine besondere Rolle. Die Fehlordnungsenergien, die man aus der Temperaturabhängigkeit der Leitfähigkeit entsprechend der Gl. (19) experimentell bestimmen kann, stimmen gut mit denjenigen Werten der Fehlordnungsenergie überein, die MOTT und LITTLETON für einige Ionengitter vom Kochsalztyp berechneten.

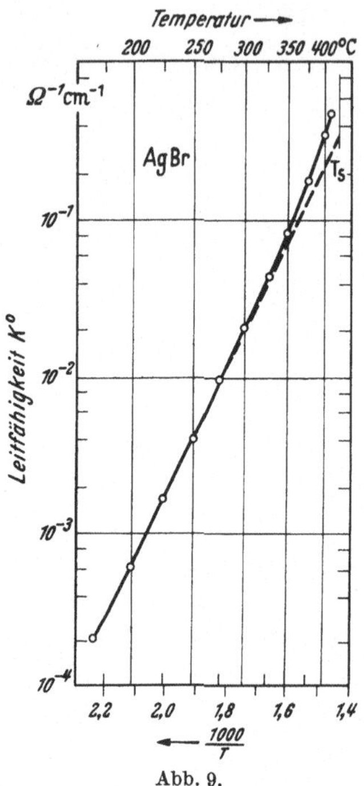

Abb. 9.
Leitfähigkeit von zusatzfreiem AgBr

In der Abb. 9 sind die Ergebnisse der Messungen an zusatzfreiem Silberbromid in Abhängigkeit von der Temperatur dargestellt. Von etwa 100° bis 325° C befolgt die Leitfähigkeitskurve das in der Gl. (19) dargestellte Gesetz. Oberhalb 325° C ist der Anstieg steiler. Dies zeigt, daß oberhalb von 325° C im Silberbromid besondere Verhältnisse vorliegen müssen. Aus dem Anstieg der Geraden in Abb. 9 kann der Wert von $(\frac{1}{2}E_F + U)$ bestimmt werden. Aus zahlreichen Untersuchungen, auf die noch eingegangen wird, ist anzunehmen, daß im AgBr bis zu der Temperatur von 300° C überwiegend Frenkelsche Fehlordnung vorliegt. Im Ausdruck $(\frac{1}{2}E_F + U)$ ist E_F die Energie, die zur Schaffung eines Silberions und einer Lücke notwendig ist, während U die Platzwechselenergie der Silberionen auf Zwischengitterplätzen bedeutet. Bedeutend schwieriger und unübersichtlicher sind die Verhältnisse oberhalb von 300° C. Zahlreiche Messungen sprechen dafür, daß oberhalb dieser Temperatur die Schottkysche Fehlordnung zunimmt. Diese verlangt im Silberbromid einen höheren Betrag an Fehlordnungsenergie als die Frenkelsche Fehlordnung. Andererseits zeigen die Überführungsmessungen von TUBANDT[14,15], daß im Silberbromid kein merklicher Beitrag von Bromionenlücken zum Stromtransport zu verzeichnen ist. Damit ist die Abweichung vom exponentiellen Anstieg im gegenwärtigen Moment noch unverständlich. Die Messungen von TUBANDT zeigen nämlich, daß selbst für den Fall einer hohen Konzentration an Schottkyscher Fehlordnung auch in der Nähe des Schmelzpunktes die Beweglichkeit von Bromionenlücken bedeutend kleiner als

[14] C. TUBANDT, H. REINHOLD u. W. JOST: Z. anorg. allg. Chem. **177**, 177 (1928).
[15] C. TUBANDT u. H. REINHOLD: Z. Elektrochem. **29**, 313 (1923).

die von anderen Störstellen ist. Der wesentliche Einfluß, der zu dem starken Anstieg der elektrischen Leitfähigkeit oberhalb von 300° C führt, kann mit der anomalen Zunahme des thermischen Ausdehnungskoeffizienten, wie er von STRELKOW[16] gemessen wurde, zusammenhängen. Oberhalb von 300° C wird sich in der Fehlordnungsenergie noch ein druckabhängiger Faktor bemerkbar machen können. Entwickelt man die Fehlordnungsenergie nach kleiner Volumenänderung, dann bekommt man dafür den Ausdruck

$$E_F = E_{F_0} + (V - V_0) \left.\frac{dE_F}{dV}\right|_{V=V_0} = E_{F_0} + \alpha T V_0 \left.\frac{dE_F}{dV}\right|_{V=V_0}, \tag{20}$$

wobei α der thermische Ausdehnungskoeffizient ist. Für die Fehlordnungsenergie ist dann der Ausdruck auf der rechten Seite der Gl. (20) einzusetzen.

§ 8. Beweglichkeiten der Störstellen und Fehlordnungskonzentrationen reiner Stoffe und ihre Bestimmung aus der Ionenleitung in Mischkristallen

Aus den Leitfähigkeitsmessungen an reinen Salzen ist es möglich, den Ausdruck im Exponenten der Gl. (19) zu bestimmen. Eine direkte Bestimmung des Fehlordnungsgrades ist jedoch nicht möglich. In die Leitfähigkeitsformel Gl. (19) gehen Fehlordnungskonzentration und Beweglichkeit gleichzeitig ein, und es kann nur das Produkt dieser beiden Größen abgeschätzt werden. Erst die Idee von KOCH und WAGNER[3], durch Einbau anderswertiger Fremdionen in das zu untersuchende Salz die Fehlordnung in definierter Weise zu beeinflussen, hat einen neuen Weg gezeigt. Sie machte es möglich, die Konzentrationen und Beweglichkeiten einzeln zu ermitteln. Eindeutige Aussagen können jedoch auch bei der Auswertung der experimentellen Ergebnisse von KOCH und WAGNER[3] nicht gemacht werden. Die Auswertung der Ergebnisse ist stets an Modelle gebunden. Wir werden voraussetzen, daß bei den Silberhalogeniden bis zum Schmelzpunkt der Frenkelsche Fehlordnungstyp vorherrschend ist. Diese Voraussetzung gilt für hohe Temperaturen nicht mehr, so daß die Fehlordnungskonzentrationen und Beweglichkeiten, die für hohe Temperaturen abgeleitet sind, keinen realen Wert besitzen. Unterhalb von 300° C kann andererseits die Angabe der Konzentration und der Beweglichkeitswerte durch Wechselwirkungseffekte (Assoziation usw.) verfälscht werden.

Wir wollen uns nunmehr mit den Messungen an AgBr mit $CdBr_2$-Zusatz befassen. Die Auswertung liefert aus den oben angegebenen Gründen nur Näherungswerte. Nach KOCH und WAGNER[3] wurden die

---

[16] P. G. STRELKOW: Phys. Z. S.S.S.R. 12, 37 (1937).

Messungen mit großer Sorgfalt von TELTOW[10] und EBERT und TELTOW[17] durchgeführt und ihre Ergebnisse diskutiert.

Unter der Voraussetzung, daß im Silberbromid Frenkelsche Fehlordnung herrscht, sind im thermodynamischen Gleichgewicht nur Silberionen auf Zwischengitterplätzen und Silberionenleerstellen vorhanden. Es gilt für reines AgBr die Gl. (14b) des Kapitels I $x^0_{\bigcirc A}\, x^0_{\square A} = k$, wobei $x^0_{\bigcirc A}$ und $x^0_{\square A}$ die Fehlordnungskonzentrationen im reinen Salz bedeuten.

Bei rein thermischer Bildung von Ionen auf Zwischengitterplätzen, also im reinen Salz, wird stets die Konzentration der Silberionen auf Zwischengitterplätzen identisch mit der Konzentration von Silberionenlücken sein, so daß die Beziehungen

$$x^0_{\bigcirc A} = x^0_{\square A} \quad \text{und} \quad x^0_{\bigcirc A} = \sqrt{k} \tag{21}$$

gelten.

Die Leitfähigkeit des reinen Salzes ist dann

$$\sigma^0 = e \cdot n^0_{\bigcirc} (v_{\bigcirc A} + v_{\square A}) . \tag{22}$$

$v_{\bigcirc A}$ und $v_{\square A}$ bedeuten die Beweglichkeiten der beiden Störstellenarten. Nimmt nun Silberbromid eine geringe Menge von $CdBr_2$ auf, dann werden, wie wir schon gesehen haben, Silberionen auf normalen Gitterplätzen durch Cadmiumionen ersetzt, und aus Neutralitätsgründen wird eine entsprechende Silberlückenkonzentration entstehen. Auch für den Mischkristall AgBr + $CdBr_2$ muß die Gleichgewichtsbedingung

$$x_{\bigcirc A}\, x_{\square A} = k \tag{23}$$

mit der gleichen Konstanten k wie für reines Salz erfüllt sein. Es ist nämlich auch in Mischkristallen die Gleichgewichtsbedingung durch die Gleichheit der chemischen Potentiale $\mu_{\bigcirc A} = \mu_{\square A}$ gegeben. Allerdings ist durch Zugabe von $CdBr_2$ die Gitterkonzentration $x_{\bigcirc A}$ nicht mehr mit der Gitterkonzentration $x_{\square A}$ identisch. Durch Zugabe von Cadmiumionen entstehen zusätzlich Lücken, und entsprechend der Gl. (23) muß die Konzentration von Silberionen auf Zwischengitterplätzen abnehmen. Die Silberionen auf Zwischengitterplätzen werden durch den Zusatz von $CdBr_2$ ausgesalzen.

Aus Gl. (23) und der Beziehung $x^0_{\bigcirc A} \cdot x^0_{\square A} = k$ ergibt sich dann die Beziehung

$$\frac{x^0_{\bigcirc A}}{x_{\square A}} = \frac{x_{\bigcirc A}}{x^0_{\square A}} . \tag{24}$$

Für die Leitfähigkeit σ des AgBr mit $CdBr_2$ erhält man, falls nur Silberionenlücken und Ionen auf Zwischengitterplätzen für den Stromtransport verantwortlich sind, die Beziehung

$$\sigma = e (n_{\bigcirc}\, v_{\bigcirc A} + n_{\square}\, v_{\square A}) . \tag{25}$$

[17] I. EBERT u. J. TELTOW: Ann. Phys. **15**, 268 (1955).

Dabei wird angenommen, daß durch den Zusatz keine Änderung der Beweglichkeiten $v_{\bigcirc A}$ und $v_{\Box A}$ stattfindet. Die Annahme braucht nicht zuzutreffen. Sie ist jedoch für kleine Konzentrationen des Zusatzes durchaus berechtigt. Nach der Division der Gl. (25) durch Gl. (22) und nach Einführung der Abkürzungen

$$\frac{v_{\bigcirc A}}{v_{\Box A}} = \varphi; \quad (25\,\mathrm{a}) \qquad \frac{\sigma}{\sigma_0} = z; \quad (25\,\mathrm{b}) \qquad \frac{x_{\bigcirc A}}{x^0_{\bigcirc A}} = \frac{x^0_{\Box A}}{x_{\Box A}} = \frac{1}{\alpha}, \quad (25\,\mathrm{c})$$

wobei $x_{\bigcirc} = \frac{n_{\bigcirc}}{N}$ und entsprechend $x_{\Box} = \frac{n_{\Box}}{N}$ ist, ergibt sich

$$z = \frac{\alpha + \frac{\varphi}{\alpha}}{1 + \varphi}. \tag{26}$$

Aus der Gl. (25c) und der Neutralitätsbedingung

$$x_{\Box A} - x_{\bigcirc A} = y \tag{27}$$

erhält man bei vollständiger Dissoziation des Zusatzes

$$\alpha = \frac{y}{2x^0_{\bigcirc A}} + \left[\frac{y^2}{4x^{0\,2}_{\bigcirc A}} + 1\right]^{\frac{1}{2}}. \tag{28}$$

Für den speziellen Fall des Silberbromids wird zunächst willkürlich angenommen, daß die Beweglichkeit der Silberionen auf Zwischengitterplätzen größer ist als diejenige der Lücken, also $\varphi > 1$. Diese Annahme wird später durch das Experiment bestätigt werden. Aus $dz/d\alpha = 0$ ergibt sich

$$\alpha_{\min} = \sqrt{\varphi}, \qquad z_{\min} = \frac{2\sqrt{\varphi}}{1+\varphi}. \tag{29}$$

Für $\varphi > 1$ sinkt das Verhältnis $z = \sigma/\sigma_0$ zunächst mit zunehmender Konzentration des Zusatzes $CdBr_2$ ab bis auf $z_{\min}$, um dann wieder anzusteigen. Die Ergebnisse der Messungen von Koch und Wagner und dann später diejenigen von Teltow bestätigten den erwarteten Verlauf. In Abb. 10 ist die Leitfähigkeit von Silberbromid als Funktion des Fremdkationenzusatzes bei verschiedenen Temperaturen aufgetragen (Leitfähigkeitsisothermen). Aus dem Minimum einer Leitfähigkeitsisotherme ist es möglich, entsprechend Gl. (29), das Verhältnis φ der Beweglichkeiten bei der betreffenden Temperatur zu bestimmen. Aus der Anfangsneigung der Isothermen kann man auch die Fehlordnungskonzentration $x^0_{\bigcirc A}$ des reinen Salzes bestimmen. Aus der Gl. (26) ergibt sich nämlich unter Berücksichtigung der Beziehung (28), wenn man z in Abhängigkeit von y aufträgt, für die Anfangsneigung der Ausdruck

$$\left.\frac{dz}{dy}\right|_{y\to 0} = \frac{1-\varphi}{1+\varphi} \cdot \frac{1}{2x^0_{\bigcirc A}}. \tag{30}$$

Aus Gl. (22) können bei Kenntnis der Werte von φ, σ_A^0 und $x_{\bigcirc A}^0$ die Werte von $v_{\bigcirc A}$ und $v_{\square A}$ getrennt bestimmt werden. Aus der Temperaturabhängigkeit der Beweglichkeit

$$v = v_0 \exp\left(-\frac{U_0}{kT}\right) \tag{31}$$

läßt sich auch der Betrag der Schwellenenergie U_0 berechnen. U_0 ist die für einen Elementarschritt bei der Wanderung eines Silberions auf

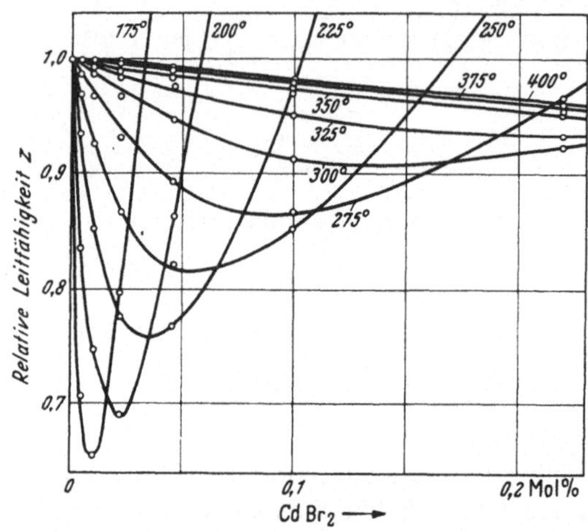

Abb. 10. Isothermen der relativen Leitfähigkeit der AgBr-Kristalle in Abhängigkeit vom $CdBr_2$-Zusatz

Zwischengitterplatz aufzubringende Aktivierungsenergie. Man erhält für AgBr

$$U_0 = 3410 \frac{\text{cal}}{\text{Mol}} = 0{,}148\,\text{eV},$$

wenn die Wechselwirkungsenergie zwischen den Fehlstellen nicht berücksichtigt wird. In Tabelle 3 und 4 sind die Fehlordnungskonzentrationen und Beweglichkeiten, die auf diese Weise von TELTOW ermittelt wurden, für Silberbromid angegeben.

Tatsächlich wird, wie schon die Diffusionsmessungen in Abb. 8 zeigten (s. S. 34), besonders bei tiefen Temperaturen die Assoziation die Leitfähigkeit beeinflussen. Die assoziierten Störstellen sind nämlich als neutrale Teilchen zu betrachten, die keinen Beitrag zur Ionenleitung liefern. Auch dieser Fall ist in den Arbeiten von TELTOW, in denen auch eingehende Rechnungen durchgeführt wurden, behandelt. Tabelle 5 gibt die Ergebnisse solcher Auswertungen. Der Wert H_α in der Tabelle gibt nicht direkt den Assoziationsgrad, sondern steht mit ihm durch eine Beziehung

$$H_\alpha = \frac{x_k}{y - x_k}$$

im Zusammenhang. x_k ist die Konzentration der Komplexe.

Tabelle 3. *Fehlordnungskonstanten bei „idealer" Rechnung*

$T-273°$	φ	x^0 Mol-%
350	2,01	0,42
325	2,13	0,26
300	2,48	0,147
275	2,97	0,078
250	3,74	0,039
225	4,78	0,0204
200	6,35	0,0096
175	7,26	0,0038

Tabelle 4. *Beweglichkeiten in 10^{-3} cm²/V sec (ohne Wechselwirkungskorrektur)*

$T-273°$	$u_{\circ}$	$u_{\square}$
350	3,93	1,96
325	3,37	1,58
300	2,91	1,17
275	2,70	0,91
250	2,37	0,64
225	1,96	0,41
200	1,58	0,249
175	1,39	0,191

Aus der Temperaturabhängigkeit der Massenwirkungskonstanten für assoziierte Störstellen Gl. (I, 22) kann man die Assoziationsenergie ermitteln. Sie ergibt sich für AgBr mit $CdBr_2$-Zusatz zu 3600 cal/mol.

Tabelle 5. *Fehlordnungskonstanten bei berücksichtigter Assoziation*

$T-273°$	x_a^0 Mol-%	H_α	$K_2 = \frac{H_\alpha}{x^0}$
300	0,139	(0,084)	(56)
275	0,061	0,170	280
250	0,0315	0,147	470
225	0,0166	0,072	430
200	0,0079	0,029	360
175	0,0044	(0,0058)	(130)

Nach der Methode von KOCH und WAGNER ist es — wie wir gesehen haben — also prinzipiell möglich, sowohl die Konzentration der Fehlordnung als auch die Beweglichkeit der Störstellen in Ionenkristallen zu bestimmen. Der Anwendungsbereich dieser recht eleganten Methode ist aber leider beschränkt. Die einzelnen Größen können nur in solchen Mischkristallen genau genug bestimmt werden, deren Leitfähigkeitsisothermen die charakteristische Form der in Abb. 10 dargestellten Kurven haben. In Fortführung der geschilderten Gedankengänge kann man auch versuchen, zweiwertige Anionen in Ionengitter einzubauen. Durch Einbau z. B. von Ag_2S in AgBr ist es möglich, einen solchen Mischkristall zu bekommen. Bei Zugabe von Ag_2S zum AgBr ersetzen Schwefelionen die Gitteranionen, und aus Neutralitätsgründen entsteht eine äquivalente Anzahl von Silberionen auf Zwischengitterplätzen oder Bromionenlücken. Infolge der größeren Beweglichkeit von Silberionen auf Zwischengitterplätzen im Verhältnis zu Silberionenlücken ist bei Zugabe von Ag_2S keine charakteristische Kurve, sondern nur eine monotone Zunahme der Leitfähigkeit zu erwarten. Solche Messungen sind ebenfalls durchgeführt worden. Infolge der geringen Mischbarkeit von AgBr und Ag_2S besitzen sie nur für sehr geringe Zusatzkonzentrationen einen realen Wert. Qualitativ zeigen diese Messungen, daß sicher ein Bruchteil der Silberionen auf Zwischengitterplätzen eingebaut ist. Allerdings besitzen die Leitfähigkeitsisothermen unterhalb von 275° C eine geringere Neigung dz/dy, als theoretisch aus den schon auf andere Weise berechneten Werten U_0 zu erwarten ist. Wahrscheinlich ist die Ursache hierfür eine Assoziation von Silberionen auf Zwischengitterplätzen mit Schwefelionen.

Für Temperaturen oberhalb 325° C bis zu Temperaturen dicht unterhalb des Schmelzpunktes wird die Anfangsneigung dz/dy für AgBr mit Silbersulfidzusatz zunehmend steiler als für AgBr mit Cadmiumbromidzusatz. In diesem Temperaturbereich aber, in welchem die Assoziation von Störstellen keine Rolle mehr spielt, müssen die Anfangsneigungen für Silbersulfid- und Cadmiumbromidzusätze entgegengesetzt gleich sein. Dies ist lediglich für die Temperatur von etwa 275° C der Fall.

Das verschiedenartige Verhalten der Anfangsneigung dz/dy von AgBr mit Ag_2S und $CdBr_2$ erscheint nach den bisher durchgeführten Überlegungen über den Einbaumechanismus der Zusätze unverständlich. Die Auswertung der Ergebnisse erfolgte von Koch und Wagner und Teltow unter der Annahme, daß die Zusätze Ag_2S und $CdBr_2$ vollkommen in dissoziierte oder assoziierte Störstellen zerfallen und daß diese Störstellen gleichmäßig im Kristallgitter verteilt sind. Diese Annahme wäre dann vollständig berechtigt, wenn für die Entstehung von molekularen Störstellen nur die statistischen Gesetze des idealen Gitters zu berücksichtigen wären. Tatsächlich haben wir es mit Realkristallen zu tun. In Silberhalogeniden ist mit einer hohen Konzentration von verschiedenen Versetzungsarten zu rechnen. Die einfachsten davon, und zwar die Stufenversetzungen, wurden in Kapitel I, § 7 behandelt.

Untersucht man die Anlagerung von Fremdionen an Grenzflächen (die aus Versetzungen gebildet werden können), dann sieht man, ähnlich wie bei den Adsorptionsisothermen (falls die Anlagerungsenergie von Fremdionen an Oberflächen günstige Werte besitzt), daß gerade bei kleinen Konzentrationen und insbesondere bei tieferen Temperaturen der Zusatz sich praktisch an den Oberflächen anlagert. Das Kristallgitter stellt also ein Zweiphasensystem dar mit verschiedenen Löslichkeitsverhältnissen für den Zusatz. Erst bei höheren Zusatzkonzentrationen wird sich der Einfluß der Versetzungen weniger bemerkbar machen, und wir haben es dann mit Vorgängen zu tun, die nach den statistischen Gesetzen des idealen Gitters zu berechnen sind.

Während nach der bisherigen Auffassung gerade die Meßergebnisse bei kleinen Konzentrationen, bei denen die Wechselwirkungseffekte zu vernachlässigen sind und scheinbar eine ideale Rechnung durchführbar ist, bevorzugt wurden, führt die hier durchgeführte Überlegung zu dem Ergebnis, daß bei kleinen Konzentrationen die Grenzflächen die Meßergebnisse in viel stärkerem Ausmaß verfälschen können. Demnach tragen die aus den Leitfähigkeitsmessungen errechneten Konzentrationen und Beweglichkeiten nur einen orientierenden Charakter.

Ähnliche Versuche wie an Silberbromid mit $CdBr_2$-, $PbBr_2$- und CuBr-Zusatz wurden von EBERT und TELTOW noch an AgCl mit den entsprechenden Zusätzen durchgeführt. Es ist möglich, in AgCl unter Anwendung der gleichen Formeln Gl. (26), (27), (28), (30) und (22) sowohl die Fehlordnungskonzentrationen als auch die Beweglichkeiten der einzelnen Störstellen, also der Silberionen auf Zwischengitterplätzen und der Silberionenlücken zu berechnen.

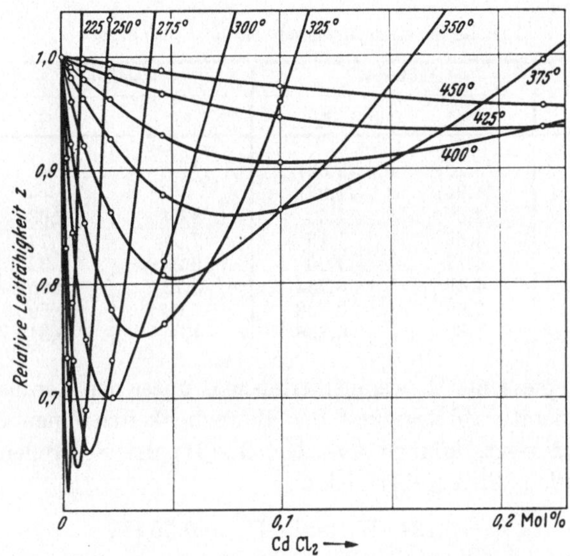

Abb. 11. Isothermen der relativen Leitfähigkeit der AgCl-Kristalle in Abhängigkeit vom $CdCl_2$-Zusatz

Die Abb. 11 zeigt zunächst die Isothermen der relativen Leitfähigkeit, d.h. des Verhältnisses der Leitfähigkeit von Silberchlorid mit Zusatz zu der des reinen Salzes, in Abhängigkeit von der $CdCl_2$-Zusatzkonzentration. Die Form der Kurven ist ähnlich der an Silberbromid mit $CdBr_2$-Zusatz gemessenen. Die Tabelle 6 gibt die Fehlordnungs-

Tabelle 6. *Fehlordnungskonstanten ohne Wechselwirkung*

$T-273°$	φ	x^0 Mol-%
425	(2,21)	(0,189)
400	(2,51)	(0,108)
375	3,06	0,063
350	3,95	0,034
325	4,76	0,0172
300	5,96	0,0089
275	7,27	0,0050
250	7,87	0,0027

Tabelle 7. *Fehlordnungskonstanten bei berücksichtigter Assoziation*

$T-273°$	x^0 Mol-%	H_α	K_2
375	0,060	0,17	280
350	0,032	0,097	300
325	0,0173	0,082	440
300	0,0096	0,042	440
275	0,0051	0,0192	400
250	0,0027	0,0059	(320)

konzentration des reinen Salzes $x_{\bigcirc A}$, das Beweglichkeitsverhältnis $\varphi = v_{\bigcirc A}/v_{\square A}$ in Abhängigkeit von der Temperatur bei Vernachlässigung von Assoziation und Wechselwirkung. Die Tabelle 7 enthält die gleichen Ergebnisse unter Berücksichtigung der Assoziation für geringe Zusatzkonzentrationen, und die Tabelle 8 schließlich gibt die Beweglichkeiten von Silberionen auf Zwischengitterplätzen und Silberionenlücken sowohl ohne als auch bei Berücksichtigung der Assoziation.

Tabelle 8. *Beweglichkeiten in* 10^{-3} $cm^2/Vsec$

$T-273°$	AgCl (o.W.)		AgCl (a)	
	$v_{\bigcirc}$	$v_{\square}$	$v_{\bigcirc}$	$v_{\square}$
425	(5,16)	(2,33)	—	—
400	(4,94)	(1,97)	—	—
375	4,66	1,53	8,04	2,63
350	4,59	1,16	7,04	1,78
325	4,77	1,00	6,29	1,32
300	4,49	0,754	5,72	0,959
275	3,69	0,508	5,06	0,695
250	2,82	0,358	4,35	0,545

Aus den gemessenen Beweglichkeiten und unter der Voraussetzung, daß die Temperaturabhängigkeit der Beweglichkeiten einen exponentiellen Verlauf zeigt, können aus der Gl. (31) die Schwellenenergien berechnet werden. Sie ergeben sich zu

$$U_{\bigcirc} = 0{,}134\,\mathrm{eV} \quad \text{und} \quad U_{\square} = 0{,}39\,\mathrm{eV},$$

wenn die Wechselwirkungseffekte vernachlässigt werden. Interessant ist dabei, daß die Schwellenenergie für Silberionen auf Zwischengitterplätzen in AgCl von der gleichen Größenordnung ist wie im AgBr. Infolge der Ungenauigkeit bei der Auswertung kann die Schwellenenergie nicht genau angegeben werden. Die Auswertung der Messungen zeigt, daß die Beweglichkeiten der Silberionen auf Zwischengitterplätzen bei gleichen Temperaturen im Silberchlorid größer, mindestens aber gleich derjenigen im Silberbromid sind. Daraus folgt das Ergebnis, daß sich die Silberionen auf Zwischengitterplätzen im Silberchlorid bei tiefen Temperaturen eventuell schneller als im Silberbromid bewegen. Diese Ergebnisse sind für die Deutung der experimentellen Untersuchungen bei den photochemischen Prozessen, wie wir später sehen werden, von besonderer Wichtigkeit und stehen mit diesen nicht in Widerspruch.

Versuche zur Ionenleitung an Kaliumchloridkristallen mit zweiwertigen Zusätzen von Erdalkalichloriden wurden von KELTING und WITT[18, 19] durchgeführt. Durch Zusatz, z.B. von $SrCl_2$, entstehen auch in

[18] H. KELTING u. H. WITT: Z. Phys. **126**, 697 (1949).

[19] H. ETZEL u. R. J. MAURER: J. Chem. Phys. **18**, 1003 (1950).

Kaliumchloridkristallen zusätzliche Kationenlücken. Wenn sich also nur die Fehlstellen an der Leitfähigkeit beteiligen, dann ist auch im Kaliumchlorid mit einem Zusatz zweiwertiger Ionen eine Leitfähigkeitsänderung zu erwarten. Die Messungen von KELTING und WITT (Abb. 12) bestätigen diesen Sachverhalt.

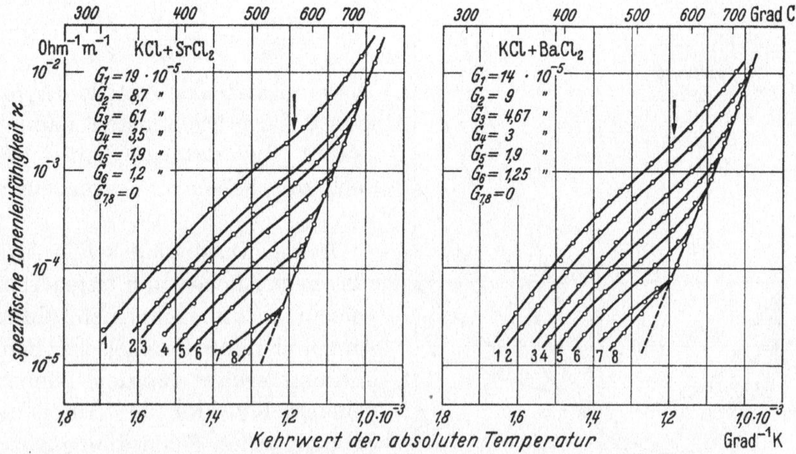

Abb. 12. Die spezifische Leitfähigkeit der KCl-Kristalle mit $SrCl_2$ und $BaCl_2$-Zusatz

§ 9. Druckabhängigkeit der Ionenleitung in Mischkristallen

Obige Rechnungen wurden unter der Annahme reiner Frenkelscher Fehlordnung im Silberbromid durchgeführt. Gilt diese Annahme nicht und ist noch ein Anteil Schottkyscher Fehlordnung vorhanden, dann sind die in den Tabellen angegebenen Werte nicht mehr richtig. Aus der Diskussion, die wir hier nicht mehr vollständig durchführen, ergeben sich bedeutend höhere Beweglichkeiten für Silberionen auf Zwischengitterplätzen. KURNICK[20] konnte aus den Messungen, die er für verschiedene Konzentrationen des $CdBr_2$-Zusatzes und bei verschiedenen äußeren Drucken durchgeführt hat, zeigen, daß man bei höheren Temperaturen mit einem beträchtlichen Anteil Schottkyscher Fehlordnung zu rechnen hat. In der Abb. 13 sind die Leitfähigkeitsisothermen für verschiedene Drucke bis zu Drucken von 8000 Atm. aufgetragen. Die Leitfähigkeitsisotherme von 251° C, die bei Atmosphärendruck ziemlich glatt verläuft, wird bei 8000 Atm. steil und bekommt einen ähnlichen Verlauf wie eine der Leitfähigkeitsisothermen von TELTOW bei tieferen Temperaturen. Dies rührt daher, daß sowohl die Fehlordnungsenergie E_F wie auch die Platzwechselenergie U eine Druckabhängigkeit zeigen. Die Druckabhängigkeit der Fehlordnungskonzentration x bei konstanter

---

[20] S.W. KURNICK: J. Chem. Phys. **20**, 218 (1952).

Temperatur ergibt sich aus der Gl. (7a)

$$\frac{\partial \ln x}{\partial p} = -\frac{1}{2kT} \cdot \frac{\partial E_F}{\partial p} \tag{32}$$

und ein entsprechender Ausdruck für die Druckabhängigkeit der Beweglichkeit aus den Gln. (17) und (3). Es ist

$$\frac{\partial \ln v}{\partial p} = -\frac{1}{kT} \cdot \frac{\partial U}{\partial p}. \tag{33}$$

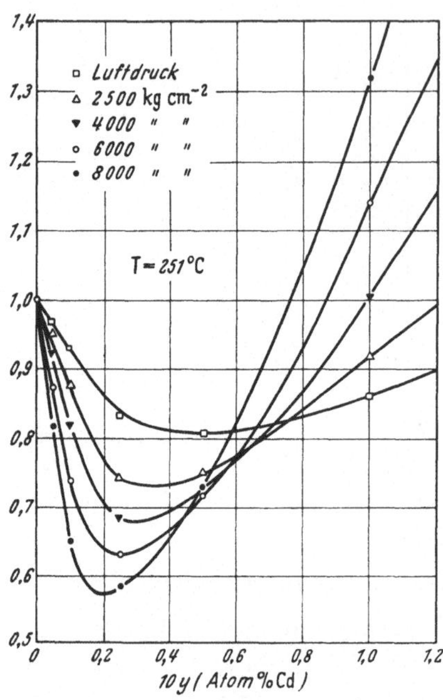

Abb. 13. Druckabhängigkeit der relativen Leitfähigkeit in AgBr-Kristallen bei verschiedenen Konzentrationen des $CdBr_2$-Zusatzes

Diese zusätzlichen Anteile $\partial E_F/\partial p$ und $\partial U/\partial p$ beeinflussen nämlich sowohl die Beweglichkeiten wie auch die Fehlordnungskonzentration.

In der Diskussion seiner Messungen bei hohen und tiefen Temperaturen, die nicht mehr durch Annahme reiner Frenkelscher Fehlordnung erklärt werden können, versucht KURNICK den Anteil der Schottkyschen Fehlordnung abzuschätzen. Aus seinen Abschätzungen, die hier nicht näher erläutert werden, ergibt sich, daß oberhalb von 300° C ein Anteil Schottkyscher Fehlordnung vorhanden ist. Dicht unterhalb des Schmelzpunktes soll die Schottkysche Fehlordnung sogar überwiegen. Die Abschätzungen von KURNICK stehen allerdings zu den Auswertungen anderer Messungen im Widerspruch. Die von KURNICK angegebene Konzentration Schottkyscher Fehlstellen ist wahrscheinlich zu hoch. Sicher ist jedoch, wenn man von seiner zahlenmäßig genauen Angabe absieht, ein Anteil Schottkyscher Fehlordnung unterhalb des Schmelzpunktes vorhanden. Dafür sprechen allein schon die Messungen der optischen Absorption, die von STASIW[21] durchgeführt wurden. Wahrscheinlich handelt es sich dicht unterhalb des Schmelzpunktes um Konzentrationen von der Größenordnung 10^{-1} bis 10^{-3} Mol-% [22].

Bei der Abschätzung der Fehlordnungskonzentrationen und der Beweglichkeiten im Silberbromid wurde angenommen, daß bei sämtlichen Konzentrationen die idealen Gesetze gelten. Diese Annahme trifft nur

[21] O. STASIW: Z. Phys. **127**, 522 (1950). — Z. Elektrochem. u. angew. phys. Chem. **56**, 749 (1952).

[22] H. KANZAKI: Hakone Symposium I, 14 (1956).

für geringe Fehlordnungskonzentrationen zu. Die abgeschätzten Werte sind deshalb bei größeren Konzentrationen von Störstellen mit einigen Unsicherheiten behaftet, die im gegenwärtigen Zeitpunkt noch nicht beseitigt sind. Methodisch ist jedoch der von KOCH und WAGNER angegebene Weg wichtig und interessant. Er gibt jedenfalls die Möglichkeit, die Fehlordnungskonzentrationen der reinen Salze und die Beweglichkeiten ihrer Fehlstellen roh abzuschätzen.

§ 10. Ionenleitung in Mischkristallen mit einwertigen Zusätzen

Wir haben gesehen, daß die zweiwertigen Kationenzusätze charakteristische Änderungen der elektrischen Leitfähigkeit des Silberbromids hervorrufen. Die doppelte Ladung des Zusatzes bedingt das Auftreten zusätzlicher Lücken. Sind die Ionen auf Zwischengitterplätzen beweglicher als die Lücken, dann beobachtet man, wie wir gesehen haben, mit zunehmender Zusatzkonzentration zunächst eine Abnahme und dann wieder ein Ansteigen der Leitfähigkeit. Einen ähnlichen Verlauf der Leitfähigkeit kann man auch bei einwertigen Zusätzen erwarten, wenn nicht alle Fremdkationen bei ihrem Einbau — wie z. B. von Cadmium- und Bleiionenzusätzen angenommen wird — die Wirtsgitterionen ersetzen. Eine Mischkristallbildung ist auch noch durch den Einbau der Fremdionen auf Zwischengitterplätzen möglich, besonders wenn die Ionenradien nicht allzu groß sind. Jedes derartige auf einem Zwischengitterplatz eingebaute Fremdkation erfordert genau so wie ein zweiwertiges Ion auf einem normalen Gitterplatz die Schaffung einer zusätzlichen Kationenlücke. Deshalb muß der gleiche Typ der Leitfähigkeitskurven wie für zweiwertige Zusätze auftreten[23]. Die gemessenen Kurven Abb. 14 bestätigen diese Erwartung. Die Anfangsneigung ist etwas anders als bei Silberbromid mit Cadmiumionenzusatz. Infolge der Eigenbeweglichkeit der Kupferionen auf Zwischengitterplätzen hat φ einen anderen Sinn als in Gl. (25a). Aus diesem Grunde resultiert entsprechend Gl. (30) eine geringere Anfangsneigung. Eine genaue Analyse der Leitfähigkeitskurven der

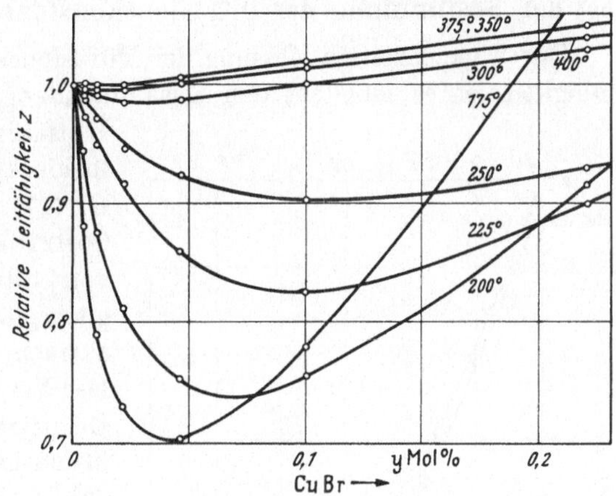

Abb. 14. Isothermen der relativen Leitfähigkeit der AgBr-Kristalle mit CuBr-Zusatz

[23] J. TELTOW: Z. physik. Chemie **195**, 197 (1950).

AgBr-CuBr-Mischkristalle ist jedoch schwieriger als diejenige der Silberbromidkristalle mit Cadmiumionenzusatz.

Im Gegensatz zu CuBr werden andere einwertige Zusätze wie LiBr oder NaBr die Leitfähigkeit der reinen Salze nur wenig ändern. Bei LiBr und ähnlichen Zusätzen handelt es sich lediglich um einen Ersatz des einwertigen Silberions des Wirtsgitters durch ein einwertiges Lithiumion. Dadurch wird die Fehlordnungskonzentration des Salzes praktisch kaum verändert. Der Einbau wird nur eine geringe Änderung der Fehlordnungsenergie durch die Struktur des Fremdions zur Folge haben.

§ 11. Korrektur der Einsteinschen Beziehung bei der Bestimmung der Diffusionskonstanten aus der Ionenleitung

Durch gleichzeitige Messung der Diffusionskonstanten und der Leitfähigkeit ist es möglich, den Zusammenhang, der sich zwischen der Leitfähigkeit σ und dem Diffusionskoeffizienten D aus der Gl. (17) ergibt, zu prüfen. Von COMPTON[24, 25] wurde die Diffusion von Silberionen auf Zwischengitterplätzen mittels des radioaktiven Isotops Ag^{110} gemessen. Der Vergleich der so gemessenen Diffusionskonstanten mit der Diffusionskonstante, die sich aus der Leitfähigkeit gemäß Gl. (17) ergibt, ist in Abb. 15 dargestellt. Die Abbildung zeigt, daß die beiden Diffusionskonstanten nur bei Temperaturen unterhalb von 150° C übereinstimmen. Bei hohen Temperaturen sind Abweichungen vorhanden. Es besteht zunächst kein unmittelbarer Grund für die Annahme, daß die in der Gl. (17) angegebene Beziehung zwischen D und σ_i prinzipiell falsch ist. Bei der Diskussion der Abweichungen muß jedoch folgendes beachtet werden. Die Diffusion von Silberionen auf

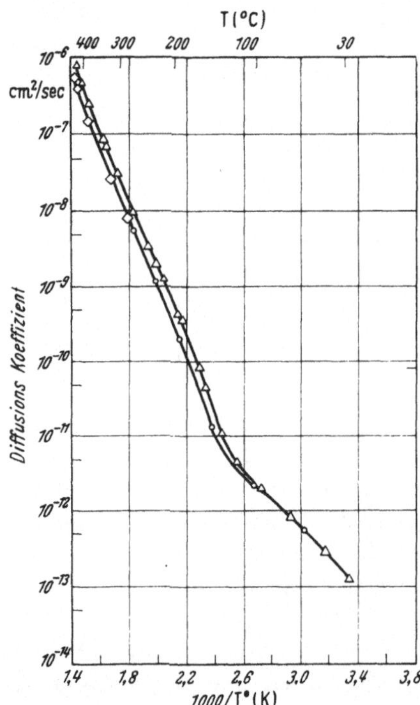

Abb. 15. Temperaturabhängigkeit des Selbstdiffusionskoeffizienten von radioaktivem Ag^{110} in AgCl. Die untere Kurve zeigt die gemessenen Diffusionskonstanten an zwei verschiedenen Exemplaren, die obere Kurve ist aus den Leitfähigkeitsmessungen mittels der Einstein-Beziehung errechnet

[24] W. D. COMPTON: Phys. Rev. **101**, 1209 (1956).

[25] W. D. COMPTON u. R. J. MAURER: The Phys. and Chem. of Solids **1**, 191 (1956).

Zwischengitterplätzen von einem Ort zu dem benachbarten, Abb. 5, ist, wie wir schon erwähnt haben, durch verschiedene Platzwechselmechanismen, die gleichzeitig auftreten können, möglich.

Die Messungen von COMPTON zeigen, daß der Platzwechselmechanismus, der einen geringeren Energieaufwand erfordert, bei der Bewegung von Silberionen auf Zwischengitterplätzen bevorzugt wird. Bei einem solchen Mechanismus verdrängt ein Silberion auf Zwischengitterplatz, das wir als markiert annehmen wollen, einen seiner Gitternachbarn, auf den in der Verlängerung liegenden Zwischengitterplatz (kollinearer Prozeß), um selbst den leeren Gitterplatz einzunehmen. Ein solcher Prozeß bewirkt, daß bei dem Ladungstransport zwei Silberionen beteiligt sind, und zwar ein markiertes, das für die gemessene Selbstdiffusion verantwortlich ist, und ein nichtmarkiertes. Die transportierte Ladung bewegt sich doppelt so weit wie das markierte Ion, welches bei den Selbstdiffusionsmessungen allein in Erscheinung tritt. Dieser Transportmechanismus bewirkt also, daß eine echte Abweichung von der Einstein-Beziehung auftreten kann. Die aus der Leitfähigkeit abgeleitete Diffusionskonstante kann bis zu einem Faktor 2 größer sein als diejenige, die sich aus der direkten Messung des Selbstdiffusionskoeffizienten ergibt[26].

§ 12. Dipolrelaxation assoziierter Fehlstellen im elektrischen Wechselfeld

In den Mischkristallen von Silberbromid mit $CdBr_2$-Zusatz besitzt ein Cd-Ion eine Überschußladung und kann, insbesondere bei tiefen Temperaturen, mit den Silberionenlücken assoziierte Komplexe $Cd_G^{\bullet} Ag'_{\square}$ bilden. Solche Komplexe bilden Dipole mit zwölf verschiedenen Orientierungsmöglichkeiten im NaCl-Gittertyp. Die Silberionenlücke und das benachbarte Cadmiumion können ihre Plätze miteinander vertauschen. Die Sprungfrequenz, Gl. (2), hängt von der Aktivierungsenergie und der Temperatur ab. Im elektrischen Gleichfeld werden solche Dipole nur gerichtet und tragen nicht zur Ionenleitung bei. Wird dagegen ein Wechselfeld angelegt, dann zeigen Silberbromidkristalle mit den Dipolen $Cd_G^{\bullet} Ag'_{\square}$ ein Maximum des Verlustfaktors tg δ, falls die Orientierungsverteilung mit 90° Phasendifferenz gegenüber dem Wechselfeld nachhinkt und die Sprungfrequenz mit der Feldfrequenz übereinstimmt. Bei nahezu vollständiger Assoziation von Cadmiumionen und Silberionenlücken wird das Maximum des Verlustfaktors proportional mit der Konzentration des Zusatzes wachsen. Bei einer teilweisen Assoziation dagegen wird das Anwachsen des Verlustfaktors entsprechend der Massenwirkungsgleichung (I, 22) für komplexe Störstellen mit der

---

[26] J. E. HOVE: Phys. Rev. **102**, 915 (1956).

Konzentration des Zusatzes einen anderen Verlauf zeigen. Die Ergebnisse der Messungen des dielektrischen Verlustfaktors von TELTOW und WILKE[27] an Silberbromid mit $CdBr_2$ zeigt die Abb. 16. In einem schmalen Temperaturbereich um $-115°$ C und bei einer Frequenz von 800 Hz wächst das Maximum des Verlustwinkels proportional zur Konzentration des Zusatzes. Mit der Konzentration des Zusatzes nimmt auch der monotone Verlauf des Verlustwinkels der Grundkurve, wie aus der Abb. 16 zu ersehen ist, ab. Dieser veränderte Verlauf beruht auf der Abnahme des Leitfähigkeitsanteils des dielektrischen Verlustes infolge der Abnahme der Konzentration von Silberionen auf Zwischengitterplätzen bei der Zunahme der — zum Teil dissoziierten — Cadmiumionenkonzentration. Der Hauptanteil der Leitfähigkeitsverluste im reinen Silberbromid beruht nämlich auf der Anwesenheit von Silberionen auf Zwischengitterplätzen. Diese Versuche zeigen, falls man nur die Zunahme von tg δ mit der Konzentration von Cadmiumbromid berücksichtigt, daß bei $-115°$ C praktisch sämtliche Cadmiumionen mit Lücken assoziiert sind.

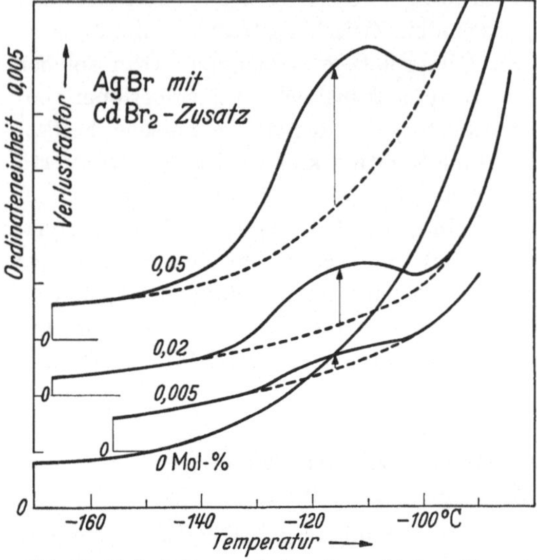

Abb. 16. Verlustfaktor von AgBr mit verschiedenen Konzentrationen des $CdBr_2$-Zusatzes. Die Messung des Verlustfaktors erfolgte bei konstanter Frequenz (800 Hz) in Abhängigkeit von der Temperatur

Die aus dem Maximum von tg δ berechnete Konzentration der assoziierten Komplexe — auf die Rechnungen gehen wir nicht näher ein — ist kleiner als diejenige, die sich aus der zugegebenen Konzentration des Zusatzes ergibt. Dies würde zwar für eine unvollständige Assoziation sprechen. Berücksichtigt man jedoch, daß die Berechnung des inneren Feldes, das in den theoretischen Ansätzen zur Auswertung von tg δ eine Rolle spielt, nicht einwandfrei durchgeführt werden kann, dann sind geringe Abweichungen ohne weiteres verständlich. Allein das proportionale Anwachsen von tg δ mit der Konzentration kann als ein verhältnismäßig sicherer Beweis für eine fast vollständige Assoziation angesehen werden.

[27] J. TELTOW u. G. WILKE: Naturwiss. **41**, 423 (1954).

Ähnliche Untersuchungen sind auch an NaCl-Kristallen mit Ca^{++}- und Mn^{++}-Zusätzen von HAVEN[28,29] durchgeführt worden. Die Diskussion der Ergebnisse erfolgte ähnlich wie bei Silberbromid mit Zusätzen und wurde zum Teil von LIDIARD[30] durchgeführt.

Aus den Messungen der Ionenleitung bei höheren Temperaturen konnten KOCH und WAGNER und noch genauer TELTOW die Beweglichkeit von Silberionen auf Zwischengitterplätzen in Silberhalogeniden bei höheren Temperaturen berechnen. Im Prinzip wäre es möglich, aus diesen Messungen die Aktivierungsenergie und die Sprungfrequenzen für sämtliche Temperaturen abzuschätzen. Infolge der Nichtberücksichtigung der Schottkyschen Fehlordnung und der Messung im relativ kleinen Temperaturbereich wären die durch Extrapolation ermittelten Werte aber mit groben Fehlern behaftet.

Bei der Messung des Verlustfaktors tg δ im Falle der Dipolresonanz von assoziierten Komplexen $Ag^{\bullet}_{\bigcirc}Se'_{G}$ gehen ebenfalls die Sprungfrequenzen der an Se'_{G} assoziierten Silberionen auf Zwischengitterplätzen und damit auch die Schwellenenergie ein. Die von BUSSE und TELTOW[31] durchgeführten Messungen zeigen bei 40° K und etwa 1000 Hz ein Maximum des Verlustfaktors. Aus den Messungen der Temperatur- und Frequenzabhängigkeit des Maximums errechneten sie die Aktivierungsenergie zu etwa 0,07 eV. Sie ist bedeutend kleiner als die Aktivierungsenergie, die sich aus Leitfähigkeitsmessungen ergibt. Die aus der Dipolresonanz ermittelten Beweglichkeiten von Silberionen auf Zwischengitterplätzen bei tiefen Temperaturen liegen ebenfalls bedeutend höher als diejenigen, die sich aus Extrapolation der Ergebnisse von TELTOW ergeben würden. Der Vergleich der beiden Methoden zeigt, daß die Ergebnisse von TELTOW unter idealisierenden Voraussetzungen ausgewertet wurden und nur einen orientierenden Charakter tragen.

Viertes Kapitel

Das Absorptionsspektrum des idealen Ionengitters

§ 1. Absorptionsspektren zusatzfreier Ionenkristalle

Die Absorption von Strahlung im Ionengitter führt meistens zur Bildung von angeregten Zuständen oder zur Erzeugung freier Elektronen im Kristallgitter. Die freien Elektronen und die Anregungszustände können wandern, von den Störstellen, die normalerweise in Ionengittern vorkommen, eingefangen werden und so photochemische Reaktionsprodukte bilden.

---

[28] Y. HAVEN: Defect in Cryst. Solids, 261. London 1955.
[29] Y. HAVEN: J. Chem. Phys. **21**, 171 (1953).
[30] A. B. LIDIARD: Defect in Cryst. Solids, 283. London 1955.
[31] J. BUSSE u. J. TELTOW: Naturwiss. **44**, 111 (1957).

Wir wollen uns zunächst nur mit der Absorption in einem Gitter befassen, das frei von Zusätzen ist und bei dem die Störungen, z. B. die Erzeugung von Lücken durch Wärmeschwingungen des Gitters, möglichst klein sind, und erst in späteren Ausführungen auch solche Fragen behandeln.

Im allgemeinen zeigen solche Ionenkristalle im Gegensatz zu den Metallen Absorptionsspektren mit einer charakteristischen Struktur. Die Abb. 17 zeigt die von HILSCH und POHL[1] und später von O'BRYAN[2] gemessenen Absorptionsspektren der Alkalihalogenide.

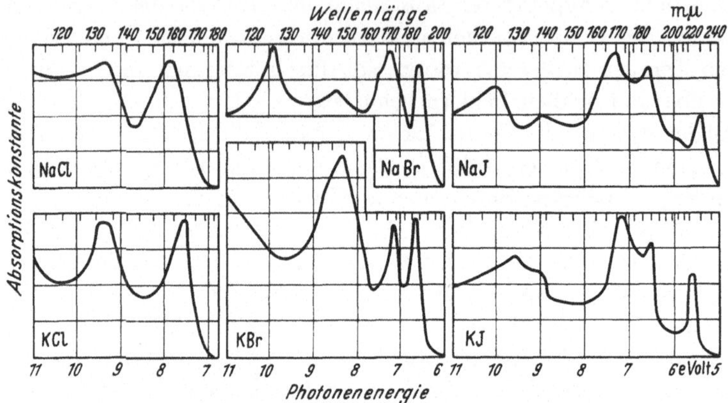

Abb. 17. Absorptionsspektren reiner Alkalihalogenide

Ebenso charakteristisch sind die Spektren der Silberhalogenide, die neuerdings von OKAMOTO[3] experimentell erhalten wurden. Einen Unterschied zeigen sie jedoch gegenüber den Alkalihalogeniden. Die schmalen Absorptionsbanden bauen sich auf einen kontinuierlichen Untergrund, der im Silberbromid bei 400 mμ steil abfällt, auf. Eine Deutung dieser Ergebnisse wird später im Zusammenhang durchgeführt (vgl. Abb. 19).

Die besonders ausgeprägte Struktur in den Spektren der Alkalihalogenide rührt daher, daß es sich hierbei im Gegensatz zu den Metallen um typische Vertreter der heteropolaren Bindung handelt. Ferner ist der Anteil der Störung, den man aus der Statistik für reine Salze berechnen kann, im Alkalihalogenidgitter bei Zimmertemperatur verhältnismäßig gering. Der Anteil der Gitterbereiche, die sich in der Umgebung solcher Störstellen befinden und ein zusätzliches Absorptionsspektrum erzeugen, wird später behandelt. Schon aus der Absorptionskonstanten, die etwa 10^5 mm^{-1} beträgt, kann geschlossen werden, daß die in Abb. 17 dargestellte Absorption praktisch in idealen Gitterbereichen stattfindet.

---

[1] R. HILSCH u. R. W. POHL: Z. Phys. **57**, 145 (1929); **59**, 812 (1930).
[2] E. G. SCHNEIDER u. H. M. O'BRYAN: Phys. Rev. **51**, 293 (1937).
[3] Y. OKAMOTO: Gött. Nachr. **1956**, 275.

§ 2. Einfache Berechnung der Lage der Absorptionsmaxima aus dem Kreisprozeß

HILSCH und POHL[1] konnten die Lage der Maxima der Eigenabsorption durch die einfache empirische Formel

$$h\nu = U + E - I \tag{1}$$

darstellen.

Dabei bedeuten h das Plancksche Wirkungsquantum, ν die Frequenz, bei der das Maximum der Absorption liegt, U die Gitterenergie, E die Elektronenaffinität der Anionen und I die Ionisierungsarbeit der Kationen. Diese Beziehung ist später von WOLF und HERZFELD[4] und KLEMM[5,6] noch exakter formuliert worden in der Form

$$h\nu = \frac{(2A-1)e^2}{r} + E - I + \text{const.} \tag{2}$$

Hierin ist A der Madelung-Faktor. Diese Beziehung ist von WOLF und HERZFELD und KLEMM aus dem folgenden einfachen Kreisprozeß gewonnen worden. Man entfernt zunächst das negative Ion, wobei die Energie $\frac{A e^2}{r}$ aufgewendet werden muß. Für die anschließende Abtrennung des Elektrons vom Ion ist die Elektronenaffinität E aufzuwenden, so daß ein neutrales Atom im Vakuum außerhalb des Kristalls entsteht. Anschließend wird das positive, der entstandenen Anionenlücke benachbarte Ion aus dem Gitter entfernt, wobei wieder eine Energie $\frac{(A-1)e^2}{r}$ aufzuwenden ist. Bei der Anlagerung des freien Elektrons an dieses Ion wird die Ionisierungsarbeit I gewonnen. Die beiden neutralen Atome werden anschließend im Gitter in die entstandene Doppellücke eingebaut. Beim Herausnehmen der Ionen und beim Wiedereinbau müssen noch die Polarisationseigenschaften der Umgebung und der beiden neutralen Teilchen in der Rechnung berücksichtigt werden. Der Polarisationsanteil ist in der Gl. (2) in der Konstanten zusammengefaßt. Diese ist von KLEMM abgeschätzt worden. Bei der Ausführung des Kreisprozesses ergibt sich nach der Summation der einzelnen Energiebeträge die Gl. (2). Diese einfache Beziehung steht in recht guter Übereinstimmung mit den gemessenen Werten für die Absorptionsmaxima. Erstaunlich ist, daß auch die Spektren der Silberhalogenide eine sehr gute Übereinstimmung mit dem aus dem Kreisprozeß gewonnenen Ausdruck zeigen. Der etwas weniger heteropolare Bindungscharakter der Silberhalogenide und die Gitterstörungen, die in bedeutend höherem Maße vorkommen, könnten Abweichungen bedingen.

---

[4] R. L. WOLF u. F. K. HERZFELD: Handbuch d. Physik Bd. XX, 632 (1928).
[5] W. KLEMM: Z. Phys. **82**, 529 (1933).
[6] A. v. HIPPEL: Z. Phys. **101**, 680 (1936).

§ 3. Das Bändermodell des Ionenkristalls

Um das Zustandekommen der Absorptionsspektren der Ionenkristalle besser zu verstehen, wollen wir uns eines besonders vereinfachten Bildes, des Bändermodelles, bedienen. Für die Deutung der Absorption in einem ungestörten Kristallgitter stellt es eine gute Näherung dar. Wir werden aber später sehen, daß dieses Bild schon beim Vorhandensein einer Störstelle keine vollständige Beschreibung der Vorgänge im Kristallgitter mehr gestattet.

Um zum Bändermodell des Kristallgitters zu gelangen, kann man von der Heitler-Londonschen Näherung ausgehen[7]. Sie wird auch zur Deutung anderer Festkörpereigenschaften, wie des Ferromagnetismus, infolge einer größeren Anschaulichkeit angewendet.

Ganz allgemein stellt ein Ionenkristall ein System dar, das sich aus Kernen und Elektronen zusammensetzt. Eine exakte Lösung eines solchen Mehrkörperproblems ist nicht möglich. Um eine Lösung des Mehrkörperproblems zu erhalten, ist man auf Vereinfachungen angewiesen. Beim Bändermodell wird die erste Vereinfachung dadurch eingeführt, daß man die Bewegung der Kerne vernachlässigt und ihre Schwingungen höchstens als Störung in erster Näherung berücksichtigt. Die Schrödinger-Gleichung des Elektronensystems bei ruhenden Ladungen der Kerne lautet

$$\left(-\frac{\hbar}{2m}\sum_i \varDelta_i + V + \frac{1}{2}\sum_{\substack{i\\ i\neq j}}\sum_j \frac{e^2}{r_{ij}}\right)\psi = E\psi \tag{3}$$

mit V als Summe der Wechselwirkungen zwischen Kernen und Elektronen sowie $\frac{1}{2}\sum_{ij}\frac{e^2}{r_{ij}}$ $(i \neq j)$ als Wechselwirkung zwischen den Elektronen. Die nächste Vereinfachung besteht darin, daß man nach Hartree das Mehrteilchenproblem auf ein Einteilchenproblem zurückführt. Man ersetzt die Eigenfunktion ψ durch ein Produkt von Einelektronenfunktionen, also

$$\psi(r_1, r_2, \ldots, r_i, \ldots, r_n) = \psi_1(r_1)\cdot\psi_2(r_2)\ldots\psi_i(r_i)\ldots\psi_n(r_n). \tag{4}$$

Die Einelektronenfunktionen

$$\psi_1(r_1), \psi_2(r_2), \ldots, \psi_n(r_n)$$

genügen der Einelektronengleichung von Schrödinger.

Ebenso wie beim Aufbau eines Moleküls besteht die Zurückführung des Mehrelektronenproblems auf ein Einelektronenproblem bei der quantitativen Behandlung darin, daß man für jedes einzelne Elektron das-

[7] F. Seitz: Modern Theory of Solids, 407. New York u. London 1940.

jenige Potential ansetzt, welches durch die übrigen Elektronen erzeugt wird. Ein solches Verhalten läßt sich durch das System der Hartreeschen Gleichungen beschreiben

$$-\frac{\hbar}{2m}\Delta_i\,\psi_i+\Bigl(V_i(r_i)+\sum_{j\neq i}e^2\int\frac{|\psi_j|^2}{r_{ij}}\,d\tau\Bigr)\psi_i=\varepsilon_i\,\psi_i. \tag{5}$$

Der Ausdruck

$$\sum_{j\neq i}e^2\int\frac{|\psi_j|^2}{r_{ij}}\,d\tau \tag{5a}$$

stellt die Wechselwirkung des i-ten Elektrons mit der von den übrigen Elektronen herrührenden Ladungsverteilung dar. Die Berechnung der Wechselwirkungsenergie zwischen den Elektronen erfordert die Kenntnis sämtlicher Eigenfunktionen ψ_i. Sie werden durch ein Näherungsverfahren bestimmt. Nach HEITLER-LONDON geht man von den Eigenfunktionen und Energietermen der getrennten Atome aus und untersucht, wie sich die Energieterme ändern, wenn aus den anfangs isolierten Atomen ein Gitter aufgebaut wird.

Die Lage der Elektronenterme im Kristall gewinnt man aus ihrer Lage in den getrennten Atomen auf folgende Weise: Wir betrachten einen Kristall, der aus zwei Ionenarten aufgebaut ist, z.B. einen KCl-Kristall. Die Energie des Elektrons im Grundzustand eines freien Kaliumatoms ($4s$) beträgt $-4{,}3$ eV, im Grundzustand des freien Chlorions ($3p$) dagegen nur $-3{,}8$ eV. Die Ionisierungsarbeit des Kaliumatoms ($I=4{,}3$ eV) ist also größer als die Elektronenaffinität ($E=3{,}8$ eV) des Chloratoms. Durch Annäherung der neutralen Atome wird ein Gitter aufgebaut.

Die Entstehung des Gitters kann man sich schematisch etwa so vorstellen. Bei der Annäherung geben die Kaliumatome zunächst die Elektronen an die Chloratome ab. Die so entstandenen K^+- und Cl^--Ionen ziehen sich wegen ihrer entgegengesetzten Ladung gemäß des Coulomb-Gesetzes an, bis die Abstoßung wirksam ist, und bauen ein Gitter auf. Die Verlagerung der Elektronen von Kalium- zu Chloratomen findet allerdings erst dann statt, wenn die Teilchen so nahe gekommen sind, daß bei der Ionenbildung der Betrag der elektrostatischen Energie $\frac{A e^2}{r_0}$ die Ionisierungsarbeit des Metallatoms vermindert und die Elektronenaffinität des Metalloidatoms übertrifft. Hierbei wird Energie gewonnen. Sie kann gleichgesetzt werden dem elektrostatischen Anteil der Gitterenergie $A(e^2/r_0)$ (s. Einleitung). Im Ionengitter des KCl ist dann jedes Chlorion symmetrisch von positiven Kaliumionen umgeben. Der Schwerpunkt ihrer positiven Ladungen fällt mit dem Gitterpunkt zusammen, auf dem sich das Chlorion befindet.

Demzufolge wird das $3p$-Elektron fester an das Chlorion im Gitter gebunden als an ein freies Chlorion. Die potentielle Energie des $3p$-Elektrons hat sich also verkleinert. Umgekehrt wird bei den Kaliumionen, die von negativen Chlorionen umgeben sind, die Energie der $4s$-Elektronen erhöht.

Jedes Chlor- und jedes Kaliumion liefert zur elektrostatischen Gitterenergie den Beitrag $A(e^2/r_0)$. In Abb. 18 ist dargestellt, wie sich die Terme bei Annäherung der Atome verschieben. Im allgemeinen sind

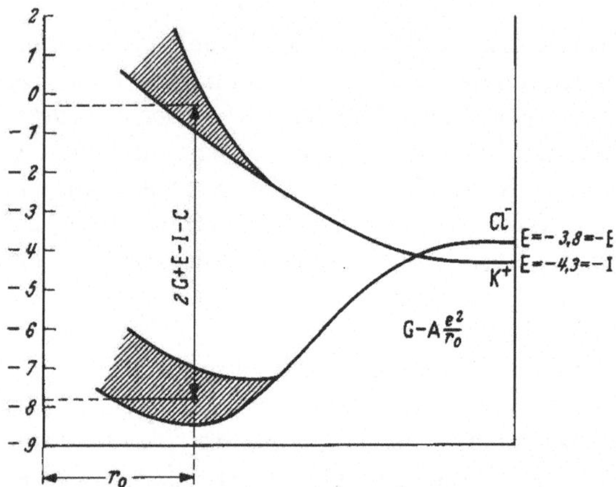

Abb. 18. Verschiebung der Terme beim Aufbau eines Ionengitters aus isolierten Atomen. Rechts die Terme des isolierten Chlor- und Kaliumatoms, links die Terme des Kaliumchloridgitters

außer der elektrostatischen Wechselwirkung noch Abstoßung, Austauschwechselwirkung usw. zu berücksichtigen. Infolge der verschiedenen Wechselwirkungskräfte können ähnlich wie beim Stark-Effekt die Terme verbreitert und aufgespalten werden.

Bei Annäherung der Ionen findet zunächst die Termverschiebung statt. Infolge der Wechselwirkung zwischen den N Elektronenspins spaltet jeder Zustand des isolierten Atoms in $2N$ Zustände auf. Die Energieterme verbreitern sich zu Energiebändern. Aus dem $4s$-Term des Kaliumatoms und aus dem $3p$-Term des Chlorions entstehen das $4s$- und $3p$-Band des KCl-Kristalls. Ähnlich wie die Energieterme E_{4s} des Grundzustandes verhalten sich die Energieterme, die zu den Zuständen $4p$, $4d$, $4f$ usw. gehören. Dabei ist folgendes zu beachten: Der Grundzustand des freien Atoms ($4s$) ist nicht entartet, d.h. zur Energie E_{4s} gehört nur eine einzige Eigenfunktion ψ_{4s}. Aus dem $4s$-Term entsteht nur ein einziges $4s$-Band. Die Zustände $4p$, $4d$ usw. des Kaliumatoms dagegen sind entartet. Beim Aufbau des Kristalls wird diese Entartung aufgehoben. Der Energieterm $4p$ beispielsweise spaltet zunächst in Energieterme auf, und aus jedem dieser Energieterme entsteht ein Energieband mit $2N$ Zuständen. Oft überlappen sich diese Bänder gegenseitig. Wenn dies aber nicht der Fall ist, dann liegen zwischen diesen Bändern sog. verbotene Zonen, d.h. Energiewerte, welche von keinem Elektron im Gitter angenommen werden können.

Die Elektronen streben nun danach, den niedrigsten Energiezustand zu besetzen. Da das $4s$-Band höher liegt als das $3p$-Band werden die Elektronen also zunächst das $3p$-Band auffüllen. Das $3p$-Band im Kristall ist also voll besetzt, während das $4s$-Band vollkommen leer ist.

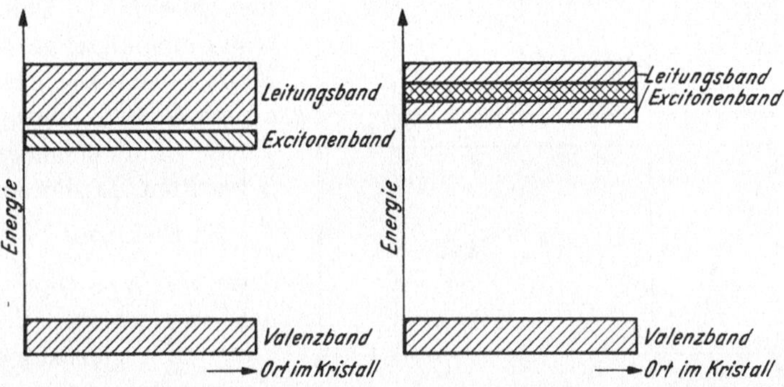

Abb. 19. Excitonenterme: Links in Alkalihalogeniden, rechts in Silberhalogeniden

§ 4. Deutung der Absorptionsspektren mit dem Bändermodell

Die Breite der verbotenen Zone zwischen dem obersten vollbesetzten Band (Valenzband) und dem ersten leeren Energieband beträgt in heteropolaren Kristallen einige Elektronenvolt. Damit nun ein Elektron aus dem Energieband des Halogenions (= Valenzband) in das Band des Alkaliatoms übergeht, muß ihm mindestens soviel Energie zugeführt werden, daß es diese verbotene Zone überwinden kann. Dies kann durch die Absorption eines Photons geschehen, welches z.B. beim KCl eine Mindestenergie von 7 eV besitzt, d.h. nur Licht kurzwelliger als 180 mμ kann von einem idealen KCl-Kristall absorbiert werden. Für die Elektronenübergänge gelten ähnlich wie bei Atomen und Molekülen gewisse Auswahlregeln, so daß das Elektron aus bestimmten Zuständen des unteren Bandes nur in ganz bestimmte Zustände der höheren Bänder übergehen kann.

Die langwelligste Absorptionsbande (Abb. 17) der Alkalihalogenidkristalle entspricht nach unserem Bändermodell dem Übergang des Elektrons vom Anion ($3p$) zum benachbarten Kation ($4s$). Damit ist die von Hilsch und Pohl empirisch gefundene Beziehung (1) gerechtfertigt. Die Absorption führt in diesem Falle zu keiner Abspaltung (Ionisation) des Elektrons, die sich dadurch bemerkbar machen würde, daß das Elektron

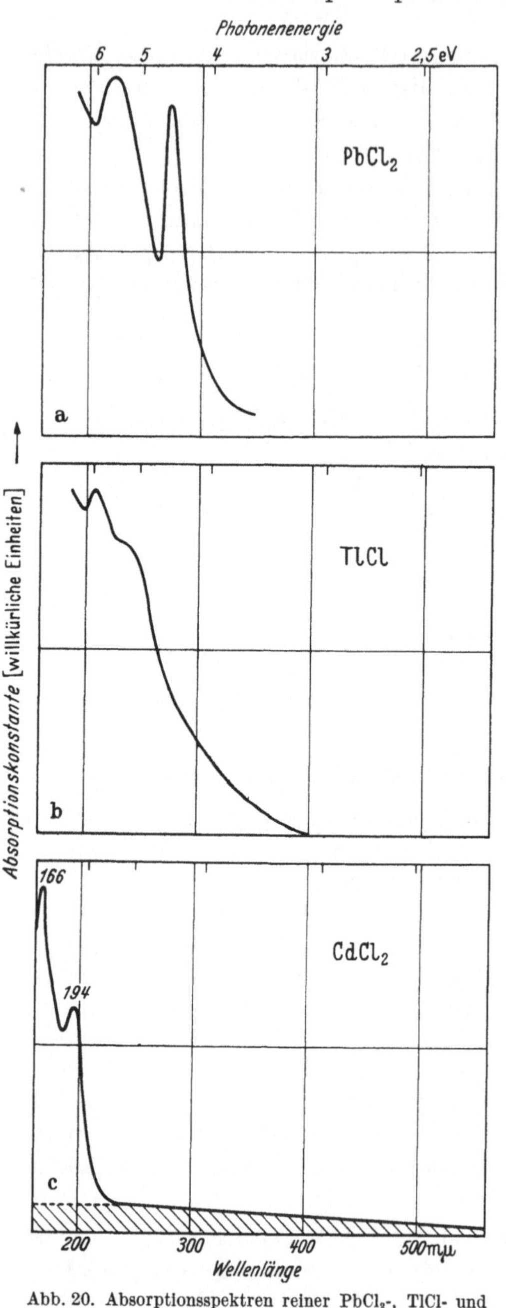

Abb. 20. Absorptionsspektren reiner $PbCl_2$-, TlCl- und $CdCl_2$-Kristalle

zur Leitfähigkeit beitragen würde. Das Elektron befindet sich jedoch in einem angeregten Zustand (4*s*). Findet bei der Absorption der Strahlung ein Übergang des Elektrons vom Valenzband in den angeregten Zustand statt, so sind das Elektron und das neu entstandene Defektelektron miteinander gekoppelt[8]. Man kann das Defektelektron als ein Zentrum, das in einem Dielektrikum eingebettet ist, betrachten. Im Potentialfeld $\frac{1}{\varepsilon r}$ des Elektrons bilden sich dann, wie WANNIER[9] gezeigt hat, wasserstoffähnliche diskrete Energiezustände im Kristallgitter aus (Abb. 19).

Falls sich die Eigenfunktionen der angeregten Zustände überlappen oder eine Dipol-Dipol-Kopplung, wie HELLER und MARCUS[10] gezeigt haben, vorliegt, können solche Excitonenzustände im Kristallgitter wandern und, z. B. an einer Störstelle, unter Energieabgabe vernichtet werden. Eine Dipol-Dipol-Kopplung erfolgt durch das zeitlich veränderliche elektrische Feld des angeregten Oszillators. Der Energietransport durch Excitonen hängt davon ab, ob die Kopplung der Oszillatoren untereinander oder mit dem Strahlungsfeld den größeren Beitrag

[8] J. FRENKEL: Phys. Rev. **37**, 17, 1276 (1931).
[9] G. H. WANNIER: Phys. Rev. **52**, 191 (1937).
[10] W. R. HELLER u. A. MARCUS: Phys. Rev. **84**, 809 (1951).

liefert. Ein Nachweis einer solchen Energiewanderung in Alkalihalogeniden läßt sich eventuell aus den Versuchen von APKER und TAFT[11] ableiten. Obwohl auch in Silberhalogeniden Excitonenabsorption experimentell gefunden wurde, konnte ein direkter Nachweis der Excitonenwanderung noch nicht erbracht werden.

Die kurzwelligeren Absorptionsbanden entsprechen Elektronenübergängen in das Leitfähigkeitsband. Elektronen in diesen Bändern können sich durch den Kristall bewegen und zur Leitfähigkeit beitragen. Einstrahlung von kurzwelligem Licht führt deshalb zu lichtelektrischer Leitung. Die durch das Licht aus dem Valenzband in das Leitungsband gehobenen Elektronen können sich an Störstellen anlagern oder mit ihnen reagieren. So entstehen Farbzentren und andere photochemische Reaktionsprodukte.

Auch Blei-, Cadmium- und Thalliumhalogenide[12,13,14,15] zeigen breite Banden im Eigenabsorptionsgebiet (Abb. 20). Ein wichtiger Unterschied besteht aber für Tl-Chlorid. Während Alkalihalogenide, ähnlich wie die Silberhalogenide, eine Verschiebung des Ausläufers der Eigenabsorption mit abnehmender Temperatur nach dem violetten Gebiet zeigen, verhält sich Thalliumchlorid anders. Im allgemeinen findet hier die Verschiebung der Absorption nach dem langwelligen Bereich hin statt. Will man dieses verschiedenartige Verhalten im Rahmen des Bändermodells verstehen, so muß man annehmen, daß in Thalliumhalogeniden mit abnehmender Temperatur eine starke Annäherung der Gitterbausteine stattfindet. Damit ist eine so starke Verbreiterung der Terme infolge Wechselwirkung verbunden, daß andere Temperatureffekte, die eine Verschiebung nach dem violetten Bereich hin bewirken, kaum eine Rolle spielen. Bei Alkali- und Silberhalogeniden dürfte sich dieser Effekt bei einer Abkühlung in den Absorptionsmessungen nicht bemerkbar machen. Eine genaue Analyse aller dieser Effekte ist zur Zeit nicht vorgenommen worden. Es ist noch die Frage, wie weit das Bändermodell, das zur Klärung der Absorptionsmessungen im Ionenkristall herangezogen wurde, diese befriedigend erklären kann.

§ 5. Entstehung von Absorptionszentren in der Umgebung von Störstellen

Die von HILSCH, POHL und O'BRYAN gemessenen Spektren der Alkalihalogenide wurden den optischen Übergängen im ungestörten Kristallgitter zugeschrieben. In realen Kristallen treten jedoch im allgemeinen

[11] L. APKER u. E. TAFT: Phys. Rev. **79**, 964 (1950); **81**, 698 (1951); **82**, 814 (1951).

[12] H. FESEFELD: Z. Phys. **64**, 741 (1930).

[13] G. BAUER: Ann. Phys. **19**, 434 (1934).

[14] H. FESEFELD: Z. Phys. **67**, 37 (1931).

[15] R. HILSCH u. R.W. POHL: Z. Phys. **48**, 384 (1928).

Strukturfehlstellen auf, die beim Herstellen der Kristalle aus der Schmelze oder bei ihrem Wachstum aus der Lösung entstehen. Dazu gehört auch die Mosaikstruktur der Kristalle. Neben diesen Strukturfehlern besitzt das Ionengitter Anteile Schottkyscher und Frenkelscher Fehlordnung, die durch Bestrahlung mit energiereichen Teilchen entstehen können oder bei der jeweiligen Temperatur mit dem Wirtsgitter im thermodynamischen Gleichgewicht stehen.

Wir wollen uns zunächst nur mit den letzteren, thermodynamisch faßbaren Störstellen und ihrem Einfluß auf das Absorptionsspektrum befassen. Als typisches Beispiel wollen wir wieder die Alkalihalogenide betrachten, in denen praktisch nur die Schottkysche Fehlordnung auftritt. Das Fehlen eines Anions im Kristallgitter verursacht eine Störung der Periodizität und schafft in der Umgebung der Störstelle durch eine Änderung des elektrostatischen Potentials ganz neue Verhältnisse. Schon eine rein qualitative Betrachtung zeigt, daß bei der Annäherung der Atome, die zum Bändermodell führte, an der Stelle, wo ein Gitterion fehlt, eine andere Termverschiebung resultieren wird als beim Aufbau eines ungestörten Gitters. Dadurch entstehen neue, lokale Störterme, die eine zusätzliche Absorption zur Folge haben, und zwar mit einer Absorptionskonstanten, die der Störstellenkonzentration proportional ist. Die Absorptionskonstante wird im allgemeinen um einige Größenordnungen kleiner als diejenige der Eigenabsorption sein. Um die ungefähre Lage der Absorptionsstelle zu ermitteln, können wir uns zunächst der von Hilsch und Pohl gefundenen empirischen Beziehung bedienen. Eine Anionenlücke ist von positiven Ionen umgeben, in deren Nachbarschaft sich weitere Anionen befinden. Wird nun ein Lichtquant von einem solchen Anion absorbiert, so findet im allgemeinen ein Übergang des Elektrons zu dem Kation statt, das sich in unmittelbarer Nähe der Anionenlücke befindet. Bei Anwendung der von Hilsch und Pohl ermittelten Gl. (2) ist in diesem Falle zu berücksichtigen, daß die elektrostatischen Anteile der Gitterenergie wegen des in der Nachbarschaft fehlenden Anions kleiner sind als in ungestörten Gitterbezirken. Das Maximum der Absorption, die einem solchen Übergang entspricht, muß also langwelliger als das erste Absorptionsmaximum im Eigenabsorptionsgebiet liegen. Ein solches vorgelagertes Absorptionsmaximum, die α-Bande, wurde auch von Delbecq, Pringsheim und Yuster[16] entdeckt und später von Martienssen[17] bestätigt. Die Anionenleerstellen, die in reinen Alkalihalogeniden vorhanden sind, spielen bei den photochemischen Prozessen, auf die wir noch eingehen werden, eine entschei-

---

[16] Ch. J. Delbecq, P. Pringsheim, P. Yuster: J. Chem. Phys. **19**, 574 (1951); **20**, 746 (1952).

[17] W. Martienssen: Gött. Nachr. **1952**, 111. — Z. Phys. **131**, 488 (1952).

dende Rolle. Selbstverständlich können auch noch andere Maxima durch die Anwesenheit assoziierter Störstellen vorkommen. Sie sind jedoch noch nicht mit Sicherheit festgestellt worden. Es ist sicher, daß ähnliche vorgelagerte Absorptionen auch in anderen gestörten Ionengittern, z.B. in Silberhalogeniden, vorkommen. Silberhalogenide besitzen nämlich — besonders bei hohen Temperaturen — beide Fehlordnungstypen gleichzeitig, Schottkysche und Frenkelsche Fehlordnung. In dem Temperaturbereich, in dem ein Anteil Schottkyscher Fehlordnung vorhanden ist, zeigen sie ein sehr breites Absorptionsspektrum. Dadurch ist eine eventuelle neue Absorption nicht festzustellen. Für die Absorptionsspektren von Ionengittern, die keine Steinsalzstruktur besitzen, wie z.B. die Kupferhalogenide, wird man ähnliche Verhältnisse erwarten. Sie werden jedoch infolge komplizierterer Gitterperiodizitäten unübersichtlicher.

Wir haben gesehen, daß nach der von Hilsch und Pohl abgeleiteten Beziehung (2) Gitterionen, die sich in der Umgebung einer Ionenlücke oder einer anderen Störstelle befinden, ein anderes Absorptionsspektrum besitzen als die Ionen im ungestörten idealen Gitter. Der Hauptbeitrag der Verschiebung wird durch die veränderte Gitterenergie und Polarisationsenergie in der Umgebung der Störstelle geliefert.

§ 6. Erzeugung von hohen Störstellenkonzentrationen und ihr Einfluß auf das Absorptionsspektrum

Durch experimentelle Kunstgriffe kann man die Konzentration von Gitterstörungen in Alkalihalogeniden bedeutend erhöhen, so daß die α-Bande stärker vertreten ist als diejenige, die sich im thermodynamischen Gleichgewicht ergibt. Das erreicht man z.B. durch mechanische Beanspruchung des festen Körpers. Die hierbei erhaltene Konzentration solcher Störstellen ist jedoch noch klein. Durch Verwendung der von Hilsch und Buckel[18] entwickelten Methode der abschreckenden Kondensation ist es möglich, wie Fischer[19] an KJ gezeigt hat, die Störung so weit zu treiben, daß die Absorption des idealen Gitters kaum noch vorhanden ist. Die abschreckende Kondensation wird durch Aufdampfen der Substanz auf tiefgekühlte Unterlagen erreicht. Die Temperatur der Unterlage wurde von Fischer bis auf 9° K gesenkt. Im idealen KJ-Gitter liegt die langwelligste Bande der Eigenabsorption bei $\lambda = 212$ mμ. Sie besitzt bei 20° K eine Halbwertsbreite von etwa 0,1 eV und wird dem Übergang des Elektrons vom J^--Ion zum K^+-Ion zugeschrieben. Durch die abschreckende Kondensation erreicht man so extreme Gitter-

[18] W. Buckel u. R. Hilsch: Z. Phys. **138**, 109 (1954).

[19] F. Fischer: Z. Phys. **139**, 328 (1954).

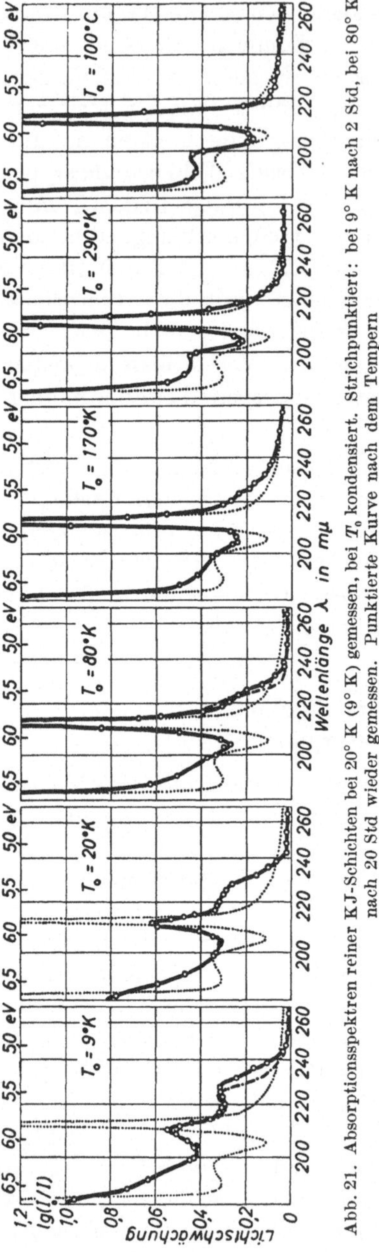

Abb. 21. Absorptionsspektren reiner KJ-Schichten bei 20° K (9° K) gemessen, bei T_0 kondensiert. Strichpunktiert: bei 9° K nach 2 Std, bei 80° K nach 20 Std wieder gemessen. Punktierte Kurve nach dem Tempern

störungen, daß der Kristall durch deren sehr hohe Konzentration aufgelockert wird. Man kann den Vorgang der abschreckenden Kondensation auch als ein Aufdampfen sehr kleiner Kristallite ansehen, die nur aus 8, 12 usw. Bausteinen bestehen. Das elektrostatische Potential an einem Gitterpunkt hängt in den Kristalliten stark von der Zahl der umgebenden Ionen ab. Dadurch wird, wie FISCHER zeigte, die Gitterenergie im Mittel kleiner als für ein ideales Gitter. So verschiebt sich die Eigenabsorption mehr und mehr nach dem langwelligen Bereich. Die Lage des Maximums hängt natürlich davon ab, welche Kristallgröße am häufigsten auftritt. In der Abb. 21 ist die von FISCHER bei 20° K gemessene Absorption von KJ dargestellt, das bei verschiedenen Temperaturen kondensiert wurde. Deutlich ist das Auftreten einer verschobenen Absorption zu beobachten. Die Absorption der Ionen in idealen Gitterbereichen ist klein. Dampft man die KJ-Substanz bei höheren Temperaturen auf, so bilden sich leichter größere Kristalle, und es entsteht praktisch die schon früher von HILSCH und POHL gemessene Absorption. Das gleiche Ergebnis zeigen Kristalle, die bei 20° K kondensiert und anschließend etwa 20 Std bei 80° K getempert wurden. Schon das Tempern bei 80° K führt zu der schmäleren Absorption des ungestörten Kristallgitters von KJ als Folge des Wachstums von größeren Kristallbezirken auf Kosten der kleineren durch die Temperaturbewegung.

Man kann schließlich die Gitterstörungen noch dadurch vergrößern, daß man der aufgedampften Substanz einen Zusatz beigibt, der zu keiner Mischkristallbildung führt. Besonders günstig sind natürlich solche Zusätze, deren Absorption kurzwelliger als die des KJ liegt und im Bereich seiner langwelligen Eigenabsorption nicht stört. Als besonders geeignet fand FISCHER das Kaliumfluorid. Die Abb. 22 zeigt

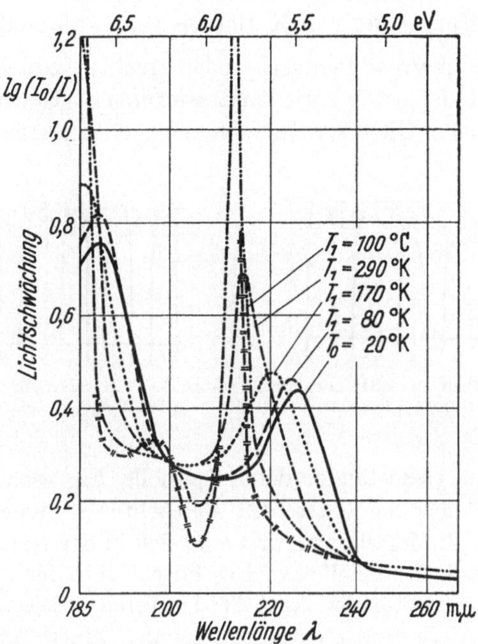

Abb. 22. Absorptionsspektren aufgedampfter KJ-Schichten mit 10 Mol-% KF-Zusatz bei 20° K. Bei $T_0 = 20°$ K kondensiert. Auf T_1 erwärmt, nach 15 min auf 20° K wieder abgekühlt und gemessen

die Absorption von KJ mit 10 Mol-% KF bei einer Kondensationstemperatur von 20° K. Hier ist die Absorption der idealen Gitterbereiche im Gegensatz zum Spektrum des bei der gleichen Temperatur kondensierten reinen Salzes nicht mehr erkennbar. Lediglich die Absorption der gestörten Gitterbereiche ist noch vorhanden. Das gleichzeitige Aufdampfen von KJ und KF hat die gleiche Wirkung wie eine Erniedrigung der Kondensationstemperatur beim reinen Salz. Durch Tempern der aufgedampften Schichten bei höheren Temperaturen bilden sich größere KJ-Kristalle, so daß danach die Absorption der ideal im Gitter eingebauten Ionen wieder erscheint, wie dies die Abb. 22 zeigt. Die Absorption des Kaliumfluorids, die ebenfalls auftreten muß, liegt im kurzwelligen Bereich und ist der Messung nicht zugänglich. Die geringeren Effekte, die sich durch den Einfluß der Schichtdicke auf die Lage der Absorption ergeben, wollen wir hier nicht diskutieren.

Fünftes Kapitel

Das Absorptionsspektrum von Ionengittern mit stöchiometrischem Überschuß der Kationen- oder Anionenkomponente

§ 1. Energiezustände der Elektronen in der Umgebung von Kationen- und Anionenlücken

Die Bildung thermodynamisch- oder strukturbedingter Fehlstellen verursacht im Ionengitter Periodizitätsstörungen. Neben den Energiebändern des idealen Gitters werden an den Stellen gestörter Periodizität

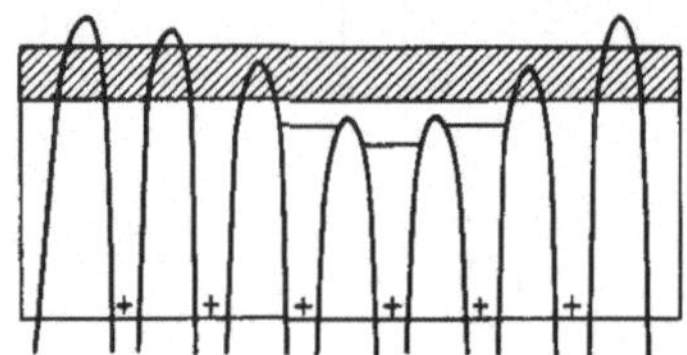

Abb. 23. Potentialverlauf und Elektronenterme in der Umgebung einer Anionenlücke

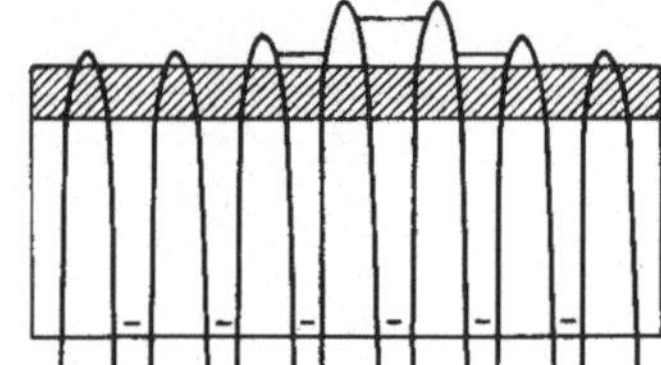

Abb. 24. Potentialverlauf und Elektronenterme in der Umgebung einer Kationenlücke

neue lokale Energiezustände, deren spezielle Eigenschaften nunmehr untersucht werden sollen, entstehen. Betrachten wir eine Kette gleicher Gitterpunkte, z.B. Metallionen, und eine sich in der Nähe dieser Gitterpunkte befindende Anionenlücke. Das Potential in der Umgebung einer solchen Fehlstelle ist in der Abb. 23 dargestellt. Die Neutralität der Kristallbezirke in unmittelbarer Umgebung einer Anionenlücke ist nämlich gestört, und zwar so, daß insgesamt eine positive Überschußladung resultiert. Die Terme der Kationen, die sich in der Umgebung einer Anionenlücke befinden, werden um den Betrag erniedrigt, der der fehlenden Ladung entspricht, so daß ein lokaler Term unter dem Leitungsband der Elektronen entsteht. Die Anionenlücke wird eine anziehende Wirkung auf die Elektronen ausüben, die sich im Leitungsband befinden.

Ein ähnliches Bild erhält man, wenn man die Periodizität des Anionenteilgitters mit einer in der Umgebung befindlichen Kationenlücke betrachtet (Abb. 24). Hier werden die Terme der Anionen um den der fehlenden Ladung des Kations entsprechenden Betrag gehoben, so daß lokale Terme oberhalb des Valenzbandes entstehen. Eine solche Kationenlücke, die eine negative Ladung darstellt, wird eine anziehende Wirkung auf Defektelektronen ausüben. In einem Ionengitter, z.B. dem KCl-Gitter, sind im thermodynamischen Gleichgewicht infolge der Anwesenheit Schottkyscher Fehlordnung sowohl Kationen- wie Anionenlücken vorhanden. Deshalb zeigt ein reines Ionengitter vom KCl-Typ lokalisierte Terme, wie sie in der Abb. 25 dargestellt sind. Das sind zunächst die einfachsten Arten von Störstellen, welche lokale Energiezustände in Ionengittern erzeugen. Neben den isolierten Kationen- und Anionenlücken werden auch höhere Aggregate, z. B. Lückenpaare, im Ionengitter vorkommen.

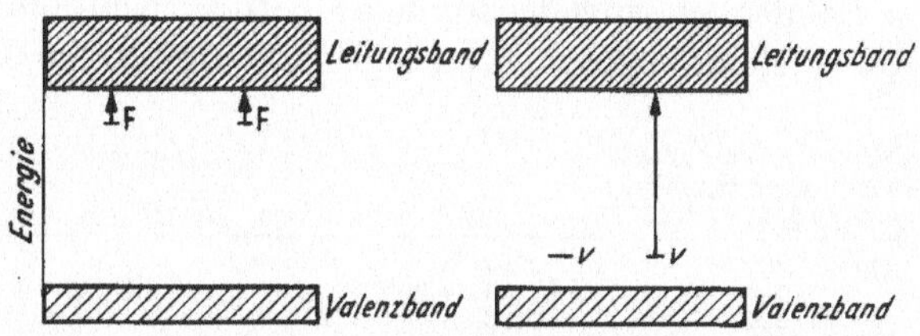

Abb. 25. Lokalisierte Terme der Störstellen: F unterhalb des Leitungsbandes und V oberhalb des Valenzbandes

§ 2. Bildung von *F*- und *V*-Zentren

Wird ein Ionenkristall (z. B. KCl) im Metalldampf (K) erhitzt, dann lagern sich zunächst die Metallatome an die Oberfläche des Ionengitters an[1]. Die Bindung von Elektronen ist an adsorbierten Metallatomen infolge der merklichen Anteile der Coulomb-Energie des Gitters nicht mehr so stark wie an isolierten Atomen. Sie können thermisch abgespalten werden und ins Ionengitter diffundieren, bis sie von einer Anionenleerstelle mit positiver Überschußladung und einer Termlage unterhalb des Leitungsbandes eingefangen werden. Die negative Überschußladung, die durch Anlagerung der Elektronen im Kristallgitter entsteht, das zuvor neutral war, wird durch Halogenlücken ausgeglichen, die von inneren oder äußeren Oberflächen des Kristallgitters heranwandern. Dadurch, daß bei hoher Temperatur gleichzeitig Elektronen und Lücken wandern, ist es möglich, mit Elektronen besetzte Terme auch im Innern des Kristallgitters in relativ hohen Konzentrationen experimentell zu erzeugen. Für die mit Elektronen besetzten Anionenlücken hat sich der Name „Farbzentren" eingebürgert. Das Elektron in der Lücke hält sich mit einer gewissen Wahrscheinlichkeit bei jedem der sechs benachbarten Alkaliionen auf.

Die Absorptionsspektren dieser Zentren — insbesondere in Alkalihalogeniden — sind in der letzten Zeit eingehend untersucht und in zahlreichen Lehrbüchern und Monographien behandelt worden[2]. In der Abb. 26 zeigen wir die Absorptionsspektren der Farbzentren. Die Absorption entspricht einem Übergang des Elektrons von einem F-Term

[1] E. Mollwo: Z. Phys. **85**, 55 (1933). — Gött. Nachr. **1931**, 97.

[2] N. F. Mott u. R. W. Gurney: Electronic Processes in Ionic Crystals. Oxford: Clarendon 1940.

in den nächsthöheren Term. MOLLWO fand, daß die Lage der Farbzentrenbanden in Alkalihalogeniden nur von der Gitterkonstanten d abhängt. Es gilt die zuerst von MOLLWO empirisch gefundene Beziehung $\nu d^2 = 2{,}08\ \mathrm{cm^2/sec}$ (ν = Frequenz des im Bandenmaximum absorbierten Lichtes). Nach IVEY[3] werden die experimentellen Ergebnisse noch besser durch die Beziehung $\nu d^{1{,}84} = \mathrm{const}$ dargestellt. Die Abhängigkeit der Bandenlage vom Quadrat der Gitterkonstanten läßt sich wellenmechanisch leicht begründen. Die Energieeigenwerte E für ein

Kristall	Gitter-konst. 10^{-10} m	Frequenz d. Bandenmaximums i. Voltmaß beob.	ber.
LiF	2,01	4,95	5,11
LiCl	2,57	3,20	3,13
NaF	2,31	3,63	3,87
NaCl	2,81	2,65	2,62
NaBr	2,97	2,29	2,34
KF	2,66	2,71	2,91
KCl	3,14	2,19	2,10
KBr	3,29	1,96	1,92
KJ	3,53	1,72	1,67
RbCl	3,27	2,03	1,94
RbBr	3,42	1,72	1,77

Abb. 26. Absorptionsspektren der Farbzentren verschiedener Alkalihalogenide

Elektron in einem Potentialkasten der Kantenlänge d mit dem Potential $V=0$ im Innern, $V=\infty$ im Außenraum sind

$$E = \frac{c}{d^2}\,(k_x^2 + k_y^2 + k_z^2)\,. \tag{1}$$

Doch weicht die Konstante, die sich aus dieser einfachen Berechnung ergibt, erheblich (30%) von den experimentellen Werten ab. Es wurde auch von INUI und UEMURA[4] versucht, das Potentialfeld, das sich in unmittelbarer Nachbarschaft des Farbzentrums ausbildet, genau zu berechnen und mit diesem Feld aus der Schrödinger-Gleichung den genauen Wert der Konstanten zu ermitteln.

Im Bändermodell werden nur die Elektronenübergänge berücksichtigt. Die gleichzeitige Anregung von Gitterschwingungen wird im letzten Kapitel XIV behandelt. Dort zeigt sich, daß die Lage des Absorptionsmaximums keinesfalls den reinen Elektronenübergängen entspricht.

---

[3] H. F. IVEY: Phys. Rev. 72, 341 (1947).

[4] J. INUI u. J. UEMURA: Progr. Theoret. Physics, Japan 5, 395 (1950).

Erhitzt man einen Ionenkristall (Alkalihalogenid) im Halogendampf, dann lagern sich die Halogenatome zunächst an die Oberfläche des Ionengitters an und verhalten sich ähnlich wie die Metallatome[5]. Jedoch geben sie keine Elektronen, sondern Defektelektronen ins Ionengitter ab, die dort solange diffundieren, bis sie von einer Kationenleerstelle eingefangen werden, d.h. die im Bändermodell oberhalb des Valenzbandes liegenden, mit Elektronen besetzten Terme werden durch die Defektelektronen entleert. Jeder dieser leeren Terme entspricht einer Kaliumlücke, in der ein Defektelektron eingefangen ist. Für solche Zentren wurde der Name V_1-Zentrum eingeführt[6,7,8]. Das Absorptionsspektrum der V_1-Zentren entspricht Elektronenübergängen vom Valenzband in die oberhalb des Valenzbandes liegenden unbesetzten Terme. Dies ist gleichbedeutend mit Übergängen von Defektelektronen in entgegengesetzter Richtung, bzw. der Erzeugung von Lücken im Valenzband. Abb. 27 zeigt das Absorptionsspektrum einiger Zentren in Alkalihalogenidkristallen, die durch Anlagerung von Defektelektronen entstehen. Die Maxima bei 265 und 410 mμ in KBr mit stöchiometrischem Überschuß von Brom

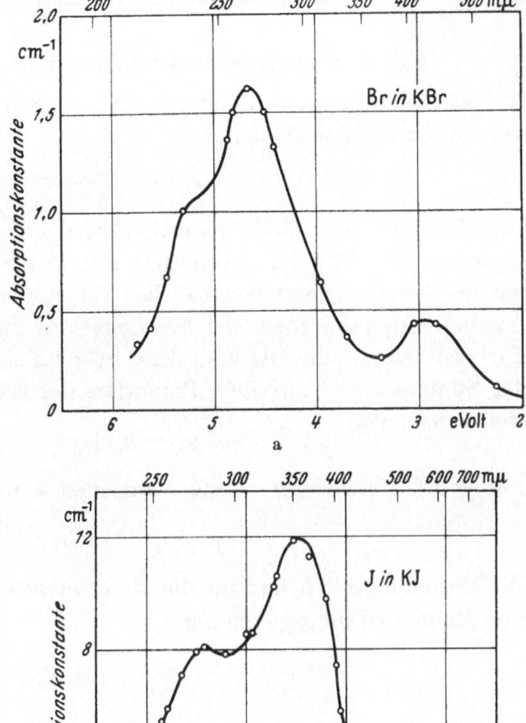

Abb. 27 a u. b. Absorptionsspektren der im Halogendampf verfärbten KBr- und KJ-Kristalle

[5] E. Mollwo: Ann. Phys. **29**, 394 (1937).
[6] R. Casler, P. Pringsheim u. P. H. Yuster: J. Chem. Phys. **18**, 887, 1564 (1950).
[7] H. Dorendorf: Z. Phys. **129**, 317 (1951).
[8] H. Dorendorf u. H. Pick: Z. Phys. **128**, 166 (1950).

sind der Absorption der V_1-Zentren zuzuordnen. Im thermodynamischen Gleichgewicht ist die Konzentration der V_1-Zentren gering. Durch Assoziation entstehen hauptsächlich Moleküle und höhere Aggregate, die zur Ausscheidung des Halogens führen.

§ 3. Farbzentren im Gleichgewicht mit Alkalidampf

Die Entstehung von Farbzentren in Alkalihalogeniden kann thermodynamisch als eine Reaktion

$$F \rightleftharpoons \mathrm{Hal}_{\square}^{\bullet} + e' \tag{2}$$

aufgefaßt werden. Jede Reaktion wird entsprechend früheren Überlegungen mit Hilfe der chemischen Potentiale der einzelnen Reaktionspartner, hier der Störstellen und Elektronen beschrieben (s. auch Kap. VII). Im thermodynamischen Gleichgewicht wird das chemische Potential der Farbzentren μ_F, die als komplexe Störstellen aufzufassen sind, gleich der Summe der chemischen Potentiale der Elektronen μ_e und der Störstellen $\mu_{\square}$, also

$$\mu_F = \mu_e + \mu_{\square}\,. \tag{3}$$

Für geringe Farbzentrenkonzentrationen kann gesetzt werden

$$\mu_F = \varepsilon_F + kT \ln x_F\,. \tag{4}$$

Die Beziehung (3) liefert für die Konzentrationen der Reaktionspartner eine Massenwirkungsgleichung

$$\frac{x_{\square} \cdot n}{x_F} = k(T)\,, \qquad n = \text{Elektronenkonzentration.} \tag{5}$$

Das Gleichgewicht zwischen der Zahl der Kaliumatome n_D im Dampf und der Farbzentrenkonzentration wird andererseits durch die Gleichheit der chemischen Potentiale der Farbzentren μ_F und der Dampfatome μ_D beschrieben, also

$$\mu_F = \mu_D\,, \tag{6}$$

wobei

$$\mu_D = kT \ln n_D - kT \ln \left(\frac{2\pi m kT}{\hbar^2}\right)^{\frac{3}{2}} \tag{6a}$$

ist.

Aus den Beziehungen (4), (6) und (6a) ergibt sich für die Farbzentrenkonzentration

$$x_F = n_D \left(\frac{2\pi m kT}{\hbar^2}\right)^{-\frac{3}{2}} \cdot \exp\left(-\frac{\varepsilon_F}{kT}\right). \tag{7}$$

Im thermodynamischen Gleichgewicht wird sich demnach eine Konzentration der Farbzentren einstellen, die proportional dem Dampfdruck der Alkaliatome im Außenraum ist und die eine der Beziehung (7) entsprechende Temperaturabhängigkeit zeigt. Experimentell wurde diese

Abhängigkeit in Arbeiten von RÖGENER[9] und VOSSNACK[10] bestätigt. Kristalle, die bei hoher Temperatur verfärbt und langsam auf tiefe Temperaturen abgekühlt werden, müssen die überschüssige Konzentration an Farbzentren in Form von Kolloiden ausscheiden. Es ist jedoch möglich, durch Abschrecken eine bedeutend höhere Konzentration von Farbzentren einzufrieren und einen Nichtgleichgewichtszustand herzustellen. Die Konzentration, die man auf diese Weise erzeugen kann, beträgt allerdings nur einige 10^{-2} Mol-%.

§ 4. Erzeugung von Farbzentren in hoher Konzentration und von neuen Zentren in Alkali- und Silberhalogeniden

HILSCH und seinen Schülern[11,12] ist es gelungen, bei sehr tiefen Temperaturen bedeutend höhere Farbzentrenkonzentrationen als 10^{-2} Mol-% herzustellen. Im thermischen Gleichgewicht genügen die Störstellenkonzentrationen den Gleichgewichtsbedingungen. Man kann jedoch sogar bedeutend höhere Konzentrationen erzeugen, als sie in Ionenkristallen im Gleichgewicht dicht unterhalb des Schmelzpunktes erreicht werden, wenn die Substanz auf eine tiefgekühlte Unterlage aufgedampft wird. Die Dampfmoleküle, die auf einer tiefgekühlten Unterlage ankommen, bilden dünne Schichten aus kleinen Kristalliten mit hohen Konzentrationen verschiedenartiger Störstellen. Solche Untersuchungen wurden von HILSCH und seinen Mitarbeitern an einigen Alkalihalogeniden und an Silberchlorid und Silberbromid durchgeführt.

Durch gleichzeitige Kondensation des Alkalihalogenids und des Alkalimetalls auf einer tiefgekühlten Unterlage konnte KAISER[11] im KCl Farbzentrenkonzentrationen bis zu einem Prozent herstellen. Besonders interessant ist jedoch dabei, daß, wenn bei Zimmertemperatur kondensiert wird, an Stelle der Farbzentrenbande eine neue Absorption mit dem Maximum bei 438 mμ entsteht (Abb. 28a). Die Struktur der Störstellen, die für die Absorption bei der Wellenlänge 438 mμ verantwortlich sind, ist noch nicht bekannt. Es kann sich um ein vorkolloidales Stadium in Form höherer Aggregate von Farbzentren oder um Elektronen an inneren oder äußeren Oberflächen der kleinen Kristallite handeln. Diese Versuche zeigen, daß es möglich ist, verschiedenartige Störstellen im Ionengitter zu erzeugen, die Anlaß zu neuen Absorptionsbanden geben. Bei der Kondensation der Substanz auf einer tiefgekühlten Unterlage entstehen im allgemeinen sehr kleine Kristallite und weniger definierte Zustände des Gitters. Auf diese Art erzeugte Nichtgleichgewichtszustände können Reaktionen veranlassen, die im Normalgitter nicht vorkommen.

[9] H. RÖGENER: Ann. Phys. **29**, 387 (1937).
[10] R. VOSSNACK: Ann. Phys. **35**, 107 (1939).
[11] R. KAISER: Z. Phys. **132**, 482 (1952).
[12] W. KAISER: Z. Phys. **132**, 497 (1952).

Durch die gleichzeitige Kondensation des Alkalihalogenids und des Alkalimetalls bei der Temperatur des flüssigen Wasserstoffs entstehen neben der Farbzentrenabsorption auch noch einige Absorptionsbanden

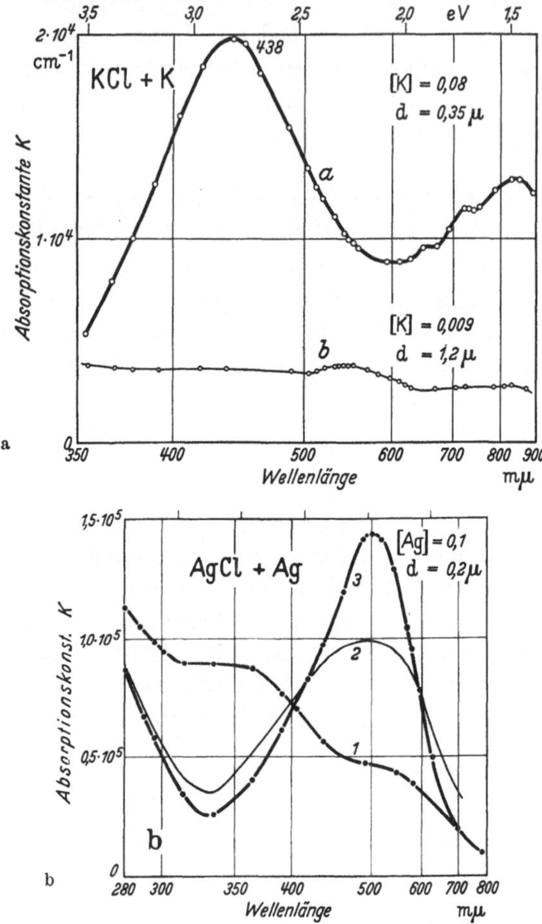

Abb. 28a u. b. a Absorptionsspektrum dünner KCl+K-Schichten nach der Kondensation bei Zimmertemperatur. Man beobachtet eine neue temperaturunabhängige Absorptionsbande bei 438 mμ. Die Farbzentrenbande fehlt. Nur bei der Kondensation von KCl mit geringem Kaliumüberschuß läßt sie sich eventuell nachweisen (Kurve b). b Absorptionsspektrum dünner AgCl+Ag-Schichten nach der Kondensation bei 90° K. Kurve 1: nach der Kondensation bei 90° K. Kurve 2: bei der Zwischentemperatur 240° K. Kurve 3: nach Erwärmung auf Zimmertemperatur

im langwelligen Bereich. Ihre Maxima liegen bei denselben Wellenlängen, wie die der von PETROFF[13] gemessenen Banden, die bei der Einstrahlung in die *F*-Bande bei Zimmertemperatur entstehen. Diese Zentren werden im Kapitel X behandelt.

---

[13] ST. PETROFF: Z. Phys. **130**, 392 (1951).

Die Abb. 28 b zeigt das von KAISER[12] gemessene Absorptionsspektrum von AgCl + Ag-Schichten, die bei 90° K kondensiert wurden. Es enthält eine Bande bei 375 mμ und eine andere bei 530 mμ. Erstere entspricht wahrscheinlich den adsorbierten Silberatomen an den äußeren Oberflächen der kleinen AgCl-Kristallite. Durch Erwärmung erfolgt ein irreversibler Abbau der Bande bei 375 mμ. Die Zentren, die die Absorption von 375 mμ verursachen, sind bei höheren Temperaturen nicht beständig und wandeln sich in stabile kolloidale Zentren um.

Die Methode der Kondensation auf tiefgekühlten Unterlagen eignet sich auch sehr gut zum Einbau gitterfremder Atome, z.B. zum Einbau von Silber, Ca und anderen Metallen in Alkalihalogenide. Durch Messung der Absorptionsspektren unter verschiedenen Bedingungen ist es im Prinzip möglich, die Störstelleneigenschaften der Gitter zu untersuchen.

§ 5. Farbzentrenanisotropie bei Bestrahlung mit polarisiertem Licht

In reinen Alkalihalogeniden können überschüssige Elektronen unter Bildung von Farbzentren im Gitter gebunden werden. Das Verhalten solcher Zentren konnte bisher durch ein in einer Halogenionenlücke eingefangenes Elektron beschrieben werden. Dieses Modell wurde als Grundlage zur Diskussion der experimentellen Ergebnisse benutzt.

In der letzten Zeit konnte durch Versuche von HAVEN[14] und SHMIT[15] gezeigt werden, daß es möglich ist, durch Bestrahlung mit polarisiertem Licht im Bereich der Farbzentrenabsorption eine Anisotropie zu erzeugen. Bestrahlt man einen KCl-Kristall, der Farbzentren enthält und dessen Kristallebene (100) senkrecht zur Bestrahlungsrichtung liegt, mit polarisiertem Licht der Wellenlänge 555 mμ, dessen elektrischer Vektor in Richtung [001] schwingt, dann wird der Kristall teilweise ausgebleicht. Es werden im langwelligen Bereich neue Zentren, darunter auch M-Zentren gebildet. Anschließende Messung der Absorption im Bereich der F-Bande zeigt, daß die Absorption der F-Zentren in derjenigen Polarisationsrichtung, in der zuvor die Bestrahlung erfolgte, kleiner als senkrecht dazu geworden ist. Der Betrag der Anisotropie hängt von der Intensität der Bestrahlung und von dem Winkel, den der elektrische Vektor mit den Symmetrieachsen des Kristalls bildet, ab.

Besonders auffallend ist es, daß auch die M-Zentren, die durch Einstrahlung des polarisierten Lichtes in die F-Bande gleichzeitig erzeugt werden, eine Anisotropie zeigen. Andere Zentren, z.B. R_1 und R_2, zeigen diese Anisotropie nicht. Es ergibt sich, worauf hier nicht näher eingegangen wird, daß auch die nachträgliche Absorption des

[14] C. Z. DORN u. J. HAVEN: Phys. Rev. **100**, 753 (1955).
[15] O. A. SHMIT: Optika i Spektrosk. **2**, 759 (1957).

polarisierten Lichtes in der M-Bande einen Einfluß auf die Absorption und den Anisotropiegrad der F- wie der M-Bande besitzt.

Lassen sich nun die Versuche von HAVEN und SHMIT, die eine eindeutige Anisotropie der Farbzentren nach der Bestrahlung mit polarisiertem Licht zeigen, auch mit dem bisherigen Farbzentrenmodell erklären? Vor der Bestrahlung war keine Richtungsabhängigkeit der Farbzentrenabsorption festzustellen.

Wir werden später sehen (s. Kap. X, § 11), daß von MARKHAM u. a. gezeigt wurde, daß Röntgenbestrahlung bei 4° K zwei Sorten von Farbzentren, „weiche" und „harte" erzeugt. Die weichen werden schon unterhalb 80° K abgebaut, während die harten erst bei höheren Temperaturen, und zwar im Bereich der Zimmertemperatur labil sind. Aus diesen Versuchen kann man schließen, daß zwei Zentrensorten, die das gleiche Absorptionsspektrum der F-Bande besitzen, existieren.

Unter der Voraussetzung, daß ein in der Halogenionenlücke oder einer Doppellücke (assoziierte Kationen- und Anionenlücke) eingefangenes Elektron die gleiche Lage der Absorption zeigt, lassen sich die Ergebnisse von HAVEN und SHMIT und auch von MARKHAM zwangsläufig erklären. Bei der Bestrahlung mit polarisiertem Licht werden Elektronen angeregt oder abgespalten und Halogenionenlücken erzeugt. Während der Bestrahlung können Alkalilücken bevorzugt in bestimmten Richtungen angelagert werden und so asymmetrische Zentren mit wieder angelagerten Elektronen und der gleichen F-Zentren-Absorption erzeugen. An diese können sich anschließend während der Bestrahlung noch andere Störstellen anlagern und so anisotrope M-Zentren bilden.

Können die in den Halogenionenlücken oder Doppellücken eingefangenen Elektronen die gleiche Lage der Absorption zeigen? Die Halogenlücke stellt eine im Gitter positive Überschußladung dar, während die Doppellücke gitterneutral ist und mit einem Elektron eine negative Überschußladung erzeugt.

Von KOSWIG und STASIW (s. Kap. VI, § 6) konnte gezeigt werden, daß sich die Lage der Absorption der Farbzentren durch die gleiche empirische Formel wie die der zweiwertigen Anionen mit einer negativen Überschußladung darstellen läßt. Auch hier handelt es sich wie bei der Doppellücke um eine Anlagerung eines Elektrons an eine gitterneutrale Störstelle S^-.

Diese Übereinstimmung kann qualitativ verständlich gemacht werden:

Bei der Bildung einer Halogenionenlücke durch Entfernung eines Ions wird die Gitterenergie aufgewendet und die Polarisationsenergie gewonnen. Die Verschiebung der positiven Ionen aus ihren Gleichgewichtslagen wird wahrscheinlich den Hauptanteil zur gewonnenen Polarisationsenergie beitragen. Bei der Wiederanlagerung des Ions, und das gleiche gilt auch bei der Anlagerung des Elektrons unter Farbzentrenbildung, muß dieser Anteil wieder aufgewendet werden, so daß für die Bindung des Elektrons nur ein geringer Betrag an Energie zur Verfügung steht. Bei der Abtrennung des Elektrons vom zweiwertigen Anion wird der Anteil der Polarisationsenergie infolge einer zurückgebliebenen negativen Ladung nicht gewonnen. Es erfolgt wahrscheinlich nur eine geringe Verschiebung der Ionen aus ihren Gleichgewichtslagen. Bei der Wiederanlagerung des Elektrons braucht keine Arbeit zur Verschiebung der Ionen, die bei der Bildung der Farbzentren notwendig war, geleistet werden. Während jedoch bei den Farbzentren die Anlagerung der Elektronen an eine Störstelle mit positiver Überschußladung erfolgte, handelt es sich bei Schwefel, Selen oder Tellur um eine Anlagerung der Elektronen an eine gitterneutrale Störstelle. Wir haben es also bei Anlagerung von Elektronen mit zwei Energiebeträgen zu tun, die von der Verschiebung der Ionen in der Umgebung der Störstelle und den Ladungseffekten innerhalb der Störstelle herrühren und sich gegenseitig kompensieren können. Es ist natürlich wichtig zu zeigen, daß diese Kompensation der beiden Energiebeträge sich theoretisch begründen läßt. Man kann versuchen, dazu die von MOTT und LITTLETON entwickelten Ansätze zu benutzen. Diese Ansätze müssen jedoch verbessert werden. Die Gültigkeit der Hilsch-Pohlschen Formel für die Berechnung der Eigenabsorption der Alkali- und Silberhalogenide zeigt, daß die Polarisationsenergie fast den gesamten Gitterenergiebetrag unabhängig von der Dielektrizitätskonstante des Mediums kompensiert, während die Berechnung der Polarisationsenergie nach MOTT und LITTLETON eine Abhängigkeit von der makroskopischen Dielektrizitätskonstante zeigen muß.

Ähnliche Überlegungen können auch zur Erklärung der Anlagerung von Elektronen an Doppel- und Halogenlücken, die die gleiche Absorption zeigen, benutzt werden.

Bei dieser Diskussion der Ergebnisse der Messungen von HAVEN, SHMIT und MARKHAM handelt es sich allerdings um Modelle, deren Natur nicht gesichert ist.

§ 6. Absorptionszentren in MgO-Kristallen

Ähnliche Verfärbungen wie an Alkalihalogeniden wurden auch an Kristallen, die aus zweiwertigen Ionen aufgebaut sind, von WEBER[16] beobachtet. Die Abb. 29 zeigt das Absorptionsspektrum eines MgO-Kristalls nach dem Erhitzen in einer Sauerstoffatmosphäre bei etwa 1200° C. Der stöchiometrisch überschüssige Sauerstoff besitzt Absorptionsmaxima bei 216 und 285 mμ. Die Konzentration des überschüssigen

[16] H. WEBER: Z. Phys. **130**, 392 (1951).

Sauerstoffs in den MgO-Kristallen ist der Anzahl der Sauerstoffmoleküle im Außenraum proportional. Daraus kann geschlossen werden, daß das gemessene Absorptionsspektrum, ähnlich wie bei Alkalihalogenidkristallen mit überschüssigen Halogenatomen, den Molekülen des Sauerstoffs zuzuordnen ist. Das Absorptionsspektrum der im Mg-Dampf verfärbten MgO-Kristalle ist breit und wenig übersichtlich.

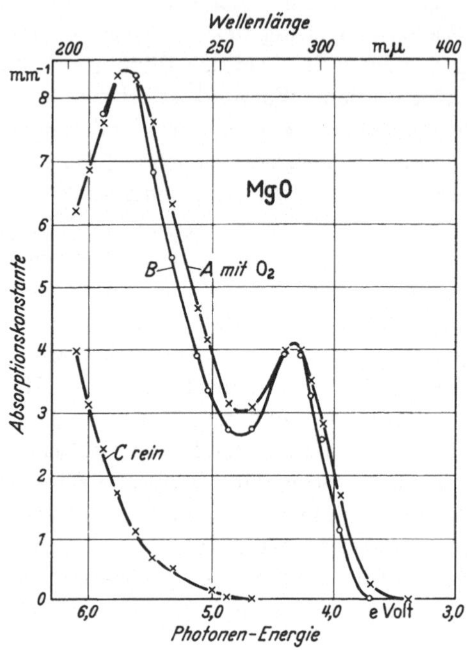

Abb. 29. Absorptionsspektrum reiner MgO-Kristalle und solcher nach Verfärbung in der Sauerstoffatmosphäre. Kurve *C*: Absorption des reinen MgO. Kurve *B* und *A*: Absorption des $MgO + O_2$ bei 20° K und bei 293° K

Sechstes Kapitel

Absorptionsspektren von Ionengittern mit Fremdzusätzen

§ 1. Absorptionsspektren einfacher Mischkristalle

Im Kapitel IV wurde gezeigt, daß reine Ionenkristalle ein Absorptionsspektrum besitzen, das aus einzelnen mehr oder weniger schmalen Banden besteht. Die maximale Absorptionskonstante dieser Banden betrug etwa $10^5\,mm^{-1}$. Es war möglich, die Lage der Maxima der Banden in Alkalihalogeniden durch die aus einem Kreisprozeß abgeleitete Gl. (IV, 1) darzustellen. Sie kann für Alkalihalogenide und andere Ionenkristalle auch aus dem Bändermodell abgeschätzt werden. Die Lage der Terme im Bändermodell ist wie beim Kreisprozeß durch die

Gitterenergie, die Elektronenaffinität, die Ionisierungsarbeit und die Polarisationseigenschaften der Bausteine gegeben. Das bedeutet, daß man in einfachen Mischkristallen, wie z. B. KCl-KBr, nur die veränderte Gitterenergie und die Elektronenenergien der isolierten Atome sowie ihre Polarisationseigenschaften zu berücksichtigen hat.

In Abb. 30 ist der Verlauf der Absorption im Ausläufer für AgCl + AgBr-Mischkristalle, gemessen bei 400° C, für verschiedene Mischungsverhältnisse aufgezeichnet. In der Abb. 31 ist für einen bestimmten

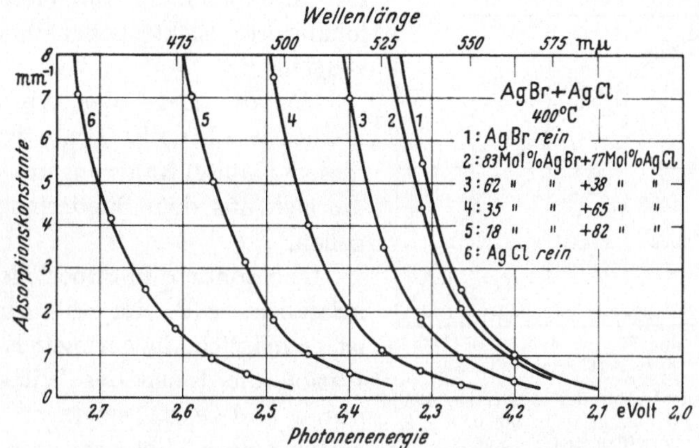

Abb. 30. Absorptionsspektrum von AgBr + AgCl-Mischkristallen

Absorptionskoeffizienten ($\varkappa = 5\ \mathrm{mm}^{-1}$) die zugehörige Photonenenergie in Abhängigkeit vom AgCl + AgBr-Mischungsverhältnis aufgetragen. Im reinen AgBr erreicht man diese Absorptionskonstante bei etwa 2,3 eV und in AgCl bei etwa 2,7 eV Photonenenergie. Die Photonenenergie ist also im AgBr um etwa 0,4 eV kleiner als im AgCl.

Die Mischbarkeit zweier heteropolarer Salze wird um so größer sein, je besser die zugehörigen Ionenradien miteinander übereinstimmen. Die Lage der entsprechenden Absorptionsmaxima, z. B. des ersten Maximums, in einem einfachen Mischkristall, wie Kaliumbromid und Kaliumchlorid, wird mehr oder weniger der gemittelten Lage der Absorptionsmaxima der getrennten Komponenten entsprechen. Die Absorptionsspektren von Kristallen gemischter Alkali- oder Silberhalogenide befolgen ungefähr dieses Gesetz.

Dies ist allerdings eine sehr grobe Schematisierung. Lediglich die Änderung der Gitterkonstante befolgt dieses Mischungsgesetz, während die Ionisierungsarbeit, die Elektronenaffinität und die Polarisierbarkeit die Eigenschaften der das Gitter bildenden Teilchen sind. Diese Tatsache müßte auch bei der Diskussion der Ergebnisse der Messungen am AgBr und AgCl im Mischkristallgebiet berücksichtigt werden.

Normalerweise ist es möglich, in ein Ionengitter Substanzen in geringen Konzentrationen einzubauen, deren Gitter- und Ladungseigenschaften sehr stark von denen des Wirtsgitters abweichen. Heterotype Mischkristalle, die z. B. durch Einbau zweiwertiger Schwefelionen ins Silberchlorid- oder Silberbromidgitter entstehen, besitzen solche Eigenschaften. In den Absorptionsspektren, die durch solche Zusätze entstehen, werden die lokalen Verhältnisse in der Umgebung der eingebauten Ionen viel stärker in Erscheinung treten. Wir werden es demnach mit Störstellen zu tun haben, die lokalisierte Elektronenzustände erzeugen.

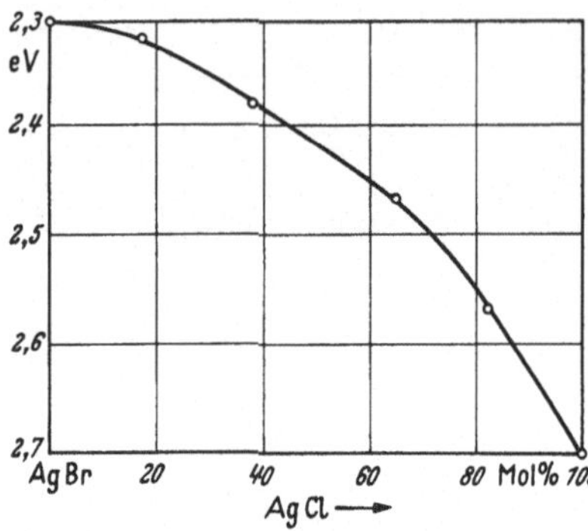

Abb. 31. Der Verlauf der Absorption der AgBr-AgCl-Mischkristalle für den Absorptionskoeffizienten $k = 5\ \text{mm}^{-1}$

Um die Lage der Absorption qualitativ abzuschätzen, werden in diesem Kapitel Näherungen benutzt, die sich aus dem Bändermodell ergeben.

Insbesondere in Silberhalogenidkristallen, z. B. im Silberbromid, ist es möglich, in geringer Konzentration die Ionen des Wirtsgitters durch andere zu ersetzen. Solche geringfügigen Zusätze von etwa 10^{-4} bis 10^{-1} Mol-% haben einen entscheidenden Einfluß auf die photochemischen Prozesse und die damit verknüpften Lumineszenz- und Halbleitereigenschaften des Gitters. Sie sind Sensibilisatoren, durch welche die photochemischen Prozesse, die in reinen Salzen nicht vorkommen, erst möglich werden.

Die Absorption des Zusatzes ist nur dann leicht meßbar, wenn Zusatz- und Eigenabsorption nicht überlappen. Solche Zusätze, deren Absorption im Bereich der Eigenabsorption liegt, werden infolge ihrer im Verhältnis zur Eigenabsorption kleinen Absorptionskonstante optisch unbeobachtbar sein. Besonderes Interesse gewinnen deshalb diejenigen Zusätze, deren Absorption noch vor der Eigenabsorption liegt. Man kann die Zusätze in drei Gruppen einteilen, in solche, bei denen

1. Anionen durch ein- oder mehrwertige Fremdanionen ersetzt werden, während die Kationen mit denen des Wirtsgitters identisch sind,

2. die Kationen durch ein- oder mehrwertige Fremdkationen ersetzt werden und die Anionen des Zusatzes und des Wirtsgitters übereinstimmen,

3. sowohl die Kationen wie die Anionen des Zusatzes von denen des Wirtsgitters verschieden sind.

In allen drei Fällen muß der Kristall neutral bleiben. Bei dem Ersatz eines einwertigen Kations durch ein mehrwertiges muß eine entsprechende Anzahl von Lücken im Ionengitter entstehen, falls nur Schottkysche Fehlordnung vorkommt. Die Lücken sorgen für den entsprechenden Ladungsausgleich. Dasselbe gilt für Anionen.

Die Lage der optischen Absorption des Zusatzes befolgt nicht ganz das in Gl. (IV,1) beschriebene Gesetz und kann oft nur aus den experimentellen Ergebnissen erschlossen werden. Nach dem Ersatz eines Ions des Wirtsgitters durch ein Fremdion bildet dieser Gitterpunkt eine lokale Störstelle. Das Störstellenion schafft lokale Terme im Bändermodell und diese können, ähnlich wie die Terme der Lücken, durch Näherungsverfahren, wie sie im vorhergehenden Kapitel geschildert wurden, abgeschätzt werden, vorausgesetzt, daß das Modell der Störstelle, das dem Näherungsverfahren zugrunde gelegt wird, den tatsächlichen Verhältnissen entspricht. Wir wollen zunächst die Diskussion einiger unter einfachen Verhältnissen gemessenen Absorptionsspektren von Ionengittern mit geringen Zusätzen durchführen.

§ 2. Absorptionsspektren von Ionengittern mit Zusätzen einwertiger Anionen

Besonders einfach liegen die Verhältnisse in Alkalihalogeniden mit einem geringen Alkalihydridzusatz[1]. Die Abb. 32 zeigt das Absorptionsspektrum einiger Mischkristalle. Aus den von SAUR und STASIW[2] durchgeführten Messungen der Gitterkonstanten ist mit Sicherheit anzunehmen, daß die H^--Ionen beim Einbau Ionen des Wirtsgitters ersetzen. Man sieht in dieser Abbildung, daß der Eigenabsorption Banden vorgelagert sind, die in der Literatur oft als *U*-Banden bezeichnet werden. In der nächsten Abb. 33 sind die Absorptionsmaxima nochmals in Abhängigkeit vom Anion des Grundgitters aufgetragen. Der Abstand der *U*-Banden von dem zweiten Maximum der Eigenabsorption hat für Natriumhalogenide im Energiemaßstab ungefähr den gleichen Betrag. Das gleiche Verhalten, wenn auch

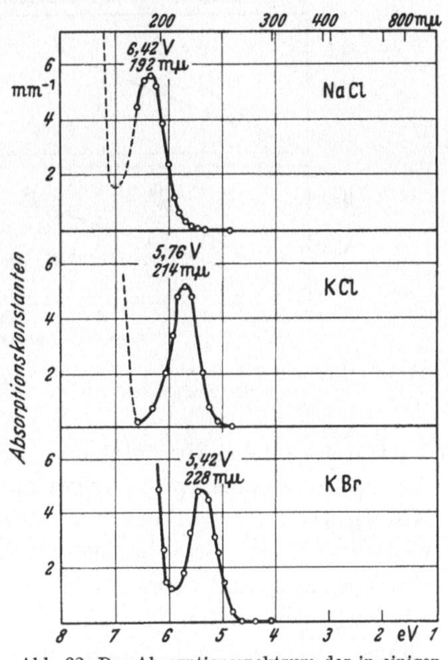

Abb. 32. Das Absorptionsspektrum der in einigen Alkalihalogeniden eingebauten Wasserstoffionen

[1] R. HILSCH u. R. W. POHL: Gött. Nachr. **1933**, 322; **1934**, 115; **1935**, 209. — Annal. Phys. **32**, 155 (1938). — Trans. Faraday Soc. **34**, 883 (1938).

[2] E. SAUR u. O. STASIW: Gött. Nachr. **1938**, 77.

nicht mehr so überzeugend, zeigen auch andere Alkalihalogenide. Aus einer qualitativen Abschätzung folgt, daß die Absorption der U-Bande einem Übergang des Elektrons aus dem lokalisierten Term der H^--Ionen in den nächsthöheren unbesetzten Anregungszustand[3,4,5,6] oder in das Leitfähigkeitsband, also in die Bänder der Alkaliionen des Ionengitters, entspricht.

In der letzten Zeit konnte gezeigt werden, daß der Absorptionsmechanismus in der U-Bande bedeutend komplizierter ist, als es ursprünglich angenommen wurde.

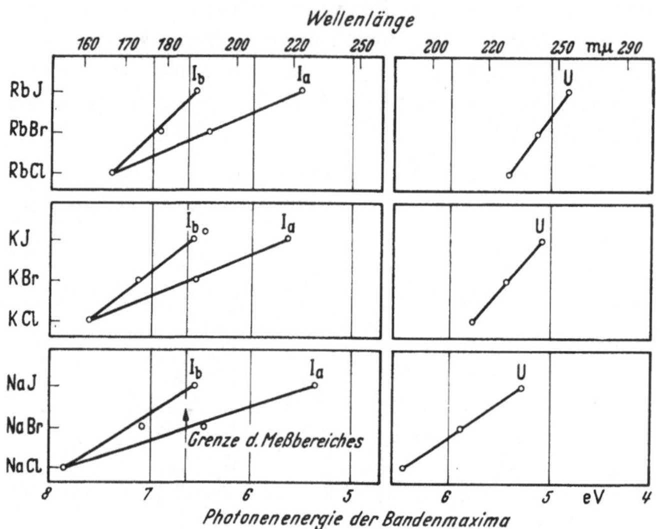

Abb. 33. Die Lage der Maxima der Wasserstoffionenabsorption U in einigen Alkalihalogeniden und der langwelligen Banden der Eigenabsorption (I_a und I_b)

Durch gleichzeitige Messung der paramagnetischen Resonanz und der optischen Absorption folgerten Delbecq und Yuster[7,8], daß die Absorption von Strahlung in der U-Bande zur Bildung eines Anregungszustandes führt. Strahlungslose Übergänge der angeregten H-Ionen in den Grundzustand erzeugen eine lokale Erwärmung im Kristallgitter. Als Folge der lokalen Erwärmung können Wasserstoffionen ihre Gitterplätze verlassen und durch Bildung von Zwischengitterionen neue Zentren U_1 erzeugen. Das Absorptionsspektrum dieser neuen U_1-Zentren liegt für KCl im Bereich von etwa 280 mμ.

[3] W. Martienssen: Naturwiss. **38**, 482 (1951). — Z. Phys. **131**, 488 (1952).
[4] W. Martienssen u. R. W. Pohl: Z. Phys. **133**, 153 (1952).
[5] W. Martienssen u. H. Pick: Z. Phys. **135**, 309 (1953).
[6] H. Thomas: Ann. Phys. **38**, 601 (1940).
[7] C. J. Delbecq, B. Smaller u. P. H. Yuster: Phys. Rev. **104**, 599 (1956).
[8] C. J. Delbecq u. P. H. Yuster: Phys. Rev. **104**, 605 (1956).

Aus den Messungen ist zu entnehmen, daß der lokalisierte Term der H^--Ionen in Natriumhalogeniden ungefähr um 3 eV höher liegt als das Valenzband, d.h. als die Terme der Halogenionen. Zur Deutung der Absorptionsspektren von Ionenkristallen mit Störstellen kann man sich des Bändermodells bedienen, wenn nur die relative Lage der einzelnen Banden zueinander, z.B. die Lage der Banden des Zusatzes relativ zu denen, die im Bereich der Eigenabsorption liegen, interessiert.

§ 3. Allgemeines über Absorptionsspektren von Mischkristallen mit zweiwertigen Anionenzusätzen

In den Mischkristallen Alkalihalogenid + Alkalihydrid wird das Anion des Wirtsgitters durch ein Fremdion der gleichen Ladung ersetzt. Die Zahl der sonst im Gitter vorhandenen Störstellen, z.B. der Kationen- und Anionenlücken, ist gleich derjenigen des zusatzfreien Gitters. Die zusätzliche Absorption wird nur durch die anwesenden H^--Ionen hervorgerufen.

Anders liegen die Verhältnisse, wenn die Ersatzanionen eine höhere Wertigkeit besitzen, also eine Überschußladung gegenüber dem sonst neutralen Gitter tragen. Das ist der Fall beim Einbau von Schwefelionen mit doppelt negativer Ladung an Stelle der Halogenionen. Solche Störstellen sollen durch S'_G gekennzeichnet werden. Aus Neutralitätsgründen wird die Konzentration von Störstellen des reinen Gitters verändert, im Fall der Alkalihalogenide die Konzentration von Anionenlücken vermehrt, die Konzentration der Kationenlücken dagegen vermindert. Die durch die Störstelle S'_G verursachte Termverschiebung der umgebenden Ionen, insbesondere diejenige, die von den Coulomb-Kräften stammt, wird um den von der Überschußladung herrührenden Anteil vermehrt. Auch die Polarisation des Gitters in der Umgebung der Störstelle und die Polarisierbarkeit der Störstelle selbst beeinflussen die Lage der lokalisierten Störterme im Ionengitter. Bei dem Ersatz der Halogenionen in Alkalihalogeniden durch O^{--}-Ionen zeigen die Mischkristalle, ähnlich wie diejenigen mit H^--Ionen, ein der Eigenabsorption vorgelagertes Spektrum. Dieses wurde eingehend von AKPINAR[9] untersucht. Allerdings ist eine Zuordnung infolge der Effekte, die durch die Mischung beider Salze entstehen, nicht ohne weiteres möglich. Die neue, an den Zusatz gebundene Absorption, entsteht stets durch Übergänge von Elektronen aus den lokalisierten Termen der Störionen in die nächsthöheren Terme.

§ 4. Von freien Schwefel- und Selenionen in Silberhalogeniden verursachte Absorption

Es sollen nunmehr die etwas komplizierteren Absorptionsverhältnisse der Silberhalogenidkristalle mit Zusätzen von zweiwertigen Ionen, wie

[9] S. AKPINAR: Ann. Phys. 37, 429 (1940).

Schwefel, Selen und anderer, untersucht werden. In Silberhalogeniden spielen diese Zusätze auch eine entscheidende Rolle bei den photochemischen Prozessen.

Reine Alkalihalogenide besitzen im wesentlichen nur Schottkysche Fehlordnung. Im Gegensatz dazu haben die Silberhalogenide, wie wir im Kapitel III gesehen haben, bei Zimmertemperatur praktisch nur Frenkelsche Fehlordnung. Dicht unter dem Schmelzpunkt ist neben dem Frenkelschen Fehlordnungstyp auch noch der Schottkysche vorhanden. Der Ersatz eines Halogenions durch ein doppelt geladenes Schwefel- oder Selenion kann zu zwei neuen Störstellen führen. Entweder entsteht durch den Einbau des zweiwertigen Anions eine zusätzliche Anionenleerstelle, wie bei den Alkalihalogeniden, oder ein Silberion auf Zwischengitterplatz.

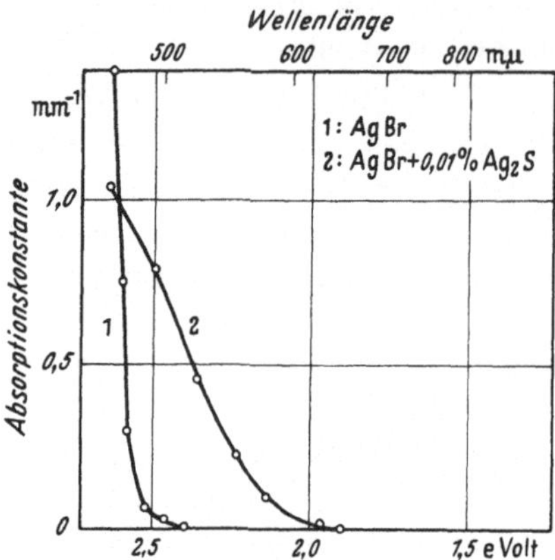

Abb. 34. Verlauf der langwelligen Absorption in einem $AgBr + Ag_2S$-Mischkristall bei Zimmertemperatur. Durch Einbau von Ag_2S entsteht eine vor der Eigenabsorption vorgelagerte Zusatzabsorption bei Zimmertemperatur. Kurve 1: Eigenabsorption. Kurve 2: Zusatzabsorption

Infolge der Wechselwirkung der Störstellen untereinander können diese miteinander reagieren und eine große Zahl neuer Störstellenarten erzeugen, deren Bildung nach thermodynamischen Gesetzen erfolgt. Im Idealfall, der bei genügend hohen Temperaturen verwirklicht ist, treten im Silberhalogenid vier Störstellenarten auf: Silberionen auf Zwischengitterplätzen, Silberionenlücken, Halogenionenlücken und Schwefelionen auf normalen Gitterplätzen. Bei tieferen Temperaturen können die Störstellen mit positiver und negativer Überschußladung miteinander reagieren, so daß wir im thermodynamischen Gleichgewicht neben den dissoziierten Störstellen neue Störstellen vorfinden, unter anderem solche, die durch Assoziation von Silberionen auf Zwischengitterplätzen mit Schwefelionen gebildet werden. Alle diese Störstellen bilden Zentren mit lokalisierten Elektronentermen, die für neue Absorptionsbanden in Silberhalogeniden verantwortlich sein können. Sie sind in Silberhalogeniden reichhaltiger als in Alkalihalogeniden und erschweren daher ihre genaue Analyse. Es ist selbstverständlich, daß die Höhe der einzelnen Absorptionsbanden, die den verschiedenen Störstellen zugeordnet werden können, von der thermischen und mechanischen Behandlung des betreffenden Silberhalogenidkristalls abhängig ist. Tempern und Abschrecken spielen eine entscheidende Rolle für das Entstehen des vorgelagerten Absorptionsspektrums in Silberhalogeniden.

Zuerst zeigten STASIW und TELTOW[10], daß durch Zusatz von Schwefelionen zu den Silberhalogeniden ein neues, der Eigenabsorption vorgelagertes Spektrum (Abb. 34) entsteht. Dieses Spektrum wurde an Kristallen gemessen, die bei Zimmertemperatur mechanisch verformt worden waren. Werden die Mischkristalle Silberbromid oder Silberchlorid mit Silbersulfid bei etwa 400° C getempert und anschließend rasch abgekühlt, so verändert sich bei anschließendem Aufenthalt bei +20° C die vorgelagerte Absorption, und zwar derart, daß sie abnimmt. Nach einigen Stunden Lagerung bei Zimmertemperatur zeigt sich (Abb. 35a u. b) ein neuer Verlauf des Absorptionsausläufers, ohne daß dabei eine neue Absorption im langwelligen Bereich entstanden ist.

Die Ursache für diesen neuen Absorptionsverlauf ist aus dem Modell für Störstellen zu erraten. Bei hoher Temperatur ist sicher ein Teil der einzelnen schon erwähnten Störstellen, z. B. der Schwefelionen und Bromionenlücken, dissoziiert. Nach dem Abkühlen auf Zimmertemperatur assoziieren die einzelnen Störstellen, so daß ein neues Absorptionsspektrum entsteht. Die lokalisierten Terme der Schwefelionen im Silberhalogenidgitter liegen höher als die der Halogenionen im Valenzband. Die Termlage der Schwefelionen ist im wesentlichen durch den Anteil der Coulomb-Energie und durch die neu geschaffenen Polarisationsverhältnisse am Ort der Störstelle bestimmt. Bei Assoziation des Schwefelions mit der positiv geladenen Halogenionenlücke kommt noch die Assoziationsenergie hinzu. Ihr Beitrag bewirkt, daß die lokalisierten Terme der mit Bromlücken assoziierten Schwefelionen erniedrigt werden.

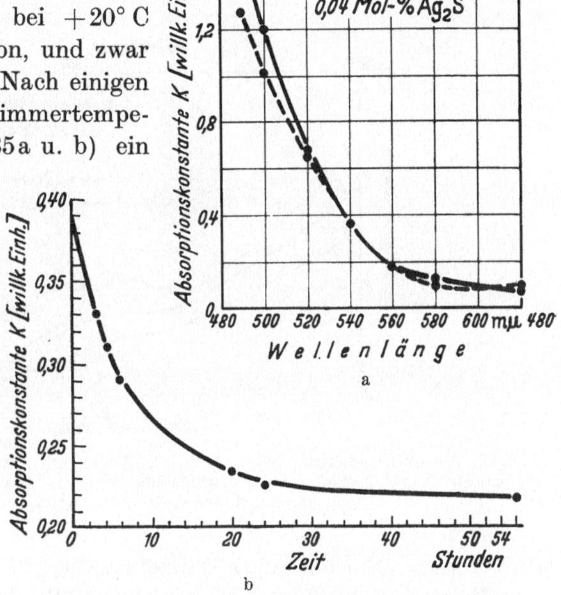

Abb. 35a u. b. a) Absorptionsspektrum eines AgBr + Ag_2S-Mischkristalls. Ausgezogene Kurve: Sofort nach dem Abschrecken von 400 auf 20° C. Gestrichelte Kurve: Nach Lagerung bei Zimmertemperatur. b) Zeitlicher Abfall der Absorption desselben Kristalls. Die Messung erfolgte im Wellenlängenbereich um 480 mμ

[10] O. STASIW u. J. TELTOW: Gött. Nachr. **1941**, 93, 100, 110; **1944**, 155. — Ann. Phys. **40**, 181 (1941). — Z. wiss. Photographie **40**, 157 (1941).

Ordnet man die breite vorgelagerte Absorption dem Übergang des Elektrons von dem besetzten Niveau der Störstelle in das Leitungsband zu, so ist die Abnahme der Absorption im Langwelligen bei Lagerung infolge der Bildung neuer Komplexe, die kurzwelliger absorbieren, verständlich.

In der letzten Zeit konnten SEIFERT, STASIW, VOLKE[11] und insbesondere VOLKE[12] an AgBr- und AgCl-Kristallen mit Ag_2S-, Ag_2Se- und Ag_2Te-Zusatz noch eine bedeutend genauere Analyse dieses Spektrums

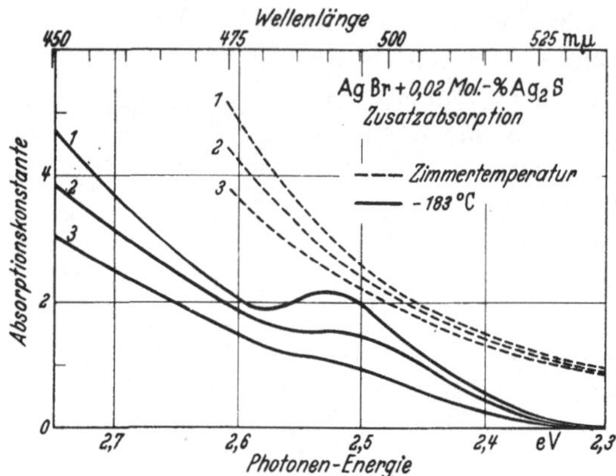

Abb. 36. Absorptionsspektrum eines $AgBr + Ag_2S$-Mischkristalls bei $-183°$ C und bei Zimmertemperatur. Kurve 1: Sofort nach dem Abschrecken von 400° C. Kurve 2: Nach einstündiger Lagerung. Kurve 3: Nach dreistündiger Lagerung

durchführen. Ein bei hoher Temperatur (400° C) getemperter und dann auf Zimmertemperatur abgeschreckter Silberbromidkristall mit Ag_2S- (Abb. 36) oder Ag_2Se-Zusatz (Abb. 37) zeigt ein vorgelagertes Absorptionsspektrum, das den soeben diskutierten Absorptionsverlauf besitzt. Das vorgelagerte Spektrum besitzt bei Zimmertemperatur nicht die geringste Andeutung einer Struktur. Nach anschließender Abkühlung auf die Temperatur der flüssigen Luft zeigt dieses Spektrum eine deutliche Struktur, und zwar tritt eine Bande kleiner Halbwertsbreite auf, deren Maximum im Silberbromidkristall mit Ag_2Se-Zusatz langwelliger als dasjenige in AgBr mit Ag_2S-Zusatz liegt. Nach anschließender Erwärmung der Kristalle auf Zimmertemperatur, Lagerung von einigen Stunden bei derselben Temperatur und darauffolgender Abkühlung auf $-180°$ C ist die vorher gemessene Struktur im Spektrum des Silberbromids mit Silbersulfid-Zusatz nicht mehr erkennbar und in dem des Silberchlorids mit Ag_2Se-Zusatz zum Teil abgebaut (Abb. 38). Im

---

[11] G. SEIFERT, O. STASIW u. CHR. VOLKE: Naturwiss. **41**, 58 (1954).

[12] CHR. VOLKE: Z. Phys. **138**, 623 (1954). — Ann. Phys. **19**, 203 (1956).

ersten Falle ist lediglich eine der Eigenabsorption vorgelagerte strukturlose Zusatzabsorption übriggeblieben. Daneben beobachtet man bei tiefen Temperaturen noch ein zweites vorgelagertes Absorptionsmaximum, das kurzwelliger als das schon erwähnte liegt. Dieses Maximum konnte allerdings nur bei Messungen an AgCl mit Ag_2S- und Ag_2Se-Zusatz von SCHOLZ[13] einwandfrei nachgewiesen werden (Abb. 38).

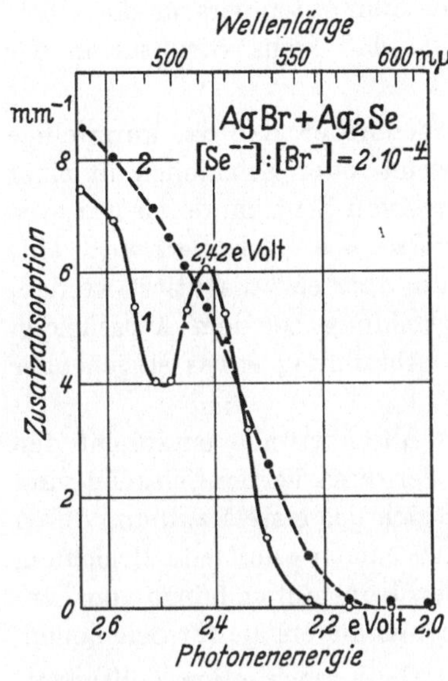

Abb. 37. Absorptionsspektrum eines AgBr + Ag_2Se-Mischkristalls bei der Temperatur von −186° C. Kurve 1: Absorption nach dem Abschrecken. Kurve 2: Absorption nach Lagerung bei Zimmertemperatur

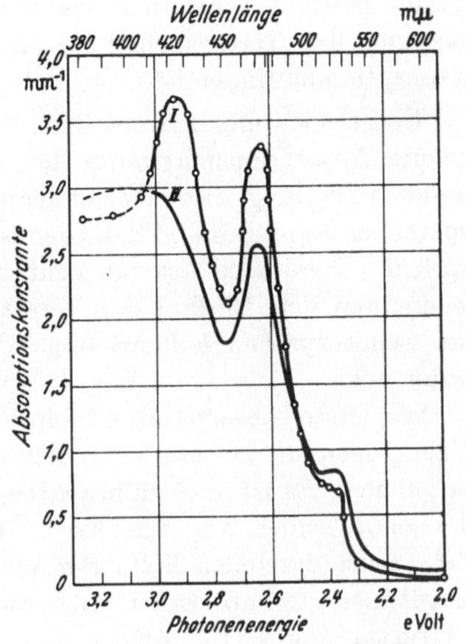

Abb. 38. Absorption eines AgCl + Ag_2Se-Mischkristalls bei −185° C. Kurve I: Nach dem Abschrecken. Kurve II: Nach Lagerung bei Zimmertemperatur

Beide Absorptionsbanden bauen sich im Silberbromid und -chlorid mit Ag_2Se durch Lagerung des Kristalls bei +20° C in gleicher Weise ab. Daraus wurde geschlossen, daß sie vom gleichen Zentrum verursacht werden. Es kann angenommen werden, daß diese langwelligsten Absorptionsbanden, die beim Zusatz sowohl von Schwefel, Selen und Tellur zum Silberbromid als auch von Schwefel und Selen zum Silberchlorid auftreten, den zweiwertigen Fremdanionen zugeordnet sind, die an Stelle von Brom- und Chlorionen auf Gitterplätzen eingebaut wurden, in deren Umgebung sich keine weiteren Störstellen befinden.

Im Temperaturbereich der flüssigen Luft kann ein Übergang des Elektrons von den besetzten lokalisierten Störtermen der dissoziierten Schwefel- oder Selenionen zu den angeregten Termen derselben Störstellen stattfinden. Diesem Übergang würde z.B. das Maximum bei

[13] A. SCHOLZ: Z. Phys. **137**, 207 (1954). — Ann. Phys. **19**, 175 (1956).

490 mμ für Silberbromid mit Ag_2S-Zusatz oder das erste Maximum im AgCl mit Ag_2Se-Zusatz entsprechen. Das weitere Maximum im Silberchlorid mit Silbersulfid-Zusatz, das kurzwelliger als das erste liegt, entspricht dann, wenn man die beiden Absorptionsmaxima dem gleichen Zentrum zuordnet, dem Übergang des Elektrons in das Leitungsband. Bei der Temperatur der flüssigen Luft ist die Aufspaltung der beiden Terme deutlich erkennbar, während bei Zimmertemperatur die Überlappung der Terme schon so stark ist, daß keine Struktur in der Absorption zu finden ist.

Es ist noch möglich und viel wahrscheinlicher, daß das kurzwellige zweite Absorptionsmaximum den Schwefel- oder Selenionen in einer anderen Bindung, also einer anderen Sorte von Zentren, deren Existenz später im Kapitel XI „Photochemischer Prozesse" diskutiert wird, entspricht. Diese neue Art von Zentren kann aber erst diskutiert werden, wenn man den Einfluß der Versetzungsbildung bei dem Ausscheiden der Schottkyschen Fehlordnung infolge Abkühlung etwas eingehender untersucht.

Das erste Absorptionsmaximum der Mischkristalle entspricht den Übergängen in den lokalen Störtermen der dissoziierten Schwefel- und Selenionen. Es ist noch zu beachten, daß sich das erste Maximum durch die schon früher von Mollwo[14] für Farbzentren ermittelte Beziehung $\nu d^2 = \text{const}$ darstellen läßt. Der Wert der Konstanten hängt von dem eingebauten Ion ab. Er ist für Schwefelionen anders als für Selenionen.

Dieses qualitative Bild behält auch dann noch seine Gültigkeit, wenn bei der Absorption an der lokalisierten Störstelle neben den Elektronenübergängen auch eine Anregung von Schwingungsquanten erfolgt. Für die geringe Breite der Banden bei tiefen Temperaturen und ihre starke Verbreiterung bei Zimmertemperatur kann neben der Verbreiterung der Elektronenzustände noch diejenige der Schwingungsquantenabsorption infolge einer neuen Gleichgewichtslage der Störstellenumgebung verantwortlich gemacht werden.

§ 5. Änderung der Absorptionsstruktur

Die Kristalle, die bei Zimmertemperatur gelagert wurden, zeigen, wie wir gesehen haben, keine Struktur. Zweifellos hängt die schon von Stasiw und Teltow gemessene Verschiebung der Absorption nach der Lagerung bei Zimmertemperatur und das gleichzeitige Verschwinden der Struktur dieser Absorption bei tiefer Temperatur (wie schon von Seifert, Stasiw und Volke festgestellt wurde) mit der Bildung assoziierter Störstellen bei der Lagerung zusammen. Durch die lang-

[14] E. Mollwo: Z. Phys. 85, 55 (1933).

same Einstellung des thermodynamischen Gleichgewichtes bei Zimmertemperatur werden infolge der Wechselwirkung der Störstellen untereinander einzelne, geladene Störstellen zu größeren Aggregaten assoziieren. Auch das Spektrum der assoziierten Störstellen besitzt sicher eine Struktur. Die zu erwartenden Absorptionsbanden werden jedoch infolge stärkerer Bindung der Elektronen im Bereich der Absorption der Wirtsgitterionen liegen. Im Absorptionsspektrum macht sich nur der Ausläufer dieser Absorption bemerkbar. Für die verbliebene strukturlose Zusatzabsorption, die der Eigenabsorption vorgelagert ist und deren Maximum im Gebiet der Eigenabsorption liegt, können zunächst nur diejenigen assoziierten Störstellen in Frage kommen, bei denen sich lokalisierte Terme von denen des isolierten Schwefelions nur um den Beitrag der Coulomb-Energie unterscheiden. Als solche kommen zunächst die an Schwefel- oder Selenionen angelagerten Silberionen auf Zwischengitterplätzen in Frage. Die Coulomb-Energie, die durch die Assoziation eines Schwefelions mit einem in unmittelbarer Nachbarschaft befindlichen Silberion auf Zwischengitterplatz frei wird, beträgt ungefähr 0,3 bis 0,5 eV. Um diesen Betrag müßte das zweite Absorptionsmaximum von dem ersten entfernt liegen. Dies wäre jedoch nur eine rohe Abschätzung. Tatsächlich handelt es sich um eine vollkommen neue, molekulare Störstelle, die eine andere Wechselwirkung mit dem Gitter als das dissoziierte Schwefelion besitzt.

Ähnliche Absorptionsverhältnisse, wie die hier betrachteten, sind auch für Ag_2O-Zusatz zu erwarten.

Es ist schließlich möglich, sowohl in Alkalihalogeniden wie auch in Silberhalogeniden noch andere, kompliziertere Ionen, z.B. NO_3-Ionen an Stelle von Bromionen, einzubauen. Die Verhältnisse werden jedoch noch unübersichtlicher. Die NO_3-Ionen können sich nämlich bei der Herstellung der Mischkristalle aus der Schmelze zersetzen und dadurch die Analyse des Spektrums erschweren.

§ 6. Zum Absorptionsspektrum der in Störstellen von Ionengittern eingefangenen Überschußelektronen

Die Lage der Absorptionsbanden der Farbzentren und die Lage der ersten Maxima der Mischkristalle mit O^{--}, S^{--}, Se^{--} und Te^{--} läßt sich, wie in den vorigen Abschnitten erwähnt wurde, durch die von Mollwo empirisch gefundene Formel $\nu d^2 = \text{const}$ darstellen. Allerdings hängt die Konstante in der Beziehung $\nu d^2 = \text{const}$ in Silberhalogeniden mit zweiwertigen Anionenzusätzen von der Art des Zusatzes ab. Für Schwefel wurde sie zu $202{,}5 \cdot 10^{-6}\,\text{m}^2/\text{sec}$ und für Selen zu $195 \cdot 10^{-6}\,\text{m}^2/\text{sec}$ bestimmt.

Die Abhängigkeit dieser Konstanten von der eingebauten Ionensorte läßt sich, wie KOSWIG[15,16] gezeigt hat, mit folgender empirischen Beziehung in Zusammenhang bringen

$$h\nu d^2 = aR - bR^2, \qquad (1)$$

wobei R den Ionenradius des im Silberhalogenidgitter eingebauten zweiwertigen Anions bedeutet. a und b sind neue Konstanten, die weder vom Gitter noch von der eingebauten Ionensorte abhängig sind und aus dem Experiment ermittelt werden können. Der Ionenradius R berücksichtigt die Raumbeanspruchung des Fremdions. Es zeigt sich somit, daß die von MOLLWO ermittelte Konstante in der Beziehung $\nu d^2 = \text{const}$ noch von dem Ionenradius abhängen kann und daß erst die Konstanten a und b in der Formel von KOSWIG vom Gitter und von der Raumbeanspruchung der Störstelle sowie von der Elektronenkonfiguration des in der Störstelle eingebauten Ions unabhängig sind. In der Abb. 39 sind die experimentell gemessenen Werte und diejenigen, die sich aus der Beziehung [Gl. (1)] ergeben, zusammengestellt. Um die Konstanten a und b leicht zu ermitteln, sind als Ordinate $\frac{h\nu d^2}{R}$ und als Abszisse R eingetragen. Die Lage der Absorptionsbande in den Mischkristallen mit zweiwertigen Anionen ist demnach proportional d^{-2} und hängt nur von dem Ionenradius des Fremdions ab. Die Elektronenaffinität der Zusatzionen tritt in dieser Darstellung nicht explizit auf, während man zunächst für die Absorption der Zusatzionen eine ähnliche Beziehung wie die empirische Formel von HILSCH (Kapitel IV, § 2) erwarten sollte, in der die Elektronenaffinität wesentlich die Lage der Absorption bestimmt. Dieser Tatbestand muß nun besonders beachtet werden.

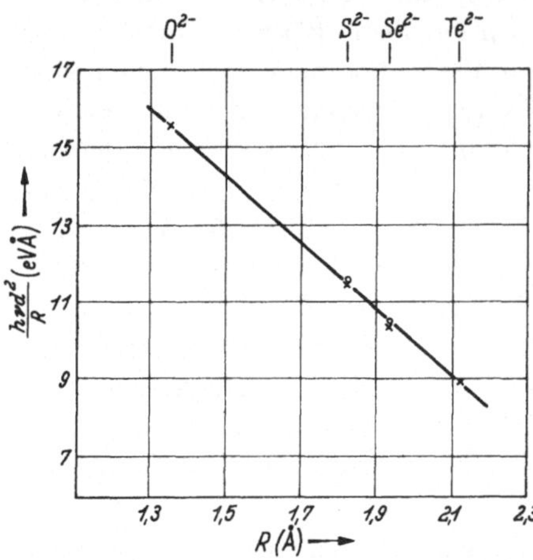

Abb. 39. Zur Darstellung der Gl. (1). Die Konstanten a und b können aus den gemessenen Werten für die Maxima der Absorptionsbanden und den zugehörigen Ionenradien für AgBr (—×—) und AgCl (—○—) ermittelt werden.

Ebenfalls läßt sich in dieser Darstellung zunächst kein unmittelbarer Zusammenhang zu der makroskopischen Dielektrizitätskonstanten des

[15] H. D. KOSWIG: Z. Phys. **149**, 204 (1957).
[16] H. D. KOSWIG u. O. STASIW: Z. Phys. **149**, 210 (1957).

Wirtsgitters, die eventuell die Lage der Absorptionsbanden beeinflussen kann, feststellen.

Die Gl. (1) enthält im Prinzip auch die empirische Formel von MOLLWO. Hieraus könnte man schließen, daß die Bindung des Überschuß-elektrons an einer mit Fremdionen besetzten Störstelle in gleicher Weise erfolgt wie die des Elektrons beim Farbzentrum. Die Mollwosche Konstante wird dabei wegen der anderen Raumbeanspruchung infolge des zusätzlichen Fremdioneneinbaues modifiziert.

Für die Absorption der Farbzentren wurde von TIBBS[17], SIMPSON[18], PINCHERLE[19] u. a., insbesondere von MOTT, ein vereinfachtes Modell untersucht. Nach GURNEY und MOTT[20] handelt es sich bei dem Farbzentrum um ein Elektron, das sich in einem durch die makroskopische Dielektrizitätskonstante $\varkappa$ modifizierten Coulomb-Potential $\frac{e}{\varkappa r}$ befindet. Zu einem solchen Potentialfeld gehören diskrete Energiezustände mit wasserstoffähnlichen Eigenfunktionen. Es wird in der Schrödinger-Gleichung mit dem Potential $\frac{e}{\varkappa r}$ gerechnet, wobei die darin auftretende Elektronenmasse m durch die effektive Masse m^* des Elektrons zu ersetzen ist. Die effektive Masse m^* des Elektrons in der Schrödinger-Gleichung berücksichtigt die Wechselwirkung des Elektrons mit dem periodischen Gitterpotential. Die Lösung einer solchen Schrödinger-Gleichung ergibt, wie schon erwähnt wurde, wasserstoffähnliche Energieterme, und zwar

$$E_n = -\frac{e^4 \cdot m^*}{n^2 \varkappa^2} \cdot \frac{1}{2\hbar^2}\,. \tag{2}$$

Infolge der Analogie der Gl. (1) für die Lage der Absorption der Zusatzionen in Silberhalogeniden und der F-Zentren in Alkalihalogeniden entsteht prinzipiell die Frage, wie weit das von MOTT benutzte Farbzentrenmodell eine gute Näherung darstellt. Betrachtet man die Quantelung der Energiezustände des Elektrons unter Annahme des Coulomb-Potentials $\frac{e}{\varkappa r}$, dann kann man keinen direkten Zusammenhang der Beziehung Gl. (1) mit der makroskopischen Dielektrizitätskonstanten, wie sie entsprechend der letzten Gleichung vorhanden sein müßte, feststellen. Es könnte höchstens dieser unmittelbare Zusammenhang in der effektiven Masse verborgen bleiben.

Vom theoretischen Standpunkt ist es natürlich interessant, warum in der von KOSWIG angegebenen empirischen Formel mit der Gitter-

[17] S. R. TIBBS: Trans. Faraday Soc. **35**, 1471 (1939).
[18] J. H. SIMPSON: Proc. Roy. Soc. London A **197**, 269 (1949).
[19] L. PINCHERLE: Proc. Phys. Soc. London A **64**, 648 (1951).
[20] W. GURNEY u. N. F. MOTT: Proc. Phys. Soc. Suppl. **49**, 32 (1937).

konstanten und dem Ionenradius sämtliche Eigenschaften der Störstelle, die sich in dem Absorptionsspektrum bemerkbar machen, enthalten sind. Die Konstante a in der Gl. (1) ist für die Bindung des Elektrons verantwortlich, während die Konstante b die lockernden Eigenschaften beinhaltet. Der lockernde Einfluß auf die Bindung des Elektrons in der Störstelle ist um so größer, je größer der Ionenradius ist. Die bindende Wirkung ist proportional R, während die lockernde quadratisch mit dem Ionenradius zunimmt.

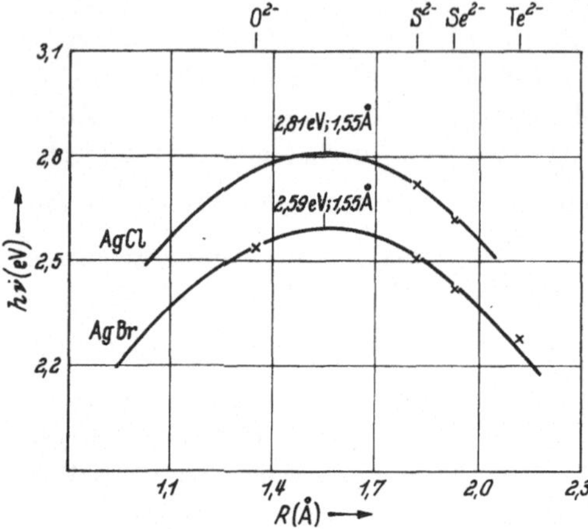

Abb. 40. Abhängigkeit der absorbierten Energie im Maximum der Bande vom Ionenradius der eingebauten Störstelle

Experimentell besonders interessant sind die Verhältnisse, falls man den Einbau der Sauerstoffionen und der Schwefelionen betrachtet. Bei Sauerstoffionen beträgt die Elektronenaffinität ungefähr -7 eV, bei Schwefel etwa -4 eV. Trotz dieser verschiedenartigen Elektronenaffinität liegt die Absorption des O^{--}- und des S^{--}-Ions im AgBr praktisch an der gleichen Stelle. Auf der rechten Seite der Gl. (1) steht der Ausdruck $(aR - bR^2)$. Dieser Ausdruck ist quadratisch in R. Es ergeben sich stets für zwei Werte von R die gleichen Absorptionsmaxima. Dies ist für O^{--} und S^{--} mit ihren verschiedenen Ionenradien der Fall. In der Abb. 40 ist die absorbierte Energie in Abhängigkeit von R dargestellt. Die möglichen Energiewerte ergeben eine Parabel.

Diese Darstellung führt zu folgenden Ergebnissen:

1. Es gibt einen höchsten Energiewert $h\nu_g$, also eine Grenzfrequenz ν_g bei einem Ionenradius $a/2b$ für die in der Störstelle eingefangenen Elektronen. Nur bis zu dieser Grenze, die im Silberbromid bei 2,58 eV liegt, läßt sich die optische Anlagerungsenergie in Abhängigkeit von R und d beschreiben.

2. Die Lage des Maximums der Farbzentrenbanden in den Alkalihalogeniden läßt sich durch die Beziehung $h\nu d^2 = aR - bR^2$ mit den gleichen Konstanten a und b darstellen, unter der Voraussetzung, daß die Elektronen der Farbzentren mit einer Energie, die der Grenzfrequenz ν_g entspricht, gebunden sind, also die größte Anlagerungsenergie besitzen. Dies entspricht einem „fiktiven" Ionenradius $a/2b$

für das Farbzentrum, der sich aus dem Maximum in der Parabel (Abb. 40) ermitteln läßt. Die Konstante von MOLLWO ergibt sich dann zu $a^2/2b \cdot h$.

Die Tatsache, daß durch die Gl. (1) auch die Lage der Farbzentrenbanden in Alkalihalogeniden beschrieben wird, führt zu der Folgerung, daß sie einen allgemeineren Zusammenhang als die Beziehung von MOLLWO ($\nu d^2 = \text{const}$) für die Bindung des Überschußelektrons im Ionengitter darstellt. Es ist sicher kein Zufall, daß die Grenzfrequenz ν_g mit dem „fiktiven" Ionenradius $a/2b$ die Lage der Farbzentrenbanden richtig wiedergibt. Lediglich bei Alkalifluoriden, ähnlich wie in der empirischen Beziehung von MOLLWO, sind Abweichungen in der Lage der experimentell gemessenen und der errechneten Werte vorhanden.

Im Bereich der beiden Grenzfälle (zwischen dem Ionenradius 0 und a/b) ist die Lage der Absorptionsbande für das Überschußelektron nur von der Gitterkonstanten und von dem Raumbedarf der Störstelle abhängig. Weder die Dielektrizitätskonstanten noch die Konfiguration der Zustände der übrigen Elektronen der Fremdionen O^{--}, Se^{--}, usw. beeinflussen die Lage der Banden der Mischkristalle. Die experimentell bestimmten Maxima der Zusatzabsorption von O^{--} und S^{--} in AgBr- und AgCl-Mischkristallen liegen in unmittelbarer Nachbarschaft der Grenzfrequenz.

Die Absorptionsspektren von Mischkristallgittern mit zweiwertigen Kationen, z. B. Pb^{++} und Cd^{++} auf Gitterplatz, auf die im nächsten Paragraphen eingegangen wird, lassen sich nicht durch eine ähnliche Formel beschreiben. Die Lage der Absorptionsbanden entspricht den Übergängen der Elektronen innerhalb des Fremdions, oder es handelt sich um Elektronenprozesse, wie sie in der von HILSCH und POHL (Kapitel VI, § 2) gefundenen Beziehung vorkommen. Dabei werden natürlich neben der Gitterenergie, Ionisierungsarbeit und Elektronenaffinität noch die Deformation des Gitters und die Polarisationseigenschaften infolge anderer Raumbeanspruchung der eingebauten Fremdionen eine besondere Rolle spielen.

Es ist somit gelungen, einen empirischen Zusammenhang für die optischen Bandenlagen im Mischkristall mit zweiwertigen Anionen anzugeben, und damit eine experimentelle Vorarbeit zu ihrer theoretischen Deutung zu leisten.

§ 7. Absorptionsspektrum von Alkalihalogenidgittern mit Kationenzusätzen

Die Absorptionsspektren von Ionengittern, in denen ein Teil der Kationen des Wirtsgitters durch fremde Kationen ersetzt wurde, unterscheiden sich von denen mit Anionenzusätzen dadurch, daß die Absorption der Strahlung nicht mehr an der Störstelle selbst, sondern — insbesondere bei Alkalihalogeniden — in den die Störstellen umgebenden Anionen des Wirtsgitters stattfinden kann. Bei der Absorption erfolgt nämlich der Übergang des Elektrons vom Valenzband, d.h. von den Termen der Anionen zu den Termen der Kationen des Zusatzes. Durch Zusatz von Schwermetallverbindungen in Alkalihalogeniden werden neue Terme, die unterhalb des Leitungsbandes liegen, erzeugt.

Wir wollen zuerst die Absorptionsspektren von Alkalihalogeniden mit einem Zusatz einwertiger Fremdionen behandeln. Am meisten sind

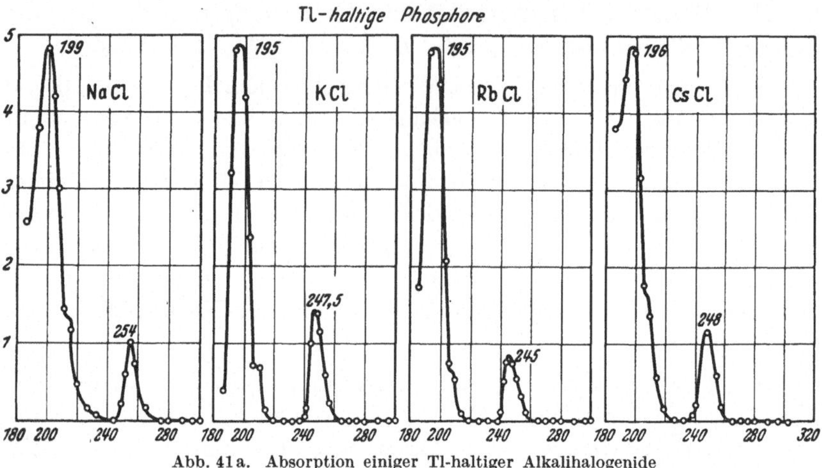

Abb. 41a. Absorption einiger Tl-haltiger Alkalihalogenide

bisher Mischkristalle mit Tl^+-, Cu^+- usw. -Zusätzen[21, 22, 23, 24] untersucht worden. Abb. 41 a u. b zeigt die Absorptionsspektren einiger solcher Mischkristalle. Die Zusatzkationen unterscheiden sich von den Kationen des Alkalihalogenid-Wirtsgitters vor allem durch die bedeutend höheren Ionisierungsarbeiten, die sie als Gasatome im neutralen Zustand besitzen. Die Ionisierungsarbeiten für Alkaliatome schwanken zwischen 3 und 6 eV, während für die Abspaltung des Leuchtelektrons vom Grundzustand des eingebauten Zusatzions im allgemeinen höhere Beträge notwendig sind. Allein schon diese Unterschiede in den Ionisierungsarbeiten bewirken, daß die Terme der Zusatzkationen nicht mehr in gleicher Höhe liegen. Bei dem Aufbau des Gitters aus den Kalium-, Thallium- und Halogenatomen werden nämlich entsprechend den Forderungen des Bändermodells nach HEITLER, LONDON die Terme der Metallatome um den Betrag der Gitterenergie höher liegen. Es entstehen unbesetzte

[21] R. HILSCH: Z. Phys. **44**, 860 (1927).
[22] R. HILSCH u. R.W. POHL: Z. Phys. **48**, 348 (1928).
[23] A. SMAKULA: Z. Phys. **45**, 451 (1927).
[24] M. FORRO: Z. Phys. **56**, 534 (1929); **58**, 613 (1929).

lokale Terme am Ort der Zusatzionen, die unterhalb des Bandes liegen, das den Alkaliionen zugeschrieben wird. Die Eigenschaften der Terme des isolierten Fremdatoms machen sich auch beim Einbau als Ion im Kristallgitter bemerkbar. Dabei müssen neben der Coulomb-Energie noch diejenigen Anteile von Energie, die durch den Einbau von Schwermetallionen zusätzliche Beiträge liefern, berücksichtigt werden. Dazu gehört z.B. die Berücksichtigung der Energie durch Deformation des Gitters infolge unterschiedlicher Ionenradien des Wirtsgitters und der Zusatzionen. Die Differenz der Deformationsenergie ist z.B. bei dem Einbau von Tl^+-Ionen im NaCl- und KCl-Gitter infolge verschiedener Ionenradien von Na^+ und K^+ besonders groß und muß bei der Berechnung der Lage der Absorption der Zusatzionen berücksichtigt werden.

Auf Grund einer rohen Betrachtung ergibt sich, daß durch den Zusatz von Thallium-, Silber- oder Kupferionen infolge stark unterschiedlicher Ionisierungsarbeiten dieser Schwermetallionen ein der Eigenabsorption vorgelagertes Spektrum entsteht.

Neben dem Übergang des Elektrons vom Halogen- zum Zusatzion können noch Elektronenübergänge innerhalb der inneren, nicht abgeschlossenen Schalen des Zusatzes stattfinden. Solche sind z.B. in Alkalihalogeniden mit Tl-Zusatz diskutiert und auch für das Auftreten der Fluoreszenz verantwortlich gemacht worden.

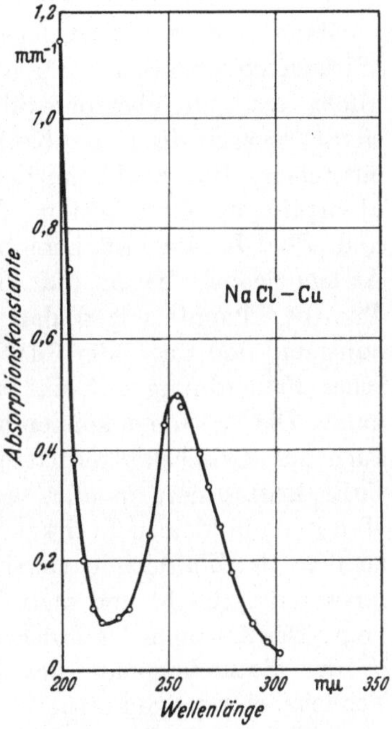

Abb. 41b. Absorption des Cu-haltigen NaCl-Kristalls

Bei der Fluoreszenz ist anzunehmen, daß infolge schlechter Kopplung solcher Störstellen mit den Gitterionen die Übertragung der absorbierten Energie des Elektrons an das Gitter mittels Schallquanten nur im geringen Umfang möglich ist. Es finden, insbesondere bei tiefer Temperatur, nur selten strahlungslose Übergänge statt. Schwermetallionenstörstellen werden auch gute Fänger für die in das Gitter zusätzlich eingeführten Elektronen sein.

Bei der Diskussion der Absorptionsspektren von Alkalihalogenidkristallen mit Tl^+-Zusatz ist noch zu berücksichtigen, daß infolge der möglichen Dreiwertigkeit des Thalliums auch Tl^{+++}-Ionen an Stelle der einwertigen Tl^+-Ionen im Kristallgitter eingebaut werden können.

Beim Ersatz von Kationen des Wirtsgitters durch zweiwertige Kationen, wie z.B. Sr^{++}-, Ca^{++}-, Pb^{++}-, Cd^{++}-Ionen, werden zusätzliche Lücken im Alkalimetallgitter entstehen, die eine negative Überschußladung besitzen.

§ 8. Das Verhalten der Kationenzusätze in Silberhalogeniden

Baut man in Silberhalogenidgittern an Stelle der Silberionen des Wirtsgitters andere Fremdionen, z.B. Na^+- oder K^+-Ionen ein, so wird infolge der gegenüber den Silberionen des Wirtsgitters kleineren Ionisierungsenergie der neuen Kationen keine vorgelagerte Zusatzabsorption entstehen. Das Spektrum der Störstellen liegt im Gebiet der Eigenabsorption des Grundgitters. Auch bei zweiwertigen Zusätzen, wie Cd^{++}- und Pb^{++}-Zusatz, ist kein vorgelagertes Spektrum zu beobachten. Anders jedoch liegen die Verhältnisse für Cu^+- oder Cu^{++}-Zusatz. TELTOW[25] konnte zeigen, daß die Bildung des Mischkristalls aus Silberhalogenid und Cu^+- oder Cu^{++}-Zusatz infolge der Anwesenheit Frenkelscher Fehlordnung auf eine andere als die besprochene Art erfolgen kann. Die Cu^+-Ionen können nicht nur die Silberionen ersetzen, sondern auch auf Zwischengitterplätzen im Silberhalogenid eingebaut werden. CuBr kristallisiert nämlich unterhalb von 390° C im Zinkblendetyp. Man kann in kleinen Bezirken den Übergang vom Gitter des Steinsalzes zu dem der Zinkblende vollziehen, wenn in diesem das Halogengitter unverändert bleibt und man Cu^+-Ionen auf Zwischengitterplätzen einbaut. Der Abstand der Zwischengitterplätze von Gitterpunkten beträgt $^1/_4$ der Raumdiagonale des Elementarkubus. Dem entspricht eine Tendenz, einwertige Partner nicht mit der Koordinationszahl 6 sondern 4 anzulagern. Diese Möglichkeit wurde schon von LAVES[26] vermutet. Für die Abschätzung der Verschiebung der Terme der Cu^+-Ionen darf nicht mehr der Coulomb-Anteil der elektrostatischen Energie des Silberhalogenids eingesetzt werden. Dadurch entstehen vollkommen neue Verhältnisse, die sich auch im Absorptionsspektrum bemerkbar machen. Ein Mischkristall mit Cu^+-Zusatz zeigt ein der Eigenabsorption vorgelagertes strukturloses Spektrum ähnlich dem Spektrum der Silberhalogenide mit Ag_2S-Zusatz bei Zimmertemperatur. Diese Verbreiterung des Spektrums tritt vor allem bei Temperaturen dicht unterhalb des Schmelzpunktes stark in Erscheinung. Die vorgelagerte Absorption wächst mit der Temperatur an, da sich die Zahl der Kupferionen auf Zwischengitterplätzen mit ansteigender Temperatur erhöht. Diese verschieben die Terme der benachbarten Kationen und weiter entfernt liegenden Anionen um verschiedene Beträge, so daß eine zusätzliche, langwelliger gelegene Absorption entsteht.

---

[25] J. TELTOW: Z. physik. Chemie **195**, 197 (1950).
[26] F. LAVES: Z. Elektrochem. **45**, 2 (1939).

Zur Verschiebung des Ausläufers der Eigenabsorption von reinen Silberhalogeniden, vor allem von Silberbromid, mit steigender Temperatur liefern die Silberionen auf Zwischengitterplätzen in ähnlicher Weise einen Betrag. Es zeigt sich, daß der Ausläufer der Eigenabsorption von Silberbromid bei einem Zusatz von etwa 0,5 Mol-% Pb^{++}- oder Cd^{++}-Ionen[27], also einer Konzentration, deren Betrag ungefähr der Konzentration der Frenkelschen Fehlordnung des reinen Salzes dicht unterhalb des Schmelzpunktes entspricht, nach dem kurzwelligen Gebiet verschoben wird. Dies ist nur dicht unterhalb des Schmelzpunktes der Fall. Bei Zimmertemperatur findet infolge der wesentlich kleineren Konzentration von Silberionen auf Zwischengitterplätzen keine Verschiebung statt. Sie ist also nicht unmittelbar mit der Absorption an Pb^{++}- oder Cd^{++}-Ionen verknüpft. Bei hohen Temperaturen wird durch den Zusatz von Pb^{++}- oder Cd^{++}-Ionen die Konzentration der dissoziierten Silberionenlücken vermehrt. Infolgedessen findet eine gleichzeitige Abnahme der Konzentration von Silberionen auf Zwischengitterplätzen und damit auch eine Abnahme der Absorption des Ausläufers statt, d.h. eine Verschiebung der Absorption nach dem kurzwelligen Gebiet. Die Konzentration an Bromionenlücken in reinem AgBr wächst dicht unter dem Schmelzpunkt an. Diese Lücken liefern sicher auch eine Absorption, die ähnlich den α-Banden in Alkalihalogeniden ist. Durch den Zusatz von Blei- oder Cadmiumionen wird die Konzentration der Bromionenlücken entsprechend der thermodynamisch-statistischen Gleichgewichtsbedingung zwischen den Störstellen ebenfalls abnehmen. Damit kann auch der Beitrag dieser Absorption eine Rolle bei der Verschiebung der Absorption nach dem kurzwelligen Gebiet spielen. Man kann deshalb die Absorption des Ausläufers bei hohen Temperaturen den Elektronenübergängen in Bromionen zuordnen, die sich in der Nachbarschaft der Silberionen auf Zwischengitterplätzen oder Bromlücken befinden.

§ 9. Einiges zur Absorption von Mischkristallen mit Zusatz von Kationen und Anionen

Werden z.B. zu Silberbromid gleichzeitig beide Sorten von Ionen zugegeben, so kann der Einbau derart erfolgen, daß sowohl das Kation wie auch das Anion dissoziiert vorkommen. Beim Einbau von PbS in Silberbromid werden demnach Pb^{++} und S^{--} getrennt vorhanden sein. Bei tieferen Temperaturen werden sich jedoch PbS-Moleküle bilden und die AgBr-Moleküle des Wirtsgitters ersetzen. Im dissoziierten Zustand setzt sich demnach das Absorptionsspektrum aus dem Spektrum der getrennt

---

[27] J. Metz: Unveröffentlicht.

eingebauten S^{--}- und Pb^{++}-Ionen zusammen. Bei tiefer Temperatur dagegen messen wir das Spektrum der molekularen neutralen PbS-Störstellen. Die Zusatzabsorption entspricht den Elektronenübergängen in der molekularen Fehlstelle[28].

Siebentes Kapitel

Elektronische Störstellentheorie

§ 1. Allgemeines zur Störstellenstatistik der Elektronen[1,2]

Im ersten Kapitel wurde das Kristallgitter als ein System, das aus Gitterionen und Störstellen besteht, betrachtet und die Wechselwirkung der Störstellen nach den Gesetzen der Statistik behandelt. Dabei wurde die Existenz von elektronischen Störstellen zunächst nicht berücksichtigt. Im vierten Kapitel konnten mittels des Bändermodells die wesentlichen Eigenschaften der Absorption, d.h. der Elektronenübergänge im reinen Ionengitter, gedeutet werden. Durch Einführung zusätzlicher lokalisierter Störterme konnte auch der Einfluß der Störstellen auf das Absorptionsspektrum des Ionengitters untersucht werden.

Die Einbeziehung der Elektronen des Festkörpers in die thermodynamischen Betrachtungen erfordert die Berücksichtigung der Quantenstatistik, die zuerst auf die Probleme der elektronischen Eigenschaften der Metalle von SOMMERFELD mit Erfolg angewendet wurde.

Bei der Behandlung der Gitterelektronen in Ionenkristallen wurde die Vorstellung zugrunde gelegt, daß jedes Elektron, das sich im Kristallgitter befindet, nicht an einzelne Atome gebunden ist, sondern dem ganzen Gitter angehört. Die Gesamtheit der gleichartigen Elektronen ist als eine Einheit zu betrachten. Die Elektronen von ungefähr gleicher Energie stellen in der Quantentheorie des Kristallgitters ein Energieband dar. Bei Betrachtung der Besetzung der Zustände des Energiebandes mit den Elektronen gilt wegen des Pauli-Prinzips die Fermi-Statistik.

In den reinen Ionenkristallen sind im allgemeinen die Energiebänder der Elektronen von gleicher Energie entweder fast vollständig mit Elektronen besetzt, oder es sind praktisch in diesen keine Elektronen vorhanden.

§ 2. Theoretische Ansätze

Bei den optischen, lichtelektrischen oder Halbleitereigenschaften der Kristalle interessieren noch Ionenkristalle, die einen geringfügigen Überschuß einer neutralen Substanz enthalten, wobei sowohl die eigenen

[28] O. STASIW: Ann. Phys. 5, 151 (1949).

[1] W. SCHOTTKY: Zusammenfassende Darstellung in: Halbleiterprobleme, Bd. I. Vieweg 1954.

[2] A. SOMMERFELD u. H. BETHE: Handbuch der Physik, Bd. XXIV/2, 334. Springer 1933.

Komponenten als auch eine Fremdsubstanz vorliegen können. Ein solcher Kristall mit einem stöchiometrischen Überschuß wird z. B. hergestellt, wenn man, wie wir im fünften Kapitel gesehen haben, einen Alkalihalogenidkristall im Dampf der Alkaliatome dicht unterhalb des Schmelzpunktes erwärmt. In solchen Fällen entstehen im Ionenkristall neben den Energiebändern des reinen Gitters noch Störstellenterme, auf die ebenfalls die Quantenstatistik angewendet werden muß. Bei geringer Konzentration der Störstellen oder bei geringer Konzentration der Elektronen im Energieband geht, wie wir später sehen werden, die Quantenstatistik in die klassische über.

Speziell betrachten wir im Ionenkristall, der durch Zusätze oder Eigenstörstellen charakterisiert ist, die Energiebänder der Elektronen: das Valenz-, Leitfähigkeits- und Störstellenband.

Die Aufgabe besteht dann darin, die Zahl der Elektronen im Energieband zu berechnen, die eine Energie E_i haben, wenn die Gesamtenergie und die Gesamtzahl N der Elektronen im Kristallgitter bei einer bestimmten Temperatur vorgegeben ist. Ferner ist es wichtig, den Zusammenhang mit den thermodynamischen Funktionen zu finden.

Die Berechnung der thermodynamischen Funktionen, insbesondere der Entropie, die in enger Beziehung zu der freien Energie oder freien Enthalpie steht, läßt sich mit Hilfe der Beziehung

$$S = k \ln W \qquad (1)$$

bewerkstelligen, wobei die Wahrscheinlichkeit W gleich der Zahl der Gesamtrealisierungsmöglichkeiten, die nach der Fermi-Statistik zu berechnen sind, gesetzt werden muß. Die Gesamtrealisierungsmöglichkeit W wird so berechnet, daß das Energiekontinuum in einzelne Schichten i fast gleicher Energie eingeteilt wird. Innerhalb einer Schicht i gibt es g_i verschiedene Besetzungszustände gleicher Energie, die von Elektronen, deren Zahl $n_i \leqq g_i$ ist, angenommen werden. Die Gesamtenergie des Kristallgitters setzt sich zusammen aus der Summe der Energien der einzelnen Schichten, wobei die Zustände innerhalb dieser Schicht durch die Wellenzahl k charakterisiert werden. Die Wechselwirkungsenergie der Elektronen untereinander wird für die statistische Berechnung als konstant angenommen. Das bedeutet, wenn das Elektron von einer Energieschicht in die andere übergeht, daß die Gesamtenergie nur um die Energiedifferenz dieses Überganges sich ändert.

Ein Mikrozustand des Gesamtsystems ist dann definiert, wenn man genau angeben kann, welche Quantenzustände besetzt sind. Es wird diejenige Verteilung der Elektronen die wahrscheinlichste sein, die durch die größte Zahl von Mikrozuständen realisiert werden kann. Die Anzahl der Realisierungsmöglichkeiten wird zunächst innerhalb einer Schicht berechnet. Die Gesamtzahl der Realisierungsmöglichkeiten setzt sich dann aus dem Produkt der Realisierungsmöglichkeiten P_i der einzelnen Schichten zusammen, also $W = \prod P_i$.

Um nun einen Übergang von der Berechnung der einzelnen P_i zu den thermodynamischen Funktionen, die zur Ableitung der Gleichgewichtsbedingung für das Elektronensystem im Ionengitter notwendig sind, zu bewerkstelligen, gehen wir von der Gl. (1) aus.

Unter Berücksichtigung, daß

$$F = U - TS \tag{2}$$

ist, läßt sich das chemische Potential der Elektronen der i-ten Schicht bei konstanter Temperatur ohne weiteres angeben

$$\left.\begin{aligned} \mu_i &= \left(\frac{\partial F}{\partial n_i}\right)_{T, n_{k \neq i}} = \left(\frac{\partial U}{\partial n_i}\right)_{n_{k \neq i}} - T\left(\frac{\partial S}{\partial n_i}\right)_{n_{k \neq i}} \\ \mu_i &= \left(\frac{\partial U}{\partial n_i}\right)_{n_{k \neq i}} - kT\left(\frac{\partial \ln W}{\partial n_i}\right)_{n_{k \neq i}}. \end{aligned}\right\} \tag{3}$$

Durch die Einführung der Energie des Einzelteilchens $\frac{\partial U}{\partial n_i} = \varepsilon_i$ ergibt sich

$$\mu_i = \varepsilon_i - kT\left(\frac{\partial \ln W}{\partial n_i}\right)_{n_{k \neq i}}. \tag{4}$$

Unter Berücksichtigung, daß $W = \prod P_i$ ist, läßt sich $\frac{\partial \ln W}{\partial n_i}$ ohne Schwierigkeiten berechnen.

Entsprechend der Fermi-Statistik ist

$$P_i = \frac{g_i!}{(g_i - n_i)!\, n_i!} \qquad \text{und} \qquad \ln W = \sum_i \ln P_i.$$

Man erhält

$$\left(\frac{\partial \ln W}{\partial n_i}\right)_{n_{k \neq i}} = \frac{\partial \ln P_i}{\partial n_i} = \ln \frac{g_i - n_i}{n_i}. \tag{5}$$

Unter Berücksichtigung von (4) und (5) gilt im thermodynamischen Gleichgewicht

$$\mu = \mu_i = \varepsilon_i - kT \ln \frac{g_i - n_i}{n_i}. \tag{6}$$

Daraus folgt

$$\frac{n_i}{g_i} = f_i = \frac{1}{\exp\left[\frac{-(\mu - \varepsilon_i)}{kT}\right] + 1} \tag{7}$$

und

$$n_i = \frac{g_i}{\exp\left[\frac{-(\mu - \varepsilon_i)}{kT}\right] + 1}.$$

Die Größe der Energiezelle einer Schicht ist natürlich willkürlich gewählt worden. g_i hängt davon ab, wie groß man den Wellenzahlraum dk wählt, in dem die Energie ε_i noch als konstant zu betrachten ist. Man kann die Größe der Intervalle beliebig klein wählen und eine Eigenwertdichte $D(\varepsilon) = \lim\limits_{\Delta\varepsilon\to 0} \frac{g_i}{\Delta\varepsilon}$ und eine Besetzungsdichte $N(\varepsilon) = \lim\limits_{\Delta\varepsilon\to 0} \frac{n_i}{\Delta\varepsilon}$ definieren, um zu einer vollständigen Statistik des Kristallgitters zu gelangen. $D(\varepsilon)d\varepsilon$ ist die Zahl der Eigenwerte im Energieintervall $d\varepsilon$. Bei Berücksichtigung des Spins ist

$$N(\varepsilon)\,d\varepsilon = 2f(\varepsilon)\,D(\varepsilon)\,d\varepsilon \tag{8}$$

die Zahl der Elektronen im Energiebereich zwischen ε und $\varepsilon + d\varepsilon$. $D(\varepsilon)$ ist die Dichte der Zustände im Energieband. Dabei sind gewisse Eigenwerte erlaubt, andere verboten. In verbotenen Bereichen ist $D(\varepsilon) = 0$. Ähnlich wie in Gl. (7) ist

$$f(\varepsilon) = \frac{1}{\exp\left[\frac{-(\mu-\varepsilon)}{kT}\right] + 1}. \tag{9}$$

Die Gesamtzahl und die Gesamtenergie der Elektronen bei Berücksichtigung des Spins ist

$$\left.\begin{aligned} N &= 2\int f(\varepsilon)\,D(\varepsilon)\,d\varepsilon \\ U &= 2\int f(\varepsilon)\,\varepsilon\,D(\varepsilon)\,d\varepsilon. \end{aligned}\right\} \tag{10}$$

Die Zustandsdichte $D(\varepsilon)$ findet man auf folgende Weise: Im Volumen h^3/V des Impulsraumes befindet sich ein Quantenzustand (V = Kristallvolumen $= g^3$, h = Plancksches Wirkungsquantum). Im Volumenelement ΔV_p des Impulsraumes befinden sich also $g_i = \Delta V_p \frac{V}{h^3}$ Zustände. Das Volumenelement ΔV_p des Impulsraumes ist mit dem Volumenelement $\Delta\tau_k$ des k-Raumes verknüpft durch die Beziehung $\Delta\tau_k = \frac{(2\pi)^3}{h^3}\Delta V_p$, so daß sich ergibt

$$D(\varepsilon) = \lim_{\Delta\varepsilon\to 0} \frac{g_i}{\Delta\varepsilon} = \lim_{\Delta\varepsilon\to 0} \frac{V}{h^3}\cdot\frac{\Delta V_p}{\Delta\varepsilon} = \lim_{\Delta\varepsilon\to 0} \frac{V}{(2\pi)^3}\cdot\frac{\Delta\tau_k}{\Delta\varepsilon}. \tag{11}$$

Wenn die Ungleichung $\varepsilon \gg \mu + kT$ gilt, dann ist in der Gl. (9) auf der rechten Seite im Nenner $\exp\left[\frac{-(\mu-\varepsilon)}{kT}\right] \gg 1$ und die Fermi-Statistik kann durch die Boltzmann-Statistik ersetzt werden.

Bei der Untersuchung der photochemischen Prozesse und der Elektronenleitung wird man es im allgemeinen mit Fällen zu tun haben, bei denen $\exp\left[\frac{-(\mu-\varepsilon)}{kT}\right] \gg 1$ ist.

Unter dieser zuletzt erwähnten Voraussetzung ergibt sich aus Gl. (10) für die Anzahl der Elektronen im Energiebereich zwischen E_0 und E_1:

$$N = 2 \exp\left(\frac{\mu}{kT}\right) \int_{E_0}^{E_1} D(\varepsilon) \exp\left(-\frac{\varepsilon}{kT}\right) d\varepsilon. \tag{12}$$

§ 3. Thermisches Gleichgewicht zwischen elektronischen und materiellen Störstellen

Die Auswertung des Integrals ergibt, wie wir im nächsten Kapitel sehen werden, für das chemische Potential der Elektronen formal einen ähnlichen Ausdruck wie für materielle Störstellenteilchen des Kristallgitters (Kapitel I). Hat man z.B. ein Fremdatom im Ionengitter eingebaut, dann gilt

$$\mu_A = \mu_A^+ + \mu_E^- \tag{13}$$

mit

$$\mu_A = E_A + kT \ln x_A$$

$$\mu_A^+ = E_A^+ + kT \ln x_A^+$$

$$\mu_E^- = E_E^- + kT \ln x_E^-.$$

Dabei bedeuten μ_A das chemische Potential der neutralen Störstellen, μ_A^+ und μ_E^- die chemischen Potentiale der ionisierten Atome und der freien Elektronen, x die Gesamtgitterkonzentration der überschüssig eingebauten Atome, x_A die Gitterkonzentration der neutralen Atome, x_A^+ und x_E^- die Gitterkonzentrationen der ionisierten Atome und der freien Elektronen.

Dabei ist

$$x_A + x_A^+ = x.$$

Man sieht, daß es leicht ist, die allgemeinste Form der statistischen Massenwirkungsgesetze, die bei den photochemischen und Halbleiterprozessen interessieren, anzugeben. Für jede Reaktion, an der Elektronen, Defektelektronen, atomare oder molekulare Störstellen beteiligt sind, kann für das thermodynamische Gleichgewicht eine verallgemeinerte Gleichung

$$\sum \nu_i \mu_i = 0 \tag{14}$$

angegeben werden.

§ 4. Einiges zur Statistik von Gitterschwingungen

In den bisherigen Betrachtungen wurde nur die Statistik der freien Elektronen, Defektelektronen und der Störstellen behandelt. Bei der Behandlung der Energiezustände im Kristallgitter müßten Gitterschwingungen und Elektronenzustände gemeinsam gequantelt werden und statt Elektronenwellenzahlen k, die die Zustände in den Bändern charakterisieren, neue Quantenzahlen, die den gesamten Elektronenschwingungszustand beschreiben, auftreten.

Behandelt man zunächst die Statistik der Gitterschwingungen allein, so läßt sich die freie Energie von N Oszillatoren

$$F = - kT \ln \sum_l q_l \exp\left(-\frac{E_l}{kT}\right) = - kT \ln Z^N, \tag{15}$$

wobei

$$Z = \sum \exp\left(-\frac{\varepsilon_i}{kT}\right)$$

angeben. Dann erhält man den schon oft in Lehrbüchern abgeleiteten Ausdruck für die freie Energie, wenn die Eigenwerte des Oszillators $\varepsilon_i = (n + \frac{1}{2}) h\nu$ sind,

$$F = - kT \ln \left[\frac{\exp\left(-\frac{h\nu}{2kT}\right)}{1 - \exp\left(-\frac{h\nu}{kT}\right)}\right]^N \tag{16}$$

oder

$$F = \frac{1}{2} N \cdot h \cdot \nu + N kT \ln \left[1 - \exp\left(-\frac{h\nu}{kT}\right)\right].$$

Diese Ergebnisse gewinnt man unter der Voraussetzung, daß sich der Kristall aus N unabhängigen harmonischen Oszillatoren zusammensetzt. Die Schwingungsquantenzahl pro Schicht berechnet sich nach der Bose-Statistik zu

$$\frac{N_i}{g_i} = \frac{1}{\exp(\alpha) \exp\left(\frac{h\nu}{kT}\right) - 1}. \tag{17}$$

Will man das System Elektron und Gitter berücksichtigen, dann muß der Ausdruck (15) entsprechend modifiziert werden, worauf wir näher in diesem Kapitel nicht eingehen. Solche Effekte, bei denen die Elektronen- und Schwingungszustände in den Ionengittern eine Rolle spielen, lassen sich quantentheoretisch mittels adiabatischer Näherung behandeln, auf die noch eingegangen wird.

Achtes Kapitel

Halbleiterprozesse

§ 1. Prinzipielles zur thermischen Anregung der Elektronen im Gitter

Ein Ionenkristall ohne Störstellen ist im allgemeinen ein idealer Isolator. Die Bildung materieller Störstellen im thermodynamischen Gleichgewicht, insbesondere bei höheren Temperaturen, wurde für die Entstehung der Ionenleitung und der Diffusion verantwortlich gemacht. Bei den Halbleiterprozessen, bei denen die Elektronen beteiligt sind, müssen noch zusätzlich elektronische Störstellen berücksichtigt werden. Es handelt sich dabei um freie Elektronen im Leitungsband, die mit Störstellen des Kristallgitters im Gleichgewicht stehen.

Bei Halbleitervorgängen spielen, von wenigen Ausnahmen abgesehen, lokalisierte Störstellen eine Rolle, die ein Abweichen von der idealen ungestörten Gitterstruktur veranlassen. Auch hier taucht die Frage auf, welcher Art die Wechselwirkung der lokalisierten Störstellen mit den übrigen Bausteinen des Gitters, also den Elektronen und Ionen, sein muß, damit eine thermische Anregung der Elektronen erfolgt und eine gewisse Konzentration freier Elektronen im Gitter entsteht. Sicher werden die Amplituden der thermischen Schwingungen der die Störstelle umgebenden Ionen einen Einfluß auf die thermische Ionisation und die elektronische Leitfähigkeit haben. Bei diesen Prozessen spielt die Wechselwirkung des Elektrons mit den Schwingungen des Gitters, also die Kopplungseigenschaft, die entscheidende Rolle.

Bei der Untersuchung der allgemeinen Züge der optischen Absorption konnte diese Kopplung in erster Näherung vernachlässigt werden. Die Übergänge zwischen den einzelnen Energiezuständen erfolgten durch Absorption von Lichtquanten. Aus der Lage der Absorptionsbanden läßt sich die relative Lage der Energieterme direkt ermitteln. Zum Beispiel entspricht die Lage der optischen Absorption der F-Zentren im Natriumchlorid einem Termabstand von mehr als 2 eV. Aus dieser experimentellen Angabe kann die Lage der einzelnen Terme für Natriumchlorid im Bändermodell angegeben werden. Die so ermittelten Energien sind im allgemeinen bedeutend größer als diejenigen der thermischen Anregung. Für die vollständige Beschreibung des thermischen Anregungsmechanismus reicht demnach das Bändermodell, bei dem die Wechselwirkung zwischen Elektronen und Wärmeschwingungen nicht berücksichtigt wurde, nicht aus.

Um jedoch die Hauptzüge des Bändermodells auch bei der Beschreibung der Halbleiterprozesse zu erhalten, dürfen wir uns keine speziellen Bilder über die Anregung machen. Die Konzentration der freien und gebundenen Elektronen kann aus der allgemeinen phänomenologischen Betrachtung der Gleichgewichtsstatistik (Kapitel VII, 1) gewonnen werden. Die Angabe des chemischen Potentials, d. h. der Fermi-Energie der Elektronen, genügt, um ihre Konzentration im thermodynamischen Gleichgewicht zu erhalten.

Man kann dann zusätzlich annehmen, daß die Energie für die Anregung der Elektronen dem Wärmevorrat des Gitters entnommen wird, daß also eine Kopplung zwischen Elektronen und Gitterschwingungen entsteht, und daß bei der Anlagerung von Elektronen an Störstellen Energie an das Gitter abgegeben werden kann. Wenn man also von den soeben erwähnten Prozessen, die mit dem Mechanismus der thermischen Anregung zusammenhängen, absieht und die Hauptaufgabe darin sieht, nur die Konzentration und die Bewegung der lichtelektrisch oder thermisch abgespaltenen Elektronen, die dem ganzen Gitter angehören, zu verfolgen, dann ist es ohne weiteres möglich, die Beschreibung durch das Bändermodell und die Fermi-Statistik durchzuführen. Bei der Behandlung der Halbleitervorgänge in Ionengittern müssen nur noch die Eigenschaften der Störstelle in das Bild des Bändermodells eingebaut werden[1,2].

§ 2. Eigenschaften der Störstellen und elektronische Leitung

Reine Ionengitter besitzen, wie wir schon zu Anfang erwähnt haben, fast allgemein bei den erreichbaren Temperaturen keine Halbleitereigenschaften. Nur durch die Anwesenheit der Störstellen im Ionengitter ist es möglich, neben der Ionen- auch eine Elektronenleitung zu beobachten. Es ist für die statistische Behandlung notwendig, die Energiezustände, die zusätzlich durch die Störstellen entstehen und mit Elektronen besetzt werden können, zu ermitteln. Dabei muß allerdings noch berücksichtigt werden, daß auch in einem idealen Gitter, das keine aus der statistischen Thermodynamik gefolgerten Störstellen besitzt, die Leitfähigkeitselektronen selbst durch eine Polarisation der Umgebung lokalisierte Störstellen erzeugen können. Solche Störstellen sind stets mit einem Niveau verbunden, in dem sich das Elektron selbst einfangen kann. Sie sind ausführlich von PEKAR[3], HAKEN[4], HÖHLER[5] u. a.[6,7] behandelt worden. Lokalisierte Zustände der Leitfähigkeitselektronen werden von PEKAR als „Polaronen“ bezeichnet. Von allen von PEKAR u. a. beschriebenen Polaronenprozessen sehen wir in dieser Darstellung ab.

Wir wollen zunächst verschiedenartige Störstellen in Ionengittern behandeln und versuchen, die ungefähre Lage der lokalen Energieniveaus, bezogen auf die Lage der einzelnen Bänder, im Kristallgitter zu ermitteln.

Ein ideales heteropolares Kristallgitter ohne Störstellen besitzt keine Leitfähigkeit, die auf Elektronenleitung beruht. Das Valenzband ist vollständig mit Elektronen besetzt, das Leitfähigkeitsband leer. Ist ein

---

[1] W. SCHOTTKY: Zusammenfassende Darstellung in: Halbleiterprobleme, Bd. I. Vieweg 1954.

[2] E. SPENKE: Elektronische Halbleiter. Springer 1955.

[3] S. J. PEKAR: Zusammenfassender Bericht in: Fortschritte der Physik 1, 367 (1954) und ausführlich: Untersuchungen über Elektronentheorie der Kristalle. Akademie-Verlag 1953.

[4] H. HAKEN: Zusammenfassende Darstellung in: Halbleiterprobleme, Bd. II. Vieweg 1955.

[5] G. HÖHLER: Z. Phys. 140, 192 (1955).

[6] R. P. FEYNMANN: Phys. Rev. 97, 660 (1955).

[7] H. FRÖHLICH: Advances Phys. 3, 325 (1954).

Band vollständig mit Elektronen besetzt, dann können infolge des Pauli-Prinzips keine Übergänge zwischen den Termen im Band stattfinden, für die die thermische Energie ausreichen würde. Der Abstand zwischen dem Valenzband und dem Leitungsband beträgt einige Volt, und entsprechend der Gl. (12) ist bei Zimmertemperatur die Wahrscheinlichkeit für einen thermischen Übergang vom Valenzband ins Leitungsband sehr klein. Der Kristall ist ein vollständiger Isolator. Wäre der Abstand zwischen den Bändern geringer, dann könnten die Elektronen im Valenzband ihre Plätze verlassen und das leere Band besetzen. So ist das nur bei hohen Temperaturen möglich. Thermisch angeregte Elektronen sind im leeren Band frei beweglich und können einen Strom verursachen. Gleichzeitig mit den freien Elektronen entstehen im vollbesetzten Band Löcher, die wie positive Ladungen wirken. Auch diese positiv geladenen Löcher können am Stromtransport beteiligt sein. Reine Alkali- und Silberhalogenide oder andere Ionengitter sind zunächst Isolatoren. Sie werden erst bei höheren Temperaturen leitend. Der Strom wird allein von Ionen getragen.

Ganz anders liegen die Verhältnisse, wenn die Kristalle Störstellen besitzen und diese Störstellen mit Elektronen oder Defektelektronen besetzt sind. Durch Erhitzung eines Kaliumchloridkristalls im Kaliumdampf oder eines Cu_2O-Kristalls in einer Sauerstoffatmosphäre ist es möglich, die Störstellen mit Elektronen oder Defektelektronen zu besetzen. Beim Erhitzen des Kaliumchloridkristalls im Kaliumdampf lagern sich die Kaliumatome an der Oberfläche an, spalten dort ihre Elektronen ab, und die abgespaltenen Elektronen besetzen die leeren Anionenplätze im Kristallgitter. Es kann z.B. ein in einer Anionenleerstelle eingefangenes Elektron ein Farbzentrum bilden. Neben dieser besonderen sind noch andere Störstellen im Kristallgitter vorhanden. Es besteht eine gewisse Wahrscheinlichkeit dafür, daß auch assoziierte Lückenpaare aus Anionen- und Kationenleerstellen Elektronenfänger sind. Die Abstände der lokalisierten Störterme im Kristallgitter, z.B. eines F-Zentrums, vom Leitfähigkeitsband sind bedeutend geringer als die Abstände zwischen Valenzband und Leitungsband. Die thermische Energie reicht deshalb aus, um Elektronen von den lokalisierten Termen der Störstellen ins Leitungsband zu befördern und das Ionengitter, das im idealen Zustand ein Isolator ist, zu einem Halbleiter zu machen.

§ 3. Bestimmung der Konzentration freier Elektronen aus der Statistik

Wir wollen zunächst den Zusammenhang zwischen der Zahl der Elektronen, die thermisch angeregt sind und sich im Leitfähigkeitsband befinden, und derjenigen Anzahl, die an Störstellen (z.B. Farbzentren) gebunden sind, im stationären Gleichgewicht ermitteln.

Die Verteilung der Elektronenterme im Bändermodell wird durch die Dichtefunktion $D(\varepsilon)$ bestimmt. Dabei können gewisse Energiewerte oder ganze -bereiche erlaubt oder verboten sein. In den verbotenen Bereichen ist die Dichtefunktion $D=0$. Die Besetzung der Terme wird durch die Verteilungsfunktion von FERMI

$$f(\varepsilon) = \frac{1}{\exp\left[\frac{-(\mu-\varepsilon)}{kT}\right]+1} \tag{1}$$

beschrieben. Die Zahl der Elektronen im Energiebereich zwischen ε und $\varepsilon + d\varepsilon$ ist nach Gl. (VII, 8)

$$N(\varepsilon)\, d\varepsilon = 2D(\varepsilon)\, f(\varepsilon)\, d\varepsilon . \tag{2}$$

Die Integration der Gl. (2) zwischen den Bandgrenzen ergibt die Anzahl der Elektronen im Band bezogen auf das Volumen des Kristalls. Nur unter bestimmten Voraussetzungen ist es leicht, diese Integration durchzuführen. Die zum Übergang des Elektrons von einem lokalen Zustand in das Leitungsband nötige Energie wird dem Wärmevorrat des Gitters entnommen. Über die Übergangswahrscheinlichkeit, die sich aus der Wechselwirkung mit dem Gitter ergibt, kann das Bändermodell keine Aussagen machen. Sie wird in speziellen Fällen der Lebensdauer des angeregten Zustandes umgekehrt proportional angenommen.

Die Zahl der Elektronen im Leitfähigkeitsband berechnet sich aus der Gl. (2)

$$N_e = 2\int_{\varepsilon_l}^{\infty} D(\varepsilon)\, f(\varepsilon)\, d\varepsilon . \tag{3}$$

Die Größe μ in der Gl. (1) ist die Fermi-Grenzenergie, die die Bedeutung des chemischen Potentials in der Thermodynamik besitzt. Für das Volumenelement im k-Raum kann man schreiben

$$\Delta\tau_k = 4\pi k^2 dk . \tag{3a}$$

Die Wellenzahl k ist mit der Energie ε verknüpft durch die Beziehung

$$k = \frac{2\pi}{h}\sqrt{2m_e(\varepsilon-\varepsilon_l)} . \tag{3b}$$

m_e bedeutet die effektive Elektronenmasse und ε_l die Energie an der unteren Kante des Leitungsbandes.

Aus Gl. (11) des vorigen Kapitels ergibt sich mit Gl. (3a) und (3b)

$$D(\varepsilon) = \frac{V}{h^3}\cdot 2\pi(2m)^{\frac{3}{2}}(\varepsilon-\varepsilon_l)^{\frac{1}{2}} . \tag{4}$$

Wertet man das Integral in Gl. (3) mit Hilfe der Gln. (4) und (1) unter der Voraussetzung aus, daß $\varepsilon_l - \mu \gg kT$ ist, d.h. im Nenner der rechten Seite der Gl. (1) nur das erste Glied $\exp\left[\frac{-(\mu-\varepsilon)}{kT}\right]$ berücksichtigt zu werden braucht, dann erhält man den Ausdruck

$$n_e = 2\cdot\left(\frac{m_e\cdot kT}{2\pi\cdot\hbar^2}\right)^{\frac{3}{2}}\cdot\exp\left[\frac{-(\varepsilon_l-\mu)}{kT}\right]. \tag{5}$$

Sind die Energieterme ε_F der lokalisierten Störstellen diskret, dann ergibt sich für die Zahl der Elektronenlöcher n_D die Beziehung

$$n_D = \frac{n_F}{2}\exp\left[\frac{-(\mu-\varepsilon_F)}{kT}\right]. \tag{6}$$

n_F Anzahl der lokalisierten Zustände.

Im thermodynamischen Gleichgewicht ist

$$n_e = n_D, \tag{7}$$

falls die lokalisierten Störstellen bei $T=0$ vollständig mit Elektronen besetzt sind.

Setzt man für n_e und n_D die Ausdrücke (5) und (6) ein, dann ergibt sich aus (7) für die Grenzenergie

$$\mu = \frac{\varepsilon_l+\varepsilon_F}{2} + kT\left[\ln(n_F^{\frac{1}{2}}) - \ln\left(\frac{m_e kT}{2\pi\hbar^2}\right)^{\frac{3}{4}} - \ln 2\right] \tag{8}$$

und, wenn man den Wert von μ in Gl. (5) einsetzt, für die Konzentration der Elektronen im Leitungsband

$$n_e = \left(\frac{m_e\cdot kT}{2\pi\cdot\hbar^2}\right)^{\frac{3}{4}} n_F^{\frac{1}{2}}\exp\left[\frac{-(\varepsilon_l-\varepsilon_F)}{2kT}\right]. \tag{9}$$

Einen ähnlichen Ausdruck erhält man beim Vorhandensein von Akzeptoren n_A mit den Energietermen ε_A für die Konzentration der Löcher n_L im Valenzband

$$n_L = \left(\frac{m_L\cdot kT}{2\pi\cdot\hbar^2}\right)^{\frac{3}{4}} n_A^{\frac{1}{2}}\exp\left[\frac{-(\varepsilon_v-\varepsilon_A)}{2kT}\right] \tag{10}$$

m_L bedeuten die effektive Masse der Löcher im Valenzband und ε_v die Energie an der oberen Kante des Valenzbandes.

In den meisten Fällen genügt bei kleinen Konzentrationen der Störstellen (und dies ist bei den Ionenleitern oft der Fall) also schon für die Berechnung der Besetzungszahlen im Leitfähigkeitsband die Boltzmann-Statistik. Bei der Berechnung des stationären Gleichgewichts Gl. (7) war eine natürliche, sich aus der Thermodynamik ergebende notwendige Bedingung vorausgesetzt, nämlich die, daß im thermodynamischen Gleichgewicht das chemische Potential, d.h. die Fermi-Grenzenergie, unverändert bleibt. Dabei wurde so gerechnet, als seien keine weiteren Störstellen im Kristallgitter vorhanden und als fände keine weitere Wechselwirkung zwischen den Störstellen statt. Sicher ist, daß ein solcher idealisierter Zustand nur in wenigen Fällen vorkommen wird.

Im allgemeinen hat man es mit mehreren Störstellen zu tun, die sich gegenseitig beeinflussen. Dann ist es bequemer, da es sich im allgemeinen um kleine Konzentrationen handelt, die klassische Statistik zu benutzen. Damit lassen sich die Beziehungen zwischen den einzelnen chemischen Potentialen, also den Grenzenergien, ermitteln und die Wechselwirkung der einzelnen Störstellen berücksichtigen.

Die klassische Behandlung der Wechselwirkung der einzelnen Störstellen im Gleichgewicht, die sich in der Form der Massenwirkungsgesetze darstellen läßt, hat noch den besonderen Vorteil, daß sie die bequeme Behandlung von Ionen- und Elektronengleichgewichten ermöglicht.

§ 4. Elektronenüberschußleitung in Alkalihalogeniden mit stöchiometrischem Überschuß des Alkalimetalls

Die spezifische Leitfähigkeit σ setzt sich bei Vernachlässigung der Ionenleitung aus 2 Teilen zusammen

$$\sigma = e \cdot n_e \cdot b_e + e \cdot n_L \cdot b_L . \qquad (11)$$

n_e und n_L sind die Konzentrationen der an der Leitfähigkeit beteiligten Überschuß- und Defektelektronen und b_e und b_L ihre Beweglichkeiten. In Ionengittern wird die Gleichgewichtskonzentration der an der Elektrizitätsleitung beteiligten Elektronen entscheidend durch die Anwesenheit sämtlicher im Kristallgitter vorhandener Störstellen beeinflußt. Allein die Berücksichtigung der Elektronenprozesse, z. B. der thermischen Elektronenabspaltung einer elektronenliefernden Störstelle, genügt nicht zur Bestimmung der Konzentration der freien Elektronen. Die sich oft langsam einstellenden Störstellenkonzentrationen, die aus der thermischen Dissoziation von Ionen hervorgehen, beeinflussen die Gleichgewichtskonzentration der freien Elektronen. In solchen Fällen ist es unmöglich, auch nur angenäherte Übereinstimmung mit den experimentellen Ergebnissen zu erhalten, falls die gegenseitige Beeinflussung der Ionen- und Elektronenprozesse vernachlässigt wird.

Bei der Untersuchung der Temperaturabhängigkeit der Halbleitereigenschaften findet man Temperaturbereiche, in denen sich Elektronen- und Ionengleichgewichte rasch einstellen. In diesen Bereichen werden die durchgeführten Messungen zu verhältnismäßig gut reproduzierbaren Ergebnissen führen. Bei tiefen Temperaturen handelt es sich meistens um Störstellengleichgewichte von hohen Temperaturen, die bei der Abkühlung eingefroren worden sind. Die Halbleiterprozesse werden hier deshalb weniger übersichtlich. Sie können jedoch bei einer Berücksichtigung dieser eingefrorenen Gleichgewichte wenigstens qualitativ verständlich gemacht werden.

Die Beziehungen für Halbleiterprozesse, die sich auf dem thermodynamisch-statistischen Wege ableiten lassen, haben den Nachteil, daß sie oft mit konstanten Faktoren behaftet sind, die nur aus dem Experiment bestimmt werden können. Durch diese Faktoren werden diejenigen Prozesse beschrieben, die sich an der Störstelle selbst abspielen. Spezielle Mechanismen, wie die thermische Anregung an der Störstelle, können aus den thermodynamischen Beziehungen nicht abgeleitet werden. Die Aufklärung solcher Mechanismen gehört zu den speziellen Problemen der Quantentheorie des Kristallgitters.

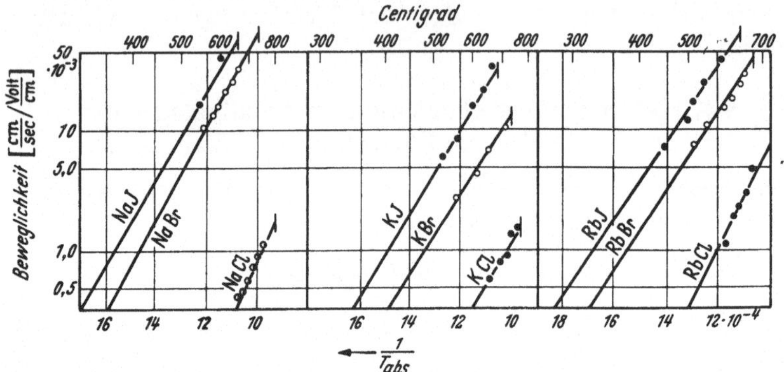

Abb. 42. Temperaturabhängigkeit der Reisebeweglichkeit von Farbzentrenelektronen in einigen Alkalihalogeniden

In den Ionengittern werden reine Überschuß- oder Defektelektronenleitung oder beide gleichzeitig beobachtet. Elektronenüberschußleiter sind z.B. Ionenkristalle, die einen stöchiometrischen Überschuß an Metall besitzen, z.B. ein im Alkalidampf auf einige Grade unter dem Schmelzpunkt erhitzter Alkalihalogenidkristall. Alkalihalogenide mit einem Überschuß an Alkalimetall stellen den einfachsten und übersichtlichsten Typ der Elektronenüberschußleiter, wie zuerst von Stasiw[8] gezeigt wurde, dar. Durch Einbau der Alkaliatome entstehen im Alkalihalogenidgitter unterhalb des Leitungsbandes lokalisierte Störterme. Die thermische Energie reicht aus, um einen Bruchteil der Elektronen in das Leitungsband zu befördern und einen Elektronenstrom zu erzeugen. In der Abb. 42 ist die Temperaturabhängigkeit der Beweglichkeit von Elektronen von Alkalihalogeniden mit F-Zentren dargestellt[9]. Als Ordinate ist in der Abbildung die Reisebeweglichkeit der Elektronen, also die Beweglichkeit der Farbzentren in Abhängigkeit von der Temperatur aufgetragen. Die tatsächliche Beweglichkeit der Elektronen ist natürlich bedeutend größer. Die Reisebeweglichkeit der Elektronen hängt von der mikroskopischen (= tatsächlichen) Beweglichkeit der

[8] O. Stasiw: Gött. Nachr. **1932**, 192, 261; **1933**, 387.

[9] A. Smakula: Gött. Nachr. **1934**, 55.

Elektronen und ihrer Anlagerungsdauer ab. Bei konstanter Konzentration der *F*-Zentren ergibt die Temperaturabhängigkeit der Beweglichkeit der Farbzentren direkt die zugehörigen elektronischen Leitfähigkeitswerte. Die Temperaturabhängigkeit läßt sich durch die in Gl. (9) angegebene Formel darstellen, wenn $\sigma = e n_e b_e$ gesetzt wird.

§ 5. Elektronische Leitung im ZnO mit Zn- oder Sauerstoffüberschuß

Als weiteres Beispiel einer Elektronenüberschußleitung wollen wir das ZnO-Gitter mit einem stöchiometrischen Zinküberschuß behandeln[10-17]. Der Metallüberschuß im ZnO-Gitter kann auf verschiedene Arten erzeugt werden. Durch Bestrahlung dünner ZnO-Schichten mit Elektronen entstehen Zn-Atome, wobei eine gewisse Menge Sauerstoff abgegeben wird. Auch beim Erhitzen der Zn-Substanz in einer Wasserstoffatmosphäre entsteht ein Überschuß von Zn-Atomen. Dabei kann natürlich ein gewisser Teil dieser Atome zu Zn-Kolloiden zusammenflocken. Den bisherigen Beobachtungen entsprechend wird angenommen, daß sich das überschüssige Zn auf Zwischengitterplätzen einbaut. ZnO kristallisiert nämlich im Wurzitgittertyp, und in einem solchen Gitter ist für einen derartigen Einbau der Zn-Atome genügend Platz. Versuche an solchen ZnO-Kristallen sind von STÖCKMANN durchgeführt worden. Allerdings zog STÖCKMANN noch eine andere Einbaumöglichkeit des Zn zur Erklärung der Halbleitereigenschaften heran: Neben dem Einbau von Zn auf Zwischengitterplätzen soll es, insbesondere bei der Bildung von Zn durch Reduktion von ZnO im Wasserstoff, noch möglich sein, die Zn^{++}-Ionen direkt durch die Zn-Atome zu ersetzen. Dabei werden O^{--}-Lücken im ZnO-Gitter gebildet. Beide Arten des Einbaues erzeugen verschiedene energetische Zustände der Zn-Atome in ZnO-Gitter.

Grundsätzlich kann man das Verhalten des Zinkoxyds mit eingebauten Zn-Atomen folgendermaßen beschreiben: Durch Einbau von Zinkatomen im Ionengitter entstehen Störstellen, die entsprechend dem Bändermodell lokalisierte Terme dicht unterhalb des Leitungsbandes erzeugen. Die Konzentration der Störterme ist der Konzentration des Zn-Überschusses proportional. Der Abstand des Störtermes vom Leitungsband bestimmt die Energie, die aufgewendet werden muß, um das

[10] F. STÖCKMANN: Z. Phys. **127**, 563 (1950).
[11] H. H. BAUMBACH u. C. WAGNER: Z. physik. Chemie **22**, 199 (1933).
[12] O. FRITSCH: Ann. Phys. **22**, 375 (1935).
[13] E. MOLLWO u. F. STÖCKMANN: Ann. Phys. **3**, 240 (1948).
[14] G. HEILAND: Z. Phys. **138**, 459 (1954); **142**, 415 (1955).
[15] H. J. ENGELL u. K. HAUFFE: Z. Elektrochem. **57**, 762 (1953).
[16] W. MAYER u. H. NELDEL: Z. techn. Phys. **18**, 588 (1937).
[17] P. H. MILLER: Phys. Rev. **60**, 890 (1941).

Elektron, z. B. thermisch, in das Leitungsband zu befördern. Die Gleichgewichtskonzentration der freien Elektronen und ihre Temperaturabhängigkeit wird durch die Gl. (9) bestimmt, wobei an Stelle von n_F die Zn-Konzentration zu setzen ist. Der Abstand der lokalisierten Zn-Terme vom Leitungsband ist in dem Ausdruck $\varepsilon_l - \varepsilon_F$ enthalten. Die Ergebnisse, die sich aus der Beziehung (9) ergeben, wären ausreichend, wenn die Konzentration und die Art der Bindung der Störstellen Zn in sämtlichen Temperaturbereichen konstant bliebe und keine weiteren Abhängigkeiten vorhanden wären.

Werden die Leitfähigkeitsmessungen in Abhängigkeit von der Temperatur unter Sauerstoffdruck durchgeführt, dann entsteht eine zusätzliche Wechselwirkung zwischen den Zn-Atomen und den Sauerstoffatomen, die als eine chemische Reaktion aufzufassen ist. Bei der Bestimmung der Temperaturabhängigkeit der Leitfähigkeit ist noch diese Beeinflussung zu berücksichtigen. Um die für die Leitfähigkeit verantwortliche Konzentration freier Elektronen unter Berücksichtigung der Beeinflussung durch Sauerstoff zu beschreiben, wählen wir die für kleine Konzentrationen gültige bequeme klassische Darstellung. Es wird dann die Temperaturabhängigkeit der Elektronenleitung für hohe Temperaturen durch folgende Dissoziationsgleichgewichte beeinflußt:

$$\mathrm{ZnO} \rightleftharpoons \mathrm{Zn}^+ + e^- + \tfrac{1}{2}\,\mathrm{O}_2 \tag{12}$$

und

$$\mathrm{Zn}^+ + e^- \rightleftharpoons \mathrm{Zn}\,. \tag{13}$$

Man nimmt an, daß die Zn-Atome zum größten Teil in Zn^+-Ionen und Elektronen dissoziiert sind und nur der Einfluß der Gl. (12) zu berücksichtigen ist. Die Gleichgewichtseinstellung bei hoher Temperatur (etwa 450° C) erfolgt bei den beiden letzten Reaktionen rasch, so daß in solchen Fällen die Ergebnisse der Messungen gut reproduzierbar werden. Aus dem Gleichgewicht der Gl. (12) folgt eine Massenwirkungsgleichung

$$x_{\mathrm{Zn}} \cdot x_e = k \cdot p_{\mathrm{O}_2}^{-\frac{1}{2}}\,, \tag{14}$$

wobei

$$x_{\mathrm{Zn}} = x_e \tag{15}$$

ist.

Aus den Beziehungen (14) und (15) ergibt sich, daß die Konzentration der freien Elektronen und damit auch die Leitfähigkeit σ infolge der raschen Einstellung der Gleichgewichte unabhängig von der Vorgeschichte des Kristalls ist und die Leitfähigkeit eine Sauerstoffabhängigkeit

$$\sigma = \mathrm{const}\; p_{\mathrm{O}_2}^{-\frac{1}{4}} \tag{16}$$

zeigt.

BAUMBACH und WAGNER haben einen anderen Reaktionsmechanismus vorgeschlagen.

$$ZnO \rightleftharpoons Zn^{++} + 2e^- + \tfrac{1}{2} O_2. \quad (17)$$

Daraus folgt für die Sauerstoffabhängigkeit der Leitfähigkeit

$$\sigma = \text{const}\, p_{O_2}^{-\frac{1}{6}}. \quad (18)$$

Die Beziehung (16) scheint jedoch den experimentellen Ergebnissen besser angepaßt zu sein.

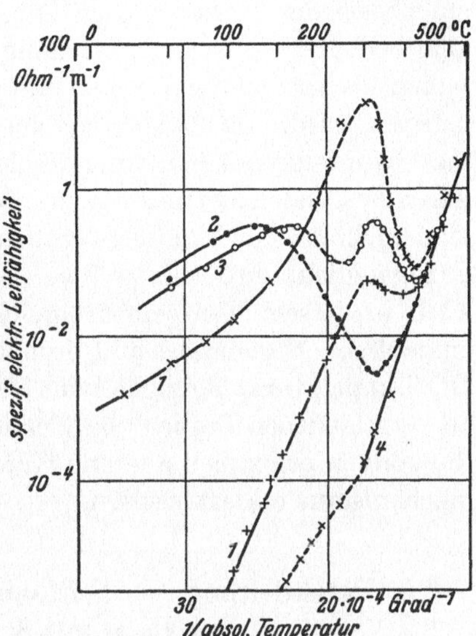

Abb. 43. Nichtstationäre Leitfähigkeitskurven von ZnO. Kurve 1: ZnO mit Überschuß von Zn. Kurve 2: Nach einer kräftigen Oxydation und anschließender Reduktion in Wasserstoff. Kurve 3: Nach mäßiger Oxydation und anschließender Reduktion. Kurve 4: Nach kräftiger Oxydation.

Die Abb. 43 zeigt die Abhängigkeit der Leitfähigkeitswerte von der Temperatur. Bei tiefen Temperaturen tritt hauptsächlich nur das Dissoziationsgleichgewicht

$$Zn^+ + e^- \rightleftharpoons Zn \quad (19)$$

auf. Die Einstellung des Dissoziationsgleichgewichtes (12) erfolgt bei tiefer Temperatur so langsam, daß es im allgemeinen nicht erreicht wird. Das Dissoziationsgleichgewicht der Zn-Atome ist in diesem Fall von der Konzentration der Atome abhängig, die durch die Abkühlung von hoher Temperatur bei einem bestimmten O_2-Außendruck eingefroren ist. Deshalb wird die Temperaturabhängigkeit der Leitfähigkeit von der Vorgeschichte der ZnO-Kristalle abhängen. Oberhalb von 450° C ergeben alle Messungen innerhalb der Meßfehlergrenzen den gleichen Wert. Unterhalb von etwa 250° C ist die Leitfähigkeit unabhängig von dem Sauerstoffdruck und hängt nur von der Vorbehandlung ab. Die Messungen an einer bestimmten Probe sind reproduzierbar, solange 250° C nicht überschritten werden. Die Unabhängigkeit der Leitfähigkeit vom Sauerstoffdruck spricht für die Gültigkeit der Beziehung (19). Allerdings müssen bei tiefen Temperaturen die verschiedenen Möglichkeiten des Einbaues der Zn-Atome berücksichtigt werden. Damit wäre eventuell die verschiedene experimentelle Abhängigkeit der Leitfähigkeit von der Temperatur für verschiedene Proben und verschiedene Konzentrationen verständlich. Die Meßergebnisse von BUSCH[18] zeigen nämlich eine starke

[18] G. BUSCH: Z. angew. Math. Phys. (Schweiz) 1, 3, 81 (1950).

Abnahme der Aktivierungsenergie mit zunehmender Konzentration von Zn-Atomen.

Die experimentellen Ergebnisse zeigen keine Trägheit bei der Messung der Leitfähigkeit. Demnach erfolgt die Einstellung des stationären Gleichgewichts für die Reaktion $Zn \rightarrow Zn^{+} + e^{-}$ sehr rasch. Ein Einfluß der Sauerstoffkonzentration auf die Einstellung des Gleichgewichts entsprechend der Reaktionsgleichung (12) oder (17) ist nicht zu finden. Das bedeutet, daß die Einstellung der Gleichgewichtsreaktion nur bei hohen Temperaturen erfolgt und bei Abkühlung dieser Zustand eingefroren wird. Im Zwischengebiet, also zwischen 250 und 450° C, hat man es infolge des langsamen Anlaufens der Reaktion mit nichtstationären Zuständen zu tun. Die aus diesem Temperaturbereich gewonnenen Meßergebnisse sind unübersichtlich und einer eindeutigen Behandlung unzugänglich. STÖCKMANN[10] versuchte, die experimentellen Ergebnisse auch in diesem Temperaturbereich zu diskutieren, erhielt aber keine eindeutigen Ergebnisse, und deshalb wollen wir darauf nicht eingehen. Die Temperaturabhängigkeit der Halbleitereigenschaften von ZnO wurde an verschiedenen Proben von vielen Autoren[10-17] experimentell verfolgt. Sie können prinzipiell alle mit Hilfe des soeben behandelten Reaktionsmechanismus erklärt werden.

§ 6. Defektleitung. — Leitfähigkeit von KJ mit J-Überschuß und Cu_2O mit Sauerstoffüberschuß

Die thermische Anregung von Elektronen an den Störstellen, deren Energieniveaus sich dicht unter dem Leitungsband befinden, geben Anlaß zur Elektronenüberschußleitung. Die nötigen Terme können in Ionengittern durch einen Metallüberschuß erzeugt werden. Umgekehrt kann man in Ionengittern durch Metalloidüberschuß, wie wir gesehen haben, neue unbesetzte Energieniveaus oberhalb des Valenzbandes erzeugen. Bei höheren Temperaturen kann eine Anregung der Elektronen des Valenzbandes stattfinden. Die Elektronen besetzen die lokalisierten Terme. Dadurch entstehen Löcher im Valenzband, die zu einer Elektronendefektleitung Anlaß geben. Die Elektronendefektleitung besteht aus der Bewegung der Löcher im Valenzband. Diese ist gleichbedeutend mit der Bewegung positiver Ladungen im elektrischen Feld. Als einfachste Beispiele für die Defektleitung betrachten wir wieder die Alkalihalogenide, jetzt mit einem Halogenüberschuß. Es ist demnach möglich, an ein und derselben Substanz Elektronenüberschuß- oder Defektelektronenleitung zu erzeugen. Welche von beiden auftritt, hängt davon ab, ob sich in dem Ionengitter ein Metall- oder Metalloidüberschuß befindet. In der Abb. 44 ist die Temperaturabhängigkeit der Reisebeweglichkeit der Defektelektronen für KJ mit J-Überschuß dargestellt[19]. Bei hohen Temperaturen kann die Elektronendefektleitung durch Gl. (10) dargestellt werden, wenn man $\sigma = n_L \cdot e \cdot b_L$ setzt. Ein weiteres besonders instruktives Beispiel für Defektelektronenleitung liefert Cu_2O mit einem stöchiometrischen Überschuß an Sauerstoff, das zuerst von WAGNER[20,21] und seinen Mitarbeitern untersucht wurde. Ähnliche Untersuchungen sind ferner noch von ENGELHARD[22], WAIBEL[23] u. a. durchgeführt worden. Durch Tempern des Cu_2O in Sauerstoffatmosphäre kann die Konzentration von Defektelektronen variiert werden. Der Einbau von Sauerstoff entsteht nach WAGNER in folgender Weise: Bei der Anlagerung der Sauerstoffmoleküle an die Oberfläche des Cu_2O-Gitters wandern Cu^+-Ionen und Elektronen des Grundgitters an die Oberfläche und erzeugen Cu_2O-Moleküle. An der Oberfläche des Gitters findet also eine Reaktion statt. Aus einem angelagerten O_2-Molekül entstehen an der Oberfläche neue Cu_2O-Gittermoleküle. Bei dieser Reaktion erzeugen die aus dem Innern des Kristallgitters an die Oberfläche weggewanderten Cu^+-Ionen vier zusätzliche $Cu'_{\square}$-Lücken und die angelagerten O_2-Moleküle vier zusätzliche Cu^{++}-Defektelektronenstellen ($e^{\cdot}$) im Grundgitter. Dieser Vorgang wird durch die Reaktionsgleichung

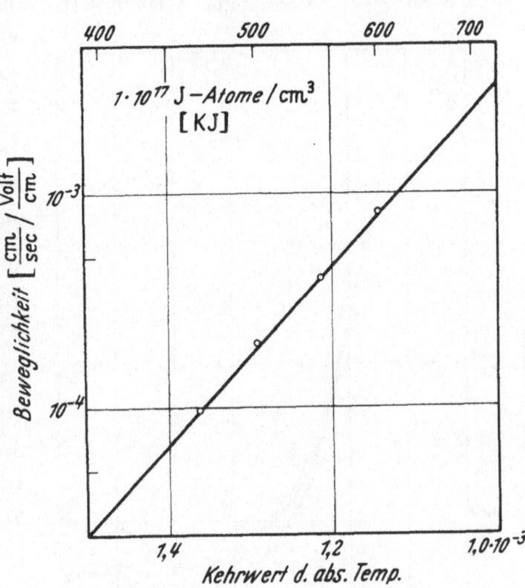

Abb. 44. Temperaturabhängigkeit der Reisebeweglichkeit von Defektelektronen in KJ-Kristallen

$$O_{2\,\mathrm{Gas}} + 4\,Cu^+_{\mathrm{Gitter}} + 4\,e^-_{\mathrm{Gitter}} \rightleftharpoons 2\,Cu_2O + 4\,Cu'_{\square} + 4\,e^{\cdot} \tag{20}$$

beschrieben.

Durch die Änderung der Sauerstoffkonzentration des Dampfes p_{O_2} wird praktisch nur die Konzentration von Cu' und $e^{\cdot}$ entsprechend der Reaktionsgleichung (20) im Grundgitter geändert, so daß die Beziehung

$$p_{O_2} = \mathrm{const}\,[Cu'_{\square}]^4\,[e^{\cdot}]^4 \tag{21}$$

erfüllt ist. Befinden sich keine weiteren Störstellen im Grundgitter, so gilt außerdem die Beziehung $Cu'_{\square} = e^{\cdot}$, und für die Gitterkonzentration

[19] E. MOLLWO: Ann. Phys. **29**, 394 (1937).
[20] A. DÜNWALD u. C. WAGNER: Z. physik. Chemie **17**, 467 (1932).
[21] K. HAUFFE u. C. WAGNER: Z. physik. Chemie **37**, 148 (1937).
[22] E. ENGELHARD: Ann. Phys. **17**, 501 (1933).
[23] W. SCHOTTKY u. F. WAIBEL: Phys. Z. **34**, 858 (1933).

der Defektelektronen folgt die Gleichung

$$x_{e^\cdot} = \text{const}\, p_{O_2}^{\frac{1}{8}}. \tag{22}$$

Daraus ergibt sich für die Sauerstoffabhängigkeit der Leitfähigkeit

$$\sigma = \sigma_0 p^{\frac{1}{8}}. \tag{23}$$

Die aus Gl. (23) erwartete Abhängigkeit wurde von WAGNER oberhalb von 400° C bestätigt. Unterhalb von 300° C hat man es mit eingefrorenen Nichtgleichgewichtszuständen zu tun, so daß die Ergebnisse der Leitfähigkeitsmessung von der Vorbehandlung des Kristalls abhängen. Messungen von FELDMANN[24] und anderen Autoren (Abb. 45) zeigen die elektrische Leitfähigkeit von Cu_2O bei verschiedenen Temperaturen. Unterhalb von 400° C durchläuft die elektrische Leitfähigkeit ein Minimum, um dann wieder anzusteigen. Der Verlauf der Leitfähigkeitskurve unterhalb von 400° C kann durch Bildung neuer Störstellen, eventuell durch Assoziation, gedeutet werden, oder es können, ähnlich wie im ZnO, zwischen 400 und 180° C etwa nichtstationäre Zustände entstehen, die den Gang der Leitfähigkeit bestimmen. Auch die Ergebnisse an anderen Ionengittern, z.B. an CuJ mit einem stöchiometrischen Überschuß von J, können durch Reaktionsgleichungen dargestellt werden. Ähnlich wie das Cu_2O wird CuJ zunächst J_2-Moleküle an der Oberfläche anlagern. Anschließend wandern Cu^+-Ionen und Elektronen des Grundgitters an die Oberfläche und bilden aus jedem angelagerten J_2-Molekül zwei CuJ-Moleküle. Im Endresultat entstehen im CuJ-Gitter Cu^+-Lücken und Cu^{++}-Ionen, die die Konzentration der Defektelektronen bestimmen. Die Defektelektronenleitung kommt dadurch zustande, daß die im Kupferionenteilgitter erzeugten Elektronenlöcher im elektrischen Felde wandern. Bei der Aufstellung der vollständigen Reaktionsgleichungen müßte man noch eventuelle Wechselwirkungseffekte berücksichtigen.

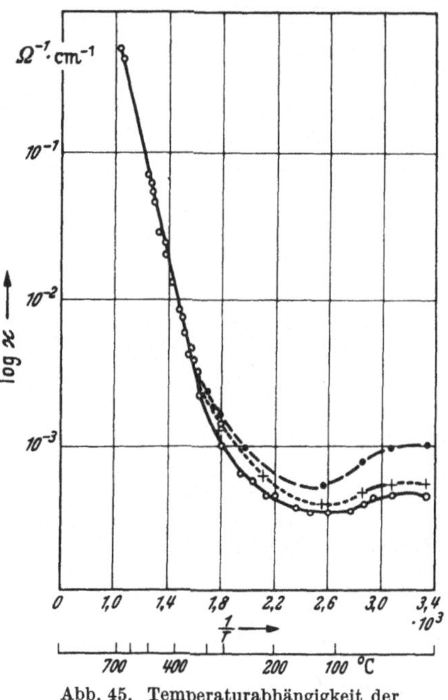

Abb. 45. Temperaturabhängigkeit der elektrischen Leitfähigkeit von CuO_2

[24] W. FELDMANN: Phys. Rev. **64**, 113 (1943).

Wir beschränken uns hier nur auf einige Beispiele von halbleitenden Ionenkristallen. Prinzipiell gilt der gleiche Mechanismus auch für elektronische Störstellen anderer Ionengitter. Darüber ist eine größere Zahl Monographien entstanden. Die Behandlung der Halbleiterprozesse erfolgt hier im Zusammenhang mit anderen in diesem Buch behandelten Problemen.

Neuntes Kapitel

Lichtelektrische Leitung

§ 1. Grundsätzliches zur lichtelektrischen Leitung

Die thermische Abspaltung der Elektronen erfolgt hauptsächlich in Ionengittern mit zusätzlich eingebauten Störstellen. Infolge der geringen Größe der thermischen Energie ist es möglich, Elektronen bzw. Löcher nur von den Störstellen, deren Energieterme dicht unter dem Leitungsband bzw. dicht oberhalb des Valenzbandes liegen, abzuspalten. Diese Beschränkung gilt nicht mehr für Elektronen, die durch Licht abgespalten werden. Lichtelektrische Prozesse können auch in den am besten isolierenden Kristallen durch Strahlung, die im Ionengitter absorbiert wird, hervorgerufen werden. Die Absorption der Strahlung und die Abtrennung des Elektrons ist jedoch nur die erste Voraussetzung für das Auftreten der lichtelektrischen Leitung. Allein die Zahl der durch Licht gebildeten freien Elektronen braucht nicht für die Entstehung des lichtelektrischen Stromes maßgebend zu sein. Die beobachteten Erscheinungen, die sich nach der Absorption anschließen, sind oft kompliziert, so daß es nicht immer gelingt, mit Sicherheit die lichtelektrischen Prozesse aufzuklären. Am besten gelang eine Deutung, wenn auch nicht immer mit genügender Klarheit, derjenigen lichtelektrischen Prozesse, die als Primärströme bezeichnet werden. Darunter versteht man die Einsatzwerte der stationären Ströme in isolierenden Kristallen. Den ersten Elementarprozeß, der ungestört von den Folgeprozessen beobachtet wird, klärten zahlreiche Arbeiten von GUDDEN, POHL[1,2,3] und weiteren Mitarbeitern im Prinzip.

Der einfachste Vorgang, bei dem der Primärstrom beobachtet werden kann, ist die Abspaltung der Elektronen bei Lichtabsorption in einem reinen idealen Ionenkristall ohne Störstellen. Der Einsatzwert des Primärstromes hat nur dann einen definierten Wert, wenn es sich um einen Gleichgewichtsvorgang nach der Einstrahlung handelt, d.h. wenn sich im Kristallgitter ein stationärer Zustand eingestellt hat. Die Bildung der freien Elektronen — ihre Zahl sei n — bis zur Einstellung des

[1] B. GUDDEN: Lichtelektrische Erscheinungen. Springer 1928.
[2] B. GUDDEN u. R.W. POHL: Z. Phys. **6**, 248 (1921); **16**, 170 (1923).
[3] R.W. POHL: Phys. Z. **39**, 36 (1938).

Gleichgewichts im reinen Gitter, wo keine Störstellen vorkommen, erfolgt nach dem Gesetz:

$$\frac{dn}{dt} = \eta' B x - k x' n, \tag{1}$$

wobei Bx die Zahl der in der Volumeinheit pro sec absorbierten Lichtquanten und x' die Konzentration der Elektronenlöcher, die nach der Abspaltung der Elektronen im Kristallgitter entstehen, bedeuten. η' ist die tatsächliche Quantenausbeute, die zur Abspaltung des Elektrons und seiner Beförderung in das Leitungsband notwendig ist, während k die Rekombinationsgeschwindigkeit ist. Im stationären Fall ist

$$\eta' B x - k x' n = 0. \tag{2}$$

Für den Fall $n = x'$, also bei gleicher Konzentration der Elektronen und Löcher, ist

$$n = \left(\frac{\eta' B x}{k}\right)^{\frac{1}{2}}. \tag{3}$$

Setzt man $\eta = \left(\frac{\eta'}{k B x}\right)^{\frac{1}{2}}$, dann wird $n = \eta B x$. Die Quantenausbeute η definiert die Konzentration der Elektronen pro eingestrahltes Lichtquant, die dauernd im Leitungsband im stationären Zustand vorhanden ist. η ist derjenige Wert, der tatsächlich im Primärstrom gemessen wird. Diese Quantenausbeute ist oft kleiner als Eins. Die Abweichung der Quantenausbeute von Eins kann nicht die Aussage liefern, daß bei der Einstrahlung keine Beförderung in das Leitungsband erfolgt und daß es sich nur um eine Erzeugung von Anregungszuständen handelt. η hängt nämlich von der Zahl der eingestrahlten Lichtquanten und der Rekombinationsgeschwindigkeit der Elektronen ab.

Die weiteren komplizierten lichtelektrischen Erscheinungen sind stets mit Reaktionen der Elektronen mit den Störstellen usw. verknüpft und konnten erst in letzter Zeit in groben Zügen aufgeklärt werden. So konnte z.B. der überraschende Effekt, daß in den Ionenkristallen mit elektronischer Dunkelleitung (die man durch geeignete Zusätze erreichen kann) nach der Bestrahlung die Quantenausbeute erheblich zunahm, als eine photochemische Reaktion des Gitters gedeutet werden. Ferner konnten auch die lichtelektrischen Prozesse am ZnO durch die Berücksichtigung der photochemischen Prozesse zum Teil verständlich gemacht werden.

§ 2. Allgemeine Beziehungen zur Untersuchung stationärer Vorgänge bei der lichtelektrischen Leitung

Wir wollen zunächst die allgemeinen Beziehungen, die die einzelnen Prozesse miteinander verbinden[4], zusammenfassen. Besonders übersichtlich sind die Zusammenhänge für Prozesse im stationären Zustand.

[4] F. Stöckmann: Z. Phys. **128**, 185 (1950); **143**, 348 (1955); **146**, 407 (1956).

Bei den allgemeinen Überlegungen zur lichtelektrischen Leitung in linearen Leitern und für stationäre Ströme gelten folgende Beziehungen:

In einem Ionenkristall, bei dem die spezifische Ionenleitung σ_i und die Beweglichkeit v der Elektronen im ganzen Kristall konstant bleiben und unabhängig von der jeweiligen Konzentration der Störstellen sind, gilt das Ohmsche Gesetz:

$$i = (\sigma_i + n e v)\,\mathfrak{E}. \tag{4}$$

Hierbei wird die Diffusion nicht berücksichtigt. Dabei bedeuten i die Stromdichte, e die Ladung, n die Elektronenkonzentration und $\mathfrak{E}$ die Feldstärke.

Die Kontinuitätsgleichung lautet unter der Voraussetzung, daß σ_i und v bei Bestrahlung nicht geändert werden, für einen in x-Richtung liegenden linearen Leiter

$$\operatorname{div} i = (\sigma_i + n e v)\frac{\partial \mathfrak{E}}{\partial x} + e v \mathfrak{E}\frac{\partial n}{\partial x} = 0. \tag{5}$$

Bei der Absorption der Strahlung werden freie Elektronen $(\partial n/\partial t)_{\text{Reaktionsgewinn}}$ geschaffen. Die im Gitter anwesenden freien Elektronen können wieder durch Rekombination an Störstellen vernichtet werden. Ihr Verlust ist gleich $(\partial n/\partial t)_{\text{Reaktionsverlust}}$.

Bedeutet i_e die Teilstromdichte der Elektronen, so lautet die Bilanzgleichung für Elektronen

$$e\frac{\partial n}{\partial t} = e\left(\frac{\partial n}{\partial t}\right)_{\text{Reaktion}} - \operatorname{div} i_e, \tag{6}$$

wobei

$$\left(\frac{\partial n}{\partial t}\right)_{\text{Reaktion}} = \left(\frac{\partial n}{\partial t}\right)_{\text{Reaktionsgewinn}} - \left(\frac{\partial n}{\partial t}\right)_{\text{Reaktionsverlust}}. \tag{6a}$$

Damit ergibt Gl. (6)

$$\frac{\Delta n}{\Delta t} = \frac{\partial n}{\partial t} - \left(\frac{\partial n}{\partial t}\right)_{\text{Reaktion}} = -\frac{1}{e}\operatorname{div} i_e.$$

Aus Gl. (5) kann man $\operatorname{div} i_e$ entnehmen und erhält mit Gl. (6)

$$n e v\frac{\partial \mathfrak{E}}{\partial x} + e v \mathfrak{E}\frac{\partial n}{\partial x} + e\left\{\frac{\partial n}{\partial t} - \left(\frac{\partial n}{\partial t}\right)_{\text{Reakt}}\right\} = 0. \tag{7}$$

Im stationären Fall ist $(\partial n/\partial t) = 0$. Von STÖCKMANN wurde hauptsächlich dieser Fall diskutiert. Es kommt also nur $e\,(\partial n/\partial t)_{\text{Reakt}} = \operatorname{div} i_e$ in Betracht. Vollständigkeitshalber wird $(\partial n/\partial t)$ in den weiteren Gleichungen mitgeführt. Jedoch kann in den meisten untersuchten Fällen $(\partial n/\partial t) = 0$ gesetzt werden.

Wird Gl. (7) und Gl. (5) zusammengefaßt, so führt die anschließende Integration zwischen Kathode $x = 0$ und x zu einer Beziehung

$$-e\int_0^x \left\{\frac{\partial n}{\partial t} - \left(\frac{\partial n}{\partial t}\right)_{\text{Reakt}}\right\} d\xi + \sigma_i\,\mathfrak{E}(x) = \sigma_i\,\mathfrak{E}_K \tag{8}$$

und mit Gl. (4) für die Werte an der Kathode

$$\mathfrak{E}_K = \frac{i}{\sigma_i + n_K e v}$$

zu der Gleichung

$$-e\int_0^x \left\{\frac{\partial n}{\partial t} - \left(\frac{\partial n}{\partial t}\right)_{\text{Reakt}}\right\} d\xi + \sigma_i \mathfrak{E}(x) = i\,\frac{\sigma_i}{\sigma_i + e n_K v}. \tag{8a}$$

Mit

$$\gamma_d = \frac{e n_K v}{\sigma_i + e n_K v},$$

dem Anteil der Elektronen an der Dunkelleitfähigkeit, ergibt sich durch abermalige Integration von 0 bis l bei Berücksichtigung von

$$\int_0^l \mathfrak{E}(x)\,dx = P, \qquad l = \text{Elektrodenabstand},$$

$$-e\int_0^l \frac{dx}{l}\int_0^x \left\{\frac{\partial n}{\partial t} - \left(\frac{\partial n}{\partial t}\right)_{\text{Reakt}}\right\} d\xi + \sigma_i \frac{P}{l} = i(1-\gamma_d), \quad 0 \leqq x \leqq l. \tag{8b}$$

Mit dem Dunkelstrom

$$i_d = \sigma_i \frac{P}{l} \cdot \frac{1}{1-\gamma_d}$$

ergibt sich aus Gl. (8b)

$$i_m = i - i_d = -\frac{e}{1-\gamma_d}\int_0^l \frac{dx}{l}\int_0^x \left\{\frac{\partial n}{\partial t} - \left(\frac{\partial n}{\partial t}\right)_{\text{Reakt}}\right\} d\xi. \tag{9}$$

Das Integral $\int_0^x \left\{\frac{\partial n}{\partial t} - \left(\frac{\partial n}{\partial t}\right)_{\text{Reakt}}\right\} d\xi$ erfaßt die Konzentration der Elektronen, die aus dem Bereich $0 < \xi < x$ herauskommt. Die Gl. (9) ist die allgemeine Form der für die lichtelektrischen Primärströme benutzten Beziehung. Für einen Kristall mit verschwindender Elektronendunkelleitung $\gamma_d = 0$ ergibt sich im stationären Fall $\frac{\partial n}{\partial t} = 0$, $-\left(\frac{\partial n}{\partial t}\right)_{\text{Reakt}} = \frac{\Delta n}{\Delta t} = \text{const}$ bei homogener Belichtung, also $\frac{\Delta n}{\Delta t} = n_L$ unabhängig von x, infolge

$$\int_0^x \left\{\frac{\partial n}{\partial t} - \left(\frac{\partial n}{\partial t}\right)_{\text{Reakt}}\right\} d\xi = \int_0^x n_L\,d\xi = n_L x$$

die Beziehung

$$i_m = -\frac{e n_L \cdot l}{2}. \tag{10}$$

n_L ist die Zahl der durch Licht im stationären Fall pro Längeneinheit erzeugten freien am Stromtransport beteiligten Elektronen. Die Beziehung $\frac{1}{l}\int\limits_0^l n_L\, x\, dx = \frac{l}{2}\, n_L$ bedeutet, daß die Elektronen im Mittel den halben Kristall durchlaufen und alle die Elektrode erreichen.

Wird nicht der ganze Kristall homogen belichtet, sondern nur ein an der Stelle $x = d$ gelegenes schmales Stück der Breite a (Lichtsonde), so ist $\Delta n/\Delta t$ nur in diesem schmalen Bereich gleich n_L, in den übrigen Gebieten aber gleich Null. Folglich wird

$$\int\limits_0^x \frac{\Delta n}{\Delta t}\, d\xi = \int\limits_0^x \left\{\frac{\partial n}{\partial t} - \left(\frac{\partial n}{\partial t}\right)_{\text{Reakt}}\right\} d\xi \qquad \begin{cases} = 0 & \text{für } x < d \\ = n_L a & \text{für } x \geqq d \end{cases}$$

und deshalb

$$i_m = -e\int\limits_d^l \frac{dx}{l}\, n_L a = -e\, n_L a\, \frac{l-d}{l}. \tag{11}$$

Auch diese Gleichung gilt wie Gl. (10) nur für den Fall, daß alle Elektronen die Anode erreichen. Wenn die Schubwege w der Elektronen klein sind im Verhältnis zum Elektrodenabstand l, erreicht von den im Bereich der Lichtsonde an der Stelle d entstandenen Elektronen nur der Bruchteil $\frac{w}{l-d}$ die Anode, und der Elektronenstrom wird um diesen Bruchteil kleiner, also

$$i_m = -e \cdot n_L a\, \frac{w}{l}. \tag{12}$$

Es wurde bei der Berechnung des Primärstromes vorausgesetzt, daß ein Anteil des Ionenstromes vorhanden ist. Ähnliche Überlegungen lassen sich auch für isolierende Kristalle durchführen. Bei der Belichtung entstehen neben den freibeweglichen Elektronen im Kristallgitter zusätzlich Defektelektronen. In einigen Fällen genügt es dann an Stelle von σ_i die Leitfähigkeit der Defektelektronen zu setzen.

§ 3. Bestimmung der Schubwege der Elektronen in einigen Ionengittern aus der Messung der Primärströme

Der lichtelektrische Primärstrom wurde besonders an Alkalihalogeniden mit Farbzentren untersucht (GUDDEN und POHL[5], GLASER[6], LEHFELDT[7] usw.[8,9]). Infolge der Lichtabsorption werden von den Farb-

[5] B. GUDDEN u. R. W. POHL: Z. Phys. **31**, 651 (1925).
[6] G. GLASER: Gött. Nachr. **1937**, 31.
[7] G. GLASER u. W. LEHFELDT: Gött. Nachr. **1936**, 91.
[8] J. J. OBERLY: Phys. Rev. **86**, 799 (1952).
[9] J. J. OBERLY u. E. BURSTEIN: Phys. Rev. **79**, 217 (1950).

zentren Elektronen abgespalten. Andere F-Zentren können die freigemachten Elektronen einfangen und F'-Zentren bilden. Diese Umwandlung $F \rightarrow F'$ kann, wenn ein elektrisches Feld am Kristall liegt, als Primärstrom i_m (Abb. 46) mit trägheitslosem Einsatz beobachtet werden. Der Einsatzstrom bleibt bei $-133°$ C während der kurzen Belichtungszeit konstant. Nach der Belichtung erreicht der Strom wieder den ursprünglichen Wert. Die Elektronen legen also von der Abspaltung aus der F-Bindung bis zur Bildung der F'-Zentren einen mittleren Schubweg w zurück, der aus der Gl. (12) berechnet werden kann. Dabei muß berücksichtigt werden, daß in dieser Gleichung die Konzentration $n_L = \eta N_L$ ist, wobei η die unbekannte Quantenausbeute und N_L die pro

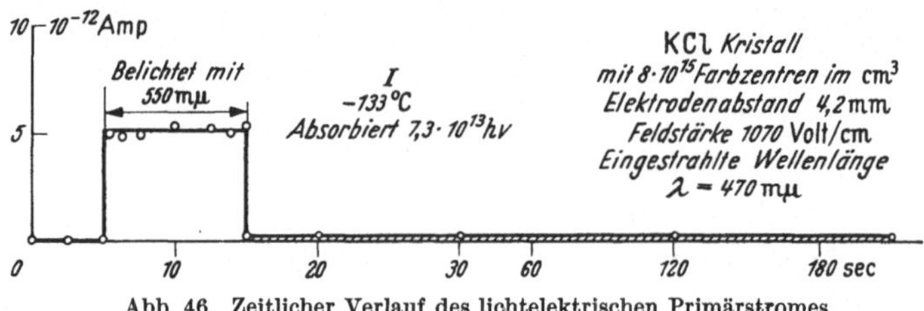

Abb. 46. Zeitlicher Verlauf des lichtelektrischen Primärstromes

Zeit absorbierte Zahl von Lichtquanten bedeutet. Dieser mittlere Schubweg ist der Feldstärke proportional. Er ist in Kristallen mit Farbzentren meist sehr klein.

Im reinen Silberchlorid ist es bei genügend hohen Feldstärken möglich, mittlere Schubwege bis zu einigen Millimetern zu beobachten (Hecht). In der von ihm benutzten Anordnung wurde mit einer Lichtsonde eingestrahlt. Im reinen Silberchlorid werden die Elektronen von Chlorionen im Gitter abgespalten. Bei genügend hohen Feldstärken gelangen die Elektronen im AgCl bis zur Anode. Jedoch erreichen im allgemeinen nicht alle der in einem ganz bestimmten Abstand von der Anode abgespaltenen Elektronen ihr Ziel. Ein bestimmter Bruchteil wird von inneren Oberflächen oder Störstellen eingefangen. Diese Rekombination ist meistens eine Reaktion erster Ordnung und erfolgt nach einem Exponentialgesetz

$$n_x = n_\xi \exp\left[-\frac{t}{\tau}\right]. \tag{13}$$

Dabei bedeuten n_ξ die Zahl der durch die Sonde an der Stelle ξ abgespaltenen Elektronen, n_x die Zahl der Elektronen, die an der Stelle x noch vorhanden sind, t die mittlere Laufzeit der Elektronen, um von ξ nach x zu gelangen. Die Größe τ ist die mittlere Lebensdauer der freien Elektronen. Durch die Beziehung $\tau v \mathfrak{E} = w$ ist τ mit dem Schubweg w verknüpft (v bedeutet die Beweglichkeit). Demzufolge kann die Gl. (13) auch in der Form

$$n_x = n_\xi \exp\left[\frac{-(x-\xi)}{w}\right] \tag{14}$$

geschrieben werden.

Diese Rekombination der Elektronen wird bei der Berechnung der Stromdichte i_m in der Gl. (8a) in dem Ausdruck $\int\limits_0^x \left\{\frac{\partial n}{\partial t} - \left(\frac{\partial n}{\partial t}\right)_{\text{Reakt}}\right\} d\xi$ berücksichtigt. Das Integral beschreibt, wie wir gesehen haben, den Überschuß der Elektronen im Bereich $0 \leqq x \leqq \xi$.

Bei homogener Belichtung erhält man daraus mit Gl. (13) oder (14)

$$\left.\begin{aligned} &\int\limits_0^x \left\{\frac{\partial n}{\partial t} - \left(\frac{\partial n}{\partial t}\right)_{\text{Reakt}}\right\} d\xi \\ &= n_L \int\limits_0^x \exp\left[\frac{-(x-\xi)}{w}\right] d\xi \\ &= n_L w \left[1 - \exp\left(\frac{x}{w}\right)\right]. \end{aligned}\right\} \tag{15}$$

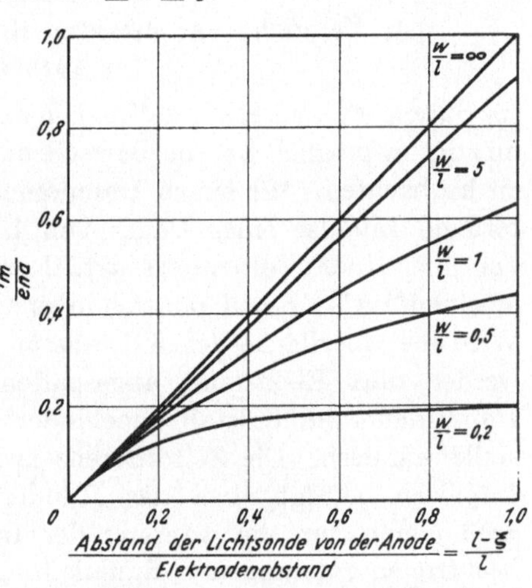

Abb. 47. Einfluß der Stellung der Lichtsonde auf i_m für verschiedene Werte des Parameters w/l

Durch Einsetzen dieser Beziehung in die Gl. (9) mit $\gamma_d = 0$ für reine Ionenleiter erhält man nach Ausführung der Integration

$$i_m = -e \cdot n_L \cdot w \left[1 - \frac{w}{l}\left\{1 - \exp\left(-\frac{l}{w}\right)\right\}\right]. \tag{16}$$

Belichtet man den Kristall nur mit einer Lichtsonde der Breite a an der Stelle d, dann folgt aus der Gl. (8a) unter der Voraussetzung $a \ll w$

$$i_m = -e \cdot n_L \cdot a \cdot \frac{w}{l}\left[1 - \exp\left\{\frac{-(l-\xi)}{w}\right\}\right]. \tag{17}$$

Die letzte Gleichung ergibt die Stromdichte i_m als Funktion des Abstandes der Lichtsonde von der Anode. HECHT[10] konnte mit Gl. (17) die von ihm gemessenen Kurven an AgCl (Abb. 47) diskutieren und die Zahlenwerte von w ermitteln. Die Schubwege pro Feldstärkeeinheit, die sich dabei ergaben, betrugen $2{,}5 \cdot 10^{-3}$ mm/Volt/cm. In AgCl-Kristallen mit 0,05 Mol-% CuCl-Zusatz betrugen die mittleren Schubwege $1{,}13 \cdot 10^{-3}$ mm/Volt/cm.

[10] K. HECHT: Z. Phys. **77**, 235 (1932).

Bei genügend hohen Feldstärken ist es demnach möglich, in AgCl Schubwege von einigen Millimetern, wie wir schon bemerkt haben, zu erhalten. Nachdem die durch Licht ausgelösten Elektronen diese Schubwege zurückgelegt haben, werden sie an inneren Oberflächen wieder eingefangen. Solche Vorgänge führen im allgemeinen zur Bildung kolloidalen Silbers. Bei den Versuchen von HECHT konnte eine Bildung des kolloidalen Silbers schon aus dem einfachen Grund nicht beobachtet werden, weil die Bestrahlung nur mit geringer Intensität zur Vermeidung der Raumladungen erfolgte.

§ 4. Versuche zur direkten Bestimmung der Schubwege im AgCl-Gitter

SHOCKLEY und HAYNES[11] haben eine Versuchsanordnung angegeben, mit der es möglich ist, die Beweglichkeit der Elektronen in AgCl direkt zu beobachten. Mit einem Impulsgenerator werden zunächst rechteckförmige Impulse einer Dauer von 1 bis 5 μsec und einer Feldstärke von über 10000 Volt/cm erzeugt. Diese kurzdauernden Impulse werden an einen AgCl-Kristall, der sich in einem Kondensator befindet, angelegt. Wird die Oberfläche des Kristalls an der Kathodenseite bestrahlt und werden dort Elektronen abgespalten, so können diese während der Impulsdauer im Kristall ungehindert bis zum Einfang an einer Störstelle wandern. Die Zeitdifferenz zwischen zwei aufeinanderfolgenden Impulsen beträgt etwa das Hundertfache der Impulsdauer. Sie ist groß genug, um die während der Impulsdauer durch Bewegung der Elektronen entstandenen Raumladungen durch elektrolytische Leitung zu beseitigen. Durch eine große Zahl solcher aufeinanderfolgenden Impulse während der Belichtung können die Elektronen transportiert, angelagert und durch Kolloidbildung sichtbar gemacht werden, wie dies die Abb. 48 zeigt. SHOCKLEY und HAYNES erhalten daraus Elektronenbeweglichkeiten, die den Wert von 50 cm²/Volt sec erreichen. Betrachtet man die Beziehung $\tau \cdot v \cdot \mathfrak{E} = w$, die zwischen dem mittleren, von HECHT gemessenen Schubweg und der Beweglichkeit besteht, dann kommt man zu der Überzeugung, daß die gemessenen hohen Werte durchaus möglich sind, wenn man über τ eine Annahme macht. Die Schubwege, die sich ergeben, sind nun um einen geringen Faktor größer als die von HECHT. Allerdings ist die Versuchsführung von SHOCKLEY und HAYNES aus mehreren Gründen nicht überzeugend. Die Bestrahlung der AgCl-Kristalle an der Kathode während der Impulsdauer erfolgte mit weißem Licht. Das weiße Licht enthält Wellenlängen, die in den im Innern des Kristalls gebildeten kolloidalen Silberzentren absorbiert werden und die Elektronen erneut befreien. Daher kann die beobachtete Wanderung nicht die Folge eines einzigen, sondern mehrerer Abspaltungsprozesse

[11] J. R. HAYNES u. W. SHOCKLEY: Phys. Rev. 82, 935 (1951).

auch im Innern des Gitters sein. In der letzten Zeit wurde derselbe Versuch von SÜPTITZ[12] wiederholt und dieser Fehler beseitigt. Dabei ergaben sich Eindringtiefen, die ungefähr 20mal kleiner als die von SHOCKLEY sind.

Genauere Untersuchungen von SÜPTITZ zeigten ferner, daß in den Kristallen mit einer geringen Konzentration eines Zusatzes von zweiwertigen Kationen (etwa $10^{-3}\%$) die von HAYNES und SHOCKLEY gemessenen Eindringtiefen erreicht werden können. So eine hohe Eindringtiefe erreicht man auch dann, wenn die Kathode von AgCl mit einer Wellenlänge von 366 mμ bestrahlt wird, also wenn das Licht praktisch in äußerster Schicht an der Kathode absorbiert wird. Ein solcher Effekt ist ohne weiteres verständlich.

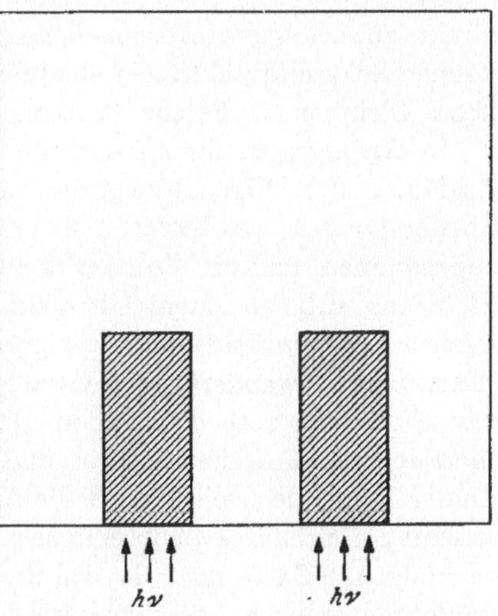

Abb. 48. Beweglichkeit der Elektronen in AgCl-Kristallen durch Kolloidbildung sichtbar gemacht

Unter der Voraussetzung, daß im reinen AgCl eine gewisse Konzentration von Schottkyscher Fehlordnung vorhanden ist (und eine solche ist nach Messungen von STASIW wahrscheinlich), kann die Konzentration von Chlorlücken durch zweiwertige Zusätze herabgesetzt werden. Halogenionenlücken der Schottkyschen Fehlordnung können Elektronen noch während der Impulsdauer einfangen und so die meßbaren Schubwege vermindern. Es konnte auch von SÜPTITZ gezeigt werden, daß neben den zweiwertigen Zusätzen auch Strukturfehler die Schubwege der Elektronen beeinflussen. Im allgemeinen ergeben sich auch bei gleichen Zusatzkonzentrationen Schwankungen in den Schubwegen, die auf solche Strukturfehler zurückzuführen sind.

Prinzipiell gibt die von SHOCKLEY angegebene Methode die Möglichkeit, die von HECHT aus der lichtelektrischen Leitung ermittelten Schubwege der direkten experimentellen Beobachtung zugänglich zu machen.

§ 5. Zur Bildung freier Elektronen nach der Absorption der Strahlung

In den allgemeinen Beziehungen, die sich aus den Grundgleichungen (4), (5) und (6) ergeben, und beim Vergleich dieser Beziehungen mit den experimentellen Ergebnissen wurde der stationäre Zustand bevorzugt

[12] P. SÜPTITZ: Arbeitstagung Festkörperphysik II. Leipzig: Barth 1955.

behandelt. Die Konzentration der Elektronen, die sich im stationären Zustand dauernd im Leitungsband befinden, wurde als konstant angenommen. Der Zusammenhang dieser Konzentration mit der Zahl der eingestrahlten Lichtquanten wurde durch die Quantenausbeute η beschrieben. Der Mechanismus, der zur Erzeugung der für die lichtelektrische Leitung notwendigen freien Elektronen führt, wurde in den Grundgleichungen (4), (5) und (6) nicht diskutiert.

Die Erzeugung freier Elektronen im Leitungsband braucht nicht direkt zu erfolgen. Anschließend an die Absorption der Strahlung können Sekundärreaktionen ablaufen, und erst diese führen zur Bildung freier Elektronen. Solche Prozesse sollen nunmehr diskutiert werden.

In Analogie zu den Absorptionsprozessen in Alkalihalogeniden im Ausläufer der Eigenabsorption, die im vierten Kapitel behandelt wurden, wurde von SEITZ[13], MOTT[14] u. a.[15] auch für Silberhalogenide angenommen, daß der Primärakt der Absorption nur zur Anregung des Elektrons, d.h. zu einem Übergang in das Excitonenband führt. Ein solcher Anregungszustand — angeregtes Elektron und Defektelektron (Exciton) —, wandert im Kristallgitter, und erst bei Anlagerung an eine Störstelle, z.B. eine Anionenlücke oder innere Oberfläche, dissoziiert er, und ein freies Elektron und ein Defektelektron werden erzeugt. An der Störstelle erfolgt sofort die Anlagerung des freien Elektrons, und es wird ein primäres photochemisches Reaktionsprodukt erzeugt. Erst nachfolgende Excitonen, die sich wieder an photochemischen Reaktionsprodukten anlagern, erzeugen freie Elektronen. Dies würde bedeuten, daß zunächst die photochemischen Reaktionsprodukte durch Excitonen gebildet werden und erst durch Anlagerung weiterer Excitonen an diesem photochemischen Reaktionsprodukt freie Elektronen erzeugt werden können.

Hier sollen also Effekte diskutiert werden, die es ermöglichen, aus der lichtelektrischen Leitung den Mechanismus der Bildung freier Elektronen nach der Absorption der Strahlung zu ermitteln. Dabei genügt es nicht, den Primärstrom, d.h. den Strom im stationären Zustand, zu untersuchen. Im stationären Zustand stellt sich eine bestimmte Konzentration freier Elektronen ein, unabhängig davon, auf welchem Wege sie erzeugt werden. Die Messung der Quantenausbeute η allein genügt nicht, um den Mechanismus der Erzeugung zu bestimmen. Jedoch ist es möglich, durch Messung des Anstiegs der lichtelektrischen Leitung, also der Vorgänge, die im nichtstationären Zustand ablaufen, den Mechanismus mindestens angenähert zu diskutieren. Hier sollen insbesondere diese Vorgänge an Silberhalogeniden untersucht werden.

---

[13] F. SEITZ: Revs. Mod. Phys. **26**, 83 (1954).

[14] N. F. MOTT: Nature, London **175**, 234 (1955).

[15] E. TAFT u. L. APKER: Phys. Rev. **83**, 479 (1951).

§ 6. Nichtstationäre Vorgänge bei lichtelektrischer Leitung und Untersuchung der Einzelprozesse in Silberhalogeniden

Die Diskussion der lichtelektrischen Messungen von JUNG[16] und SUZUKI[17] zeigt jedoch, daß bei Silberhalogeniden die Abspaltung des Elektrons durch Licht stets mit einem Übergang desselben in das Leitungsband verknüpft ist. JUNG beschreibt Messungen der lichtelektrischen Leitung an reinen AgBr-Kristallen und an solchen mit Zusätzen von Ag_2Se oder Ag_2S. Es wurde der Anstieg des lichtelektrischen Primärstromes in Abhängigkeit von der Bestrahlungsdauer untersucht. Die Ergebnisse sind in der Abb. 49a u. b dargestellt. Diese Messungen zeigen, daß der Anstieg des Primärstromes an reinem Silberbromid, wie schon von HECHT[10] gemessen, schnell erfolgt und der stationäre Zustand rasch erreicht wird. Bei Silberbromid mit Ag_2Se-Zusatz dagegen erhält man einen meßbaren Primärstrom erst nach etwa einer Minute. Diese Meßergebnisse erlauben, ein qualitatives Bild der Einzelprozesse anzugeben.

Infolge einer hohen Störstellenkonzentration in AgBr mit Ag_2Se-Zusatz müßte nämlich nach der Absorption

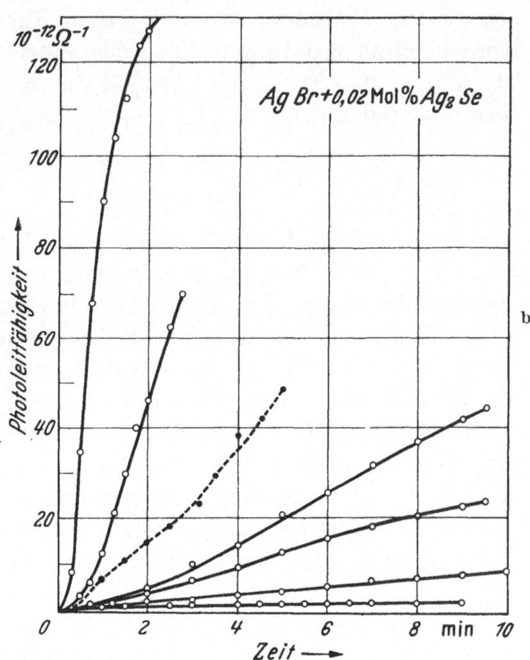

Abb. 49a u. b.
a Zeitlicher Anstieg des Primärstromes im reinen AgBr-Kristall (Kurve I), und in AgBr + 0,02 Mol-% Ag_2Se (Kurve II), bei Bestrahlung mit $\lambda = 436$ mμ. b Zeitlicher Anstieg des Photostromes bei verschiedener Bestrahlungsintensität

[16] L. JUNG: Naturwiss. **42**, 122 (1955). — Z. Phys. **146**, 457, 479 (1956).

[17] SUZUKI: Hakone Symposium I, 38 (1956).

der Strahlung die Anlagerung der Excitonen an den Störstellen (falls man die Excitonenhypothese zugrunde legt) im selenhaltigen Silberbromid bedeutend häufiger als im reinen erfolgen. Dementsprechend ist zu erwarten, daß auch infolge dieser häufigen Anlagerung von Excitonen an Störstellen die Bildung freier Elektronen und damit der Anstieg der lichtelektrischen Leitung in Ag_2Se-haltigen Silberbromidkristallen bedeutend leichter als in den reinen erfolgt. Die Kurven der Abb. 49a zeigen den umgekehrten Verlauf. Demnach führt die Lichtabsorption im reinen Silberhalogenid direkt zur Erzeugung von Leitungselektronen. Die Sättigungswerte des Primärstromes wurden infolge einer geringen Konzentration der Störstellen, an denen sich die Elektronen anlagern können, rasch erreicht. In Ag_2Se-haltigen Silberhalogenidkristallen dagegen (Abb. 49b) wird infolge der großen Zahl von Anlagerungsmöglichkeiten der Elektronen der Strom zunächst unmeßbar klein. Erst nach einer gewissen Zeit, die von der Zahl der Störstellen und Reaktionsfähigkeit dieser Störstellen mit Elektronen abhängig ist, kann der Primärstrom ansteigen und einen Sättigungswert erreichen.

Dieser Tatbestand kann durch folgende Reaktionsvorgänge beschrieben werden: Falls man annimmt, daß im Silberbromid noch eine geringe Konzentration von Bromlücken oder anderen Störstellen Z vorhanden ist, werden in reinem Silberbromid durch Lichteinstrahlung folgende Reaktionen ablaufen

$$\left.\begin{aligned} &h\cdot\nu + \mathrm{Br}^- \rightarrow e^{\bullet} + e' \\ &e' + Z \rightarrow F \\ &e^{\bullet} + F \rightarrow Z. \end{aligned}\right\} \qquad (18)$$

Man kann auch statt einer Bromlücke eine beliebige Störstelle Z wählen, z.B. kann es sich beim Einfangen von Elektronen um Störstellen an inneren Oberflächen handeln. Man muß nur annehmen, daß sie die Fähigkeit haben, Elektronen einzufangen und photochemische Reaktionsprodukte zu bilden. In Silberhalogeniden mit Ag_2Se-Zusatz wird die Konzentration der Bromlücken klein. Dafür treten assoziierte $\mathrm{Se}_G'\mathrm{Br}^{\bullet}$-Komplexe in bedeutend höherer Konzentration (in Abhängigkeit vom Zusatz) als Elektronenfänger auf. Die Einfangwahrscheinlichkeit der Elektronen an der Störstelle (die sich durch eine Geschwindigkeitskonstante beschreiben läßt) verändert ihren Wert.

In einem Kristall mit Zusatz von Ag_2Se gilt jedoch

$$\left.\begin{aligned} &h\cdot\nu + \mathrm{Br}^- \rightarrow e^{\bullet} + e' \\ &e' + Z \rightarrow F \\ &e^{\bullet} + F \rightarrow Z \\ &e^{\bullet} + \mathrm{Se}_G' \rightarrow \mathrm{Se}_G \\ &e^{\bullet} + e' \rightarrow \mathrm{Br}^- \\ &e' + \mathrm{Se}_G \rightarrow \mathrm{Se}_G'. \end{aligned}\right\} \qquad (19)$$

Bezeichnet man die Gitterkonzentration

der Elektronen e' mit n',
der Defektelektronen $e^{\cdot}$ mit $n^{\cdot}$,
der Bromionen Br^- mit x,
der Schwefelionen ohne Überschuß-ladung S_G mit x_2,
der Schwefelionen mit Überschuß-ladung S'_G mit x_1,
der Farbzentren mit x_F,
der den Bromionenlücken äquivalenten Störstellen, die als Elektronenfänger dienen, mit Z,

dann erhält man folgendes Gleichungssystem für die Licht- und nachfolgenden Sekundärprozesse, wenn B die Bestrahlungsstärke bedeutet

$$\left.\begin{aligned} \dot{n}' &= k_1 B x - k_2 n' n^{\cdot} - k_3 n' Z - k_6 n' x_1 \\ \dot{n}^{\cdot} &= k_1 B x - k_2 n' n^{\cdot} - k_4 n^{\cdot} x_F - k_5 n^{\cdot} x_2 \\ \dot{Z} &= - k_3 n' Z + k_4 n^{\cdot} x_F \\ \dot{x}_F &= k_3 n' Z - k_4 n^{\cdot} x_F \\ \dot{x}_1 &= - k_5 n^{\cdot} x_1 + k_6 n' x_2 \\ \dot{x}_2 &= k_5 n^{\cdot} x_1 - k_6 n' x_2 . \end{aligned}\right\} \tag{20}$$

Aus diesem Gleichungssystem können automatisch die Neutralitäts- und Konzentrationsbeziehungen gewonnen werden.

Dieses nichtlineare Gleichungssystem kann in der Umgebung von $t=0$, also für kleine Zeiten, durch den Reihenansatz

$$n' = \sum_i a_i t^i; \quad Z = \sum_i b_i t^i; \quad x_1 = \sum_i c_i t^i \tag{21}$$

und entsprechend für andere Konzentrationen gelöst werden. Dabei sind die Bedingungen $t=0$, $n' = n^{\cdot} = x_F = x_2 = 0$ und noch die Anfangsbedingungen für Z und x_1 zu erfüllen.

Durch die Reihenentwicklung kann die Elektronenkonzentration in Abhängigkeit von der Zeit berechnet werden. Es ergibt sich

$$n' = c_1 t - c_2 y t^2 + c_3 (a_1 y^2 - a_2) t^3 + \cdots \tag{22}$$

wobei

$$c_1 = k x B, \qquad c_2 = \tfrac{1}{2} k_1 x B k_3,$$
$$c_3 = \tfrac{1}{3} k_1 x B, \qquad a_1 = \tfrac{1}{2} k_3^2,$$
$$a_2 = k_1 x B k_2$$

bedeuten. y ist die Konzentration der Elektronenfänger vor der Bestrahlung und läßt sich durch Zugabe, z. B. von Ag_2Se erhöhen.

Der Reaktionsablauf, an dem Excitonen beteiligt sind, nimmt folgende Gestalt an

$$\left.\begin{array}{l} Br^- + h\cdot\nu \rightarrow Br^{-*} \\ Br^{-*} + Z \rightarrow F + e^{\bullet} \\ Br^{-*} + F \rightarrow e' + Z \\ e^{\bullet} + F \rightarrow Z \\ e^{\bullet} + e' \rightarrow Br^- \\ e' + Z \rightarrow F. \end{array}\right\} \qquad (23)$$

Bei der ersten Reaktion wird durch Absorption der Strahlung ein angeregter Zustand (Exciton $= Br^{-*}$) erzeugt. Bei der zweiten Reaktion reagiert ein Exciton mit der Störstelle Z und erzeugt ein photochemisches Reaktionsprodukt F und ein Defektelektron. Erst bei der nachfolgenden dritten Reaktion wird ein nachfolgendes Exciton mit dem photochemischen Reaktionsprodukt F reagieren und ein freies Elektron erzeugen. Die vierte und fünfte Reaktion in diesem Reaktionssystem beschreiben die Rekombination des Defektelektrons mit dem Farbzentrum und mit dem Elektron.

Auch für den Reaktionsablauf Gl. (23) lassen sich die kinetischen Gleichungen, ähnlich wie in der Gl. (20), aufstellen und durch den Reihenansatz die Zunahme der Elektronenkonzentration mit der Zeit bestimmen. Es ergibt sich

$$n' = b_1 y t^4, \qquad (24)$$

wobei in die Konstante b_1 die Geschwindigkeitskonstanten der einzelnen Reaktionen und die Bestrahlungsstärke eingehen. y ist dabei die Konzentration der Elektronenfänger. Die Messung des Verhaltens der Photoleitfähigkeit (Abb. 49a u. b) zeigt in Kristallen ohne Zusatz, wie schon erwähnt wurde, einen sofortigen Anstieg, während mit Ag_2Se der Strom erst nach einer gewissen Zeit anwächst. Dieses Verhalten wird so gedeutet, daß zunächst alle Elektronen nach kurzen Wegstrecken eingefangen werden, und zwar infolge größerer Störstellenkonzentration y [Gl. (22)]. Erst durch die nachfolgenden Elektronen (nachdem y klein geworden ist) kann der lichtelektrische Strom ansteigen. Infolge geringer Konzentration y in reinen Salzen [Gl. (22)] steigt der lichtelektrische Strom spontan an und erreicht rasch einen Sättigungswert.

Mit diesem Mechanismus kann auch die verhältnismäßig rasche Einstellung des Gleichgewichts in reinen Silberhalogeniden verstanden werden. Dagegen führt eine ähnliche mathematische Formulierung der Anklingprozesse der lichtelektrischen Leitung nach dem auf Excitonen beruhenden Mechanismus [Gl. (24)] zu keiner befriedigenden Erklärung der gemessenen Kurven.

§ 7. Verlängerte Schubwege in Alkalihalogeniden mit *F*-Zentren

Die bisherigen Betrachtungen umfaßten lichtelektrische Ströme im nichtstationären Zustand in reinen Silberhalogeniden und solchen mit Zusatz von zweiwertigen Anionen.

In KCl-Kristallen entsteht nach der Absorption der Strahlung in der F-Bande bei etwa $-60°$ C neben dem Einsatzwert (Abb. 50), der ebenso rasch ansteigt wie bei $-133°$ C (Abb. 46), noch ein träger Strom, der durch die schraffierte Stromzeitfläche dargestellt ist. Dieser träge Strom entsteht dadurch, daß die freien Elektronen, die sich an F-Zentren unter Bildung von F'-Zentren anlagern, oberhalb $-60°$ C

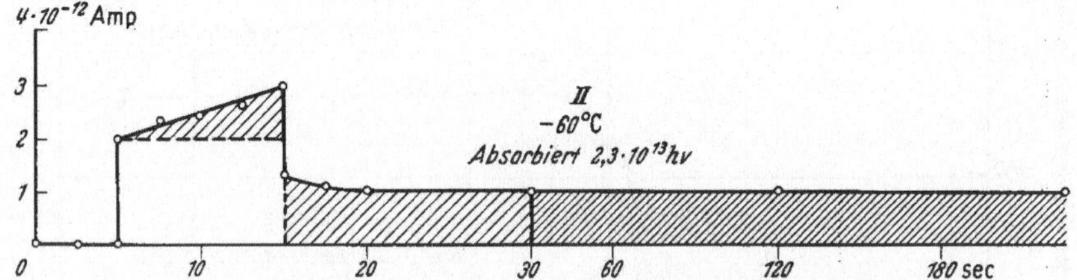

Abb. 50. Zeitlicher Verlauf des Primärstromes im KCl-Kristall mit Farbzentren bei $-60°$ C. Die Stromzeitflächen thermisch ausgelöster Elektronen sind schraffiert

wieder abgespalten werden. Es können die in F'-Zentren eingefangenen Elektronen wieder dissoziieren und abermals eingefangen werden. Die thermisch abgespaltenen Elektronen liefern zusätzlich einen Beitrag zum gemessenen Strom. Dieser Tatbestand führt zur Messung von thermisch vergrößerten Schubwegen, die in den Arbeiten von POHL[18] und GLASER[6,7] ausführlich diskutiert sind.

Eine besonders wichtige Frage, die sich bei der Diskussion der Messungen von GLASER ergibt, ist noch folgende: Aus den Messungen der Primärströme kann entsprechend der Gl. (12) unter Berücksichtigung von $n_L = \eta N_L$ (§ 3) stets nur das Produkt aus der Quantenausbeute und Wegstrecke, also der Wert ηw, gemessen werden. Solche Messungen sind von GLASER am KCl mit Farbzentren für verschiedene Temperaturen durchgeführt und in der Abb. 51 dargestellt. Es ergibt sich dabei folgender Befund: Dicht unterhalb von $-180°$ C durchlaufen die Werte ηw ein Minimum. GLASER zeigte experimentell, daß die Vergrößerung der Werte ηw unterhalb von $-180°$ C mit der gleichzeitigen Anwesenheit kolloidaler Zentren im KCl verknüpft ist. Diese Messungen wurden später oft als ein Beweis dafür angesehen, daß die Vergrößerung der Wegstrecken unterhalb von ($-180°$ C) durch kolloidale Zentren erfolgt, während die entsprechenden ηw-Werte für Farbzentren, insbesondere die Quantenausbeute, außerordentlich klein werden. Ferner wurde daraus

[18] R. W. POHL: Ann. Phys. **29**, 239 (1937).

gefolgert, daß die Absorption in der F-Bande nur zur Anregung des Elektrons führt. Die thermische Energie reicht nicht aus, um es weiter in das Leitungsband zu befördern. Eine solche Beweisführung ist möglich, jedoch nicht überzeugend. Sicher ist, daß die Anwesenheit der kolloidalen Zentren für die Bestimmung der ηw-Werte bei GLASER eine Rolle spielt. Wenn man jedoch bedenkt, daß die Abspaltung des Elektrons stets eine photochemische Reaktion darstellt (wie wir sie später bei der Diskussion der Sekundärprozesse in der lichtelektrischen Leitung

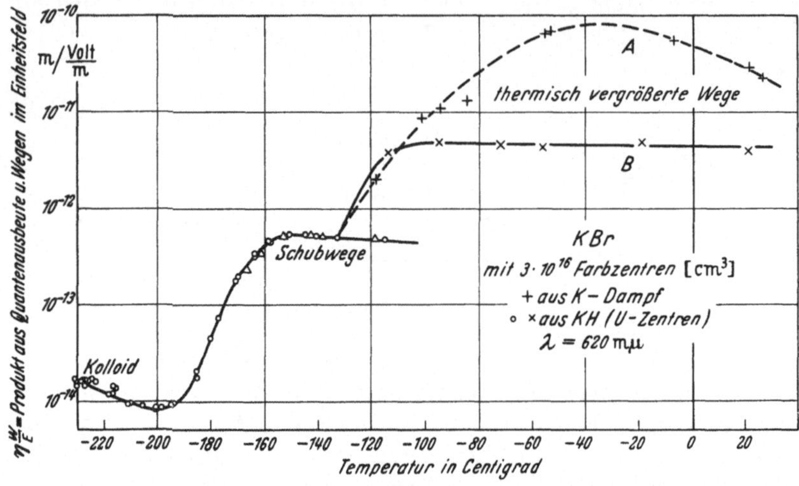

Abb. 51. Die Temperaturabhängigkeit des Produktes $\eta \cdot \frac{w}{E}$

behandeln werden), dann muß auch berücksichtigt werden, daß die Konzentration der freien Elektronen bei der Lichtabsorption — und diese Elektronen sind für den Primärstrom maßgebend — nicht unabhängig von der Konzentration anderer Störstellen und ihrer Anlagerungs- und Abspaltungsenergien ist. Die kinetischen Gleichungen, durch welche die Reaktionsprozesse beschrieben werden, enthalten Konstanten, die die thermischen Eigenschaften sämtlicher Störstellen beschreiben. Bei der Berechnung des Einsatzwertes des Stromes gehen nicht nur die thermischen Eigenschaften einer einzigen, sondern mehrerer Störstellenarten ein. Es ist durchaus möglich, daß die Anwesenheit des Kolloids, oder besser die Anwesenheit irgendwelcher Zentren, und die Eigenschaften der Störstellen, die sich in den Geschwindigkeitskonstanten bemerkbar machen, die η-Werte der Farbzentren beeinflussen. Die Beeinflussung kann so sein, daß durch die Anwesenheit anderer Störstellen die Konzentration der freien Elektronen bestimmt ist. Der Elementarprozeß, der zur Abspaltung des Elektrons führt, findet dann durchaus noch am Farbzentrum statt trotz der Vergrößerung der ηw-Werte bei tiefen Temperaturen. Es ist z. B. ein Prozeß möglich, dessen Stromeinsatz durch folgende kinetische Gleichung beschrieben werden kann. Die zeitliche Zunahme der freien Elektronen, die für den lichtelektrischen Primärstrom verantwortlich sind, ist

$$\dot{n} = k_1 B x_F - k_2 x_\square n + k_3 x_k' - k_4 x_k n. \tag{25}$$

k_1 bis k_4 sind die Geschwindigkeitskonstanten, x_F die Gitterkonzentrationen der Farbzentren, $x_\square$ der Halogenlücken, x_k' der geladenen Kolloide nach Einfangen von Elektronen, x_k der ungeladenen Kolloide. Bei höheren Temperaturen kann x_k' durch irgendwelche Leitungsprozesse, z. B. Ionenprozesse, neutralisiert und stabilisiert werden. Das bedeutet, daß das Glied $k_3 x_k'$ vernachlässigt werden kann, da diese Reaktion nicht zur Abspaltung von Elektronen führt. Die Konzentration x_k' ist nämlich sehr klein, weil sofort eine Stabilisierung durch weitere Reaktionsprozesse, die eigentlich noch in der kinetischen Gl. (25) berücksichtigt werden müßten, stattfindet. Maßgebend für die Konzentration der freien Elektronen und damit für die Quantenausbeute sind die Glieder, die k_1, k_2 und k_4 enthalten. Die Temperaturabhängigkeit dieser Konstanten bestimmt die Temperaturabhängigkeit der η-Werte. Die Wegstrecke w wird insbesondere durch das Glied mit x_k bestimmt, d. h. durch die Konzentration der Kolloide x_k', die die Fangstellen für Elektronen darstellen. Bei tiefen Temperaturen ändert sich das Bild. Infolge der fehlenden Ionenprozesse wird x_k' nicht stabilisiert, und spontan stellt sich das Gleichgewicht ein. Die Bedeutung dieser spontanen Einstellung äußert sich darin, daß keine weiteren Elektronen eingefangen werden. Insgesamt kann dabei η wachsen, wie dies z. B. von Glaser bei $-180°$ C gemessen wurde. Tatsächlich sind die Vorgänge noch komplizierter. Neben der Anlagerung an Kolloide findet noch die Reaktion $F \rightarrow F'$ statt. Eine eindeutige Aussage, daß die Absorption nur zur Anregung und nicht zur Bildung von Leitungselektronen führt, ist demnach nicht ohne weiteres möglich.

§ 8. Lichtelektrische Leitung in Alkalihalogeniden bei Bestrahlung mit Quanten hoher Energie

Es wurden im letzten Absatz lichtelektrische Ströme in Alkalihalogeniden beschrieben, für die eine wesentliche Mitwirkung der Beimengungen, z. B. Farbzentren oder Kolloide, verantwortlich ist. Die Absorption der Strahlung erfolgte in der Absorptionsbande der F-Zentren oder der Kolloide. Im Gebiet der Eigenabsorption vermag das Licht nur höchstens 10^{-5} cm einzudringen. Infolgedessen würden solche Versuche zu keinen eindeutigen Ergebnissen führen. Erst bei Bestrahlung mit Röntgenlicht ist es möglich, homogene Durchstrahlung zu erreichen. Allerdings sind die Erscheinungen komplexer Natur. Die beobachteten

Ströme rühren her von sekundären langsamen Elektronen, die beim Abbremsen schneller Elektronen im Gitter erzeugt werden.

Untersuchungen der lichtelektrischen Leitung an reinen KCl-Kristallen bei Bestrahlung mit Röntgenlicht wurden von HARTEN[19] durchgeführt. Die von ihm gemessenen Ströme beginnen mit einem Höchstwert und erreichen schließlich einen konstanten Wert. Der Endwert i_s der Stromdichte steigt mit der Temperatur an (Abb. 52). Durch Vergleich der Werte i_s mit der Bildungsgeschwindigkeit der Farbzentren, die optisch gemessen wurde (Abb. 53), wurde der Zusammenhang mit

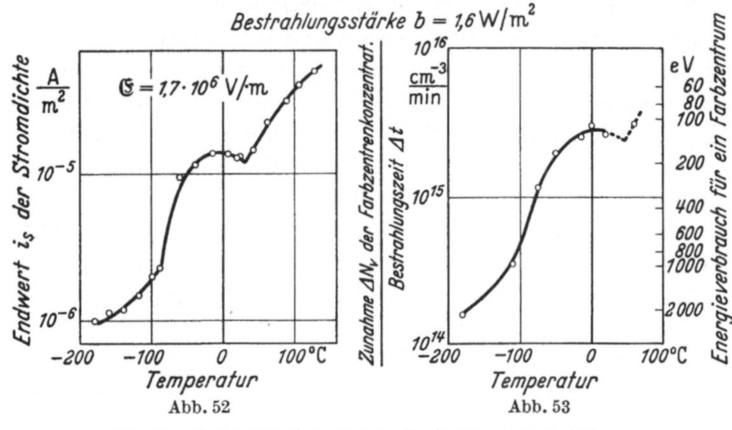

Abb. 52. Temperaturabhängigkeit der Sättigungsstromdichte i_s

Abb. 53. Die Zunahme der Farbzentrenkonzentration mit der Temperatur

den Ergebnissen von POHL und GLASER gefunden. Die Werte i_s zeigen genau den gleichen Verlauf wie die Bildungsgeschwindigkeit der Farbzentren. Die freien Elektronen werden nach Durchlaufen des Schubweges F-Zentren erzeugen. Die nachfolgenden Elektronen können wieder ähnlich wie im vorigen Paragraphen in F'-Zentren festgelegt werden, aus diesen, entsprechend ihrer Lebensdauer, wieder abgelöst werden und zu den thermisch verlängerten Schubwegen Anlaß geben. Dies führt natürlich zu Trägheitseffekten für den gemessenen Strom bei Temperaturen oberhalb der flüssigen Luft. Bei tieferen Temperaturen bleiben sie eingefangen. Die mit der Temperatur steigenden i_s-Werte hängen demnach im wesentlichen mit der höheren Konzentration der F-Zentren zusammen, die bei Röntgenbestrahlung erzeugt werden können, und schließlich auch mit der verkürzten Lebensdauer der Elektronen in der F'-Bindung. Der nichtlineare Verlauf der Ströme mit der Temperatur hängt mit dem nichtlinearen Verlauf der Bildung der Farbzentren zusammen. Solche Prozesse werden bei der Untersuchung der photochemischen Erscheinungen ausführlich diskutiert.

[19] H. U. HARTEN: Z. Phys. **126**, 619 (1949).

§ 9. Einfluß der Sekundärprozesse bei der lichtelektrischen Leitung im KBr-KH-Mischkristall als Halbleitermodell

Neben den reinen Ionenleitern spielen die Mischleiter eine bedeutende Rolle, besonders in der Technik. Mischleiter besitzen neben der Ionen- noch eine beträchtliche Elektronendunkelleitfähigkeit. In solchen Kristallen schließen sich nach der Absorption der Strahlung und Bildung freier Elektronen noch Sekundärprozesse an, die sich bei der Messung des lichtelektrischen Stromes stark bemerkbar machen. Die Auswertung der Meßergebnisse ist komplizierter. Es wird eine beträchtliche Überschreitung des Quantenäquivalents beobachtet.

Experimentell wurden die lichtelektrischen Effekte mit Erfolg an der Modellsubstanz KBr + KH von Hilsch und Pohl[20] untersucht. Werden nämlich lichtelektrische Prozesse bei den Temperaturen, bei denen KH in Farbzentren und H-Atome dissoziiert, untersucht, dann haben wir es mit einer Substanz zu tun, die neben Ionenleitung auch Elektronenleitung zeigt. Hilsch und Pohl haben Deutungen der von ihnen gemessenen Ergebnisse gegeben. Diese können auch direkt aus den Grundgleichungen (4), (5) und (6) abgeleitet werden. Bei der Auswertung der die Primärströme betreffenden Meßergebnisse wurde in den Gln. (8b) und (9) der Wert $\gamma_d = 0$ gesetzt; das bedeutet, daß kein Elektronenanteil in der Dunkelleitung vorhanden ist, wir haben es mit Ionenleitern zu tun. Die Mitnahme des Faktors γ_d ändert an dem Gang der Rechnung prinzipiell nichts, lediglich ist noch die Tatsache, daß die mittlere Abklingstrecke $\xi = w(1-\gamma_d)$ ist, und eine mit ihrer Hilfe sich ergebende Beziehung $n_x = n_\xi \exp\left[\frac{-(x-\xi)}{w(1-\gamma_d)}\right]$, wie sie von Schottky hergeleitet wurde, in den Gln. (15) und (16) zu berücksichtigen. Man bekommt dann für den Mehrstrom i_m den Ausdruck

$$i_m = e \cdot n w \left[1 - \frac{w}{l}(1-\gamma_d)\left\{1 - \exp\left(\frac{-l}{w(1-\gamma_d)}\right)\right\}\right] \qquad (26)$$

und einen entsprechenden für die Bestrahlung mit einer Lichtsonde

$$i_m = e \cdot n \cdot a \cdot \frac{w}{l}\left[1 - \exp\left(\frac{-(l-\varepsilon)}{w(1-\gamma_d)}\right)\right]. \qquad (27)$$

Die Gleichungen sehen fast genau so aus wie (16) und (17). Es sind in ihnen noch Glieder, die γ_d enthalten, vorhanden. Für $\gamma_d = 0$ ergeben sich die Gln. (16) und (17). Durch Division der Gl. (26) durch Gl. (16) erhält man den Faktor der Verstärkung, die durch die elektronische Dunkelleitfähigkeit im Kristallgitter nach der Lichteinstrahlung entsteht. Wir sehen also aus der Gl. (26) und dem Vergleich mit der Gl. (16), daß für das Auftreten der Verstärkung und damit auch der gemessenen höheren Quantenausbeute die elektronische Dunkelleitfähigkeit ($\gamma_d \neq 0$)

[20] R. Hilsch u. R. W. Pohl: Z. Phys. **108**, 55 (1937); **112**, 252 (1939).

verantwortlich ist. Die so gemessenen lichtelektrischen Ströme können ein Vielfaches der Primärströme sein.

In der Abb. 54 ist die Abhängigkeit des Meßstromes von der angelegten Spannung und dem Elektronenleitfähigkeitsanteil am Gesamtdunkelstrom nach den Messungen von Hilsch und Pohl an KBr-Kristallen mit KH-Zusatz dargestellt. In der Abb. 55 sind nochmals die Ergebnisse, ähnlich wie bei Hecht, im isolierenden KBr-Kristall für $\gamma_d = 0$, aufgetragen. In dem von Hilsch und Pohl behandelten Modell ist die siebenfache Verstärkung verwirklicht.

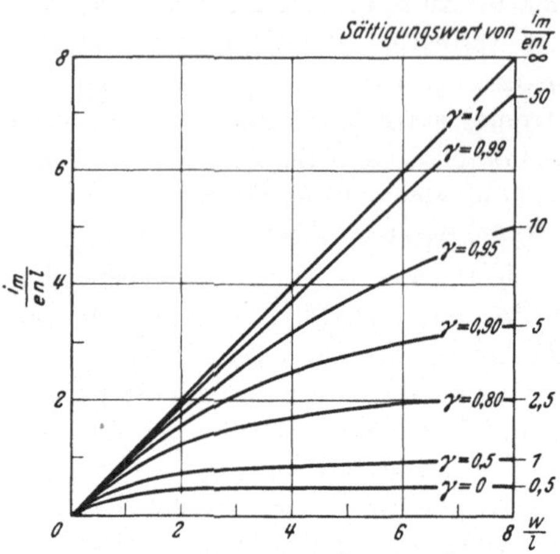

Abb. 54. Die Spannungsabhängigkeit von i_m in einem vollbelichteten Kristall für verschiedene Elektronenanteile γ_d der Dunkelleitfähigkeit

Man kann nun aus der Diskussion der Gln. (26) und (27) noch weitere Eigenschaften ableiten, die bei den Sekundärprozessen eine Rolle spielen. Die beiden Leitfähigkeitsanteile, Elektronen- und Ionenleitung, sind eindeutig durch die Konzentration der im Mittel freien Elektronen, ihre Schubwege w und die Konzentration der beweglichen Ionen bestimmt. Die freien Elektronen entstehen entsprechend unserem Modell durch die thermische Dissoziation des KH-Zusatzes in K- und H-Atome. Im stationären Fall, in dem keine zusätzlichen Ladungen in das Gitter eingeführt oder aus ihm entfernt werden, ist die Konzentration der freien Elektronen und Ionen durch Massenwirkungsgesetze gegeben, die die Konzentrationen sämtlicher Störstellenteilchen miteinander verknüpfen. Durch die Verknüpfung der σ_i und σ_e mit den Massenwirkungsgesetzen haben die während der Bestrahlung stattfindenden photochemischen Reaktionen, und zwar sämtlicher Teilchen, einen entscheidenden Einfluß auf die lichtelektrischen Ströme. Die zeitlichen Verläufe der Teilchenkonzentrationen müssen bei der Diskussion der Ergebnisse stets berücksichtigt werden. Wir

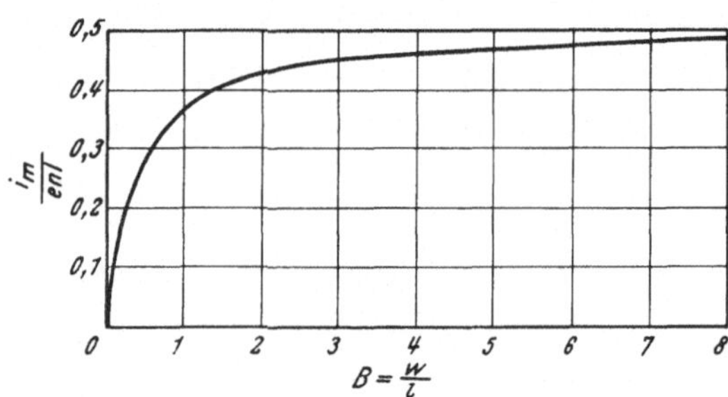

Abb. 55. Die Spannungsabhängigkeit von i_m für einen vollbelichteten Kristall ($\gamma_d = 0$)

sehen also, daß photochemische Reaktionen an den Störstellen einen entscheidenden Einfluß auf die Sekundärprozesse in lichtelektrischen Leitern besitzen.

§ 10. Die Beeinflussung der lichtelektrischen Leitung durch photochemische Reaktion am Beispiel des ZnO

Am Beispiel des ZnO, dessen lichtelektrische Leitung von MOLLWO[21], STÖCKMANN[22, 23], HEILAND[24], WEISS[25] u. a.[26, 27] untersucht wurde, sind solche photochemischen Prozesse bei der lichtelektrischen Leitung eingehend diskutiert worden.

Die lichtelektrischen Untersuchungen wurden an dünnen Schichten mit und ohne Überschuß von neutralem Zink ausgeführt. Die untersuchten Schichten ohne Zinküberschuß zeigten einen Strom, der unter 10^{-9} Amp. lag. Der Zinküberschuß konnte durch Bestrahlung mit Elektronen in beliebiger Weise eingestellt werden. Durch die Anwesenheit von neutralem Zn wird ZnO zu einem Halbleiter. Die Ströme in ZnO mit Zn-Überschuß sind um mehrere Größenordnungen stärker als die der reinen ZnO-Schichten. Durch den Zusatz von Zn werden nämlich zusätzlich Terme dicht unter dem Leitfähigkeitsband geschaffen. Die thermische Energie reicht bei den Meßtemperaturen vollkommen aus, um Elektronen in das Leitfähigkeitsband zu bringen und Elektronenströme zu ermöglichen. Dabei entsteht natürlich eine ganz bestimmte Menge von Zn^+. Wird ein solcher Kristall nur kurz im Gebiet der Eigenabsorption bestrahlt, dann steigt der Strom ziemlich rasch von einem Betrag i_0 auf einen Betrag i_0+i_L an (Abb. 56). Nach der Bestrahlung fällt der Strom langsam ab und erreicht, wie dieselbe Abbildung zeigt, den ursprünglichen Betrag. Wird der ZnO-Kristall länger bestrahlt, dann wird neben dem Anstieg auf i_L noch ein langsames Ansteigen des Stromes (Abb. 57) bis zu einem Wert γ, der von

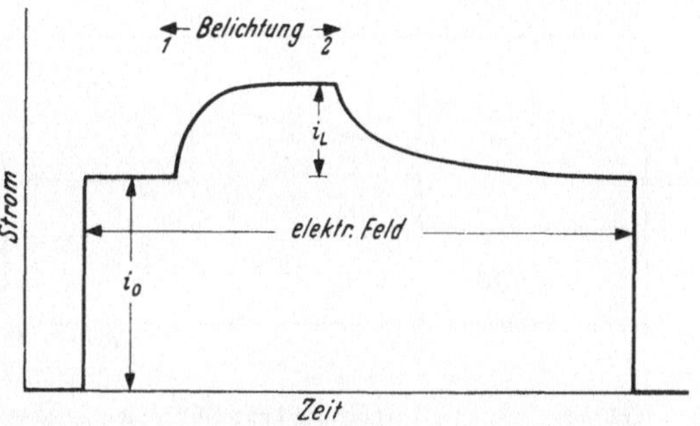

Abb. 56. Zeitlicher Verlauf des lichtelektrischen Stromes in ZnO

---

[21] E. MOLLWO: Ann. Phys. **3**, 230 (1948).
[22] E. MOLLWO u. F. STÖCKMANN: Ann. Phys. **3**, 240 (1948).
[23] F. STÖCKMANN: Z. Phys. **146**, 407 (1956).
[24] G. HEILAND: Z. Phys. **132**, 354, 367 (1952).
[25] H. WEISS: Z. Phys. **132**, 335 (1952).
[26] E. SCHAROWSKY: Z. Phys. **135**, 318 (1953).
[27] D. H. THOMAS u. J. J. LANDER: J. Chem. Phys. **25**, 1136 (1956).

der Bestrahlungsdauer abhängig ist, beobachtet. Nach der Unterbrechung der Bestrahlung geht der Strom nicht auf seinen ursprünglichen Wert zurück. Er ist gerade um denjenigen Anstieg größer, der während der längeren Bestrahlung stattfand.

Um zunächst die Beobachtungen, die man an Kristallen bei kurzer Belichtungsdauer macht, z.B. die Abhängigkeit des lichtelektrischen Stromes von der eingestrahlten Bestrahlungsstärke, den zeitlichen Anstieg und den Abfall, zu verstehen, wurde von MOLLWO und STÖCKMANN angenommen, daß die Abspaltungsprozesse der Elektronen, die zur Leitfähigkeit beitragen, grundsätzlich an den Störstellen erfolgen, die durch den Einbau des überschüssigen Zn entstanden sind. Bei der Absorption werden die Elektronen an den Zn^+, die durch thermische Dissoziation von Zn in Zn^+ und Elektronen entstehen, abgespalten und Zn^{++} gebildet. Auch die Absorption im Grundgitter führt zur Abspaltung von Elektronen an Zn^+-Ionen. Durch die Absorption der Strahlung im Grundgitter wird zunächst ein angeregter Zustand erzeugt. Ein solcher Anregungszustand wandert im Kristallgitter, und bei einer Reaktion mit einer Zn^+-Störstelle wird ein freies Elektron erzeugt. Von HEILAND wird noch ein anderer Anregungsmechanismus diskutiert. HEILAND nimmt an, daß infolge der Absorption von Strahlung freie Elektronen und Defektelektronen gebildet werden. Nach gewissen Diffusionszeiten der beiden Teilchen, die nicht gekoppelt zu sein brauchen, können sie mit Zn^+ reagieren und erst dann durch Vernichtung von Defektelektronen lichtelektrisch leitende Elektronen erzeugen. Die von HEILAND vermutete Art der Energieübertragung ist insofern problematisch, als er eine unerwartet hohe Reisebeweglichkeit der beiden Partner, d.h. der freien Elektronen und der Defektelektronen, bei tiefen Temperaturen verlangt. Es ist durchaus möglich, daß die Energieübertragung durch Excitonen stattfindet.

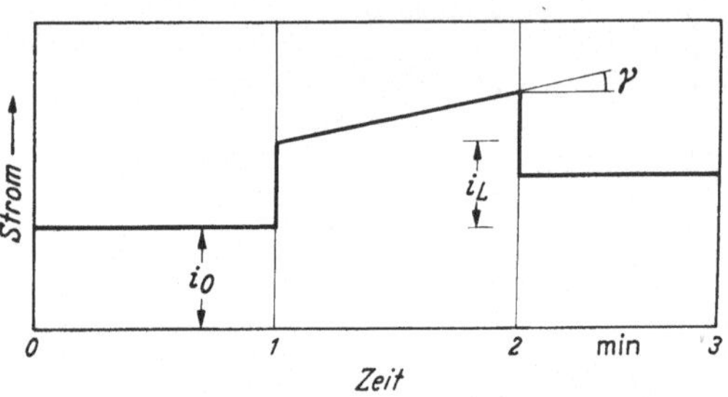

Abb. 57. Zeitlicher Verlauf des lichtelektrischen Stromes nach längerer Bestrahlung. Nach Unterbrechung der Bestrahlung sinkt der Strom um den Betrag i_L. Der Dunkelstrom ist jedoch entsprechend dem Anstieg γ größer als vor der Bestrahlung geworden

Der Ablauf der Prozesse, die nach der Bestrahlung stattfinden und im Endresultat freie Elektronen, die für die lichtelektrische Leitung verantwortlich sind, schaffen, kann grundsätzlich als eine photochemische Reaktion im ZnO-Gitter beschrieben werden.

Im einzelnen wird von MOLLWO und STÖCKMANN folgendes Modell zugrunde gelegt: Das neutrale Zn-Atom, welches man z.B. durch

Bestrahlung mit Elektronen im ZnO-Gitter erzeugt, wird auf einem Zwischengitterplatz eingebaut. Die eingebauten Zn-Atome dissoziieren thermisch entsprechend dem Reaktionsschema

$$\mathrm{Zn} \rightleftharpoons \mathrm{Zn}^{+} + e'. \tag{28}$$

Durch die Bestrahlung mit Licht werden Elektronen vom Zn^+ abgespalten entsprechend der weiteren Gleichung

$$\mathrm{Zn}^{+} + h \cdot \nu \rightleftharpoons \mathrm{Zn}^{++} + e'. \tag{29}$$

Die Reaktionen der einzelnen Störstellen miteinander können nach kinetischen Gesetzen behandelt werden. Eine solche Behandlung führt zur Aufstellung von kinetischen Gleichungen, die im stationären Gleichgewicht in die Massenwirkungsgleichungen übergehen.

Die kinetischen Gleichungen für die in (28) und (29) dargestellten Reaktionen sind

$$\left.\begin{aligned}
&\text{a)} \quad \frac{dn}{dt} = k_1 \mathrm{Zn} - k_2 n \mathrm{Zn}^{+} + k_3 B \mathrm{Zn}^{+} - k_4 n \mathrm{Zn}^{++} \\
&\qquad\quad = -\frac{d\,\mathrm{Zn}}{dt} + \frac{d\,\mathrm{Zn}^{++}}{dt}, \\
&\text{b)} \quad \frac{d\,\mathrm{Zn}^{+}}{dt} = k_1 \mathrm{Zn} - k_2 n \mathrm{Zn}^{+} + k_4 \mathrm{Zn}^{++} n - k_3 B \mathrm{Zn}^{+} \\
&\qquad\quad = -\frac{d\,\mathrm{Zn}}{dt} - \frac{d\,\mathrm{Zn}^{++}}{dt}, \\
&\text{c)} \quad \frac{d\,\mathrm{Zn}}{dt} = k_2 \mathrm{Zn}^{+} n - k_1 \mathrm{Zn}, \\
&\text{d)} \quad \frac{d\,\mathrm{Zn}^{++}}{dt} = k_3 B \mathrm{Zn}^{++} - k_4 \mathrm{Zn}^{++} n .
\end{aligned}\right\} \tag{30}$$

Der erste Ausdruck auf der rechten Seite von (30a) beschreibt die thermische Abspaltung der Elektronen von überschüssigen Zn-Atomen, der zweite Ausdruck ihre Rekombination, der dritte die Bildung freier Elektronen an Zn^+ infolge Absorption von Strahlung der Bestrahlungsstärke B und der vierte die dazugehörige Rekombination. Eine entsprechende Bedeutung haben auch die übrigen kinetischen Gleichungen. Zu den Gln. (30) kommen noch die Randbedingungen, die sowohl für stationäre als auch für nichtstationäre Vorgänge gelten, und zwar

$$\left.\begin{aligned}
&\text{a)} \ \mathrm{Zn} + \mathrm{Zn}^{++} + \mathrm{Zn}^{+} = \mathrm{const} = y = \text{Konzentration des Zn-Überschusses} \\
&\text{b)} \ n = \mathrm{Zn}^{+} + 2\,\mathrm{Zn}^{++} = \text{Neutralitätsbedingung.}
\end{aligned}\right\} \tag{31}$$

Die Konstanten der Gln. (31a) und (31b) ermittelt man aus dem Experiment. Die Gl. (31a) bedeutet die Konstanz des Zusatzes y, die Gl. (31b) ist die Neutralitätsbedingung.

Im stationären Zustand führen die Gln. (30c) und (30d) zu den Massenwirkungsgleichungen:

$$\text{a)}\quad \frac{Zn^{+} \cdot n}{Zn} = \frac{k_1}{k_2}, \qquad \text{b)}\quad \frac{Zn^{++} \cdot n}{Zn^{+}} = \frac{k_3 B}{k_4}. \tag{32}$$

Für den stationären Fall können nun sämtliche Konzentrationen aus den Gln. (31a), (31b), (32a) und (32b) ausgerechnet werden.

Berücksichtigt man noch, daß für den unbelichteten Kristall bei $Zn_0^{+} = n_0$ die Beziehung

$$\frac{n_0^2}{Zn_0} = \frac{k_1}{k_2} \tag{33}$$

gilt, und setzt man

$$n_L = n - n_0, \tag{34}$$

$$y = 2n_0 - Zn_0^{+}, \tag{35}$$

dann bekommt man bei der Auswertung für den Grenzfall $n_L \gg n_0$ und $k_1/k_2 \ll n_0$, wenn Zn_0, n_0 und Zn_0^{+} die Konzentrationen für den unbelichteten Kristall und n_L die Konzentration der Elektronen, die durch Belichtung entstehen, bedeuten, eine Beziehung

$$n_L^3 = \frac{2k_3}{k_4} B n_0^2 \qquad \text{oder} \qquad i_L = c_1 i_0^{\frac{2}{3}} B^{\frac{1}{3}}. \tag{36}$$

Mittels dieser abgeleiteten Beziehungen kann der experimentell beobachtete Anstieg der lichtelektrischen Leitung verständlich gemacht werden. Der Grenzfall $n_L \gg n_0$ und $k_1/k_2 \ll n_0$ ist sicher nicht erfüllt, so daß die Ableitung nur als Spezialfall der photochemischen Prozesse gilt. Experimentell wurde jedoch die Gültigkeit der Gleichungen auch für n_L, die nicht groß gegen n_0 sind, bestätigt. HEILAND versucht, diesen experimentellen Tatbestand durch Hinzunahme einer zusätzlichen Reaktion für die Defektelektronen zu berücksichtigen, und erhält dadurch statt der vier Gln. (30) fünf durch Defektelektronen modifizierte kinetische Gleichungen.

Es ist sicher, daß der photochemische Reaktionsmechanismus eine entscheidende Rolle bei den lichtelektrischen Prozessen spielt. Einen bestimmten Mechanismus zu beschreiben und eindeutig glaubhaft zu machen, ist jedoch schwierig. Durch die große Zahl der Konstanten, die in den Reaktionsgleichungen auftreten und stets den experimentellen Ergebnissen angepaßt werden können, werden gelegentlich auch unzutreffende Modelle eine Übereinstimmung vortäuschen. Wir haben hier das einfache Modell von MOLLWO und STÖCKMANN abgeleitet, um die vorliegenden experimentellen Ergebnisse zu deuten, obwohl die Eindeutigkeit des verwendeten Modells nicht erwiesen ist.

Aus der kinetischen Gl. (30a), den Beziehungen (31a) und (31b) und unter speziellen Annahmen folgen noch die Gleichungen

$$\left(\frac{di}{dt}\right)_1 = \text{const}\, i_0 B, \quad (37)$$

$$\left(\frac{di}{dt}\right)_2 = \text{const}\, \frac{i_L^2}{i_0^{\frac{3}{2}}}. \quad (38)$$

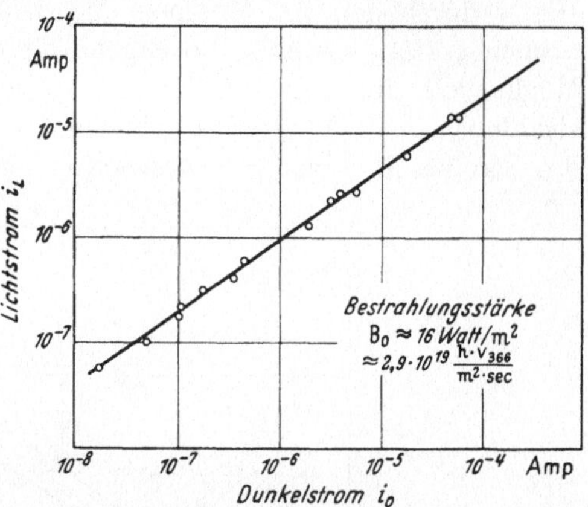

Abb. 58. Die Abhängigkeit des lichtelektrischen Stromes von der Größe des Dunkelstromes

Die Ausdrücke $(di/dt)_1$ und $(di/dt)_2$ bedeuten den Stromanstieg bei Ein- bzw. Abschalten der Belichtung. Abb. 58 zeigt den Zusammenhang zwischen dem Lichtstrom und Dunkelstrom bei konstanter Belichtung. Die Ergebnisse können durch Gl. (36) wiedergegeben werden. Die Meßkurven der Abb. 59 und 60 können durch die Gln. (37) und (38) dargestellt werden. In der Abb. 59 sind als Abszisse nicht die Werte B, sondern B/B_0 angegeben. Die Angabe der Relativwerte erfolgt deshalb, weil die Absolutwerte von Probe zu Probe schwankten. Die Bestrahlungsstärke wurde auf $B_0 = 15{,}7$ Watt/m² bezogen. Es ist noch wichtig, zu bemerken, daß die in den Abbildungen dargestellten Ergebnisse bei Bestrahlung mit der konstanten Wellenlänge 366 mμ gewonnen wurden. Der Dunkelstrom war kleiner als 10^{-4} Amp. Nur unter diesen Bedingungen ist die Übereinstimmung der experimentellen Ergebnisse mit den aus den Reaktionsgleichungen abgeleiteten Beziehungen befriedigend. Die Messungen von WEISS, die bei Zimmertemperatur und tieferen Temperaturen und

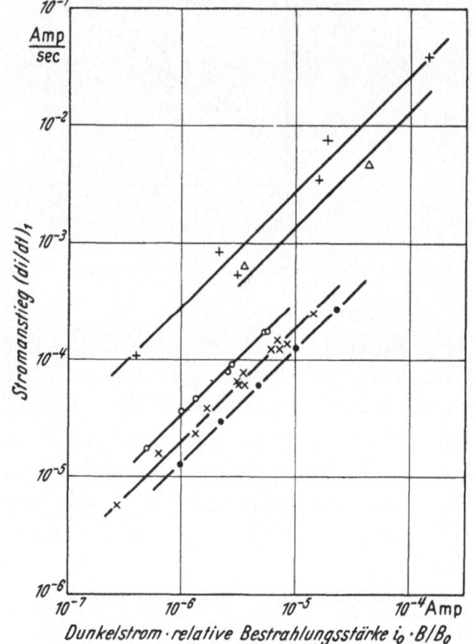

Abb. 59. Der Anstieg des lichtelektrischen Stromes in Abhängigkeit vom Dunkelstrom und von der Bestrahlungsstärke

Bestrahlung mit verschiedenen Wellenlängen vorgenommen wurden, zeigen einen anderen Verlauf. Prinzipiell können auch die Messungen von WEISS durch den von MOLLWO und STÖCKMANN dargestellten Mechanismus erklärt werden. Die Ergebnisse von WEISS geben jedoch die Möglichkeit einer tieferen Einsicht in die Vorgänge, die nach der Bestrahlung im ZnO-Gitter stattfinden. Abb. 61 zeigt die Abhängigkeit des Stromes i_L von der eingestrahlten Wellenlänge in ZnO-Schichten.

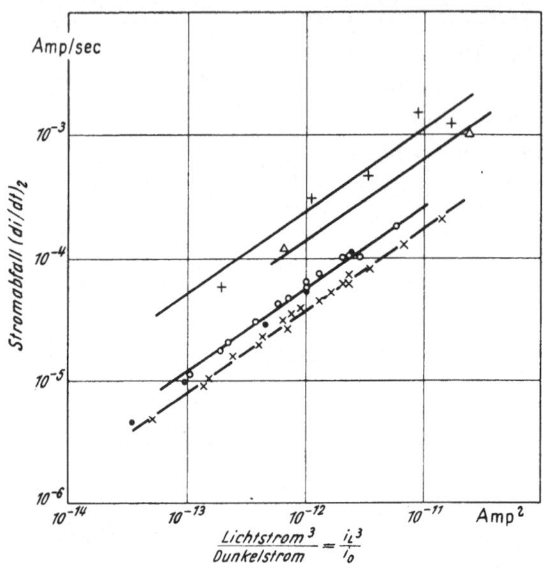

Abb. 60. Der Abfall des lichtelektrischen Stromes in Abhängigkeit von i_L^3/i_0

Der Dunkelstrom i_0 und die Zahl der eingestrahlten Lichtquanten wurden dabei konstant gehalten. Abb. 62 zeigt die zugehörige Absorption des ZnO-Grundgitters mit Störstellen. Zunächst sieht man aus den Abb. 61 und 62, daß der Lichtstrom i_L die gleiche Abhängigkeit von der Wellenlänge wie die Absorptionskonstante des Grundgitters zeigt. Die Zn^+-Störstellen entstehen aus der Dissoziation von Zn in Zn^+-Ionen und Elektronen, und ihre Konzentration kann proportional dem Dunkelstrom i_0 gesetzt werden. (Vorausgesetzt natürlich, daß die Beweglichkeit keine starke Abhängigkeit von der Konzentration zeigt.) Daraus ist zu folgern, daß auch die Strahlung, die im Grundgitter absorbiert wird, zur Abspaltung der Elektronen an den Störstellen Zn^+ führt. Das kann aber nur dadurch verstanden werden, daß eine Energieübertragung von Grundgitterionen an die Störstellenionen Zn^+ stattfindet, wie schon früher angedeutet wurde. Stammten die Elektronen nur von der direkten Anregung der Störstellen, dann wäre der gleiche Verlauf von i_L und der Absorptionskonstanten in Abhängigkeit von der Photonenenergie unverständlich.

Aus Messungen des Stromanstieges (di/dt) bei verschiedenen Bestrahlungsstärken in Abhängigkeit vom Dunkelstrom i_0 ist es möglich, auch den Bereich im Gitter, bis zu dem die Übertragung der Energie stattfindet, abzuschätzen. Ist nämlich die Konzentration der Zn^+-Störstellen sehr klein, dann kommt es selten vor, daß die Energie des im Grundgitter absorbierten Photons bis zur Störstelle gelangt. Mit dem Anstieg des Dunkelstromes i_0, d. h. der Konzentration an Zn^+-Ionen, steigt auch die Wahrscheinlichkeit der Energieübertragung. Damit ist der i_0 proportionale Anstieg von $(di/dt)_1$ in Gl. (37) verständlich. Bei sehr hohen Konzentrationen von Zn^+, also großem i_0, befinden sich in der Umgebung eines an der Absorption beteiligten Ions des Grundgitters mehrere Zn^+-Ionen. Nur eines davon kann mit Energie versorgt werden. Trägt man nun $\frac{(di/dt)_1}{B i_0}$ als Funktion von i_0 auf (wobei in der Auswertung noch die Quantenausbeute berücksichtigt werden muß), dann müssen sich, und das zeigt auch die Abb. 63, bei kleinem i_0 für $\frac{(di/dt)_1}{B i_0}$ ein konstanter Wert, für große i_0 absinkende Werte ergeben. Diese durchaus wahrscheinliche

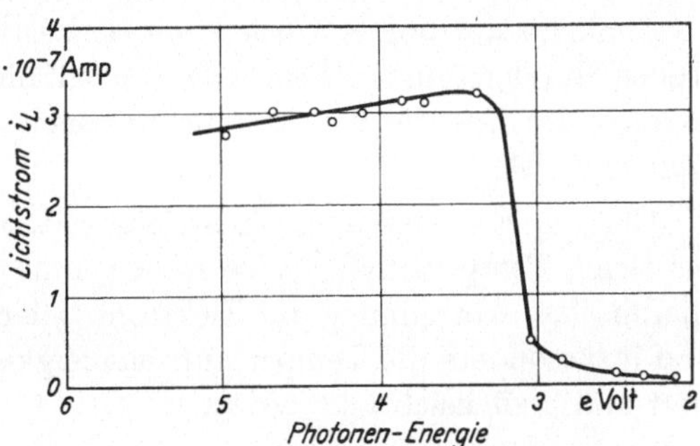

Abb. 61. Der Verlauf des lichtelektrischen Stromes i_L in Abhängigkeit von der Photonenenergie

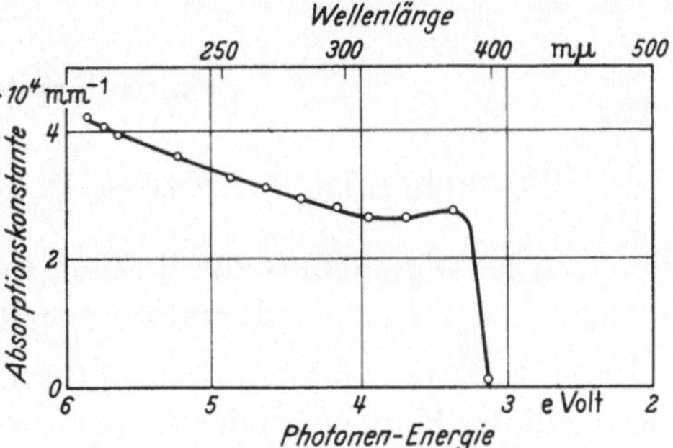

Abb. 62. Absorption des ZnO-Grundgitters mit Störstellen

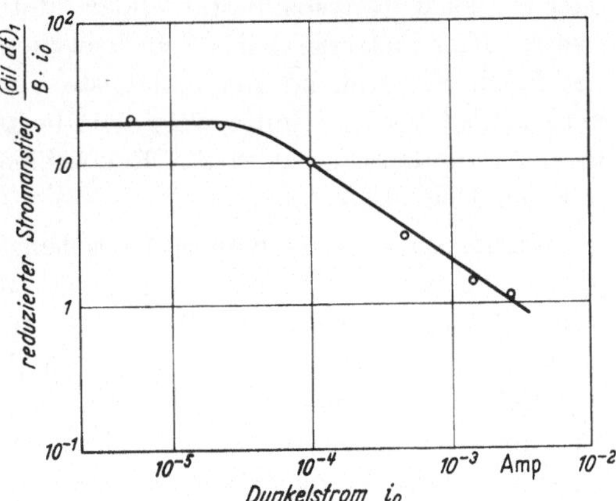

Abb. 63. Reduzierter Stromanstieg in Abhängigkeit vom Dunkelstrom

Annahme des Übertragungsmechanismus gibt die Möglichkeit, die Abweichung der Messungen von Gl. (37) zu verstehen.

Ähnliche Messungen wurden von HEILAND bei Bestrahlung mit Elektronen durchgeführt. Diese zeigen ebenfalls deutlich, daß eine Übertragung der Energie von Grundgitterionen zu den Störstellen Zn^{+} anzunehmen ist.

Um die Ergebnisse der lichtelektrischen Untersuchungen am ZnO bei tiefen Temperaturen zu verstehen, muß noch der Mechanismus der thermischen Abtrennung der Elektronen, der für die Dunkelleitfähigkeit und insbesondere die Temperaturabhängigkeit wichtig ist, genau diskutiert und berücksichtigt werden.

Ähnliche Untersuchungen am ZnO wurden auch von anderen Autoren[27] durchgeführt.

Zehntes Kapitel

Photochemische Prozesse in reinen Ionengittern

§ 1. Allgemeines zur Bildung der photochemischen Reaktionsprodukte

Durch Lichtabsorption in Ionengittern, die keinen stöchiometrischen Überschuß der Kationen- oder Anionen-Komponente enthalten, werden Übergänge der Elektronen vom Grundzustand in den angeregten Zustand oder in das Leitungsband stattfinden und dabei Defektelektronen entstehen. Hier interessiert das Schicksal dieser angeregten Zustände bzw. der freien Elektronen. Der einfachste Vorgang, der im idealen Gitter verwirklicht werden könnte, wäre der Übergang des angeregten Elektrons in den Grundzustand oder die Rekombination der Leitungselektronen mit den Defektelektronen.

Wir haben aber im Kapitel I gesehen, daß schon im reinen Ionengitter eine meßbare Konzentration der aus der statistischen Thermodynamik gefolgerten Störstellen, z.B. Anionenlücken, vorhanden ist. An solchen Störstellen können die freien Elektronen angelagert werden. Die Anlagerungsdauer eines Elektrons an einer Störstelle hängt von der Bindungsenergie des Elektrons an dieser Störstelle ab. Ist die Bindungsenergie groß im Vergleich zur thermischen Energie der Störstelle, dann können die Elektronen eine meßbare Zeit oder dauernd an der Haftstelle festgehalten werden und photochemische Reaktionsprodukte bilden. Eine Voraussetzung dafür ist noch, daß die Defektelektronen relativ unbeweglich sind oder durch andere Störstellen im Ionengitter vernichtet werden können. Sonst können sich die wanderungsfähigen

Defektelektronen an die photochemisch gebildeten Reaktionsprodukte anlagern, mit den Elektronen rekombinieren und wieder den Ausgangszustand herstellen.

Eine Wanderung der Anregungszustände, der Excitonen, im Gitter ist durchaus möglich. Die Excitonen können an den Störstellen angelagert und vernichtet werden. Ist die Bindungsenergie des Elektrons an einer Störstelle kleiner als die Anregungsenergie, dann kann das Exciton das Elektron aus dieser Bindung befreien, und das Elektron kann sich an einer anderen Störstelle anlagern und ein neues photochemisches Reaktionsprodukt bilden.

Derjenige Prozeß, bei dem die Absorption eines Photons zur Abspaltung eines Elektrons führt, durch dessen anschließende Anlagerung ein stabiles Reaktionsprodukt entsteht, stellt den einfachsten photochemischen Vorgang dar, der in einem Ionengitter stattfinden kann. Man muß jedoch berücksichtigen, daß in reinen Salzen verschiedene Arten von Störstellen mit verschiedenen Bindungsenergien für Elektronen möglich sind und sich deshalb eine große Zahl von photochemischen Reaktionsprodukten ergeben kann[1,2]. Diese große Zahl kann die Analyse der Vorgänge stark erschweren. So werden z. B. in KCl-Kristallen bei Anwesenheit reiner Schottkyscher Fehlordnung neben den dissoziierten Cl^-- und K^+-Lücken noch assoziierte Lücken und höhere Aggregate vorkommen. Sie alle können als Elektronenfänger wirken. Dabei ist, wie wir später noch sehen werden, auch die Anlagerung zweier Elektronen an eine Störstelle möglich.

Die Mannigfaltigkeit der photochemischen Reaktionsprodukte, bei deren Bildung Elektronenprozesse und eventuell auch Ionenprozesse beteiligt sind, wird noch dadurch vergrößert, daß zusätzlich an Versetzungen, Mosaikgrenzen und inneren Oberflächen Anlagerungsmöglichkeiten vorhanden sind. Die Bildung von photochemischen Reaktionsprodukten an Versetzungen ist besonders von SEITZ und MOTT qualitativ diskutiert worden. Sicher ist, daß in den Realkristallen neben den Störstellen, die aus der statistischen Thermodynamik abgeleitet werden können, die inneren Oberflächen und Mosaikgrenzen, die durch Versetzungen gebildet werden, die Bildung der photochemischen Reaktionsprodukte entscheidend beeinflussen können. Diese neuen Störstellenarten an den Versetzungen vermögen zusätzliche Elektronen- oder Defektelektronen-Fangstellen zu liefern. Vorläufig jedoch fehlt noch eine geschlossene thermodynamische Theorie der Versetzungen, so daß auch die Behandlung von Reaktionen, an denen Versetzungen

[1] F. SEITZ: Zusammenfassender Bericht: Rev. Mod. Phys. 18, 384 (1946); **26**, 7 (1954).

[2] O. STASIW: Zusammenfassender Bericht: Halbleiterprobleme II, 184. Vieweg 1955.

beteiligt sind, im Prinzip wenig übersichtlich ist, wie wir dies in den weiteren Betrachtungen sehen werden.

Wir haben soeben nur diejenigen photochemischen Reaktionsprodukte betrachtet, die durch Elektronenabspaltung infolge Einstrahlung von Licht und die Wiederanlagerung der Elektronen entstehen. Im allgemeinen aber muß man im Ionengitter noch mit einer Wanderung der Ionen an die mit Elektronen besetzten Störstellen rechnen. Wir werden insbesondere bei Silberhalogeniden sehen, daß sich an die Elektronenprozesse noch Ionenprozesse anschließen. Wir müssen also auch solche photochemischen Reaktionsprodukte, die durch beide Prozesse, sowohl Elektronen- wie Ionenprozesse entstehen, berücksichtigen.

In Silberhalogeniden mit Zusatz von Ag_2S werden z.B. neben dissoziierten Schwefelionen noch Schwefelionen mit assoziierten Bromlücken oder Silberionen auf Zwischengitterplätzen vorkommen können. Assoziierte Störstellen können nicht nur als Spender oder Fänger für Elektronen, sondern auch für Ionen dienen[2]. Durch die Absorption und die dadurch verursachte Abspaltung eines Elektrons können Sekundärprozesse, die in Silberhalogeniden mit der Bewegung der Silberionen auf Zwischengitterplätzen verknüpft sind, eingeleitet werden. Die Bildung von Silberkolloid nach der Einstrahlung in Silberhalogenide ist auf solche Sekundärprozesse zurückzuführen.

Es wird nicht immer möglich sein, eine genaue Analyse der Meßergebnisse bei komplizierteren photochemischen Prozessen durchzuführen. Wir werden uns deshalb hauptsächlich mit denjenigen Ergebnissen beschäftigen, deren Deutung einen gewissen Grad der Wahrscheinlichkeit besitzt. Der Vollständigkeit halber wollen wir jedoch auch Meßergebnisse mitteilen, die, noch ungeklärt, zum Nachdenken anregen sollen.

Zwischen den einzelnen Elektronen, Ionen und besetzten oder unbesetzten Gitterplätzen wird sich im stationären Zustand ein Gleichgewicht einstellen, das (soweit es sich um thermodynamisch faßbare Störstellen handelt) nach statistischen Gesetzen berechnet werden kann. Aus der Temperatur- und Bestrahlungsabhängigkeit solcher Gleichgewichte ist es möglich, den Zusammenhang zwischen den einzelnen photochemischen Reaktionsprodukten zu ermitteln und ihre Struktur zu erraten. Experimentell wird die Anwesenheit der Reaktionsprodukte durch Messung der optischen Absorption feststellbar sein. Infolge verschiedener Bindungsenergien der Elektronen wird jede im Ionengitter mit Elektronen besetzte mögliche Störstelle ein anderes Absorptionsspektrum zeigen. Erschwerend wirkt dabei, daß diese Spektren oft sehr breit sind und, weil sie sich gegenseitig teilweise überlagern, nur mühsam unterschieden werden können.

Oft ist es wichtig, nicht nur die Anwesenheit des Reaktionsproduktes experimentell zu erfassen, sondern auch die Prozesse, die zur Stabilisierung der Produkte führen und die sich z. B. in der lichtelektrischen Leitung bemerkbar machen. Der Weg der freien Elektronen von der Abspaltung bis zur Anlagerung wird oft mehrere Gitterkonstanten betragen, so daß die Bildung der photochemischen Reaktionsprodukte mit einer meßbaren lichtelektrischen Leitung verknüpft sein kann. Nur in denjenigen Fällen, wo der Absorptionsprozeß in unmittelbarer Nachbarschaft der Anlagerungsstelle stattfindet, brauchen lichtelektrische Prozesse nicht beobachtet zu werden.

§ 2. Photochemische Prozesse in reinen Alkalihalogeniden

Die Bildung photochemischer Reaktionsprodukte im reinen Ionengitter (von wenigen Ausnahmen abgesehen) umfaßt nur zwei Vorgänge, nämlich die Schaffung frei beweglicher Elektronen und ihre anschließende Anlagerung an Störstellen.

Von den Ionengittern wurden in letzter Zeit besonders intensiv die reinen Alkalihalogenide untersucht[3-27]. Hier ist — und dieses Ergebnis ist (von Versetzungen abgesehen) ziemlich sicher — praktisch nur

[3] H. Dorendorf u. H. Pick: Z. Phys. **128**, 166 (1950).
[4] H. Dorendorf: Z. Phys. **129**, 317 (1950).
[5] R. Casler, P. Pringsheim u. P. H. Yuster: J. Chem. Phys. **18**, 887, 1564 (1950).
[6] C. J. Delbecq, P. Pringsheim u. P. H. Yuster: J. Chem. Phys. **21**, 794 (1953).
[7] P. Pringsheim: Z. Phys. **144**, 31 (1956).
[8] W. H. Duerig u. J. J. Markham: Phys. Rev. **88**, 1043 (1953).
[9] J. L. Mador, J. J. Markham u. R. T. Platt: Phys. Rev. **91**, 1277 (1953); **92**, 597 (1953).
[10] J. J. Markham: Phys. Rev. **88**, 500 (1953). — J. Chem. Phys. **57**, 762 (1953).
[11] L. Dexter: Phys. Rev. **83**, 227 (1951).
[12] H. W. Etzel: Phys. Rev. **100**, 1643 (1955).
[13] R. Kobayashi: Phys. Rev. **102**, 348 (1956).
[14] R. Herman, M. C. Wallis u. R. F. Wallis: Phys. Rev. **103**, 87 (1956).
[15] A. B. Scott u. L. P. Bupp: Phys. Rev. **79**, 341 (1950).
[16] F. E. Geiger: Phys. Rev. **99**, 1075 (1955).
[17] J. P. Molnar: Phys. Rev. **59**, 944 (1941).
[18] W. Martienssen u. H. Pick: Z. Phys. **135**, 309 (1953).
[19] H. Rüchardt: Phys. Rev. **103**, 873 (1956).
[20] H. Yagi: J. Phys. Soc. Japan **11**, 723 (1956).
[21] Y. Uchida u. H. Yagi: J. Phys. Soc. Japan **7**, 109 (1952).
[22] D. Dutton, W. Heller u. R. Maurer: Phys. Rev. **84**, 303 (1951); **90**, 126 (1953).
[23] C. J. Delbecq, P. Pringsheim u. P. H. Yuster: J. Chem. Phys. **19**, 574 (1951); **20**, 746 (1952).
[24] C. J. Delbecq u. P. H. Yuster: J. Chem. Phys. **22**, 921 (1954).
[25] W. Martienssen: Naturwiss. **38**, 482 (1951). — Z. Phys. **131**, 488 (1952). — Gött. Nachr. **1952**, 111.
[26] W. Martienssen u. R. W. Pohl: Z. Phys. **133**, 153 (1952).
[27] Z. Gyulai u. O. Stasiw: Mat. es. Fiz. Lapok **11** (1933).

Schottkysche Fehlordnung vorhanden. Neben den Alkaliionenlücken entstehen in Alkalihalogeniden gleichzeitig Halogenionenlücken, die infolge ihrer positiven Überschußladung die im Gitter durch Licht erzeugten frei beweglichen Elektronen einfangen und so die Voraussetzung zur Entstehung der photochemischen Reaktionsprodukte schaffen.

Die durch Halogenionenlücken eingefangenen Elektronen bilden, wie wir im Kapitel V gesehen haben, Farbzentren. Das eingefangene Elektron wird sich bei jedem der sechs Alkaliionen in der Umgebung einer Bromionenlücke mit gleicher Wahrscheinlichkeit aufhalten.

Die Reisebeweglichkeit der Defektelektronen, die neben den freien Elektronen bei der Absorption der Strahlung erzeugt werden, ist bei fast sämtlichen Alkalihalogeniden bis zu den Temperaturen von 20° C sehr gering, so daß eine Rekombination mit angelagerten Elektronen, deren Reisebeweglichkeit ebenfalls sehr klein ist, kaum in Erscheinung tritt. Nur in Sonderfällen, wenn Defektelektronen in unmittelbarer Nachbarschaft der angelagerten Elektronen gebildet werden, kann eine Rekombination auch bei tiefen Temperaturen mittels „Tunneleffektes" stattfinden.

Neben den Alkali- und Halogenionenlücken werden — insbesondere bei tiefen Temperaturen — im thermodynamischen Gleichgewicht auch assoziierte Störstellen vorkommen. Alkaliionen- und Halogenionenlücken tragen negative und positive Überschußladungen und können allein schon durch rein elektrostatische Anziehung, wie wir gesehen haben, zu neutralen Doppellücken assoziieren. SEITZ[1] nahm ferner noch Vierfachlücken und höhere Aggregate an. Nach statistischen Überlegungen können auch andere Lückenanordnungen vorkommen. In sehr geringen Konzentrationen werden sich auch Lageanordnungen, wie z.B. zwei Alkalilücken, mit doppelter negativer Überschußladung, nebeneinander ergeben. Ähnlich den Farbzentren, die durch Einfangen von Elektronen durch Bromionenlücken entstehen, werden Alkaliionenlücken, die eine negative Überschußladung tragen, Defektelektronen einfangen und neutrale lokalisierte Störstellen im Ionengitter erzeugen. Schließlich können Doppel-, Vierfachlücken und höhere Aggregate, die im Kristallgitter Dipole, Quadrupole usw. bilden, sowohl Elektronen wie auch Defektelektronen einfangen und so zu photochemischen Reaktionsprodukten führen. Die Bindungsenergie der Elektronen oder Defektelektronen an solchen Störstellen ist jedoch viel kleiner als an dissoziierten. Ihre thermische Dissoziation kann schon bei mäßigen Temperaturen erfolgen.

Nicht jede absorbierte Strahlung führt zur Bildung frei im Gitter beweglicher Elektronen. Die Absorption der Strahlung in der ersten Bande der Alkalihalogenide (Abb. 17), führt entsprechend unseren bisherigen Untersuchungen nur zum Übergang des Elektrons vom Valenzband in den angeregten Zustand. Deshalb wird die Absorption in diesem

Bereich keine freien Elektronen und damit auch keine photochemischen Reaktionsprodukte erzeugen. Zwar können die Anregungszustände im Kristallgitter wandern und von den Störstellen eingefangen und vernichtet werden, sie brauchen jedoch nicht zur Bildung freier Elektronen an den Störstellen und zur Erzeugung photochemischer Reaktionsprodukte zu führen. Bei Einstrahlung kurzwelligeren Lichtes, z.B. in die weiteren Absorptionsbanden im kurzwelligeren Bereich, ist die Erzeugung freier Elektronen möglich. Das Licht wird jedoch wegen der großen Absorptionskonstanten schon in einer dünnen Schicht unterhalb der Oberfläche absorbiert, so daß hier die Untersuchung der photochemischen Prozesse experimentelle Schwierigkeiten bereitet.

§ 3. Elektronen- und Ionenprozesse in Alkalihalogeniden nach Bestrahlung mit Röntgenlicht

Die experimentelle Untersuchung der photochemischen Reaktionsprodukte in reinen Alkalihalogeniden wurde stets nach der Bestrahlung mit Röntgenlicht oder energiereichen Elektronen[3–26] vorgenommen. Durch Bestrahlung mit Röntgenlicht wird den Massenabsorptionskoeffizienten für Röntgenstrahlen entsprechend in Alkalihalogeniden eine erhebliche Eindringtiefe erreicht, und es ist eine einigermaßen homogene Verteilung der photochemischen Reaktionsprodukte möglich. Die Bestrahlung mit energiereichen Quanten von 10000 bis 50000 eV bringt jedoch auch erhebliche Nachteile mit sich, die die Diskussion der experimentellen Ergebnisse erschwert. Die energiereichen Quanten oder Elektronen geben Anlaß zu Sekundärprozessen, welche — wie wir gleich zeigen werden — die Bildung der photochemischen Reaktionsprodukte beeinflussen. Der Mechanismus der photochemischen Reaktionsprozesse wird dadurch weniger übersichtlich, und es wird schwieriger, sie unter einem einheitlichen Gesichtspunkt darzustellen. Diese Schwierigkeiten sind in den durch Fremdzusätze sensibilisierten Kristallen, wie später gezeigt wird, nicht vorhanden. Durch Einstrahlung von sichtbarem Licht, dessen Quanten eine Energie von wenigen eV besitzen, in die durch den Sensibilisator erzeugten Banden, deren Absorptionskonstanten um Größenordnungen kleiner sind als die der Eigenabsorption, erfolgt die Absorption in den Kristallen einigermaßen homogen.

Die Experimente zeigen, daß durch die Bestrahlung der Alkalihalogenide mit Röntgenlicht — vor allem bei tiefen Temperaturen — die Konzentration der Halogenionenlücken vergrößert wird.

Ein durch die Bestrahlung befreites Elektron wird sich zunächst mit einer von der Energie des Röntgenquants abhängigen kinetischen Energie im Gitter bewegen. Durch einen Zusammenstoß des Elektrons mit einem schweren Gitterteilchen wird keine zusätzliche Lücke erzeugt. Dazu ist nämlich eine Energie von einigen Volt nötig, während der Stoß des Elektrons mit einem schweren Teilchen entsprechend dem Energie- und Impulssatz bei den benutzten Wellenlängen des Röntgenlichts eine Energieübertragung von weniger als 1 eV liefert.

Weiter ist zu berücksichtigen, daß zur Erzeugung einer Lücke im idealen Alkalihalogenidgitter noch die Fortbewegung der Ionen notwendig ist. Aus räumlichen Gründen ist es kaum wahrscheinlich, daß ein Halogenion seinen Gitterplatz verläßt und ein Ion auf Zwischengitterplatz bildet. Die Diffusion der Ionenlücken im Kristall kann nur in der unmittelbaren Nachbarschaft einer inneren Oberfläche erfolgen, und dafür können eventuell Versetzungen, auf die wir noch eingehen, verantwortlich gemacht werden. Der experimentelle Befund, daß durch Röntgenlicht zusätzlich neue Lücken geschaffen werden, zeigt, daß durch die energiereichen Quanten zusätzliche Komplikationen, deren Ursachen erst ermittelt werden müssen, eintreten. Bei der Diskussion der photochemischen Prozesse muß diese Tatsache stets berücksichtigt werden. Wir sehen also, daß die Deutung der photochemischen Prozesse in reinen Ionengittern Schwierigkeiten bereitet.

Wir wollen uns zunächst mit den sichergestellten experimentellen Ergebnissen befassen und diese Versuche zum Teil diskutieren.

§ 4. Die Absorption der α-Zentren

Reine Alkalihalogenide besitzen, wie Abb. 17 zeigt, ein Absorptionsspektrum mit einzelnen schmalen Banden. Durch genaue Messungen im langwelligen Ausläufer der Eigenabsorption konnten Delbecq, Pringsheim und Yuster[23, 24] zeigen, daß noch ein zusätzliches Maximum, die α-Bande existiert, die bei KBr bei 6,15 eV liegt (Abb. 64). Die Konzentration der α-Zentren ist der Konzentration der Halogenionenlücken proportional. Pringsheim konnte beweisen — und zu demselben Ergebnis führt eine rohe Abschätzung aus dem Kreisprozeß (Kapitel IV) —, daß die Lage der α-Bande der Absorption der Ionen in der Umgebung einer Halogenionenlücke entspricht.

Aus der Untersuchung der photochemischen Vorgänge bei tiefen Temperaturen von Martienssen[25, 26] folgt, daß während der Bestrahlung der Alkalihalogenide mit Röntgenlicht zuerst die α-Bande und anschließend die Farbzentren erzeugt werden. Abb. 65 zeigt die α-Banden von einigen Alkalihalogeniden nach der Durchstrahlung der Kristalle mit Röntgenlicht bei einer Temperatur des flüssigen Wasserstoffs. Die Art der Durchstrahlung wurde zunächst so gewählt, daß die Konzentration der Farbzentren stets klein gegenüber der Konzentration der α-Zentren blieb. Dieser Versuch zeigt, daß infolge der Durchstrahlung

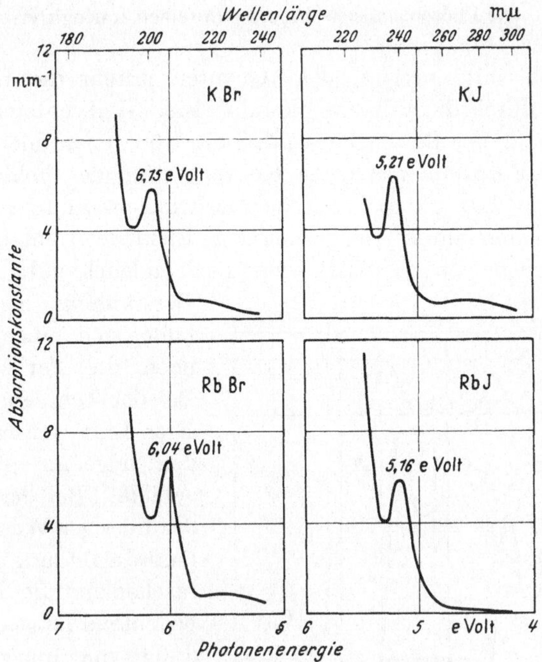

Abb. 64. α-Banden in einigen Alkalihalogeniden

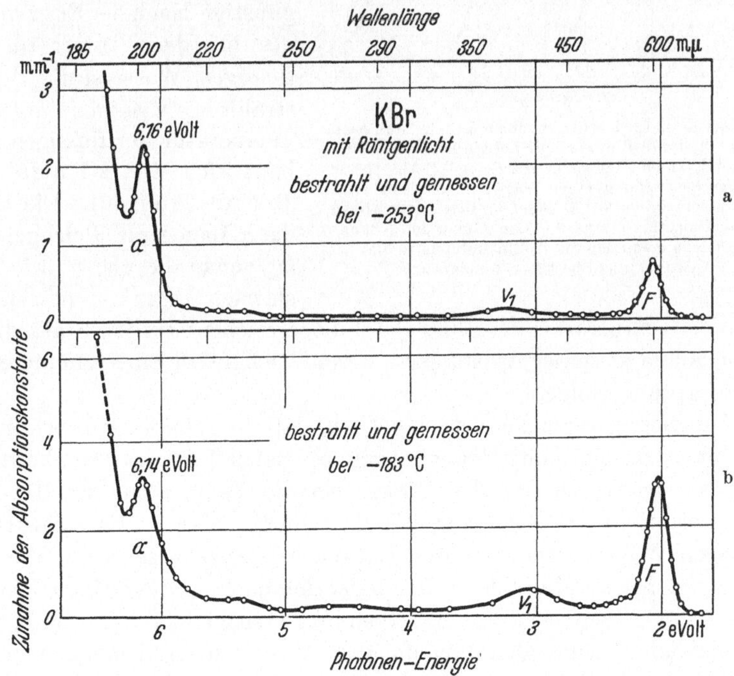

Abb. 65. Absorptionsbanden der photochemischen Reaktionsprodukte nach der Bestrahlung mit Röntgenlicht

der Kristalle mit energiereichen Quanten primär die Halogenionenlücken, die durch die α-Bande charakterisiert sind, entstehen. Dies ist ein experimenteller Beweis dafür, daß die Röntgenstrahlen unmittelbar nach der Absorption zuerst die Konzentration der Fehlordnung verändern, ohne daß photochemische Reaktionsprodukte in merklichen Konzentrationen durch Anlagerung von Elektronen entstehen. Durch weitere Versuche wird diese Erklärung noch einleuchtender. Bei längerer Bestrahlung mit Röntgenlicht bildet sich neben der α-Bande noch die Farbzentrenbande. Bei der Temperatur der flüssigen Luft werden beide Banden ungefähr gleich schnell gebildet. Bei der Temperatur des flüssigen Wasserstoffs verläuft die Bildung der α-Zentren rascher und die der F-Zentren bedeutend langsamer. Die Bildung von Ionenlücken wird bei tiefen Temperaturen begünstigt. Nach der Erwärmung des bei der Temperatur des flüssigen Wasserstoffs durchstrahlten Kristalls auf die Temperatur der flüssigen Luft baut sich die α-Bande zum Teil ab (Abb. 66). Die Höhe der α-Bande im Gleichgewicht ist genau die gleiche wie man sie nach langer Durchstrahlung bei der Temperatur der flüssigen Luft erreichen würde. Statt durch Erwärmung kann der Abbau der α-Bande auch durch Einstrahlung in die α-Absorption erfolgen.

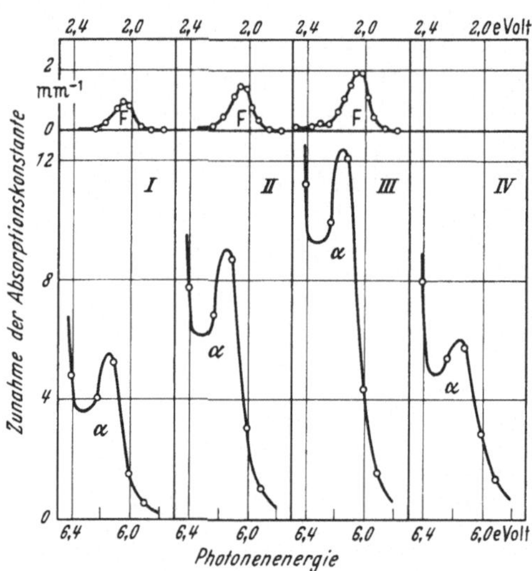

Abb. 66. α- und F-Banden in einem KBr-Kristall nach Bestrahlung mit Röntgenlicht bei 20° K. In den Teilbildern I, II und III steigt die α- und F-Absorption mit der Bestrahlungsdauer. Nach dem Erwärmen auf die Temperatur von 90° K findet der thermische Abbau der α-Absorption statt (IV). Den Abbau der α-Bande erreicht man auch durch Einstrahlung in die α-Absorption bei tiefer Temperatur

Aus diesen Versuchen ist ersichtlich, daß die gebildeten Ionenlücken eine überraschend hohe Beweglichkeit bei tiefen Temperaturen besitzen. Die thermische Energie des Gitters bei der Temperatur der flüssigen Luft reicht aus, um die durch Röntgenlicht bei der Temperatur des flüssigen Wasserstoffs erzeugten Lücken wieder zu beseitigen. Die Bildung und Rückbildung der α-Bande ist demnach ein reversibler Prozeß. Man kann α-Zentren durch Röntgenlicht erzeugen und sie durch verhältnismäßig kleine Quanten, die den Absorptionswellenlängen in der α-Bande entsprechen, wieder beseitigen. Obwohl die durch Röntgenbestrahlung erzeugten Halogenionenlücken hohe Diffusionsgeschwindigkeiten besitzen, bilden sie trotzdem nach dem Einfang der Elektronen Farbzentren, deren Lage derjenigen der additiv verfärbten Kristalle entspricht. Dieser Befund und noch weitere Versuche, die bei der Temperatur des flüssigen Heliums gemacht worden sind und auf die noch eingegangen wird, führen zu dem überraschenden Resultat, daß auch bei tiefsten Temperaturen eine Diffusion der Halogenionen und eine Bildung zusätzlicher Lücken erfolgen kann.

Der experimentelle Tatbestand zeigt, daß in Realkristallen bei tiefsten Temperaturen eine Beweglichkeit der Störstellen beobachtet werden kann. Die Diskussion der gegenwärtig zur Verfügung stehenden großen Anzahl von Versuchen erlaubt noch nicht, ein endgültiges Bild zur Deutung dieser Vorgänge, die für die photochemischen Prozesse von entscheidendem Einfluß sind, zu entwerfen. Neben den Komplikationen, die sich durch Benutzung von energiereichen Röntgenquanten ergeben, erhält man weitere dadurch, daß bei den Untersuchungen nur Realkristalle zur Verfügung stehen.

Es ist nicht zu erwarten, daß die beschriebenen Prozesse in einem idealen Gitter stattfinden und daß dort eine meßbare Diffusionsgeschwindigkeit der Störstellen bei tiefen Temperaturen vorkommen kann. Die Extrapolation der Ergebnisse der Ionenleitung und der Diffusion, die im Kap. III behandelt wurden, auf tiefe Temperaturen zeigt, daß im idealen Gitter die Platzwechselhäufigkeit einer normalen Gitterstörstelle unmeßbar kleine Werte annimmt. Es ist deshalb sicher, daß die photochemischen Reaktionen bei tiefen Temperaturen in Alkalihalogeniden an den inneren Oberflächen, Mosaikgrenzen (die durch eine regelmäßige Anordnung von Versetzungslinien entstehen können) oder in ihrer unmittelbaren Nachbarschaft ablaufen. Zum Beispiel kann in Kristallen, die eine große Anzahl von Versetzungen besitzen, die Bildung von photochemischen Reaktionsprodukten dadurch besonders beeinflußt werden.

Die Versuche von STASIW und GYULAI[27] zeigten, daß ein Realkristall, der aus der Schmelze gezogen wird, eine verhältnismäßig hohe Ionenstörleitung bei Zimmertemperatur besitzt. Wird ein solcher Kristall im Kaliumdampf verfärbt und dann wieder entfärbt, so ändert sich die Ionenleitung beträchtlich. Nach der Entfärbung ist die Ionenleitung bedeutend kleiner als im gleichen Kristallstück vor der Verfärbung. Dieser Versuch zeigt, daß ein Realkristall durch Verfärbung im Kaliumdampf seine Eigenschaften verändert. Durch Elektroneneinwanderung und gleichzeitige Diffusion von Störstellen, die zum Ausgleich der Elektronenladungen notwendig wird, können z. B. die Eigenschaften der inneren Oberflächen verändert werden. Photochemische Untersuchungen an den auf diese Art, durch Verfärbung und Entfärbung, verbesserten Kristallen relativ zu solchen, die nicht verfärbt wurden, können ebenfalls verschiedene Ergebnisse, d. h. Bildung verschiedener photochemischer Reaktionsprodukte, liefern. In einem Realkristall hat man es demnach durch Anwesenheit von Versetzungen mit neuen Störstellensorten zu tun, die bei tiefen Temperaturen, insbesondere bei Alkalihalogeniden, den photochemischen Reaktionsmechanismus entscheidend beeinflussen.

§ 5. Die Entstehung der α-Absorption und Vorgänge in unmittelbarer Nachbarschaft der Stufenversetzungen

In der Abb. 4 ist eine Reihe paralleler Netzebenen, die senkrecht zur x-Richtung stehen, zunächst für einen einfachen einatomigen Kristall eingezeichnet[28]. Zwischen den einzelnen Netzebenen ist eine Halbebene eingefügt, deren Kante bei 0 senkrecht zur x- und y-, also in der z-Richtung steht. Diese Kante bildet eine Stufenversetzung. Im allgemeinen jedoch braucht die Kante in der z-Richtung nicht unbedingt eine gerade Linie zu bilden, sondern kann Sprünge besitzen. Ein entsprechendes Bild einer Versetzung würde entstehen, wenn nicht eine Halbebene eingefügt, sondern herausgenommen wird.

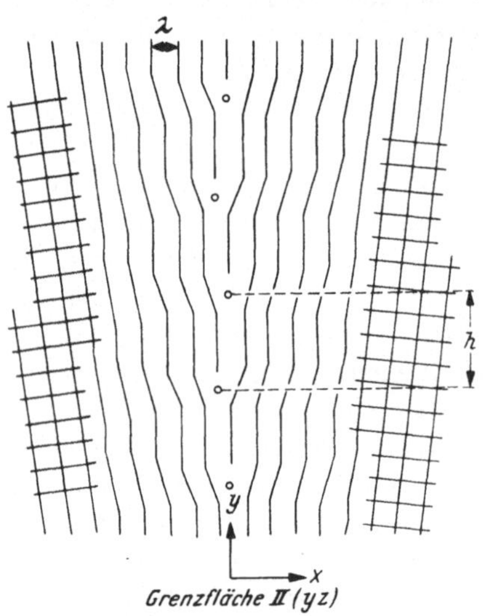

Abb. 67. Versetzungsmodell einer Mosaikgrenze. Durch eine regelmäßige Anordnung von Stufenversetzungen, die im Abstand h in der y-Richtung aufeinander folgen (mit den Versetzungslinien in der z-Richtung), entstehen zwei gegeneinander verdrehte Gitterbereiche

Die Mosaikgrenze zwischen zwei gegeneinander verdrehten Gitterbereichen, Abb. 67, kann wieder durch regelmäßig angeordnete Stufenversetzungen in der y-Richtung mit den Versetzungslinien in Richtung der z-Achse beschrieben werden. Dies erreicht man dadurch, daß in regelmäßigen Abständen h in der Richtung y die Netzebenen nacheinander eingeschoben werden. Betrachten wir nochmals die einfache Versetzung der Abb. 68, und zwar eine solche, bei der die eingeschobene Ebene nicht durch eine gerade Linie in der z-Richtung begrenzt wird. Die Atome, die die Versetzungslinie bilden, sollen in der z-Richtung so angeordnet werden, daß für $z > 0$ $x = y = 0$ und für $z < 0$ $x = 0, y = a$ ist, wobei a den Gitterabstand bedeutet. An der Stelle $z = 0$, $x = y = 0$ wird also die gerade Linie unterbrochen und dann bei $z < 0$, $x = 0$, $y = a$ weiter-

[28] A. Seeger: Handbuch der Physik, Bd. VII/1, 383. Springer 1955.

geführt. Entsprechend der Vermutung von SEITZ-NABARRO[1, 29] sollen zu solchen unterbrochenen Kanten (jog!), die Atome leicht diffundieren, um wieder eine gerade Linie zu erzeugen. Ein solches Modell gibt die Möglichkeit, zunächst qualitativ die Erzeugung der Lücken bei tiefen Temperaturen zu verstehen. Ein Röntgenstrahl kann durch lokale Erwärmung des Gitters in der Umgebung solcher unterbrochenen Kanten eine thermische Diffusion der Ionen aus der nächsten Umgebung begünstigen und neue Leerstellen schaffen (Abb. 69).

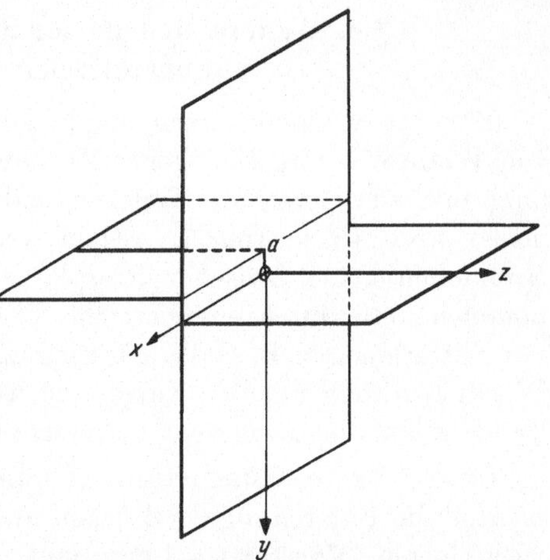

Abb. 68. Einfache Stufenversetzung im einatomigen Gitter. Die in z-Richtung verlaufende Versetzungslinie bildet bei 0 einen Sprung (jog)

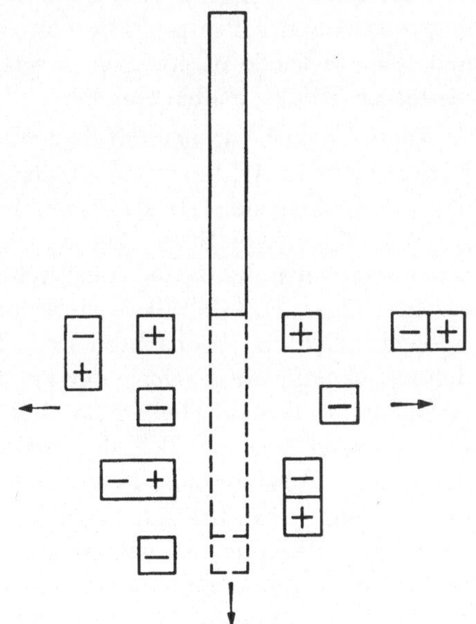

Abb. 69. Thermische Diffusion von Ionen an die Versetzungslinie unter Erzeugung von Leerstellen infolge lokaler Aufheizung

Es ist natürlich schwierig, damit auch schon den Versuch zu verstehen, warum z. B. nach der Erzeugung der Lücken bei der Temperatur des flüssigen Wasserstoffs und Wiedererwärmung auf die Temperatur der flüssigen Luft entsprechend den Ergebnissen von MARTIENSSEN die durch Röntgenstrahlen erzeugten Lücken schon ohne Bestrahlung wieder verschwinden und der Gleichgewichtszustand, der bei der Temperatur der flüssigen Luft maßgebend ist, wieder hergestellt wird. Um die Versuche von MARTIENSSEN zu verstehen, müßte man von dem Seitz-Nabarro-Mechanismus verlangen, daß im Gleichgewicht bei der Bestrahlung mehr Lükken im Gitter bei der Temperatur von flüssigem Wasserstoff als bei der von flüssiger Luft erzeugt werden können.

[29] F. R. N. NABARRO: Proc. Phys. Soc. Suppl. **1948**.

§ 6. Weitere Modelle zur Störstellenerzeugung mit energiereicher Strahlung

Für eine Störstellenerzeugung in Ionenkristallen ist noch ein anderer, von VARLEY[30] vorgeschlagener Mechanismus möglich. Durch Bestrahlung mit energiereichen Teilchen sollen Zwischengitterionen als primäres Produkt auftreten. Schon aus räumlichen Gründen können Bromionen keine Zwischengitterplätze besetzen. Deshalb wird angenommen, daß durch energiereiche Teilchen eine Mehrfach-Ionisierung von Gitterionen, z.B. Halogenionen, stattfindet. Durch elektrostatische Wechselwirkung mit der Umgebung werden diese mehrfach ionisierten Teilchen auf die Zwischengitterplätze befördert.

SMITH, LEVIO, SMOLUCHOWSKI[31] und LIN[32] haben versucht, experimentell die Entstehung der Lücken und ihre Diffusion im Kristallgitter zu verfolgen. Von SMITH, LEVIO und SMOLUCHOWSKI wurde eine Platte aus KCl in einem schmalen Bereich bestrahlt. Entstehen die Lücken durch Röntgenbestrahlung nach dem von SEITZ vorgeschlagenen Mechanismus, dann könnten sie die Dicke der Platte an der bestrahlten Stelle vergrößern und sich durch die von den Verfassern benutzte interferometrische Methode nachweisen lassen. Es wurde von den Autoren kein meßbarer Effekt beobachtet.

Diese Versuche stehen mit dem von VARLEY vorgeschlagenen Mechanismus nicht im Widerspruch, obgleich sie keine Entscheidung für einen der vorgeschlagenen Mechanismen bringen. Infolge hoher Diffusionsgeschwindigkeit von Störstellen an den Versetzungen und auch der Versetzungen selbst kann der Ausgleich der Störstellenkonzentrationen so rasch erfolgen, daß sie mit der interferometrischen Methode von SMOLUCHOWSKI nicht zu beobachten sind. Durch genauere Messung des Ausdehnungskoeffizienten eines nur zur Hälfte bestrahlten Natrium- oder Kaliumchloridkristalls bekam nämlich LIN folgendes merkwürdige Resultat. Obwohl nur ein Teil des Kristalls bestrahlt wurde, ergab sich eine lineare Ausdehnung, die der Gesamtlänge des Kristalls entsprach. Die Messungen von LIN führen zu dem Ergebnis, daß die Gleichgewichtseinstellung der Lückenkonzentration im gesamten Kristall, auch wenn er nur zum Teil bestrahlt wurde, spontan erfolgt. Eine solche enorm hohe Diffusion von Lücken könnte durch Fortpflanzung der Versetzungen verstanden werden. Bei den Untersuchungen von LIN handelt es sich allerdings um relative Messungen kleiner Ausdehnungskoeffizienten, bei denen kleine Temperaturschwankungen oder unvorhergesehene Vorgänge in der Meßanordnung ähnliche Änderungen hervorrufen können.

---

[30] VARLEY: J. Nucl. Energy **1**, 110 (1954).
[31] W. J. SMITH, W. J. LEVIO u. R. SMOLUCHOWSKI: Phys. Rev. **101**, 37 (1956).
[32] L. Y. LIN: Phys. Rev. **102**, 968 (1956).

§ 7. Photochemische Prozesse in Alkalihalogeniden nach Bestrahlung mit Röntgenlicht

Nunmehr wollen wir die Bildung der photochemischen Reaktionsprodukte nach der Bestrahlung mit Röntgenlicht ausführlicher behandeln.

Die Bildung der photochemischen Reaktionsprodukte in reinen Alkalihalogeniden erfolgte überwiegend durch Bestrahlung mit Quanten großer Energie. Vorwiegend wurden Röntgenstrahlen zwischen 50000 bis

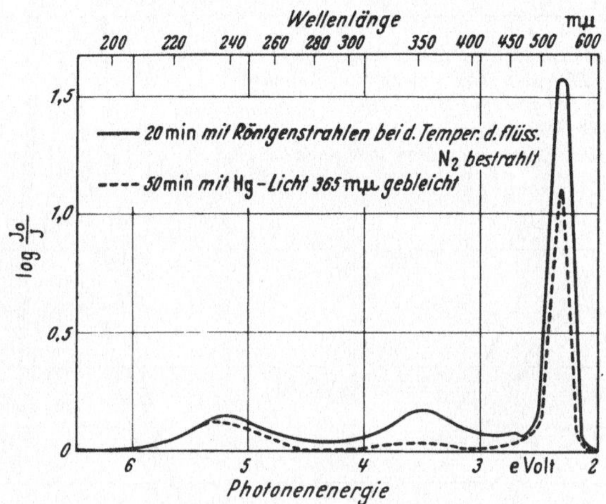

Abb. 70. Absorptionsspektrum eines bei der Temperatur des flüssigen Stickstoffs mit Röntgenlicht kurz bestrahlten und gebleichten KCl-Kristalls

100000 V benutzt. Gelegentlich wurde auch mit Elektronen oder α-Strahlen eingestrahlt. Die Zahl der photochemischen Reaktionsprodukte und die Ausbeute pro absorbiertes Quant, die aus dem Absorptionsspektrum bestimmt werden kann, zeigt eine sehr starke Abhängigkeit von den benutzten Kristallproben und von der Temperatur, bei der die Durchstrahlung vorgenommen wurde. Für die photochemischen Prozesse ist die innere Struktur der Realkristalle maßgebend. Daneben können auch geringfügige Verunreinigungen, die stets in Realkristallen vorhanden sind, die Bildung der photochemischen Reaktionsprodukte beeinflussen. Die Abb. 70 zeigt für KCl das Absorptionsspektrum der gebildeten Zentren nach der Bestrahlung mit Röntgenstrahlen (20 min) bei der Temperatur des flüssigen Stickstoffes. Fast unabhängig vom Kristallmaterial wird immer die Farbzentrenbande gebildet, die für KCl bei Zimmertemperatur etwa bei 560 mμ liegt. Gleichzeitig entsteht im kurzwelligen Bereich eine Anzahl Banden, deren Lage und Höhe von Kristallmaterial und Bestrahlungstemperatur abhängig ist. Für die Bezeichnung dieser photochemischen Reaktionsprodukte hat sich ganz allgemein der Name V-Zentren eingebürgert. Die Bande bei etwa 360 mμ im KCl-Spektrum wird mit V_1 und die Bande, die bei etwa 232 mμ liegt, mit V_2 bezeichnet. Kurzwelliger, etwa bei 215 mμ, und oft von V_2 überlagert (Abb. 71), erscheint eine V_3-Bande. Ferner wird noch die Bildung der V_0-Bande bei etwa 480 mμ für KCl beobachtet. Neben den in der Abb. 70 dargestellten Banden wurden, z. B. von DORENDORF[3,4], noch weitere V-Banden gemessen. Gegenwärtig können wir nur die Bildung

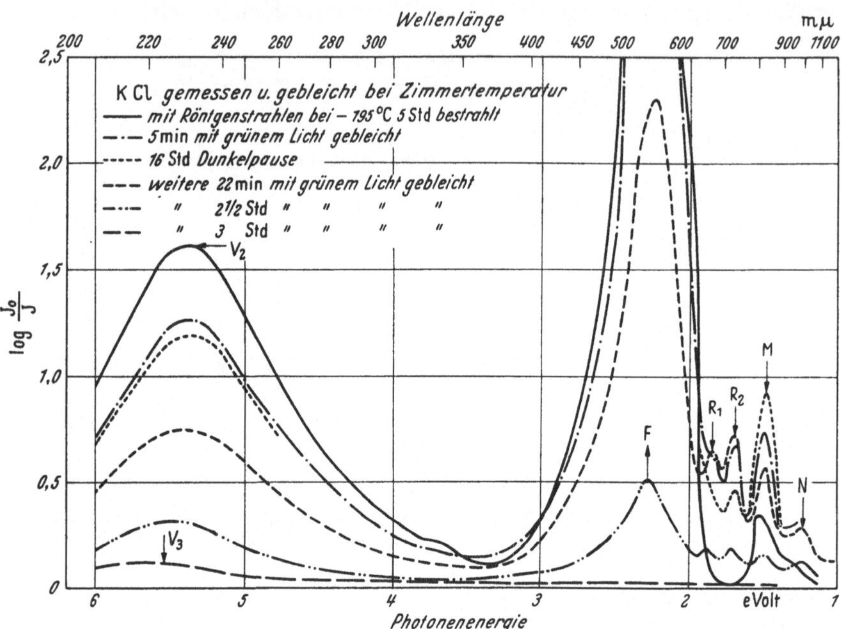

Abb. 71. Absorptionsspektren eines bei der Temperatur des flüssigen Stickstoffs mit Röntgenlicht länger bestrahlten und anschließend mit grünem Licht gebleichten KCl-Kristalls

dieser vier kurzwelligen Banden V_0 bis V_3 in KCl nach Bestrahlung der Kristalle bei der Temperatur der flüssigen Luft oder des flüssigen Stickstoffes als gesichert betrachten. Dabei ist stets zu berücksichtigen, daß sich durch Röntgenstrahlen die Störstellenkonzentrationen im Ionengitter ändern, wie dies MARTIENSSEN[25] gezeigt hat. Dies macht sich in der Änderung der Konzentration der α-Zentren, die noch kurzwelliger absorbieren, bemerkbar.

Ähnliche Absorptionsspektren zeigen auch KBr-Kristalle. Die Lage der F- und V-Banden verschiebt sich infolge der größeren Gitterkonstanten nach dem langwelligen Bereich. Die F-Bande liegt bei Zimmertemperatur etwa bei 620 mμ. Nach Erwärmung des Kristalls auf die Temperatur der festen Kohlensäure bauen sich die bei tiefer Temperatur erzeugten photochemischen Reaktionsprodukte fast vollständig ab. Lediglich die kurzwelligste Bande wächst um einen geringfügigen Betrag.

Die gleichen Eigenschaften zeigen die von PRINGSHEIM gemessenen röntgenbestrahlten Kristalle, wenn sie nachträglich mit V_1-Licht, also mit der Wellenlänge 365 mμ, bestrahlt werden.

Nach Messungen von PRINGSHEIM besitzt ein KCl-Kristall, der 5 Std bei —195° C bestrahlt wurde, etwas andere Eigenschaften. Neben der F-Bande ist nur noch die V_2-Bande im kurzwelligen Bereich ganz

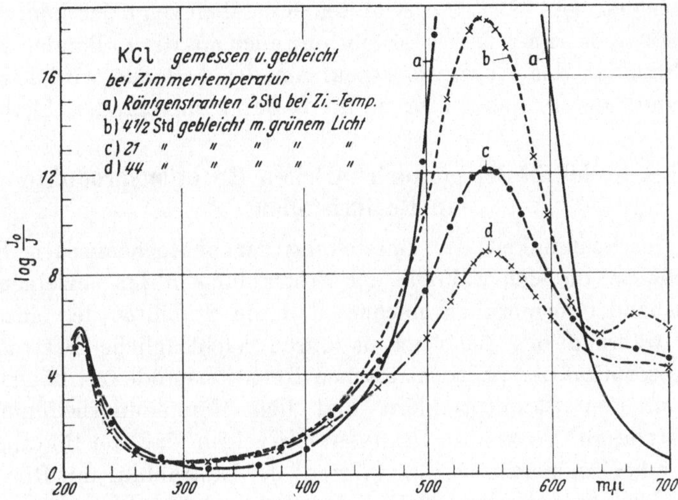

Abb. 72. Absorptionsspektrum eines bei Zimmertemperatur mit Röntgenlicht bestrahlten und ausgebleichten KCl-Kristalls

deutlich erkennbar. Das Spektrum der anderen V-Banden ist nicht mehr zu sehen. Jedoch entsteht, langwelliger als die F-Bande, bei etwa 830 mμ ein neues Absorptionsspektrum, die M-Bande. Abb. 71 zeigt das gesamte Absorptionsspektrum nach der Bestrahlung mit Röntgenlicht. Wird der Kristall nach der Röntgenbestrahlung 5 min mit dem Licht der Wellenlängen, das in der F-Bande absorbiert wird, bestrahlt, dann bauen sich F- und V_2-Banden ab, während die M-Bande stark anwächst. Daneben ist deutlich die Entstehung neuer Absorptionsbanden im langwelligen Bereich erkennbar, die mit R_1 und R_2 bezeichnet werden. Nach 16stündiger Aufbewahrung in der Dunkelheit findet neben dem weiteren Abbau der V_2-Bande noch der der R_1- und R_2-Bande statt. Die M-Bande wird aufgebaut und erreicht ihren Höchstwert. Nach der weiteren Einstrahlung (22 min) in die Absorption der F-Bande findet nunmehr neben dem Abbau der V_2-Absorption eine Verschiebung nach dem kurzwelligen Wellenlängenbereich statt. Dies ist ein Zeichen dafür, daß die V_2-Absorption nicht aus einer einzelnen Bande besteht.

Deutlich ist nunmehr das Spektrum der V_3-Zentren erkennbar. Im langwelligen Teil des Spektrums erreichen die R_1- und R_2-Banden ihren Höchstwert, während gleichzeitig die Abnahme der M-Absorption festzustellen ist. Nach mehrstündiger Bestrahlung in die Absorption der F-Bande findet schließlich der Abbau fast sämtlicher Banden statt. Es verbleibt nur noch eine geringfügige Absorption der V_3-Zentren.

Die Ergebnisse der Röntgenbestrahlung an KCl bei Zimmertemperatur zeigt das nächste Bild (Abb. 72). Den wesentlichen Unterschied gegenüber den bei $-195°$ C bestrahlten Kristallen zeigt das kurzwellige Absorptionsspektrum. Dieses besteht nur noch aus der V_3-Bande. Durch Einstrahlung in das Absorptionsspektrum der F-Bande wird lediglich die F-Bande ausgebleicht, während die V_3-Bande unverändert bleibt.

§ 8. Stabilität der photochemischen Reaktionsprodukte in Realkristallen

Die Geschwindigkeit der Entstehung der photochemischen Reaktionsprodukte, die sich während der Bestrahlung in den einzelnen Absorptionsbanden bemerkbar machen, und die Stabilität der einzelnen Banden während des Ausbleichens durch nachträgliche Bestrahlung in die Absorption der photochemischen Reaktionsprodukte, hängt sehr stark von den Strukturfehlern und den Herstellungsbedingungen der Kristalle ab. So konnte PRINGSHEIM [7] zeigen, daß die Bildung der F-Zentren bei Zimmertemperatur während der Bestrahlung mit Röntgenlicht in den synthetischen NaCl-Kristallen bedeutend rascher als in natürlichen erfolgt. Auch bei der anschließenden Bestrahlung mit F-Licht von gleicher Intensität und Dauer wird die F-Bande im natürlichen Steinsalz bedeutend langsamer als im synthetischen abgebaut. Dabei zeigt sich ein wichtiger Unterschied. Während bei der Bestrahlung mit F-Licht im synthetischen NaCl eine Wiedervereinigung der F-Zentren mit V-Zentren, also eine Rekombination stattfindet, beobachtet man im natürlichen NaCl bei der Abnahme der Absorption der F-Bande eine Bildung neuer Zentren im langwelligen Bereich, und zwar der M-, R_1-, R_2- und N-Zentren. In dieser Beziehung verhalten sich die optisch verfärbten natürlichen NaCl-Kristalle ähnlich wie die additiv verfärbten künstlichen, auf die noch später eingegangen wird. Auch gegenüber Erwärmung erweisen sich die mit Röntgenlicht erzeugten photochemischen Reaktionsprodukte im natürlichen NaCl stabiler als im synthetischen.

Die natürlichen Steinsalzkristalle, die durch langsames Auskristallisieren aus der wäßrigen Lösung entstanden sind, zeigen nach mehrstündiger Bestrahlung mit Röntgenlicht eine Konzentration an Farbzentren, die größer als $10^{18}/cm^3$ ist. Obwohl das Auskristallisieren im thermodynamischen Gleichgewicht bei Zimmertemperatur erfolgt, zeigen natürliche NaCl-Kristalle nach der Bestrahlung mit Röntgenlicht eine relativ hohe Konzentration von F-Zentren.

Für die Bildung der F-Zentren können demnach nicht allein die im thermodynamischen Gleichgewicht entstandenen Störstellen verantwortlich gemacht werden. Ihre Konzentration ist sicher kleiner als $10^{18}/\text{cm}^3$. Demnach müssen bei Röntgenbestrahlung neben freien Elektronen auch Schottky-Störstellen, d.h. freie Halogenlücken, gebildet werden.

Die geringe Bildungsgeschwindigkeit der F-Zentren, ihre größere Stabilität und die Bildung der R_1-, R_2-, M- und N-Banden im natürlichen NaCl hängt von den Geschwindigkeitskonstanten der Reaktionspartner, im wesentlichen der V-Zentren, ab. Es ist verständlich, daß diese Konstanten sehr stark vom Material abhängen und so das unterschiedliche Verhalten in der Stabilität verursachen.

§ 9. Zentrenmodelle für photochemische Reaktionsprodukte in Alkalihalogeniden

Wir haben absichtlich die Resultate der Messungen von Delbecq, Pringsheim und Yuster[23, 24] ausführlicher behandelt. Die große Zahl der photochemischen Reaktionsprodukte, ihre Bildung und Rückbildung in Abhängigkeit von der Bestrahlung und Temperatur kann gegenwärtig noch nicht unter einem einheitlichen Gesichtspunkt behandelt werden. Nur das Wesen der F-Bande ist einigermaßen gesichert. Die F-Zentren entstehen durch Reaktion der durch Licht frei gemachten Elektronen mit den Halogenionenlücken, also $\text{Hal}^{\cdot}_{\square} + e' \to F$. Andere Reaktionsprodukte, die sich durch das Auftreten der V-, M-, R_1-, R_2- usw. Banden bemerkbar machen, werden häufig mit dem weniger gesicherten Modell von Seitz[1] diskutiert. In zahlreichen Veröffentlichungen wird angenommen, daß die V-Banden in Assoziationen der Defektelektronen mit Alkaliionenlücken oder ihren Aggregaten, z.B. einer neutralen Doppellücke, oder zweier nebeneinander liegender Alkaliionenlücken, die zweifach negative Überschußladung besitzen, ihre Ursache haben. Nach Ansicht von Seitz kommen die Reaktionen

$$\text{Alk}'_{\square} + e^{\cdot} \to \text{Alk}_{\square} = V_1\text{-Zentrum}, \tag{1}$$

$$\text{Doppellücke} + e^{\cdot} \to H\text{-Zentrum} \tag{2}$$

in Frage.

Die Bildung der H-Zentren erfolgt hauptsächlich bei der Temperatur des flüssigen Heliums.

$$2\,\text{Alk}'_{\square} + e^{\cdot} \to V_2\text{-Zentrum}, \tag{3}$$

$$2\,\text{Alk}'_{\square} + 2e^{\cdot} \to V_3\text{-Zentrum}. \tag{4}$$

Die Absorption der Röntgenstrahlung im Grundgitter führt zur Bildung eines freien Elektrons und eines beweglichen Defektelektrons. Das bewegliche Defektelektron kann von einer Alkalilücke eingefangen werden und mit ihr ein neutrales V_1-Zentrum bilden. Die im Gitter freien Elektronen wiederum können von Halogenionenlücken eingefangen werden und F-Zentren bilden.

Die gleichzeitige Abnahme der V_1- und F-Zentren durch die Erwärmung kann durch den Reaktionsmechanismus nach Gl. (1) beschrieben werden. Durch Erwärmung werden nämlich die Defektelektronen der V_1-Zentren beweglich und können mit den F-Zentren reagieren. Dadurch findet eine gleichzeitige Abnahme der V_1- und F-Absorption statt. Auch der gleichzeitige Abbau der V_1- und F-Bande durch Absorption in der V_1-Bande kann verstanden werden. Durch diese Absorption werden die Defektelektronen beweglich gemacht, und es findet ebenfalls eine Reaktion mit den F-Zentren statt. Dies zeigt Abb. 70.

Der durch die Reaktionsgleichungen (1) bis (4) beschriebene Mechanismus entspricht zunächst einem Modell, das aus der Schottkyschen Fehlordnung abgeleitet werden kann. Es handelt sich um Reaktionen der Elektronen oder Defektelektronen mit den positiv oder negativ geladenen Lücken oder mit den aus den beiden Lückensorten entstandenen assoziierten Störstellen. Die Untersuchungen von PRINGSHEIM und insbesondere von MARKHAM[8,9,10], auf die wir noch zurückkommen und die bei tiefsten Temperaturen durchgeführt wurden, zeigen, daß die in den Gln. (1) bis (4) beschriebenen Reaktionen auch bei den tiefsten Temperaturen ablaufen. Dementsprechend verlangt dieses Modell eine hohe thermische Beweglichkeit der Defektelektronen auch bei sehr tiefen Temperaturen.

Die Messungen von MARTIENSSEN und MARKHAM zeigten (s. auch § 4), daß eine Bildung zusätzlicher Halogenionenlücken erfolgt. Dies erfordert eine hohe Platzwechselgeschwindigkeit von Halogenlücken auch bei den tiefsten Temperaturen. Wir haben schon erwähnt, daß solche von SEITZ angenommenen Prozesse nur in der unmittelbaren Nachbarschaft von Versetzungen oder an den aus Versetzungen gebildeten Mosaikgrenzen stattfinden können. Entsprechend dem Modell der Abb. 69 erzeugen die Röntgenstrahlen im ersten Prozeß Halogenionenlücken. Die Halogenionen werden sich aus der unmittelbaren Nachbarschaft einer Versetzung durch lokale Erwärmung wegbewegen. Durch gleiche Prozesse ist im Prinzip auch die Bildung der Alkalilücken möglich. Im zweiten Prozeß findet durch Röntgenstrahlen die Bildung der Elektronen und der Defektelektronen statt, die von den im ersten Prozeß erzeugten Halogen- oder Alkalilücken eingefangen werden können. Die zur Erzeugung von Halogenionenlücken erforderlichen Beträge an Fehlordnungs- und Platzwechselenergie müssen als sehr klein angenommen werden, damit diese Prozesse, die zur Bildung und Rückbildung der Lücken führen, auch noch bei den tiefsten Temperaturen ablaufen können.

Wir sehen, daß die Bildung der photochemischen Reaktionsprodukte (unabhängig davon, ob der von SEITZ angenommene Mechanismus in allen Einzelheiten den Tatsachen entspricht) zu einer Reaktion führt, die sich an den inneren Oberflächen der Kristalle abspielt. An solchen inneren Oberflächen unterscheidet sich die freie Energie der Reaktionspartner von derjenigen, die sie im Innern des Kristallgitters besitzen. Durch Ermittlung der chemischen Potentiale der Oberflächen und des Kristallgitters wäre es im Prinzip möglich, den gesamten Fragenkomplex zu untersuchen, d.h. die Kinetik der einzelnen Prozesse und die Gleichgewichte zwischen dem Kristallinnern und der Oberfläche anzugeben. Der überraschende Effekt, daß der Betrag an Fehlordnungs- und Platzwechselenergie an den inneren Oberflächen nur so geringe Beträge annehmen kann, bedarf dabei einer besonderen Erklärung. (Wir haben nämlich gesehen, daß schon allein die Erwärmung des Alkalihalogenids von der Temperatur des Wasserstoffs auf die Temperatur der flüssigen Luft genügt, um die durch Röntgenbestrahlung bei flüssigem Wasserstoff erzeugten Lücken, die sich in der α-Bande bemerkbar machen, zum Verschwinden zu bringen.)

Nach dem Modell von SEITZ kommen sämtliche V-Zentren durch Reaktionen der Defektelektronen mit den Alkalilücken oder assoziierten Komplexen zustande. Diese Annahme ist nicht widerspruchsfrei. Die Versuche von MOLLWO zeigen, daß Alkalihalogenide, die im Halogendampf verfärbt wurden, z.B. KBr im Bromdampf, nur drei Banden zeigen, deren Maxima bei 232, 265 und 430 mμ liegen (Abb. 27a). Es ist anzunehmen, daß sich die entsprechenden Absorptionszentren durch Einwanderung der Defektelektronen oder eventuell zum Teil durch Moleküldiffusion bilden. Im Gleichgewicht wird sich neben der Ausscheidung des Broms, die, wie MOLLWO[33] gezeigt hat, in würfelförmigen Blasen erfolgt, noch eine bestimmte Menge Moleküle und dissoziierter Bromatome bilden. Dies würde den Reaktionen der Gln. (3) und (4) entsprechen. MOLLWO zeigte, daß das Halogen im Kristall bei der Verfärbung der Alkalihalogenide im Halogendampf zum überwiegenden Teil in Form von Molekülen existiert. Damit wäre zunächst die Übereinstimmung zwischen den von MOLLWO gefundenen Banden, die der Molekülabsorption entsprechen, und der V_3- oder eventuell V_2-Absorption verständlich. (Die von MOLLWO gemessene Bande bei 430 mμ wird von ihm den gröberen Lückenaggregaten zugeordnet.)

---

[33] E. MOLLWO: Ann. Phys. **29**, 394 (1937).

KAISER[34] konnte zeigen, daß bei gleichzeitigem Aufdampfen des Kaliumchlorids und des Kaliums auf gekühlte Unterlagen Absorptionsspektren entstehen, die kurzwelliger liegen als die F-Bande. Demnach könnte es sich bei Röntgenbestrahlung auch um Anlagerung von Elektronen an Oberflächenstörstellen handeln. Die Absorption dieser Zentren müßte dann im Bereich der V-Banden liegen.

Die Banden, die langwelliger als die F-Bande liegen, werden im allgemeinen den bei der Reaktion der durch Röntgenstrahlen erzeugten Überschußelektronen mit Störstellen entstehenden Zentren zugeschrieben. Entsprechend dem Modell von SEITZ wird das M-Zentrum einer Reaktion des Überschußelektrons mit einer Halogenionenlücke, in deren unmittelbarer Nachbarschaft sich eine Doppellücke befindet, zugeordnet. R_1- und R_2-Zentren entsprechen der Reaktion zweier sich in unmittelbarer Nachbarschaft befindlichen Halogenionenlücken mit einem oder zwei Elektronen. Diese Reaktion bildet ein einfach positiv geladenes oder neutrales Alkalimolekül.

$\mathrm{Hal}^{\bullet}_{\square}$ mit unmittelbar benachbarter Doppellücke $+ e' \rightarrow M$-Zentrum.

$$\left.\begin{aligned} 2\,\mathrm{Hal}^{\bullet}_{\square} + e' &\rightarrow R_1\text{-Zentrum},\\ 2\,\mathrm{Hal}^{\bullet}_{\square} + 2e' &\rightarrow R_2\text{-Zentrum}. \end{aligned}\right\} \qquad (5)$$

Die Absorption in der M-Bande führt zur Abspaltung eines freien Elektrons je Zentrum, daher kann die M-Bande sowohl durch Licht wie auch thermisch abgebaut werden. Dagegen führt die Absorption in der R_1- und R_2-Bande nur zur Anregung der an das Molekül gebundenen Elektronen. Sie können nicht durch Absorption des Lichtes abgebaut werden. (Allerdings läßt sich aus den experimentellen Ergebnissen dieser Befund nicht ohne weiteres bestätigen.)

Die Modelle der R_1-, R_2- und M-Zentren sind noch weniger als die der V-Zentren begründet. Die Deutung der Temperaturabhängigkeit, der Bildung und Rückbildung der entsprechenden Banden und schließlich der Abhängigkeit ihrer Bildung von der eingestrahlten Wellenlänge ist nicht widerspruchsfrei. In der letzten Zeit sind sie von HERMAN[14] näher untersucht worden. Auf die Einzelheiten wollen wir jedoch nicht mehr eingehen.

§ 10. R_1-, R_2-, M-, N- und F'-Banden in additiv verfärbten Kristallen

Wir haben uns bis jetzt nur mit photochemischen Reaktionsprodukten befaßt, die durch Bestrahlung mit Röntgenlicht in reinen Alkalihalogeniden entstehen. Bei Bestrahlung mit Röntgenlicht wurden zunächst F- und verschiedene V-Zentren gebildet. Bei anschließender Bestrahlung mit F-Licht findet ein Abbau der F-Absorption statt und

[34] R. KAISER: Z. Phys. **132**, 482 (1952).

ein gleichzeitiger Aufbau neuer Absorptionsspektren, die mit R_1, R_2, M und N bezeichnet wurden. Sie sind durch Anlagerung eines oder zweier Elektronen an Aggregate aus mehreren Störstellen entstanden.

Die Bildung der F-Zentren in Alkalihalogeniden kann auch, wie wir gesehen haben, additiv, d.h. durch Erwärmung im Alkalidampf erfolgen. Werden solche Kristalle mit F-Licht bestrahlt, dann zeigen sie, ähnlich wie die durch Röntgenlicht verfärbten, R_1-, R_2-, M- und N-Absorptionsspektren im langwelligen Bereich. Sie wurden zuerst von PETROFF[35], MOLNAR[17] und später von BURSTEIN und OBERLY[36,37] untersucht. R_1-, R_2-, M- und N-Zentren, die in additiv verfärbten Kristallen durch Bestrahlung mit F-Licht entstanden sind, zeichnen sich durch bedeutend größere Stabilität aus als diejenigen, die in röntgenverfärbten Kristallen gebildet wurden.

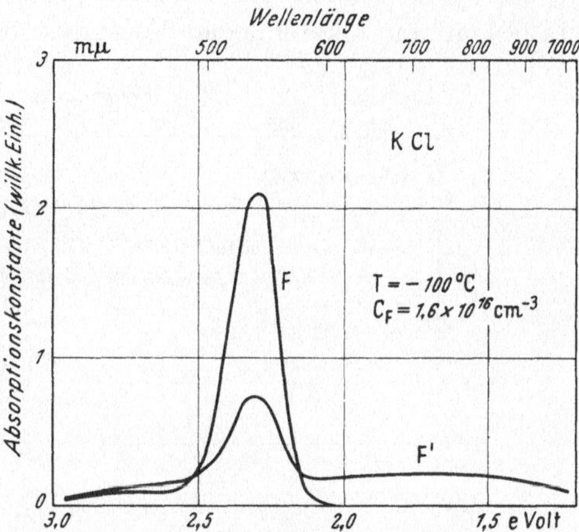

Abb. 73. Das Absorptionsspektrum der F-Bande bei − 100° C vor Bestrahlung und das Absorptionsspektrum der F- und F'-Bande nach Bestrahlung im Maximum der F-Bande

Noch vor den Untersuchungen von PETROFF wurde von PICK[38] die Bildung der F'-Zentren untersucht. In KCl-Kristallen entstehen sie leicht bei Bestrahlung mit F-Licht bei etwa 170° K. Wie die Abb. 73 zeigt, liegt die F'-Bande langwelliger als die F-Bande. Der photochemische Prozeß $F \rightarrow F'$ wurde von PICK eingehend untersucht. Er konnte zeigen, daß bei einer Temperatur von 170° K jedes in der F-Bande absorbierte Lichtquant zwei F-Zentren im KCl vernichtet. Nach der Abspaltung des Elektrons von einem F-Zentrum durch ein Lichtquant findet demnach die Umlagerung dieses Elektrons so statt, daß zwei Farbzentren ausscheiden und ein F'-Zentrum entsteht. Das von einem F-Zentrum freigemachte Elektron erzeugt durch eine Reaktion

$$e' + F \rightarrow F'$$

ein F'-Zentrum.

Im Vergleich zu R_1-, R_2-, M- und N-Zentren handelt es sich hier um eine Reaktion an den einfachsten in Alkalihalogeniden vorhandenen

[35] ST. PETROFF: Z. Phys. **127**, 443 (1950).
[36] E. BURSTEIN u. J. J. OBERLY: Phys. Rev. **76**, 1254 (1949).
[37] E. BURSTEIN, P. L. SMITH u. J. W. DAVISSON: Phys. Rev. **86**, 615 (1952).
[38] H. PICK: Ann. Phys. **31**, 365 (1938); **37**, 421 (1940).

Zentren. Diese Reaktion kann auch an mit Röntgenlicht verfärbten Kristallen, wie wir gleich sehen werden, beobachtet werden. Gegenüber den mit Röntgenlicht gebildeten zeigen die von PICK untersuchten *F*-Zentren eine bedeutend größere Stabilität.

§ 11. Das Verhalten der photochemisch gebildeten *F*- und *F'*-Absorption bei tiefsten Temperaturen

Wir wollen noch die Versuche besprechen, die insbesondere von MARKHAM[9] an Alkalihalogenidkristallen durchgeführt worden sind, die

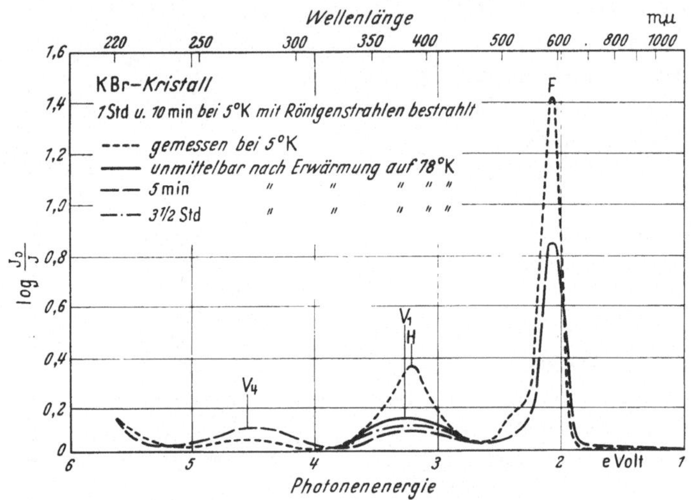

Abb. 74. Absorptionsspektren der mit Röntgenlicht bestrahlten KBr-Kristalle bei 5° K

bei der Temperatur des flüssigen Heliums mit Röntgenlicht bestrahlt worden waren. In Abb. 74 ist das Absorptionsspektrum eines KBr-Kristalls nach der Bestrahlung (Dauer etwa 70 min) mit Röntgenlicht dargestellt. Wie üblich, hat sich die *F*-Bande gebildet. Gleichzeitig entstehen die *H*-Bande, die V_4-Bande und noch eine Absorption im kurzwelligen Bereich. Überraschend ist, daß die Absorptionskonstante der *F*-Bande bei den tiefsten Temperaturen sehr hohe Beträge erreichen kann. Dies kann nur möglich sein — wie wir schon erwähnten —, wenn die Röntgenstrahlen neben der Abspaltung der Elektronen noch zusätzlich Lücken im KBr-Gitter erzeugen. Nach der Erwärmung des Kristalls auf die Temperatur des flüssigen Stickstoffs erfolgt ein Abbau der *F*- und der *H*-Bande, während die V_4-Bande aufgebaut wird. Einen ähnlichen Versuch am NaCl-Kristall zeigt die Abb. 75. Nach einer Bestrahlungsdauer von 100 min bildet sich neben der *F*-Bande noch die *F'*-Bande aus, die der Anlagerung von zwei Elektronen an einer

Chlorionenlücke, also einer Reaktion $Hal^{\bullet}_{\square} + 2e' = F'$-Zentrum entspricht. Auf der kurzwelligen Seite der F-Bande entsteht eine Absorption bei etwa 340 mμ, und noch kurzwelliger beobachtet man ein langsames Ansteigen der Absorption. Nach Erwärmung auf die Temperatur des flüssigen Stickstoffs wird die F'-Bande fast vollkommen abgebaut. Ähnlich wie bei KBr wird die F-Bande und diejenige bei 340 mμ zum Teil abgebaut.

Die Versuche von MARKHAM bei tiefsten Temperaturen zeigen einen überraschenden Effekt. Sowohl die F'- wie auch ein Teil der F-Zentren, die bei der Temperatur des flüssigen Heliums erzeugt wurden, können bei der Erwärmung auf die Temperatur der flüssigen Luft abgebaut werden, wie man in Abb. 74 und Abb. 75 sieht. Wir konnten jedoch zeigen, daß die F'-Zentren in den im Alkalidampf verfärbten Kristallen durch Bestrahlung in die F-Bande auch in einem Temperaturbereich oberhalb der flüssigen Luft erzeugt werden können. Sie sind bei dieser Temperatur stabil und zeigen keinen meßbaren Abbau. Ebenfalls überraschend ist, daß die photochemischen Reaktionsprodukte, die der F- und der H-Bande entsprechen, durch Bestrahlung mit F-Licht oder bei Erwärmung auf die Temperatur der flüssigen Luft, wie dies die Abb. 74 und Abb. 75 zeigen, abgebaut werden. Experimentell können demnach zwei Sorten der F'- wie auch der F-Zentren erzeugt werden. Die von PICK durch Bestrahlung in die additiv erzeugte F-Bande hergestellten F'-Zentren besitzen eine höhere Stabilität als diejenigen, die durch Röntgenstrahlen bei der Temperatur des flüssigen Heliums gewonnen wurden. Ähnliches gilt auch für die F-Zentren. Ein solches verschiedenartiges Verhalten ein und derselben Zentrensorte ist merkwürdig. Wir haben weiche F- und F'-Zentren, die schon bei Temperaturen unterhalb der Temperatur des siedenden Stickstoffs abgebaut werden, und harte F- und F'-Zentren, die noch bei höheren Temperaturen als der des flüssigen Stickstoffs zum Teil stabil sind.

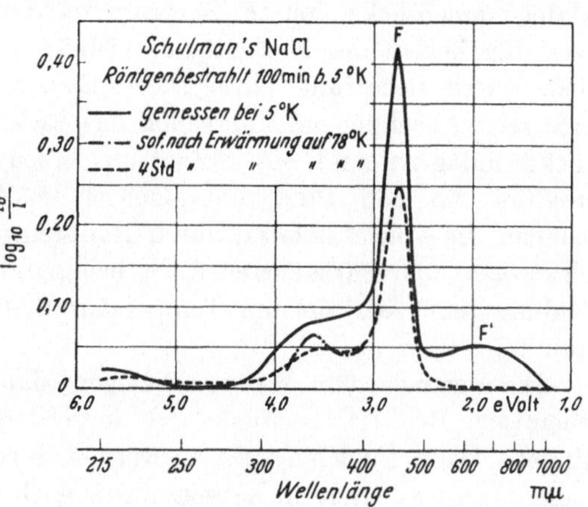

Abb. 75. Absorptionsspektrum der mit Röntgenlicht bei 5° K bestrahlten NaCl-Kristalle

Durch folgende Überlegungen versuchen SEITZ und MARKHAM dieses verschiedenartige Verhalten verständlich zu machen. Bei den F'-Zentren wird angenommen, daß ihre Bildung durch Anlagerung von zwei Elektronen an eine Halogenionenlücke erfolgt, die in dem einen Falle ein Bestandteil eines höheren Komplexes, z.B. einer Vierfachlücke ist. Durch einen Tunneleffekt kann ein Übergang des Elektrons von dem F'-Zentrum zu der zweiten mit keinem Elektron besetzten benachbarten Bromionenlücke des Komplexes erfolgen, wodurch zwei F-Zentren entstehen. Der Term des in der F'-Bindung befindlichen Elektrons liegt höher als derjenige der noch nicht mit Elektronen besetzten benachbarten Bromionenlücke. Nur dann, wenn die Entfernung der Halogenionenlücke vom F'-Zentrum mehrere Gitterbausteine beträgt, wird der Zerfall des F'-Zentrums primär durch thermische Ionisation, d.h. durch Schaffung eines freien Elektrons im Leitfähigkeitsband, erfolgen. Anschließend kann sich das Elektron an eine Halogenionenlücke anlagern und ein F-Zentrum erzeugen. Solche Eigenschaften müßten die von Pick untersuchten F'-Zentren besitzen. Ähnlich können die von Markham durch Röntgenstrahlung erzeugten Defektelektronen und Farbzentren dicht beieinanderliegen, so daß die Rückbildung auch bei tiefsten Temperaturen durch Tunneleffekt erfolgen kann.

Die Versuche von Markham zeigen, daß wahrscheinlich die photochemische Reaktion hauptsächlich an größeren Lückenaggregaten stattfindet. Diese Lückenaggregate werden durch Röntgenbestrahlung bei tiefen Temperaturen an Versetzungen noch vor der Bildung der Reaktionsprodukte erzeugt.

§ 12. Allgemeines zur Photochemie der Silberhalogenide

Wir haben gezeigt, daß die Bildung der photochemischen Reaktionsprodukte bei tiefen Temperaturen in der Umgebung der inneren Oberflächen erfolgt. Sie können durch Vorgänge, die sich an Versetzungen abspielen, erklärt werden. Weniger sicher sind spezielle Modelle, die zur Klärung einzelner Effekte benutzt wurden.

Reine Silberhalogenide zeigen nach Einstrahlung im langwelligen Ausläufer der Eigenabsorption und nach Bestrahlung mit Röntgenlicht bei tiefen Temperaturen im allgemeinen keine photochemischen Reaktionsprodukte. Nur in einigen Fällen wird, wie die Versuche von Löhle[39], Brown und Wainfan[40] ergeben, in geringer Konzentration kolloidales Silber gebildet. In größeren Konzentrationen werden bei Zimmertemperatur nur dicht unterhalb der Oberfläche Reaktionsprodukte beobachtet. Insbesondere die Versuche von Mitchell[41] zeigen, daß in

[39] F. Löhle: Gött. Nachr. **1933**, 271.
[40] F. C. Brown u. N. Wainfan: Phys. Rev. **105**, 93 (1957).
[41] J. M. Hedges u. J.W. Mitchell: Phil. Mag. **44**, 357 (1953).

reinen Silberhalogeniden die Bildung des kolloidalen Silbers in Schichten dicht unterhalb der Oberfläche erfolgt (Abb. 76).

Silberhalogenide unterscheiden sich von Alkalihalogeniden sehr wesentlich in den Fehlordnungseigenschaften. Während in Alkalihalogeniden nur der Schottkysche Fehlordnungstyp verwirklicht ist, sind in Silberhalogeniden, insbesondere bei hohen Temperaturen, sowohl der Frenkelsche wie auch der Schottkysche Fehlordnungstyp vorhanden,

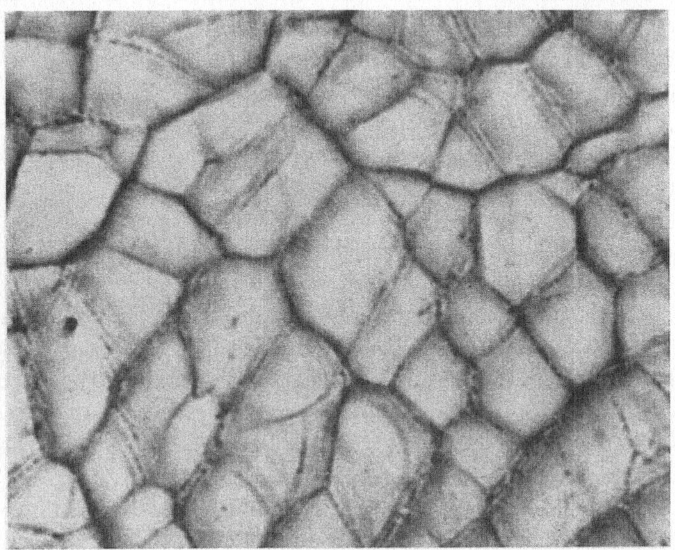

Abb. 76. Bildung photochemischer Reaktionsprodukte an Mosaikgrenzen dicht unterhalb der Oberfläche

bei tiefer Temperatur praktisch nur der Frenkelsche. Die gegenseitige Beeinflussung beider Störstellenkonzentrationen spielt auch bei den photochemischen Prozessen eine bedeutende Rolle. Diese prinzipiellen Unterschiede der reinen Silberhalogenide gegenüber den Alkalihalogeniden und ihr Einfluß auf die photochemischen Prozesse sollen nunmehr näher betrachtet werden.

§ 13. Reaktionen von Elektronen, Defektelektronen und Störstellen reiner Silberhalogenide während der Bestrahlung

Die Konzentrationen der einzelnen Störstellen der Silberhalogenide vor der Bestrahlung können zunächst rein formal aus der Störstellenstatistik (Kapitel I) abgeleitet werden. Bedeuten $x_{\bigcirc}$ die Gitterkonzentration von Silberionen auf Zwischengitterplätzen, $x_{\square A}$ der Silberlücken, $x_{\square B}$ der Halogenionenlücken und schließlich $x_{\square AB}$ die Gitterkonzentrationen der aus Silberlücken und Halogenlücken gebildeten Assoziate, dann können folgende Beziehungen abgeleitet werden

$$\text{a)}\quad x_{\bigcirc}\, x_{\square A} = k_1; \qquad \text{b)}\quad x_{\square A} \cdot x_{\square B} = k_2; \qquad \text{c)}\quad \frac{x_{\square A} \cdot x_{\square B}}{x_{\square AB}} = k_3. \qquad (6)$$

k_1 bis k_3 sind dabei die Massenwirkungskonstanten, wobei $k_2 = k_3\, x_{\square AB}$ ist.

Die aus den Massenwirkungsgleichungen abgeleitete Konzentration der Halogenionenlücken bei hoher Temperatur läßt sich trotz der geringen Platzwechselgeschwindigkeit der Lücken nicht auf Zimmertemperatur abschrecken. Diese Tatsache ist bei der Diskussion der photochemischen Prozesse in Silberhalogeniden zu beachten.

Reine Silberhalogenide zeigen bei tiefen Temperaturen keine photochemische Empfindlichkeit, auch dann nicht, wenn die Kristalle rasch auf tiefe Temperatur abgeschreckt werden. Würde die hohe Konzentration der Halogenlücken und Silberlücken bei dem Abkühlungsvorgang eingefroren und ein Nichtgleichgewichtszustand hergestellt, dann müßten infolge des hohen Einfangquerschnitts der Halogenionenlücken für Elektronen Farbzentren als photochemische Reaktionsprodukte gebildet werden. Die bei der Bestrahlung entstehenden Defektelektronen können von Silberlücken eingefangen werden und deshalb nicht mit F-Zentren rekombinieren. Obwohl also die Konzentration der Schottkyschen Fehlordnung bei der Temperatur dicht unterhalb des Schmelzpunktes hoch ist (aber selbst wenn sie nur 0,01 Mol-% beträgt), läßt sie sich auf tiefe Temperaturen nicht abschrecken.

Es ist zunächst unverständlich, wie die Halogenionenlücken den Kristall so rasch verlassen können. Aus der Messung der Ionenleitung wurde nämlich (Kapitel III) gefolgert, daß auch bei hohen Temperaturen die Halogenlücken praktisch unbeweglich sind. Bedenkt man jedoch, daß ein Ionenkristall Mosaikstruktur besitzt, wobei die Mosaikgrenzen nach dem von Seitz, Nabarro, Mott u. a. vorgeschlagenen Mechanismus aus Versetzungen gebildet werden können, dann ist es möglich, die Ausscheidung von Silber- und Halogenionenlücken auch bei geringer Platzwechselgeschwindigkeit der Halogenionenlücken zu verstehen.

Entsprechend der Vorstellung von Seitz[42] und Nabarro[29] über die Bildung von Versetzungen kann man nämlich annehmen, daß Silber- und Halogenionenlücken eine lineare Assoziation (also eine lineare Ansammlung von Doppellücken) bilden und sich im Innern des Kristallgitters unter Bildung oder Abbau von Stufenversetzungen ausscheiden. Dafür ist eine Diffusion von Störstellen nur über wenige Gitterbausteine notwendig. Die Anlagerung linearer Lückenketten, die aus wenigen Lückenpaaren bestehen, an eine im Gitter vorhandene Stufenversetzung (solche einfachen Vorgänge sollen zunächst behandelt werden), können

[42] F. Seitz: Rev. Mod. Phys. **23**, 328 (1951). — Hakone Symposium I, 5 (1956).

Anlaß zur Bildung von Sprungstellen in Versetzungslinien („jog“) im Kristallgitter geben[28].

In einem Kristallgitter können sich bei hoher Temperatur im allgemeinen an den schon vorhandenen Versetzungslinien bereits thermisch „jogs“, ausbilden. Bei Abkühlung, insbesondere bei rascher Abkühlung, werden sich zusätzlich durch Anlagerung von kurzen linearen Lückenketten an Stufenversetzungen Sprünge im Verlauf der Versetzungslinien ausbilden (Abb. 77). Solche Sprungstellen tragen im Mittel eine Ladung von $+e/2$ oder $-e/2$, abhängig davon, ob bei der Ausbildung der Sprungstelle eine Anlagerung einer Halogen- oder Silberlücke erfolgt. Die Sprungstellen in den Versetzungslinien sind deshalb Fänger für Elektronen oder Defektelektronen.

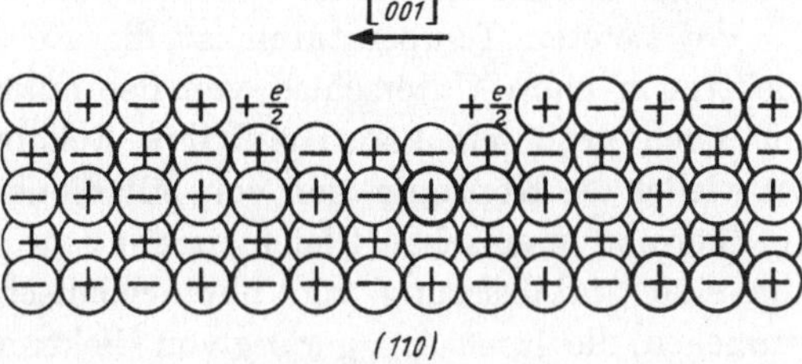

Abb. 77. Bildung von „jogs“ durch Anlagerung Schottkyscher Fehlordnung an Stufenversetzungen

Ebenfalls können in Silberhalogeniden schon durch geringe Verformung neue Versetzungen und neue Sprungstellen gebildet werden. Es ist bekannt, daß Silberhalogenide zu den Ionengittern mit außerordentlich guten plastischen Eigenschaften gehören. Wir sehen also, daß bei Untersuchung der photochemischen Prozesse in Silberhalogeniden stets sämtliche Eigenschaften berücksichtigt und untersucht werden müssen.

Infolge der Bildung von Sprungstellen würde man erwarten, daß in reinen Silberhalogeniden im Gegensatz zu den experimentellen Ergebnissen eine Bildung der photochemischen Reaktionsprodukte möglich sein müßte. Folgendes muß aber dabei beachtet werden: Bei der Einstrahlung im Silberhalogenid werden Elektronen und Defektelektronen erzeugt. Die $-e/2$-Ladung reicht nicht aus, um die Defektelektronen an einem „jog“ zu stabilisieren. Bei Zimmertemperatur wurde von Stasiw und Teltow[43] eine hohe Diffusionsgeschwindigkeit der Defektelektronen beobachtet. Die Lebensdauer der Elektronen bei Anlagerung an eine $+e/2$-Ladung ist nicht sehr groß. Erst durch nachträgliche Anlagerung eines Silberions auf Zwischengitterplatz kann das zuvor gebildete photochemische Reaktionsprodukt stabilisiert werden. Nach der Anlagerung eines $Ag_{\bigcirc}^{\bullet}$-Ions wird die Störstelle wieder eine $+e/2$-Ladung tragen. In diesem Stadium kann das gebildete photochemische Reaktionsprodukt wieder ein Elektron anziehen und Defektelektronen abstoßen. Durch weiteres Anwachsen schließlich, nach der Bildung

[43] O. Stasiw u. J. Teltow: Gött. Nachr. **1944**, 13.

von gröberen Teilchen, die keine Ladungseigenschaften mehr besitzen, wird eindeutig eine Rekombination und Rückbildung durch Anlagerung von Defektelektronen, deren Diffusion bei Zimmertemperatur groß ist, stattfinden. Eine meßbare Konzentration kolloidalen Silbers kann daher nicht gebildet werden. Nur eine geringe Konzentration kleiner Aggregate, kann sich im Wechselspiel der Reaktionen zwischen Elektronen, Defektelektronen, Silberionen auf Zwischengitterplätzen und $\pm e/2$-Störstellen ansammeln.

Wir sehen also, daß bei Zimmertemperatur in reinen Silberhalogeniden keine Bildung von Reaktionsprodukten in größeren Konzentrationen stattfinden kann.

Bei tieferen Temperaturen ist die Reisebeweglichkeit der Defektelektronen (zum Unterschied von der mikroskopischen Beweglichkeit, die noch groß sein kann) und ihre Rekombination zwar klein, dafür ist wieder die Konzentration von Silberionen auf Zwischengitterplätzen im thermodynamischen Gleichgewicht sehr gering und reicht nicht aus, um eine Stabilisierung von photochemischen Reaktionsprodukten zu erreichen, die durch Anlagerung von Elektronen an die positiv geladenen „jogs" entstanden sind.

§ 14. Oberflächenvorgänge bei Störstellenreaktionen in reinen Silberhalogeniden

Nur bei Untersuchungen der photochemischen Eigenschaften an Oberflächen, wie sie von MITCHELL[41], LUCKEY[44] und noch früher rein qualitativ von STASIW und TELTOW[45] durchgeführt wurden, ist es möglich, die Bildung der photochemischen Reaktionsprodukte nachzuweisen.

HEDGES und MITCHELL haben sich sehr große Mühe gemacht, reine Silberhalogenide herzustellen, die in dünnen Schichten präpariert wurden. Bei der Bestrahlung solcher Kristalle bei Zimmertemperatur entstehen Reaktionsprodukte an Mosaikgrenzen nur dicht unterhalb der Oberfläche des Kristalls (Abb. 76). Die Eindringtiefe der Verfärbung ist sehr klein. Der Ablauf der sich dabei abspielenden Prozesse läßt sich folgendermaßen beschreiben:

Durch Absorption der Strahlung entstehen freie Elektronen und Defektelektronen. Die Elektronen werden an Sprungstellen der Versetzungslinien angelagert und durch anschließende Diffusion und Anlagerung von Silberionen auf Zwischengitterplätzen stabilisiert. Bei wiederholter Anlagerung von Elektronen und $Ag_{\circ}^{\bullet}$-Ionen entstehen schließlich gröbere kolloidale Aggregate. Die Defektelektronen, deren Platzwechselgeschwindigkeit bei Zimmertemperatur groß ist, diffundieren an die Oberfläche und können als Halogenatome infolge

[44] G. W. LUCKEY: J. Phys. Chem. **57**, 791 (1953).
[45] O. STASIW u. J. TELTOW: Gött. Nachr. **1941**, 100.

ihres hohen Dampfdruckes entweichen. Dadurch gehen die Defektelektronen, die dicht unter der Oberfläche gebildet wurden, für die Rekombination verloren, und es entstehen stabile photochemische Reaktionsprodukte an den Versetzungsstellen.

LUCKEY konnte nämlich durch Dampfdruckmessungen zeigen, daß bei der Bestrahlung des Silberhalogenid-Pulvers Halogendampf entsteht, und zwar bilden sich die Halogenatome mit fast gleicher Quantenausbeute wie die photochemischen Reaktionsprodukte. Allerdings ist eine gewisse Abweichung vorhanden, falls man die Wellenlängenabhängigkeit der Quantenausbeute untersucht.

§ 15. Photochemische Prozesse und Ionenleitung im NaCl-Gitter

Wir haben in den vorhergehenden Paragraphen Modelle für verschiedene Zentrensorten in den Alkalihalogeniden diskutiert. Von KOBAYASHI [13] wurde versucht, durch gleichzeitige Messung der Ionenleitung, der Änderung der aufgespeicherten Energie, die durch Bestrahlung mit Teilchen hoher Energie im Gitter auftritt, und der Absorption bei der Bildung der photochemischen Reaktionsprodukte eine Prüfung der vorgeschlagenen Modelle für verschiedene Zentrensorten wie R_1, R_2, M und N durchzuführen. Von ihm wurden NaCl-Einkristalle nach der Bestrahlung mit MeV Protonen mit einer Dichte von 10^{12} bis $10^{16}/\text{cm}^3$ untersucht.

Es wurden die Widerstandsänderung, die Absorptionsspektren der photochemischen Reaktionsprodukte und die Änderung der aufgespeicherten Energie durch Bestrahlung bei verschiedenen Temperaturen untersucht. Die Ergebnisse seiner Messungen sind in den Abb. 78, 79 und 80 dargestellt.

In der Abb. 78 wird gezeigt, daß der Widerstand des bestrahlten Kristalls im Verhältnis zu dem unbestrahlten bei Erwärmung von Zimmertemperatur aus stark ansteigt und ein Maximum bei etwa 150° C erreicht. Anschließend fällt er wieder und erreicht ein zweites Maximum bei etwa 250° C, um dann schließlich bei noch höheren Temperaturen wieder den normalen Wert des unbestrahlten Kristalls zu erreichen. Die dazugehörigen optischen Messungen, also die Absorption der photochemischen Reaktionsprodukte bei entsprechenden Temperaturen und die Änderung der aufgespeicherten Energie, ebenfalls in Abhängigkeit von der Temperatur, die durch Bestrahlung mit Protonen erhalten wurden, sind in den Abb. 79 und 80 dargestellt. Aus diesen Abbildungen ist folgendes zu entnehmen:

Bei dem Erwärmen bis zu ungefähr 100° C beobachtet man in der Absorption eine Abnahme der F- und V_3-Banden und ein Wachsen der M-Bande. Entsprechend dem Modell von SEITZ für V_3- und M-Zentren, Gln. (1)—(5), würde die Abnahme der Absorption der F- und V_3-Zentren und die Zunahme der M-Absorption bedeuten, daß eine Dissoziation von F- und V_3-Zentren bei gleichzeitiger Bildung von M-Zentren stattfindet und ein Überschuß von Kationenlücken entsteht. Nach den

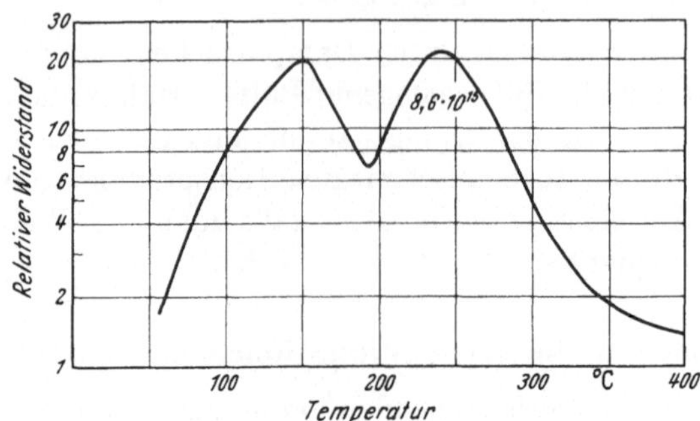

Abb. 78. Relative Widerstandsänderung der mit Protonen bestrahlten Kristalle zu den unbestrahlten in Abhängigkeit von der Temperatur

Messungen entstehen durch die geringere Abnahme von V_3- gegenüber F-Zentren Alkali- und Halogenlücken in gleicher Konzentration.

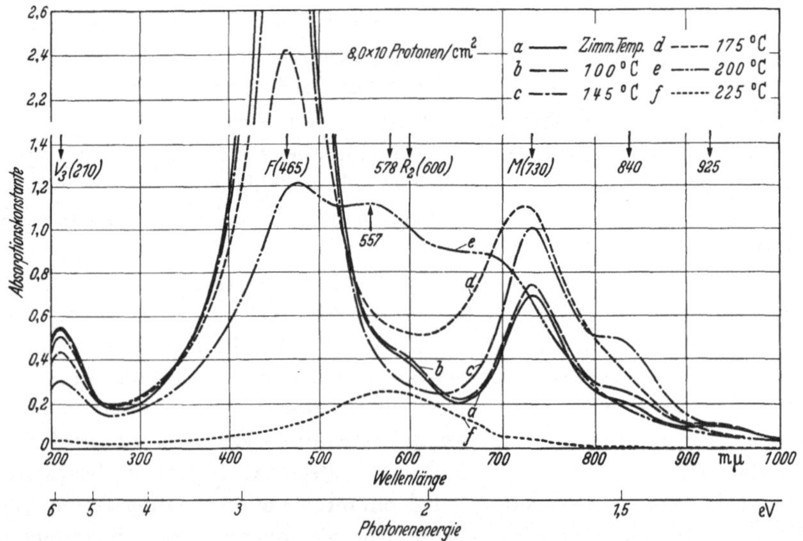

Abb. 79. Änderung des Absorptionsspektrums des mit Protonen bestrahlten NaCl-Kristalls während der Erwärmung

Ein neu entstandenes M-Zentrum verbraucht aber für seine Bildung zwei Halogen- und nur eine Alkalilücke (bei gleichzeitiger Anlagerung des Elektrons).

Demnach müßten bei einem solchen Prozeß dissoziierte Alkalilücken entstehen. Ein Überschuß von Kationenlücken in NaCl, die als Ladungsträger für die Ionenleitung verantwortlich sind, müßte eine Erhöhung und nicht eine Verminderung der Ionenleitung, wie dies die Abb. 78 zeigt, verursachen. Man muß annehmen, falls das Modell von SEITZ eine Realität besitzen soll, daß die zurückgebliebenen Kationenlücken an anderen Zentren adsorbiert werden und so die Leitfähigkeit vermindern. Wahrscheinlicher ist aber, daß sich bei der Erwärmung im Kristallgitter kleine Löcher bilden. Sie entstehen aus mehreren negativen und positiven Lücken, die bei der Protonenbestrahlung bei Zimmertemperatur gebildet wurden. Ein solcher Vorgang kann die beobachtete Verminderung der Ionenleitung veranlassen. Dafür spricht das bei derselben Temperatur beobachtete Maximum der Umwandlungswärme (Abb. 80).

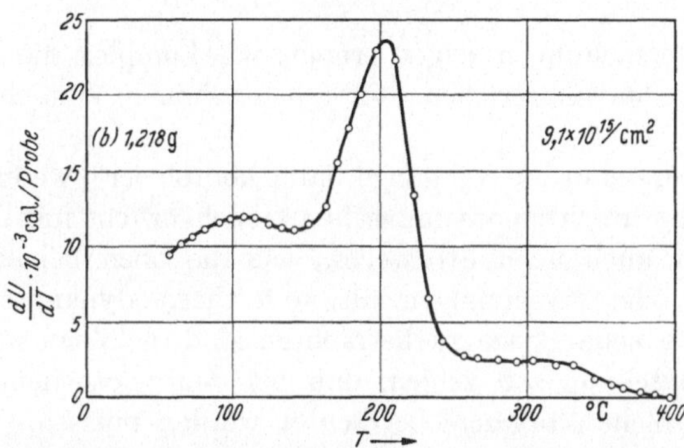

Abb. 80. Änderung der durch Protonenbestrahlung aufgespeicherten Energie während der Erwärmung

Bei der Erwärmung zwischen 150° und 200° C findet ein Abbau der F-, V_3-, M-, N- und R-Banden statt. Dabei entsteht eine neue Bande bei etwa 578 mμ. Diese Bande könnte dem kolloidalem Natrium entsprechen. In diesem Bereich wurde nämlich von MOLLWO das Absorptionsspektrum für kolloidales Natrium gefunden. Parallel zu dieser optisch beobachteten Umlagerung der Zentren findet ein langsamer Anstieg der Ionenleitung bis zu der Temperatur von 200° C statt.

Um auch diesen experimentell beobachteten Vorgang zu verstehen, muß man annehmen, daß in diesem Stadium die zuvor gebildeten kleinen Lückenaggregate aus positiven und negativen Lücken wieder zerfallen. Die Lücken mit positiver Überschußladung können Elektronen einfangen und durch anschließende Ausscheidung kolloidales Natrium bilden. Die zurückgebliebenen Kationenlücken wären dann für die Zunahme der Ionenleitung in diesem Temperaturbereich verantwortlich.

Bei weiterer Erwärmung bis zu 250° C zerfallen die kolloidalen Zentren in freie Halogenionenlücken und Elektronen. Halogenionenlücken bilden mit Kationenlücken erneut neue Lückenaggregate. Dieser Vorgang ist im Absorptionsspektrum durch den Abbau der kolloidalen

Absorption zu beobachten. Gekoppelt damit ist ein neuer Anstieg des elektrischen Widerstandes.

Bei weiterer Erwärmung schließlich erreicht der Kristall infolge der Rekombination der Elektronen mit den Ursprungszentren und infolge erneuter Diffusion materieller Störstellen, die sich im vollständigen Abbau der Absorption der photochemischen Reaktionsprodukte bemerkbar machen, das Gleichgewicht des normalen unbestrahlten Kristalls. Die Leitfähigkeitswerte unterscheiden sich dann bei den entsprechenden Temperaturen nur wenig von denen des unbestrahlten NaCl-Kristalls.

Diese Untersuchungen zeigen erneut, wie komplex die Kinetik der elektronischen und materiellen Störstellen schon in einfachsten Ionengittern ist.

Insbesondere sind die Vorgänge dann kompliziert, wenn neben den Störstellen, die im thermodynamischen Gleichgewicht mit dem idealen Gitter stehen, auch noch Störstellen, wie die oben behandelten gröberen Löcher oder Versetzungen, die vom thermodynamischen Standpunkt als eine neue Phase zu betrachten sind, gebildet werden.

Diese Darstellung soll zeigen, daß bei den photochemischen Prozessen auch solche Vorgänge betrachtet werden müssen.

Elftes Kapitel

Photochemische Prozesse in Ionengittern mit Zusätzen

§ 1. Photochemische Prozesse in Alkalihalogeniden mit Zusatz von Wasserstoffionen

In Ionengittern bewirken geeignete Zusätze zwei Erscheinungen, nämlich die Erweiterung der optisch wirksamen Absorption nach dem langwelligen Spektralbereich und die Stabilisierung der photochemischen Reaktionsprodukte. Im Kapitel VI haben wir gesehen, welche Bedingungen die Zusätze erfüllen müssen, damit eine Sensibilisierung, d.h. eine Erweiterung der Absorption nach dem langwelligen Gebiet, stattfindet. Die Sensibilisierung wird allgemein durch solche Zusätze in geringer Konzentration hervorgerufen, deren Ionen langwelliger als die des Wirtsgitters absorbieren. Das sind insbesondere solche Verbindungen, deren Kationen mit denen des Gitters übereinstimmen, während im Anionenteilgitter die Wirtsgitterionen durch solche von anderer chemischer Beschaffenheit und kleinerer Bindungsenergie für Elektronen ersetzt werden.

Als erstes und einfachstes Beispiel einer photochemischen Reaktion wollen wir die in Alkalihalogeniden mit einem Zusatz von Alkalihydrid betrachten. Alkalihalogenide mit Wasserstoff als Sensibilisator wurden zuerst eingehend von HILSCH und POHL[1] und weiteren Mitarbeitern[2-6] untersucht. Weitere Untersuchungen sind noch von PRINGSHEIM und Mitarbeitern[7,8] durchgeführt worden.

In den mit Wasserstoff sensibilisierten Kristallen kann man die photochemischen Reaktionsprodukte durch Licht des Wellenlängenbereiches der Zusatzabsorption (Kap. VI, § 2, Abb. 32), der *U*-Bande, oder durch Röntgenlicht, wie in reinen Kristallen, erzeugen. In der Abb. 81 ist das Absorptionsspektrum der mit Wasserstoff sensibilisierten KBr-Kristalle nach der Bestrahlung mit Wellenlängen aus dem Bereich der *U*-Bande

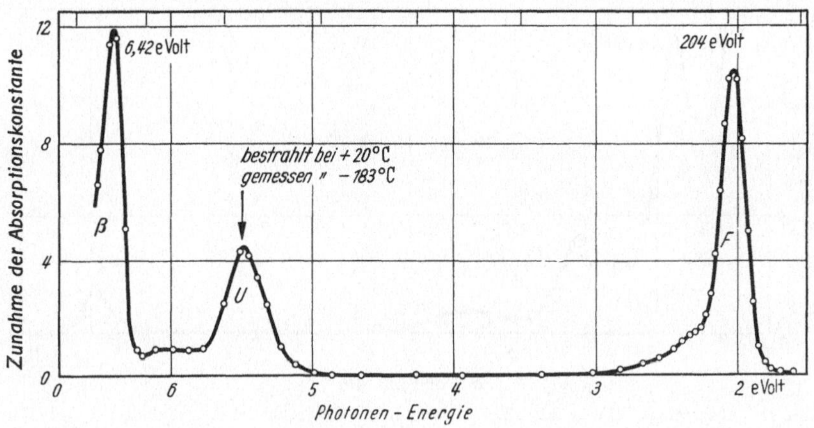

Abb. 81. Absorptionsspektrum der photochemischen Reaktionsprodukte in einem Mischkristall KBr+KH nach der Bestrahlung bei Zimmertemperatur *

dargestellt. Aus Abb. 32 und Abb. 81 entnimmt man zunächst folgende Tatsachen: Infolge der Bestrahlung bei Zimmertemperatur findet ein Abbau der *U*-Bande statt, und es entstehen als Reaktionsprodukte Farbzentren, die im sichtbaren Bereich absorbieren. Gleichzeitig erscheint die von PRINGSHEIM und MARTIENSSEN gemessene, der Eigenabsorption vorgelagerte β-Bande.

Die Lichtabsorption in einem solchen Kristall führt zu einer Abspaltung des Elektrons vom H^--Ion und zu seiner Anlagerung an die im

* In der Abb. 81 muß es an Stelle von 204 eVolt 2,04 eVolt heißen.

[1] R. HILSCH u. R. W. POHL: Gött. Nachr. **1933**, 322, 406; **1936**, 139. — Z. Phys. **108**, 55 (1937).

[2] W. MARTIENSSEN: Naturwiss. **38**, 482 (1951). — Z. Phys. **131**, 488 (1952). — Gött. Nachr. **1952**, 111.

[3] W. MARTIENSSEN u. R. W. POHL: Z. Phys. **133**, 153 (1952).

[4] W. MARTIENSSEN u. H. PICK: Z. Phys. **135**, 309 (1953).

[5] H. PICK u. R. W. POHL: Z. Naturforschg. **6**a, 360 (1951).

[6] H. THOMAS: Ann. Phys. **38**, 601 (1940).

[7] C. J. DELBECQ, B. SMALLER u. P. H. YUSTER: Phys. Rev. **104**, 599 (1956).

[8] C. J. DELBECQ u. P. H. YUSTER: Phys. Rev. **104**, 605 (1956).

Kristallgitter vorhandenen Störstellen $Br^{\bullet}_{\square}$, wo durch Farbzentren im KBr-Gitter entstehen. Dieser einfache Reaktionsprozeß ist schon von HILSCH und POHL[1] erkannt und gedeutet worden.

Die Temperaturabhängigkeit der photochemischen Eigenschaften der U-Zentren ist von HILSCH und POHL und später von THOMAS[6] untersucht worden. Die Messungen von THOMAS und auch von MARTIENSSEN[2] bei tiefen Temperaturen zeigen (Abb. 82), daß nach dem Absorptionsprozeß in der U-Bande bei den Temperaturen von $-183°$ C zuerst neue U'-Zentren entstehen, die sich durch eine Absorption bei etwa 6,14 eV

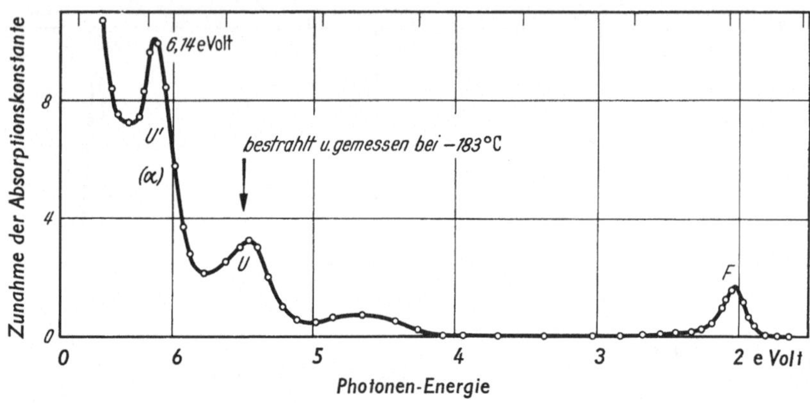

Abb. 82. Absorptionsspektren der Mischkristalle KBr+KH nach der Bestrahlung bei $-183°$ C

bemerkbar machen. Die Konzentration der gebildeten F-Zentren ist zunächst gering. Nach der Abspaltung der Elektronen von den H^--Ionen und ihrer Anlagerung an Bromionenlücken können nämlich noch Sekundärprozesse eingeleitet werden. Die zurückgebliebenen kleinen H-Atome können nach der Abspaltung der Elektronen ihre Gitterplätze verlassen und zusätzlich Anionenlücken erzeugen. Die zurückgebliebene Anionenlücke ist Ursache der U'-Absorption, die mit der α-Bande von PRINGSHEIM identisch ist. Kurzes Erwärmen des Kristalls oder Lichtabsorption in der U'-Bande führen zur Rückbildung der U-Zentren aus den U'-Zentren.

DELBECQ, SMALLER und YUSTER[7] haben die Absorptionsspektren der KCl-Kristalle mit KH-Zusatz bei der Temperatur von 80° K nochmals genau untersucht. Die Ergebnisse ihrer Messungen sind in der Abb. 83 dargestellt. Diese Abbildung zeigt zunächst das Absorptionsspektrum der U-Bande (Kurve a). Nach einer Bestrahlung (5 min) mit ungefiltertem Licht beobachtet man den Abbau der U-Bande, das Entstehen einer neuen Absorption, der U_1-Bande, und eine geringe Konzentration der F-Zentren (Kurve b). Durch weitere Bestrahlung (15 min) findet ein Aufbau der U_2-Bande und der F-Zentren (Kurve c) statt.

Durch nachträgliche Bestrahlung mit gefiltertem Licht in die U_1-Bande wächst sowohl die Absorption der U_2- wie auch der F-Zentren stark an (Kurve d). Schließlich findet durch Bestrahlung mit F-Licht ein teilweiser Abbau der F- und U_2-Absorption statt, während die U-Bande schwach anwächst (Kurve e). Parallel dazu wurden von den Autoren paramagnetische Resonanzspektren untersucht.

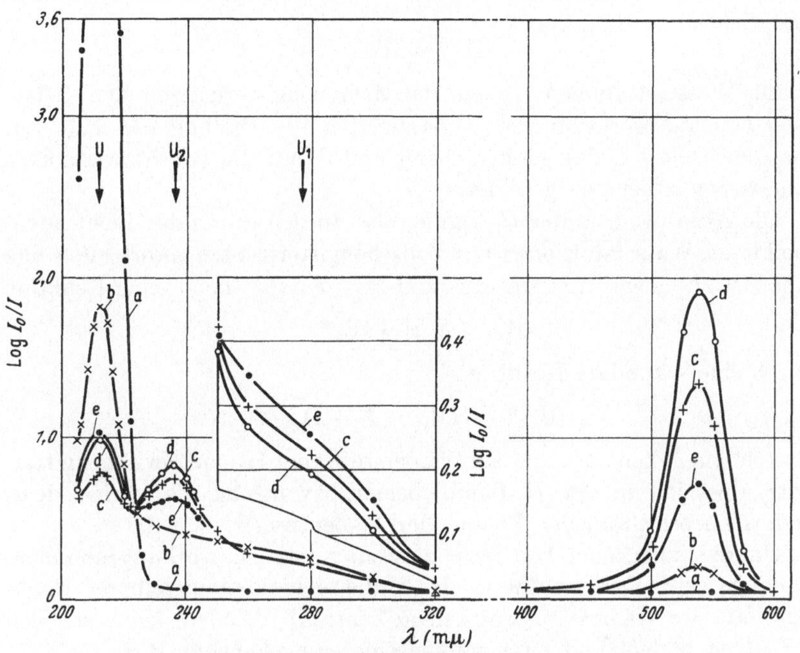

Abb. 83. Absorptionsspektren der Mischkristalle KCl+KH bei 80° K. Der Kurvenverlauf hängt stark von der Dauer der Bestrahlung und von der Wellenlänge ab

§ 2. Photochemischer Reaktionsmechanismus in Alkalihalogenidkristallen mit Zusatz von Wasserstoffionen

Die bei Zimmertemperatur von HILSCH und POHL nach der Absorption der Strahlung allein beobachteten F-Zentren stellen lediglich das Endresultat der sich abspielenden Prozesse dar.

Die experimentellen Ergebnisse von THOMAS, MARTIENSSEN, DELBECQ, SMALLER und YUSTER bei tiefen Temperaturen zeigen, daß noch vor der Bildung und während der Bildung der Farbzentren Sekundärprozesse, die sich in der Absorption von U_1- und U_2-Zentren bemerkbar machen, ablaufen müssen.

Von DELBECQ und YUSTER wurde ein Mechanismus zur Deutung der experimentellen Ergebnisse vorgeschlagen. Danach soll bei Absorption der Strahlung durch ein H^--Ion auf normalem Gitterplatz zunächst ein angeregtes H^{-*}-Ion, entsprechend einer Reaktion

$$H^- + h \cdot \nu \rightarrow H^{-*}$$

gebildet werden. Durch strahlungslose Übergänge wird die Anregungsenergie an die umgebenden Gitterionen übertragen und das Gitter lokal erwärmt. Diese thermische Energie reicht dann aus, um das H^--Ion unter Erzeugung von $H'_\bigcirc$ vom normalen Gitterplatz zu entfernen. Dies entspricht einer Reaktion

$$H^{-*} \rightarrow H'_\bigcirc .$$

Die Wasserstoffionen $H'_\bigcirc$ auf den Zwischengitterplätzen sind Träger einer neuen Absorption, der U_1-Bande. Bei der Bildung von $H'_\bigcirc$ werden gleichzeitig Halogenionenlücken und damit die von MARTIENSSEN gemessenen α-Zentren gebildet.

Die Absorption in der U_1-Bande, also an den durch das Licht zuvor gebildeten Wasserstoffionen auf Zwischengitterplätzen, führt auch hier zunächst zu einem Anregungszustand $H'_\bigcirc{}^*$ entsprechend einer Reaktion

$$H'_\bigcirc + h \cdot \nu \rightarrow H'_\bigcirc{}^*.$$

Durch eine sekundäre Reaktion

$$H'_\bigcirc{}^* + Hal^\bullet_\square \rightarrow F + H_\bigcirc$$

entsteht ein F-Zentrum und ein Wasserstoffatom $H_\bigcirc$ auf Zwischengitterplatz, das sich in der U_2-Bande bemerkbar macht. Es wächst demnach die Absorption der F- und der U_2-Zentren.

Um die experimentellen Ergebnisse zu verstehen, wird angenommen, daß angeregte Wasserstoffionen $H'_\bigcirc{}^*$, die sich in unmittelbarer Nachbarschaft der Halogenionenlücken (α-Zentren) befinden, keine stabilen F-Zentren bilden, und zwar infolge einer umgekehrten Reaktion

$$H_\bigcirc + F \rightarrow H'_\bigcirc + Hal^\bullet_\square .$$

Nur die von der Halogenionenlücke etwas weiter entfernten angeregten $H'_\bigcirc{}^*$ können durch Wanderung des Elektrons mittels eines Tunneleffektes stabile F- und $H_\bigcirc$-Zentren bilden. Die Wanderung des Elektrons von einem $H'_\bigcirc{}^*$ zu einem α-Zentrum durch einen Tunneleffekt unter Bildung von F- und U_2-Zentren ist mit der Wanderung von Excitonen nicht identisch. (Natürlich ist eine solche Wanderung von Elektronen mittels eines Tunneleffektes über mehrere Bausteine nicht so ohne weiteres einzusehen!) Die angeregten $H'_\bigcirc{}^*$, die sich in einem noch weiteren Bereich, als zuvor beschrieben wurde, von den α-Zentren befinden, werden im allgemeinen keine F- und U_2-Zentren bilden. Bei sehr großem Abstand der $H'_\bigcirc{}^*$- von den α-Zentren findet keine Elektronenwanderung durch Tunneleffekt statt. F-Zentren, die nach der Absorption der Strahlung in der U- und U_2-Bande entstanden sind, können durch Bestrahlung mit F-Licht wieder vernichtet werden. Auch hier soll die Absorption eines Lichtquants in der F-Bande ein angeregtes F-Zentrum erzeugen. Das angeregte F^*-Zentrum reagiert durch Tunnelwanderung des Elektrons mit einem Wasserstoffatom auf Zwischengitterplatz und bildet entsprechend einer Reaktion

$$F^* + H_\bigcirc \rightarrow H'_\bigcirc + Hal^\bullet_\square$$

ein Wasserstoffion $H'_\bigcirc$ auf Zwischengitterplatz und eine Halogenlücke. Angeregte Farbzentren F^* reagieren mit Wasserstoffatomen $H_\bigcirc$

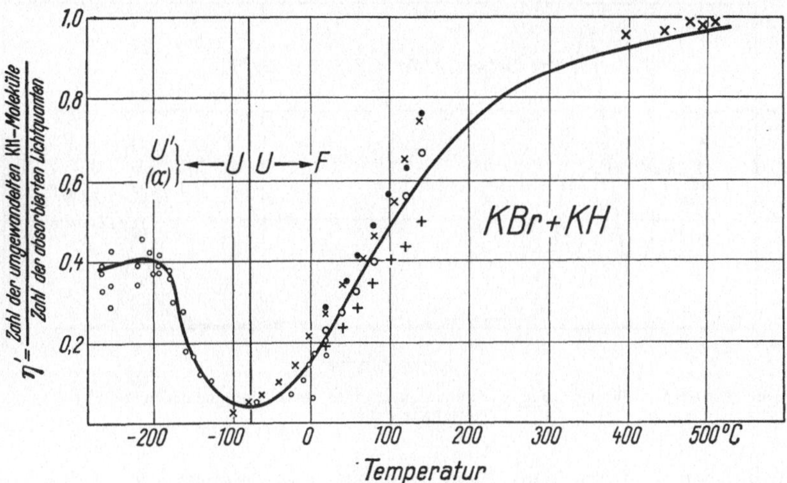

Abb. 84. Die Temperaturabhängigkeit der Quantenausbeute bei dem photochemischen Abbau der U-Bande im KBr-Kristall mit KH-Zusatz

nur dann, wenn die letzteren bei ihrer Diffusion in einen Bereich kommen, der nur wenige Gitterbausteine von den F-Zentren entfernt ist oder sich während der Bestrahlung in unmittelbarer Nachbarschaft aufhalten.

Die Existenz von Wasserstoffatomen infolge Bestrahlung in die U_1-Bande wurde von DELBECQ, SMALLER und YUSTER durch gleichzeitige Messungen der paramagnetischen Resonanz nachgewiesen.

Die Temperaturabhängigkeit der Quantenausbeute ist in der Abb. 84 dargestellt. Bei etwa $-80°$ C zeigt die Quantenausbeute ein deutliches Minimum. Bei höheren Temperaturen ist die Absorption mit der Bildung der Farbzentren, bei tieferen mit der Bildung der U'-Zentren verbunden. Von etwa 500° C an nimmt die Quantenausbeute zur Bildung der F-Zentren mit der Temperatur ab. In dem Temperaturgebiet oberhalb $-80°$ C sind die gebildeten U'-Zentren instabil. Erst unterhalb von $-80°$ C wird eine merkliche Quantenausbeute für die Bildung der U'-Zentren beobachtet.

§ 3. Farbzentrenbildung nach Bestrahlung der wasserstoffionenhaltigen Alkalihalogenidkristalle mit Röntgenlicht

Die Bestrahlung der KBr + KH-Kristalle mit Röntgenlicht führt im allgemeinen zu anderen Reaktionen als die Absorption am Zusatzion. Das Röntgenlicht wird im Grundgitter absorbiert. Neben den freien Elektronen, die sich an Störstellen anlagern, erscheinen zusätzlich, ebenso wie in reinen Salzen, Defektelektronen, die im Kristallgitter

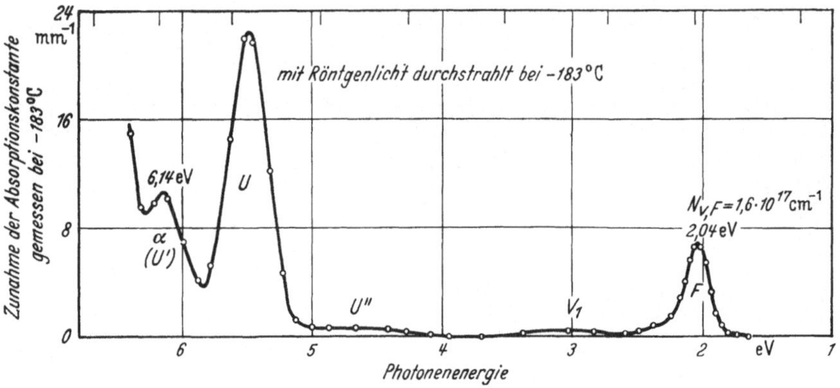

Abb. 85. Farbzentrenbildung nach der Bestrahlung eines wasserstoffionenhaltigen KBr-Kristalls mit Röntgenlicht

diffundieren können. Die Beweglichkeit der Defektelektronen ist in reinen Salzen bei Zimmertemperatur schon so groß, daß sie mit den gebildeten Farbzentren rekombinieren. Die Rekombination wird verhindert, sobald der KBr-Kristall H^--Ionen enthält. Die negativen H^--Ionen mit schwach gebundenen Elektronen werden mit den Defektelektronen reagieren und neutrale H-Atome erzeugen. Dadurch entsteht die Möglichkeit, die Defektelektronen zu lokalisieren und ihre weitere Wanderung im Kristallgitter zu verhindern. Die Lokalisation der Defektelektronen führt zu einer Behinderung der Rekombination, so daß im Gegensatz zu den reinen Kristallen auch bei höheren Temperaturen in einem KBr + KH-Mischkristall photochemische Reaktionsprodukte stabilisiert werden können. Damit besitzt der Zusatz von H^--Ionen im Grundgitter der Alkalihalogenide neben der sensibilisierenden auch noch eine stabilisierende Wirkung. Die Träger der Defektelektronenabsorption, die verschiedenen *V*-Zentren in reinen Alkalihalogeniden, werden in kaliumhydridhaltigen Alkalihalogenidkristallen durch Rekombination vernichtet, so daß hier die *V*-Banden nach Bestrahlung mit Röntgenlicht in nicht so starkem Maße auftreten (Abb. 85). Durch die Lokalisierung der Defektelektronen in den KBr+KH-Kristallen wird die Ausbeute an Farbzentren bei Bestrahlung mit Röntgenlicht gegenüber zusatzfreien Kristallen bedeutend gesteigert. Als Folge der Lokalisierung der Defektelektronen an den H^--Ionen nimmt nach der Bestrahlung mit Röntgenlicht auch die Absorption der *U*-Bande ab. Bei bedeutend höheren Temperaturen werden die Defektelektronen abgespalten und beweglich gemacht. Deshalb wird erst bei Temperaturen von etwa 500° C eine Rekombination der Farbzentren mit den Elektronen stattfinden.

Wir haben an dem Beispiel eines KBr + KH-Mischkristalles gesehen, welche Bedeutung der Ersatz des Br^--Ions durch ein H^--Ion für die Bildung der photochemischen Reaktionsprodukte besitzt.

Neben der sensibilisierenden und stabilisierenden Wirkung der Zusatz-Ionen spielt die Beschaffenheit und die Störstellenkonzentration des reinen Grundgitters noch eine bedeutende Rolle. Auch die Wechselwirkung mit Störstellen, die durch den Zusatz bedingt sind, muß berücksichtigt werden. Bei den Alkalihalogeniden mit einem Zusatz von KH liegen die Verhältnisse besonders einfach. Dadurch, daß die H^--Ionen gegenüber dem Anionenteilgitter des Grundmaterials keine Überschußladung besitzen, bleibt die Störstellenkonzentration des Grundgitters auch bei der Zugabe der H^--Ionen unverändert.

§ 4. Allgemeines über photochemische Prozesse der Alkalihalogenide mit zweiwertigen und anderen Anionenzusätzen

Anders liegen die Verhältnisse bei dem Ersatz der Ionen des Wirtsgitters durch solche mit einer Überschußladung. Bei dem Ersatz von Halogenionen durch zweiwertige Anionen werden aus Neutralitätsgründen zusätzlich Halogenlücken entstehen und die Störstellenkonzentration des Grundgitters beeinflussen. Die Behandlung solcher Probleme bietet, falls man von Strukturfehlern absieht, keine besondere Schwierigkeit, da wir stets, wie wir schon früher gesehen haben, die Störstellen mit den Gesetzen der statistischen Thermodynamik behandeln können. Im allgemeinen vermehren zweiwertige Anionenzusätze in Alkalihalogeniden die Konzentration der Störstellen, die als Fänger für Elektronen dienen, und erzeugen durch Assoziationen neue Sorten von Störstellen, die im reinen Gitter nicht vorkommen.

Früher schon untersuchten POHL und seine Mitarbeiter[9,10,11] den Einfluß der Sauerstoffionen auf die photochemischen Prozesse in Alkalihalogeniden. Obwohl gerade diese Zusätze weiteres Material zur Beherrschung des Mechanismus der photochemischen Prozesse liefern,

[9] A. D. v. LÜPKE: Ann. Phys. **21**, 1 (1934).
[10] S. AKPINAR: Ann. Phys. **37**, 429 (1940).
[11] K. KORTH: Gött. Nachr. **1935**, 221.

tragen die Untersuchungen bei diesen Substanzen zunächst nur einen qualitativen Charakter. Die Ursache liegt in der Schwierigkeit, Mischkristalle mit genau definierten Zusätzen herzustellen. Qualitative Messungen an KCl-Kristallen mit O-Zusätzen zeigen, ähnlich wie bei KH-Zusatz, eine bedeutend höhere Ausbeute an photochemisch erzeugten Farbzentren infolge der zusätzlichen Lückenkonzentration nach der Bestrahlung im Wellenlängenbereich der sensibilisierenden Absorption. Neben den Farbzentren entstehen wahrscheinlich durch Anlagerung von Elektronen an assoziierte Störstellen neue photochemische Reaktions-

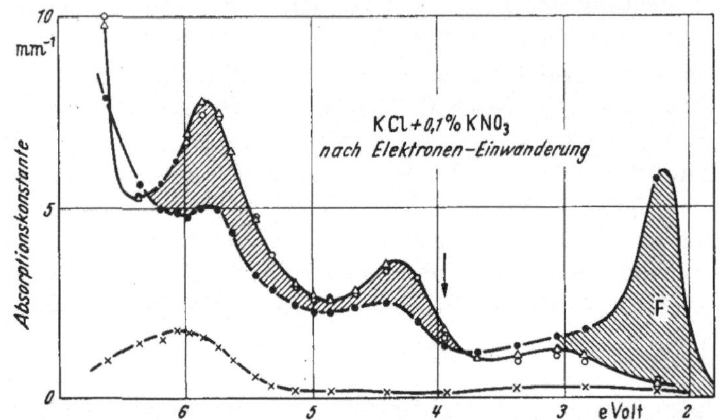

Abb. 86. Absorptionsspektren der photochemischen Reaktionsprodukte eines $KCl+KNO_3$-Kristalls nach Bestrahlung. × unbehandelter Kristall; ○ Kristall nach Elektroneneinwanderung, ● nach Einstrahlung photochemisch wirksamen Lichtes. Der Pfeil bezeichnet die benutzte Bestrahlungswellenlänge

produkte, die sich durch neue Spektren, deren Analyse nicht einfach ist, bemerkbar machen.

Kaliumhydroxyd als Zusatz besitzt für photochemische Prozesse sowohl sensibilisierende wie auch stabilisierende Wirkungen. Dieselben Eigenschaften haben in Alkalihalogeniden alle Zusätze, deren Anionen eine Überschußladung besitzen. Wegen der gegenüber den Elektronen des Grundgitters schwächeren Bindung sind die Elektronen der zweiwertigen Anionen fähig, die durch Absorption im Grundgitter erzeugten beweglichen Defektelektronen einzufangen und zu lokalisieren.

Es sind noch andere zahlreiche Zusätze, z. B. KNO_3 und KOCN[9,10,11], in Alkalihalogeniden untersucht worden. Alkalihalogenidkristalle mit KNO_3-Zusatz, die noch nachträglich durch Elektroneneinwanderung sensibilisiert wurden, zeigen ausgezeichnete photochemische Eigenschaften. Eine nachträgliche Einwanderung zusätzlicher Elektronen kann auch durch das Tempern der Mischkristalle in Alkalidampf bei höheren Temperaturen erfolgen. Die Abb. 86 zeigt die Absorption der photochemischen Reaktionsprodukte in einem solchen Kristall. Allerdings ist die Struktur der durch diese Behandlung entstandenen sensibilisierenden Zentren nicht bekannt. Es kann sich eventuell um die Bildung von K_2O-Zentren handeln, die auf diesem Wege durch sekundäre Reaktionen in höheren Konzentrationen erzeugt werden.

§ 5. Photochemische Reaktion der farbzentrenhaltigen Alkalihalogenide mit Sr- und Ca-Zusatz

In reinen Ionengittern können die durch Erhitzen im Dampf des Kationenmetalls gebildeten überschüssigen Elektronen an thermodynamisch bedingten oder strukturbedingten Störstellen gebunden werden. Dabei werden die Störstellen mit den tiefsten unbesetzten Energietermen bevorzugt. Die Bindung der überschüssigen Elektronen an isolierten Anionenlücken im tiefsten Energieterm führt zur Bildung der stabilen Farbzentren. Durch Absorption des Lichtes in den Farbzentren können die Elektronen abgespalten, anschließend an Störstellen mit einer schwächeren Bindung eingefangen werden und auf diese Art andere photochemische Reaktionsprodukte bilden. Die Temperatur muß nur so tief sein, daß keine wesentliche thermische Anregung der Elektronen in der neuen schwächeren Bindung erfolgt. (Von der Bildung der noch stabileren Produkte, der Aggregate von Farbzentren, die Kolloide bilden, sehen wir zunächst ab.) Nur dann können die neugebildeten photochemischen Reaktionsprodukte beobachtet werden. Die ersten Messungen einer photochemischen Reaktion in verfärbten Ionenkristallen wurden, insbesondere an Alkalihalogeniden, von GUDDEN und POHL[12] und später von SMAKULA[13] und GYULAI[14] veröffentlicht. Die Reaktion wurde von ihnen als Erregung bezeichnet. Eingehende und genaue Messungen an additiv verfärbten Alkalihalogenidkristallen wurden zuerst von PICK[15] durchgeführt. Er zeigte, daß nach der Absorption des Lichtes in der Farbzentrenbande eines Kaliumchloridkristalls bei $-170°$ C (Abb. 73) die Farbzentrenbande bis zu 75% abgebaut sein kann.

Photochemische Reaktionsprodukte in additiv verfärbten Alkalihalogeniden mit Zusätzen von Erdalkalichloriden wurden von PICK[16] untersucht. Der Einbau der Erdalkaliionen in Alkalihalogeniden erfolgt, indem Wirtsgitterkationen durch zweiwertige Kationen ersetzt werden. Aus Neutralitätsgründen entstehen zusätzliche Kationenlücken im

[12] B. GUDDEN u. R. W. POHL: Z. Phys. **31**, 651 (1925); **34**, 245 (1925).
[13] A. SMAKULA: Z. Phys. **59**, 603 (1930).
[14] Z. GYULAI: Z. Phys. **31**, 296 (1925); **32**, 103 (1925); **33**, 251 (1925).
[15] H. PICK: Ann. Phys. **31**, 365 (1938).
[16] H. PICK: Z. Phys. **114**, 127 (1939). — Ann. Phys. **35**, 73 (1939).

Kristallgitter. Die Konzentration der einzelnen Störstellen, d.h. der Kationen- und Anionenlücken und der zweiwertigen Erdalkalikationen, wird bei Gültigkeit der Schottkyschen Fehlordnungstheorie durch die Massenwirkungsgleichungen beschrieben, die in Kapitel I abgeleitet wurden. Sie gelten allerdings nur für geringe Zusatzkonzentrationen. Die Konzentration der bei der Erwärmung der Alkalihalogenid-Erdalkalihalogenid-Mischkristalle im Alkalidampf überschüssig eingebauten Elektronen wird im thermodynamischen Gleichgewicht mit Hilfe des chemischen Potentials des Dampfes und der chemischen Potentiale

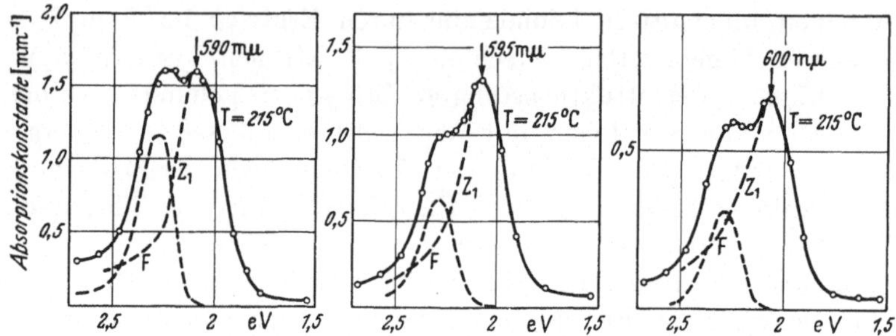

Abb. 87. Absorptionsspektren der F- und Z_1-Bande eines KCl-Kristalls mit $CaCl_2$, $SrCl_2$ und $BaCl_2$ bei $-215°$ C. Die gestrichelten Kurven stellen eine graphische Zerlegung dar. (In der Abbildung ist irrtümlich die Temperatur 215° C statt $-215°$ C angegeben.)

sämtlicher Störstellen des Alkalihalogenidkristalls bestimmt. In seiner Arbeit zeigte PICK, daß die Gleichgewichtskonzentration der Farbzentren in Alkalihalogenidkristallen mit Erdalkalichlorid-Zusatz derjenigen der reinen Kristalle entspricht. Dies bedeutet, daß die Fehlordnungskonzentration von Alkali- und Halogenionenlücken des Mischkristalls sich von derjenigen des reinen Salzes kaum unterscheidet. Daraus kann geschlossen werden, daß die eingebauten Erdalkaliionen, z.B. Strontiumionen, fast vollständig mit Kaliumlücken assoziieren. Nur ein geringer Bruchteil der Strontiumionen ist dissoziiert eingebaut.

Kaliumchloridkristalle mit $CaCl_2$-, $SrCl_2$- und $BaCl_2$-Zusatz zeigen nach der Verfärbung im Kaliumdampf nur die Absorption der F-Zentren. Durch die nachträgliche Einstrahlung in das Absorptionsmaximum der F-Bande bei Zimmertemperatur entstehen neue Banden, die sich in der Lage der Maxima und in ihrer Halbwertsbreite von der F-Bande unterscheiden. Nach der Abkühlung auf $-215°$ C zeigen die Banden eine Struktur und lassen sich einwandfrei in zwei Banden auflösen (Abb. 87). Die eine davon ist die F-Bande, während die langwelligere, die Zusatzbande Z_1, mit der Anwesenheit von Erdalkaliionen verknüpft ist.

CAMAGNI und CHIAROTTI[17,18], die die Entstehung dieser Banden genauer untersucht haben, konnten zeigen, daß die letztere einer Anlagerung des Elektrons — wie schon früher SEITZ vermutete — an das zweiwertige dissoziierte Erdalkaliion entspricht. Die Z_1-Zentren sind stabil. Sie werden nicht durch Licht abgebaut, wie das bei den F'-Zentren der Fall ist. Bei der Absorption werden keine freien Elektronen erzeugt. Wahrscheinlich handelt es sich nur um eine Anregung des Elektrons in der Z_1-Bindung. CAMAGNI und CHIAROTTI zeigen, daß nach längerer Bestrahlung von Kaliumchloridkristallen mit etwa $5{,}5 \cdot 10^{-5}$ (Gitterkonzentration) Strontiumchloridzusatz maximal etwa $3 \cdot 10^{16}$ Z_1-Zentren erzeugt werden. Dies entspricht nur einem kleinen Bruchteil der eingebauten zweiwertigen Strontiumionen. Daraus schließen sie, daß die meisten Strontiumionen mit Kaliumlücken assoziiert sind. Ein ähnliches Verhalten zeigen auch die Farbzentren, die durch Bestrahlung mit Röntgenstrahlen im Mischkristall $KCl + SrCl_2$ erzeugt werden.

Überraschend ist zunächst, daß frisch hergestellte und mit Röntgenstrahlen bestrahlte Kristalle keine Z_1-Zentren besitzen. Es besteht nämlich eine gewisse Wahrscheinlichkeit dafür, daß die durch Röntgenstrahlen erzeugten freien Elektronen nicht nur von den Chlorionenlücken, sondern auch von den zweiwertigen Erdalkaliionen eingefangen werden können.

Um diesen experimentellen Tatbestand zu erklären, müßte man fordern, daß die Konzentration der Halogenlücken in frisch hergestellten Kristallen bedeutend größer als in den gelagerten ist und sich erst im Laufe der Zeit verringert. Berücksichtigt man nämlich, daß durch Zusätze, wie im Kapitel XI, § 8 gezeigt wird, die Gleichgewichtseinstellung der Störstellenkonzentration langsam erfolgt, dann ist es möglich, die beobachteten Unterschiede in der Konzentration der Z_1-Zentren bei frischen und gelagerten Kristallen qualitativ zu verstehen.

Nach der Erzeugung der Z_1-Zentren und der Erwärmung der Kaliumchloridkristalle über 110° C verschwindet die Z_1-Bande bereits im Dunkeln. Dabei entsteht neben der F-Bande eine neue Z_2-Absorption. Diese liegt noch langwelliger als die Z_1-Bande. In Kaliumchloridkristallen mit Strontiumchloridzusatz liegt sie bei $-215°$ C bei 635 mμ. Sie kann im Gegensatz zur Z_1-Bande auch durch Licht in andere Banden übergeführt werden. Die Struktur der Z_2-Zentren ist nicht bekannt. SEITZ vermutet, daß es sich bei ihnen um die Anlagerung von Elektronen an zweiwertige Erdalkaliionen handelt, in deren Umgebung sich eine neutrale Doppellücke befindet.

---

[17] P. CAMAGNI u. G. CHIAROTTI: Nuovo Cim. **11**, 1 (1954).

[18] P. CAMAGNI, G. CHIAROTTI, F. G. FUMI u. L. GIULOTTO: Phil. Mag. **45**, 225 (1954).

§ 6. Einstellung der Störstellengleichgewichte in Silberhalogeniden mit Zusätzen

Als einfache Beispiele photochemischer Reaktionen wurden zuerst Alkalihalogenide mit Zusätzen behandelt. Sowohl vom physikalischen wie auch vom technischen Gesichtspunkt aus ist die Photochemie der Silberhalogenide mit Zusätzen von besonderem Interesse.

In Silberhalogeniden sind im Gegensatz zu den Alkalihalogeniden, die im reinen Zustande praktisch nur den Schottkyschen Fehlordnungstyp zeigen, sowohl Frenkelsche wie auch Schottkysche Fehlordnung vorhanden. Insbesondere bei hohen Temperaturen erreicht man im thermodynamischen Gleichgewicht, wie aus der Messung der Ionenleitung (Kapitel III) ermittelt wurde, Fehlordnungskonzentrationen von einigen Mol-%. Bei Temperaturen unterhalb von 300° C ist im Gleichgewicht im wesentlichen nur die Frenkelsche Fehlordnung verwirklicht. Es ist möglich, fast sämtliche Substanzen in geringen Konzentrationen in Silberhalogeniden einzubauen. Deshalb spielt der Reinheitsgrad der Ausgangssubstanz bei der Herstellung der Silberhalogenidkristalle eine besondere Rolle. Noch eine wichtige Bemerkung muß hinzugefügt werden. Die Herstellung der Kristalle mit Zusätzen erfolgt im allgemeinen bei hohen Temperaturen, bei denen sich sämtliche Störstellen des Kristallgitters leidlich im thermodynamischen Gleichgewicht befinden. Werden solche Kristalle anschließend auf tiefe Temperaturen gebracht, dann ist infolge der kleinen Beweglichkeit einer Störstellensorte im Kristallgitter keine rasche Einstellung des Gesamtgleichgewichts möglich.

In reinen Silberhalogeniden erfolgt die rasche Gleichgewichtseinstellung bei jeder Temperatur durch Ausscheidung langsam beweglicher Störstellen im Innern der Kristalle durch Anlagerung in Form linearer Lückenaggregate an die im Kristallgitter vorhandenen Stufenversetzungen (Abb. 77). Solche Vorgänge sind in Silberhalogeniden mit zusätzlich eingebauten Anionen, z. B. S'_G an Stelle von Br^-, nicht mehr in der gleichen Weise möglich.

Würde z. B. in der Schmelze dem Silberhalogenid Ag_2S in einer Konzentration von etwa 0,01 Mol-% zugegeben, dann müßte infolge der geringen Löslichkeit von Ag_2S bei Zimmertemperatur bei einer raschen Gleichgewichtseinstellung praktisch eine vollständige Ausscheidung des Zusatzes spontan erfolgen. Eine Ausscheidung der Zusatzionen in Kombination mit anderen Störstellen, z. B. Halogenlücken in Form linearer Ketten oder gröberer Aggregate, ist infolge der geringen Diffusionsgeschwindigkeit der S'_G nicht mehr möglich und steht auch im Widerspruch mit den experimentellen Ergebnissen. Eine Ausscheidung läßt sich z. B. durch Messung der optischen Streuung an gröberen Aggregaten leicht beobachten.

Selbstverständlich ist auch hier, ähnlich wie im reinen Silberhalogenid, eine Anlagerung von Lückenaggregaten, die nur aus Doppellücken bestehen, unter Bildung von Sprungstellen möglich.

An den Versetzungslinien kann zwar eine bevorzugte Anlagerung von Zusatzionen oder assoziierten Störstellen, ähnlich derjenigen wie sie von BASSANI und THOMSON[19] (Kapitel I) behandelt wurde, erfolgen. Diese Anlagerungsprozesse reichen jedoch nicht aus, um die Gleichgewichtseinstellung sämtlicher durch Zusatz erzeugten Störstellenkonzentrationen zu bewirken. Die Sprungfrequenzen der Zusatzionen, z.B. der S'_G, sind noch um einige Größenordnungen geringer als diejenigen von Halogenlücken, so daß die Einstellung des Gleichgewichts beim Abkühlen von hoher Temperatur, die sich durch Ausscheidung von Ag_2S bemerkbar machen müßte, nicht mehr erfolgen kann.

Wir haben es demnach nur mit Teilgleichgewichten der rasch beweglichen Störstellenteilchen zu tun. Die Gleichgewichtskonzentrationen der rasch beweglichen Teilchen hängen jedoch eindeutig von der Konzentration der langsamen ab. Gerade diese Nichtgleichgewichtszustände sind für die photochemischen Prozesse in Kristallen mit Zusätzen von entscheidender Bedeutung. Sie machen diese überhaupt erst möglich. Deshalb ist bei photochemischen Untersuchungen nicht allein die Herstellung der Mischkristalle und die Konzentration des Zusatzes wichtig. Maßgebend ist noch, in welchem Zustand der Kristall auf die Untersuchungstemperatur gebracht wurde und ob dieser Zustand während der Untersuchung erhalten bleibt. Während bei den photochemischen Vorgängen in Alkalihalogeniden nur die Elektronenprozesse, mit Ausnahme der Vorgänge bei Röntgenbestrahlung, berücksichtigt wurden, haben in Silberhalogeniden mit Zusätzen die Ionenprozesse bis zur Temperatur der flüssigen Luft einen bedeutenden Anteil. Vielleicht wird auch in Alkalihalogeniden die Berücksichtigung solcher Ionenprozesse einen weiteren Beitrag zur Klärung der Erscheinungen liefern. Zunächst sind jedoch diese nicht berücksichtigt worden, da sie nur kleine Effekte verursachen.

§ 7. Photochemische Prozesse in Silberhalogeniden mit Ag_2S- und Ag_2Se-Zusatz

Es ist naheliegend, in Silberhalogeniden, ähnlich wie in Alkalihalogeniden, solche Zusätze zu untersuchen, deren Elektronen eine bedeutend lockerere Bindung als die der Grundgitteranionen besitzen und die sowohl sensibilisierende wie stabilisierende Eigenschaften zeigen. Als solche Zusätze eignen sich insbesondere die zweiwertigen Sauerstoff-, Schwefel-, Selen- und Tellurionen. Besonders einfach können in experimentell

[19] B. F. BASSANI u. R. THOMSON: Phys. Rev. **102**, 1264 (1956).

genau feststellbaren Konzentrationen Schwefel- und Selenionen den Silberhalogeniden hinzugefügt werden. Silberhalogenide mit Schwefel- und Selenionenzusatz[20-32] wurden in letzter Zeit eingehend untersucht.

Wir wollen hier auf die Versuche, die mit zusätzlich auf die äußere Oberfläche der Silberhalogenide aufgebrachtem Ag_2S gemacht wurden, infolge der dabei auftretenden komplizierten Verhältnisse nicht eingehen. Auch sollen hier sämtliche Untersuchungen, die an Emulsionen der photographischen Industrie gemacht wurden, nicht berücksichtigt werden. Die Zahl dieser Untersuchungen, die sicher für die photographische Industrie von besonderer Wichtigkeit sind, ist groß. Jedoch ist es infolge der komplexen Erscheinungen, die zusätzlich durch die Wechselwirkung der Silberhalogenidkörner mit der Gelatine auftreten und die der direkten physikalischen Untersuchung weniger zugänglich sind, schwierig, einen vernünftigen Weg zur Deutung der sich dabei abspielenden Vorgänge zu finden.

Wir wenden uns deshalb denjenigen photochemischen Untersuchungen zu, die ähnlich wie an Alkalihalogeniden an AgBr- oder AgCl-Kristallen mit definierten Zusätzen gemacht wurden.

Die Untersuchungen über photochemische Prozesse sind an reinem AgCl von Hilsch und Pohl, sowie von Löhle durchgeführt worden. Sie konnten feststellen, daß sich infolge der Bestrahlung kolloidales Silber bildet. Vorkolloidale Zentren wurden nicht beobachtet.

Die vorkolloidalen Prozesse, also die eigentlichen primären photochemischen Prozesse, wurden von Stasiw[21] und später von Seifert[22], Schöne[23], Volke[25], Scholz[26] und Jeltsch[32] an Silberhalogeniden mit zweiwertigen Anionenzusätzen untersucht.

Ähnlich wie Alkalihalogenide mit KH-Zusatz zeigen Silberhalogenide mit Anionenzusätzen eine der Eigenabsorption vorgelagerte Zusatzabsorption, die, wie wir in Kapitel VI, § 4, gesehen haben, bei der

---

[20] O. Stasiw u. J. Teltow: Gött. Nachr. **1941**, 93, 100, 110; **1944**, 155. — Ann. Phys. **40**, 181 (1941). — Z. wiss. Photographie **40**, 157 (1941). — Z. Naturforschg. **6a**, 363 (1951).

[21] O. Stasiw: Z. Phys. **127**, 522 (1950); **130**, 39 (1951); **134**, 106 (1952). — Z. Elektrochem. u. angew. phys. Chem. **56**, 749 (1952).

[22] G. Seifert u. O. Stasiw: Z. Phys. **140**, 97 (1955).

[23] E. Schöne: Z. Phys. **136**, 52 (1953).

[24] G. Seifert, O. Stasiw u. Chr. Volke: Naturwiss. **41**, 58 (1954).

[25] Chr. Volke: Z. Phys. **138**, 623 (1954). — Ann. Phys. **19**, 203 (1956).

[26] A. Scholz: Z. Phys. **137**, 207 (1954). — Ann. Phys. **19**, 175 (1956).

[27] J. H. Burrow u. J.W. Mitchell: Phil. Mag. **45**, 208 (1954).

[28] J.W. Mitchell: Z. Elektrochem. u. angew. phys. Chem. **60**, 537 (1956).

[29] O. Stasiw: in Halbleiter und Phosphore Braunschweig 1958.

[30] L. Jung: Z. Phys. **146**, 457 (1956).

[31] M. A. Gilleo: Phys. Rev. **91**, 534 (1953).

[32] E. Jeltsch: Ann. Phys. (7) **2**, 1, 81 (1958).

Temperatur der flüssigen Luft eine Struktur besitzt. Diese Absorption bewirkt, daß die Kristalle für langwelligeres Licht empfindlich sind, besitzt also sensibilisierende Wirkung.

In Abb. 88 ist das Absorptionsspektrum der photochemischen Reaktionsprodukte dargestellt, das von STASIW nach Bestrahlung bei der Temperatur von $-120°$ C mit Licht der Wellenlänge 436 mμ in AgBr-Kristallen mit 0,02 Mol-% Ag_2S-Zusatz gemessen wurde. Die Messung der Absorption erfolgte bei der Temperatur der flüssigen Luft. Das Absorptionsspektrum zeigt mehrere Maxima, bei etwa 540, 660 und 720 mμ, und ein weiteres im kurzwelligen Bereich. Dieses Absorptionsspektrum und insbesondere die Lage der einzelnen Maxima wird nur dann reproduziert, wenn ganz spezielle Herstellungs- und Behandlungsbedingungen des Mischkristalls genau eingehalten werden. Dies betrifft besonders den Abkühlungsprozeß, der sich an die Herstellung anschließt, die Reinheit der Kristalle, die Intensität des eingestrahlten Lichtes und die Dauer der Bestrahlung. In dem vorliegenden Beispiel wurde der Mischkristall etwa 10 Std lang bei 400° C getempert, anschließend rasch auf Zimmertemperatur abgekühlt und dann nach etwa 15 min auf die Temperatur von $-120°$ C gebracht.

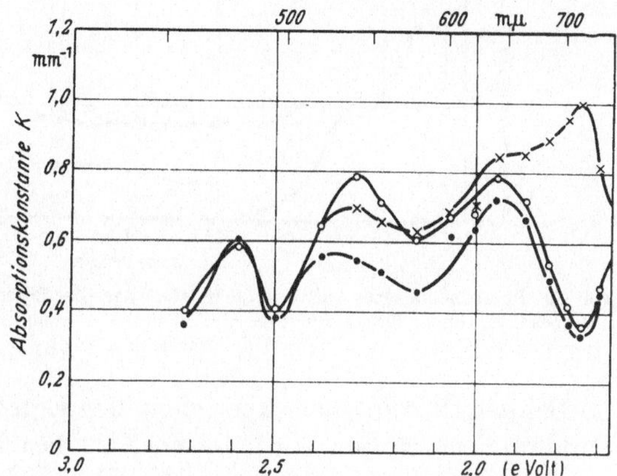

Abb. 88. Absorptionsspektrum photochemischer Reaktionsprodukte eines AgBr + Ag_2S-Kristalls nach der Bestrahlung bei $-120°$ C. × Absorption nach 8 min Belichtung mit 436 mμ; ○ Absorption des gleichen Kristalls 2 Std nach der Belichtung; ● Absorption des gleichen Kristalls nach halbstündiger Einstrahlung in die Bande bei 2,3 eV

VOLKE hat nochmals die gleichen Untersuchungen an AgBr-Kristallen mit Ag_2S-Zusatz durchgeführt. Er hatte Mischkristalle AgBr + Ag_2S in gleicher Weise wie STASIW und SEIFERT abgeschreckt, jedoch wurde von ihm die bei den früheren Versuchen womöglich vorhandene unbeabsichtigte Verformung der Kristalle vermieden. Die entsprechenden Absorptionsspektren nach der Bestrahlung mit 490 mμ sind in der Abb. 89 dargestellt. Von ihm wurde ein Maximum bei etwa 900 mμ bis 1 μ gefunden. Das Spektrum der Reaktionsprodukte im kurzwelligen Bereich zeigt einen kontinuierlichen Verlauf. Es wurde keine Struktur kurzwelliger als 900 mμ beobachtet.

In der Abb. 90 ist das Absorptionsspektrum der photochemischen Reaktionsprodukte der AgBr-Ag_2Se-Mischkristalle dargestellt. Obwohl das sensibilisierende Spektrum von Ag_2Se-haltigen AgBr-Kristallen langwelliger als dasjenige von Ag_2S-haltigen ist, liegt die Absorption der gebildeten photochemischen Reaktionsprodukte kurzwelliger.

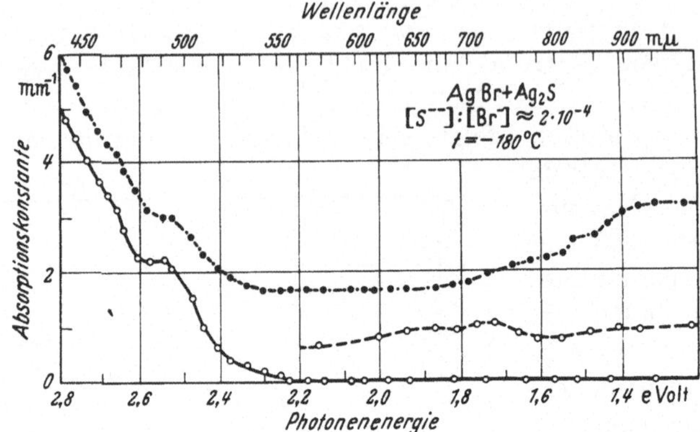

Abb. 89. Photochemie eines $AgBr + Ag_2S$-Kristalls nach der Bestrahlung bei $-140°$ C. —— Absorptionsspektrum vor der Bestrahlung; ---- Kurve —×— aus der Abb. 88; —•—• Absorption nach der Bestrahlung

Bei der Deutung der experimentellen Ergebnisse, die in den nächsten Paragraphen erfolgen wird, ist noch zu beachten, daß die Absorption der photochemischen Reaktionsprodukte, wie sie in den Abb. 88, 89

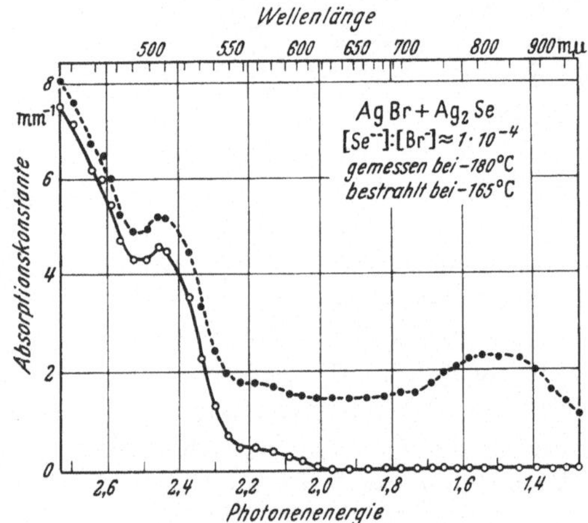

Abb. 90. Photochemie eines $AgBr + Ag_2Se$-Kristalls nach der Bestrahlung bei $-165°$ C. —— Absorptionsspektrum vor der Bestrahlung; ---- Absorption nach der Bestrahlung

und 90 zu sehen ist, sich weit in das Gebiet der sensibilisierenden Absorption erstreckt. Nur am Anfang der Bestrahlung wird daher jedes eingestrahlte Lichtquant in sensibilisierenden Zentren absorbiert und steht damit für die Bildung der photochemischen Reaktionsprodukte zur

Verfügung. Bei weiterer Bestrahlung erfolgt neben dem Aufbau auch der Abbau der photochemisch gebildeten Zentren, deren Absorption im kurzwelligen Bereich liegt.

Werden die Mischkristalle von hoher Temperatur langsam abgekühlt, so daß eine vollständige Entmischung stattfindet, dann besitzen sie, wie STASIW, VOLKE zeigten, bei $-140°$ C keine Möglichkeit, bei der Bestrahlung photochemische Reaktionsprodukte zu bilden. Daraus kann gefolgert werden, daß nur in Ionenform gelöstes oder molekulardispers verteiltes Ag_2S für die Bildung der photochemischen Reaktionsprodukte in Silberhalogeniden verantwortlich gemacht werden kann.

Auch die Mischkristalle, die aus der Schmelze abgeschreckt wurden, besitzen einen erheblichen Bruchteil ausgeschiedenen Silbersulfids. Erst durch lange Temperung dicht unterhalb des Schmelzpunktes der Kristalle gelingt es, Ag_2S dispers einzubauen. Eine Lagerung der Kristalle bei Zimmertemperatur bewirkt ebenfalls eine Ausscheidung von Ag_2S. Die Löslichkeit von Ag_2S bei Zimmertemperatur ist so gering, daß das gelöste Ag_2S durch optische Messungen nicht feststellbar ist.

§ 8. Thermodynamische Behandlung von Störstellengleichgewichten in Silberhalogeniden mit Zusatz von zweiwertigen Anionen

Der experimentelle Tatbestand kann theoretisch erfaßt werden, wenn man nach dem Schicksal der einzelnen Störstellen in Silberhalogeniden mit Anionenzusätzen fragt und zunächst ihr Verhalten vor der Bestrahlung untersucht. Dabei wollen wir uns auf AgBr mit Ag_2S-Zusatz beschränken. Ähnliche Überlegungen gelten auch für andere Zusätze, sowie für AgCl-Mischkristalle.

Wird ein Ag_2S-haltiger AgBr-Kristall bei 400° C längere Zeit getempert, so stellt sich ein Gleichgewicht der Störstellenverteilung ein. Für die Konzentrationen $x_{\bigcirc}$, $x_{\square A}$, $x_{\square B}$, x_S der Störstellen $Ag^{\cdot}_{\bigcirc}$, $Ag'_{\square}$, $Br^{\cdot}_{\square}$, S'_G und die Konzentrationen $x_{\square AB}$, x_k, x'_k der Störstellenassoziate $(Ag'_{\square}Br^{\cdot}_{\square})$, $(Ag^{\cdot}_{\bigcirc}S'_G)$, $(S'_G Br^{\cdot}_{\square})$ gelten dann die folgenden Massenwirkungsgleichungen

$$\left.\begin{array}{l} \text{a)}\quad x_{\bigcirc}\cdot x_{\square A}=k_1 \qquad \text{b)}\quad x_{\square A}\cdot x_{\square B}=k_2 \qquad \text{c)}\quad \dfrac{x_{\square A}\cdot x_{\square B}}{x_{\square AB}}=k_3 \\ \qquad\qquad \text{d)}\quad \dfrac{x_{\bigcirc}\cdot x_S}{x_k}=k_4 \qquad \text{e)}\quad \dfrac{x_{\square B}\cdot x_S}{x'_k}=k. \end{array}\right\} \tag{1}$$

Bei der Diskussion der Ionenleitung und der Diffusion fanden wir, daß Bromionenlücken und auf Gitterplätzen eingebaute Fremdionen S'_G im Kristallgitter bedeutend weniger beweglich sind als Silberionen auf Zwischengitterplätzen. Werden die Kristalle, die sich bei 400° C im thermodynamischen Gleichgewicht befinden, rasch auf Zimmertemperatur abgekühlt, so kann sich der der tiefen Temperatur entsprechende

Gleichgewichtszustand, bei welchem Assoziate stabiler sind als dissoziierte Störstellen, nicht spontan einstellen. Nur die Silberionen auf Zwischengitterplätzen können sofort mit den S'_G-Ionen reagieren und $Ag^{\bullet}_{\bigcirc}S'_G$-Assoziate bilden. Aber auch deren Konzentration entspricht noch nicht der Gleichgewichtskonzentration, weil infolge der kleinen Beweglichkeit der Bromionenlücken die Bildung der $S'_GBr^{\bullet}_{\square}$-Komplexe nur langsam stattfindet und demzufolge eine gewisse Anzahl der S'_G und freier $Br^{\bullet}_{\square}$ existiert.

Unter der Voraussetzung, daß die Diffusion der Störstellen $Ag^{\bullet}_{\bigcirc}$, $Ag'_{\square}$, $Ag'_{\square}Br^{\bullet}_{\square}$ auch bei Zimmertemperatur hohe Werte annehmen kann, die Schwefelionen dagegen praktisch unbeweglich und die Bromionenlücken nur langsam beweglich sind, kann man das Verhalten der Störstellen und ihre Konzentrationen bei Zimmertemperatur (deren Gleichgewichtskonzentrationen durch Massenwirkungsgleichungen (1a), (1b) und (1c) beschrieben werden) in Abhängigkeit von der jeweiligen Konzentration der dissoziierten Schwefelionen abschätzen.

Die durch die Gln. (1a), (1b) und (1c) beschriebenen Reaktionen enthalten Konstanten, die sich bei Zimmertemperatur rasch einstellen können. Es stehen aber zur Bestimmung der vier Gitterkonzentrationen $x_{\bigcirc}$, $x_{\square A}$, $x_{\square B}$, $x_{\square AB}$ zunächst nur diese drei Gln. (1a), (1b) und (1c) zur Verfügung. Als vierte Gleichung kann man die Neutralitätsbedingung

$$x_{\bigcirc} + x_{\square B} = x_{\square A} \tag{2}$$

heranziehen.

Unter der Voraussetzung, daß bei Zimmertemperatur eine ganz bestimmte Gitterkonzentration freier Schwefelionen $y = x_S$ vorgegeben ist, muß sie auf der rechten Seite der letzten Gleichung berücksichtigt werden, also

$$x_{\bigcirc} + x_{\square B} = x_{\square A} + x_S\,. \tag{3}$$

Entsprechend den drei Gln. (1a), (1b) und (1c) und der letzten Gleichung wird die Konzentration der Störstellen $Ag^{\bullet}_{\bigcirc}$, $Ag'_{\square}$, $Br^{\bullet}_{\square}$ und $Ag'_{\square}Br^{\bullet}_{\square}$ sich dauernd in Abhängigkeit von der Konzentration S'_G verändern, wobei das Verhältnis der Konzentrationen $x_{\bigcirc}/x_{\square B}$, die man durch die Division der Gl. (1a) und (1b) bekommt, einen konstanten Wert besitzt.

Die Beziehung $x_{\bigcirc}/x_{\square B} = k_1/k_2$ besagt, daß mit abnehmender Konzentration der Bromlücken (durch Assoziation mit S'_G-Ionen oder durch ihre Diffusion an die Versetzungen) auch die Konzentration der freien $Ag^{\bullet}_{\bigcirc}$-Ionen abnimmt.

Die genaue Diskussion der Gln. (1a), (1b) und (1c) und der Neutralitätsbedingung zeigt, daß ein großer Teil Schottkyscher Fehlordnung, die bei hoher Temperatur unterhalb des Schmelzpunktes vorhanden ist (mit abnehmender Konzentration der S_G-Ionen), an die inneren Oberflächen (Versetzungen) auswandern muß, falls keine Doppellücken $Ag'_{\square}Br^{\cdot}_{\square}$ im Kristallgitter gebildet werden.

Es läßt sich auch das Verhalten der Störstellen bestimmen unter der Voraussetzung, daß nur $Ag^{\cdot}_{\bigcirc}$ und $Ag'_{\square}$ als beweglich, alle anderen als unbeweglich anzusehen sind. In einem solchen Fall wird nur die Gl. (1a) und die Neutralitätsbedingung gelten, während alle anderen Konzentrationen als gegeben bei Zimmertemperatur anzusehen sind.

Da die Beweglichkeiten der langsam wandernden Störstellen bei Zimmertemperatur noch endliche Werte besitzen, ist der durch Abschrecken erzeugte Nichtgleichgewichtszustand bei dieser Temperatur nicht stabil. Das äußert sich in einem zuerst von STASIW beobachteten Abbau der Zusatzabsorption. Durch weitere Abkühlung der Kristalle auf $-120°$ bis $-180°$ C kann man die Beweglichkeit der $Br^{\cdot}_{\square}$ praktisch völlig unterbinden und auf diese Weise den Nichtgleichgewichtszustand einfrieren. Welchen Nichtgleichgewichtszustand man fixiert, hängt also von der Zeit ab, die zwischen Abschrecken auf Zimmertemperatur und Abkühlen auf tiefe Temperatur verstreicht.

Die Abnahme freier $Ag^{\cdot}_{\bigcirc}$ und $Br^{\cdot}_{\square}$ durch Lagerung vermindert die photochemische Empfindlichkeit der Silberhalogenide mit Zusatz zweiwertiger Anionen. Daraus ersehen wir, daß die Art der Abkühlung der AgBr-Ag_2S- und ähnlicher Mischkristalle auf den Zustand des Kristalls einen großen Einfluß hat und daher nicht ohne Auswirkung auf den photochemischen Reaktionsmechanismus in diesen Kristallen bleiben wird.

§ 9. Photochemische Prozesse und Störstelleneigenschaften

Wir wollen nun zur Deutung der verschiedenen Absorptionsmaxima übergehen, die uns die Anwesenheit verschiedener Reaktionsprodukte verraten. Durch den raschen Abkühlungsprozeß und die kurze Lagerung bei Zimmertemperatur konnte erreicht werden, daß vor der Bestrahlung eine gewisse Konzentration dissoziierter $Ag^{\cdot}_{\bigcirc}$-, S'_G- und $Br^{\cdot}_{\square}$-Störstellen vorhanden waren und daneben noch eine gewisse Konzentration von $Ag^{\cdot}_{\bigcirc}S'_G$ und $S'_GBr^{\cdot}_{\square}$. Während in Alkalihalogeniden mit KH-Zusatz nur die H^--Ionen die sensibilisierende und stabilisierende Wirkung verursachen, haben wir im Silberbromid-Silbersulfid-Mischkristall, der der beschriebenen Behandlung unterworfen wurde, drei Sorten von Störstellen, und zwar $Ag^{\cdot}_{\bigcirc}S'_G$, $S'_GBr^{\cdot}_{\square}$ und S'_G, die diese Eigenschaften besitzen. In Alkalihalogeniden mit KH-Zusatz dienten nur die Bromionenlücken als Fänger für befreite Elektronen, indem sie Farbzentren bildeten. In Silberbromid sind neben den $Br^{\cdot}_{\square}$-Zentren noch die $S'_GBr^{\cdot}_{\square}$ vorhanden, die als Fänger für Elektronen dienen können.

Bei der Diskussion des photochemischen Reaktionsmechanismus müssen diese Tatsachen berücksichtigt werden. Zunächst muß man beachten, daß die Bindung der Elektronen an die drei neuen sensibilisierenden Störstellen S'_G, $Ag^{\bullet}_{\bigcirc}S'_G$ und $S'_G Br^{\bullet}_{\square}$, wie wir dies schon im Kapitel VI gezeigt haben, nicht gleich ist. Die langwelligste Absorptionsbande (Abb. 36) entspricht dem Elektronenübergang an S'_G-Ionen. Kurzwelliger, jedoch schon z.T. im Bereich der Eigenabsorption, liegen die Absorptionsbanden der $Ag^{\bullet}_{\bigcirc}S'_G$ und $S'_G Br^{\bullet}_{\square}$-Störstellen. Bei Einstrahlung des Lichtes der Wellenlänge 436 mμ werden die Elektronen von den Störstellen S'_G und $Ag^{\bullet}_{\bigcirc}S'_G$ abgespalten und können sich zunächst im Gitter frei bewegen.

Wir beschreiben den Absorptionsmechanismus durch die Gleichungen

$$S'_G + h \cdot \nu \rightarrow S_G + e' \quad \text{und} \quad Ag^{\bullet}_{\bigcirc} S'_G + h \cdot \nu \rightarrow Ag^{\bullet}_{\bigcirc} S_G + e'. \tag{4}$$

Nach der Lichtabsorption an den $Ag^{\bullet}_{\bigcirc}S'_G$-Komplexen wird auch bei tiefen Temperaturen infolge einer merklichen Beweglichkeit von $Ag^{\bullet}_{\bigcirc}$-Ionen eine Sekundärreaktion ablaufen. Der Rest $Ag^{\bullet}_{\bigcirc}S_G$ zerfällt infolge fehlender elektrostatischer Anziehung in Silberionen auf Zwischengitterplätzen und Schwefelionen. Für diesen Prozeß gilt die Gleichung

$$Ag^{\bullet}_{\bigcirc}S_G \rightarrow Ag^{\bullet}_{\bigcirc} + S_G. \tag{5}$$

Durch die Lichteinstrahlung werden bewegliche Silberionen auf Zwischengitterplätzen geschaffen, und zwar in einer Konzentration, die von der Bestrahlungsstärke abhängig ist. Diese Tatsache ist für eine weitere Diskussion der photochemischen Prozesse von entscheidender Bedeutung.

Durch Licht befreite Elektronen können mit ihren Ursprungszentren rekombinieren oder von den Störstellen $Br^{\bullet}_{\square}$ mit positiver Überschußladung oder von den neutralen $S'_G Br^{\bullet}_{\square}$-Störstellen eingefangen werden. Wir haben es demnach mit zwei photochemischen Reaktionsprodukten zu tun, deren Entstehung aus folgenden Reaktionsgleichungen ersichtlich ist

$$\left.\begin{aligned} e' + Br^{\bullet}_{\square} &\rightarrow Br_{\square} \\ e' + S'_G Br^{\bullet}_{\square} &\rightarrow S'_G Br_{\square}. \end{aligned}\right\} \tag{6}$$

Die $S'_G Br_{\square}$-Komplexe, die nach Gl. (6) gebildet werden, tragen eine negative Überschußladung. Sie können mit den durch Sekundärprozesse, entsprechend der Reaktionsgleichung (5) gebildeten $Ag^{\bullet}_{\bigcirc}$-Ionen reagieren und ein weiteres photochemisches Reaktionsprodukt bilden:

$$S'_G Br_{\square} + Ag^{\bullet}_{\bigcirc} \rightarrow Ag^{\bullet}_{\bigcirc}[S'_G Br_{\square}]. \tag{7}$$

Wir sehen nunmehr, daß nach der Absorption des Lichtes in $Ag^{\bullet}_{\bigcirc}S'_G$ und S'_G Prozesse ablaufen, die zur Bildung der Farbzentren $Br_{\square}$ und der anderen photochemischen Reaktionsprodukte $S'_G Br_{\square}$ und $Ag^{\bullet}_{\bigcirc}$ $[S'_G Br_{\square}]$ führen.

Wesentlich für den photochemischen Reaktionsmechanismus in Silberhalogeniden mit Zusätzen ist, daß neben den Elektronenprozessen zusätzlich Ionenprozesse als Folgeerscheinung der Anwesenheit Frenkelscher Fehlordnung eine bedeutende Rolle spielen. Dadurch wird die Zahl der photochemischen Reaktionsprodukte vermehrt, und es ist auch verständlich, wie wir später noch deutlicher an experimentellen Ergebnissen sehen werden, warum bei Zimmertemperatur und auch noch bei tiefen Temperaturen die Kolloidbildung so leicht stattfindet.

Anschließend an die Bildung der $Ag^{\bullet}_{\bigcirc}$ $[S'_G Br_{\square}]$ können noch weitere Prozesse

$$\left.\begin{array}{l} Ag^{\bullet}_{\bigcirc}\,[S'_G Br_{\square}] + e' \rightarrow Ag^{\bullet}_{\bigcirc}\,[S'_G Br'_{\square}] \\ \text{und} \\ Ag^{\bullet}_{\bigcirc}\,[S'_G Br'_{\square}] + Ag^{\bullet}_{\bigcirc} \rightarrow Ag^{\bullet}_{\bigcirc 2}\,[S'_G Br'_{\square}] \end{array}\right\} \quad (8)$$

stattfinden. Die entstehenden Störstellen werden jedoch instabil sein, und wir wollen sie, um die Vorgänge nicht zu komplizieren, nur gelegentlich erwähnen.

§ 10. Der Einfluß der Versetzungen in Silberhalogeniden mit Zusatz von Fremdanionen auf das Absorptionsspektrum und die Bildung der photochemischen Reaktionsprodukte

Es wurden bis jetzt nur Störstellen in Kristallen mit Zusätzen von zweiwertigen Anionen im Gleichgewicht mit dem idealen Gitter behandelt. Die Eigenschaften und die Rolle der Versetzungen bei der Bildung der photochemischen Reaktionsprodukte in Silberhalogeniden wurden zunächst nicht besprochen. Der Einfluß der Versetzungen ist besonders bei verformten Kristallen zu berücksichtigen.

Betrachten wir einfachheitshalber nur Stufenversetzungen. Bei hoher Temperatur dicht unterhalb des Schmelzpunktes werden solche Stufenversetzungen im thermischen Gleichgewicht den energetisch tiefsten Zustand einnehmen und die meisten das Halogenidgitter in geraden Linien durchlaufen. Sprungstellen, die als Fänger für Elektronen oder Defektelektronen zu betrachten sind, werden nur in geringer Konzentration gebildet. Erst beim raschen Abkühlen auf tiefe Temperatur entstehen durch die Abnahme Schottkyscher Fehlordnung im Gitter kleinere lineare Aggregate von Doppellücken $Ag'_{\square}Br^{\bullet}_{\square}$ und durch ihre Anlagerung an vorhandene Stufenversetzungen Sprungstellen mit $\pm e/2$-Ladungen.

Bei einer genauen Abschätzung der Konzentration der Sprungstellen muß folgendes beachtet werden. In einem Mischkristall ist die Besetzung der Gitterpunkte in und um die Versetzungslinien mit Fremdionen eine andere als im ungestörten Gitter (Kap. I § 7). Ferner bilden im allgemeinen Fremdionen ein Hindernis für den Abbau der Versetzungslinie durch Anlagerung von Lückenketten. An den mit Fremdionen belegten Punkten in der Versetzungslinie werden sich deshalb bevorzugt Sprungstellen ausbilden. Bei einer relativ zu den normalen Gitterplätzen stärkeren Besetzung der Versetzungslinien mit Fremdionen kann demnach eine hohe Konzentration von Sprungstellen mit gleichen Ladungseigenschaften gebildet werden.

Bei einer Konzentration Schottkyscher Fehlordnung von nur 0,1 Mol-% bei Temperaturen unterhalb des Schmelzpunktes können durch lineare Assoziation der bei hoher Temperatur vorhandenen $Ag'_{\square}$- und $Br^{\bullet}_{\square}$ Lücken während der Abkühlung und infolge ihrer Anlagerung an Stufenversetzungen Sprungstellen mit $\mp e/2$-Ladungen (abhängig davon, ob es sich um Kationen- oder Anionenzusatz handelt) in meßbarer Konzentration gebildet werden. Solche Sprungstellen wollen wir mit $Br^{\bullet\frac{1}{2}}_{\square}$ und $Ag'^{\frac{1}{2}}_{\square}$ bezeichnen.

Bestehen z. B. solche lineare Lückenketten aus zehn Lückenpaaren, dann wären bei genügend hoher Konzentration von Versetzungslinien/cm^2 bis zu 0,01 Mol-% Sprungstellen möglich. Der so abgeschätzte Wert liegt sicher zu hoch. Nimmt man an, daß etwa 10^{10} bis 10^{12} Versetzungslinien/cm^2 den AgBr-Kristall durchlaufen, dann befinden sich etwa 10^{17} bis 10^{19} Ionenpaare in den Versetzungslinien. Die Konzentration der Sprungstellen kann die Konzentration der in den Versetzungslinien vorhandenen Ionenpaare nicht übersteigen, so daß bei etwa 10^{12} Versetzungslinien/cm^2 die Konzentration von Sprungstellen sicher kleiner als 10^{19} ist. Sie kann also die Konzentration von 10^{-1} Mol-% nicht überschreiten. Bei einer Konzentration des Zusatzes von 10^{-2} Mol-% wird die Zahl der Fremdionen im Gitter wahrscheinlich um eine bis zwei Größenordnungen höher als an den Versetzungslinien sein.

Experimentell wird sich nämlich die Ausscheidung der Schottkyschen Fehlordnung an den Versetzungslinien bei der Abkühlung in der Beeinflussung der sensibilisierenden Absorption bemerkbar machen.

Bei abgeschreckten AgCl-Kristallen mit Ag_2S- oder Ag_2Se-Zusatz wurden zwei sensibilisierende Banden entsprechend einer Konzentration von 10^{16} bis 10^{17} Zentren (Kapitel VI, Abb. 38) beobachtet. Die langwelligste Bande wurde den dissoziierten S'_G-Ionen zugeordnet. Die Entstehung der zweiten Bande kann folgendermaßen gedeutet werden.

Die durchlaufenden Versetzungslinien und ihre Umgebung bestehen in einem AgBr-Ag_2S-Mischkristall aus AgBr-Molekülen und S'_G-Ionen. An solchen Versetzungslinien werden sich nach dem Abschrecken beim

Ausscheiden der Schottkyschen Fehlordnung in der Umgebung von S'_G bevorzugt (infolge abstoßender Wirkung auf $Ag'_\square$) $Br^{\bullet}_\square$-Lücken, die in großer Konzentration vorhanden sind, anlagern (Abb. 91). Dies hat zur Folge, daß nicht neutrale Ketten aus Lückenpaaren, sondern solche mit einer positiven Überschußladung sich anlagern. Es wird demnach an zwei Schwefelionen mit je einer negativen Überschußladung eine Lückenkette mit nur einer positiven Überschußladung, die aus einer Halogenlücke besteht, angelagert. Es wird sich an den Versetzungslinien eine negative Überschußladung ausbilden. Ein Teil der negativen Überschußladung wird durch Anlagerung von $Ag^{\bullet}_\bigcirc$ in unmittelbarer Nachbarschaft der Sprungstellen kompensiert. Wegen der negativen

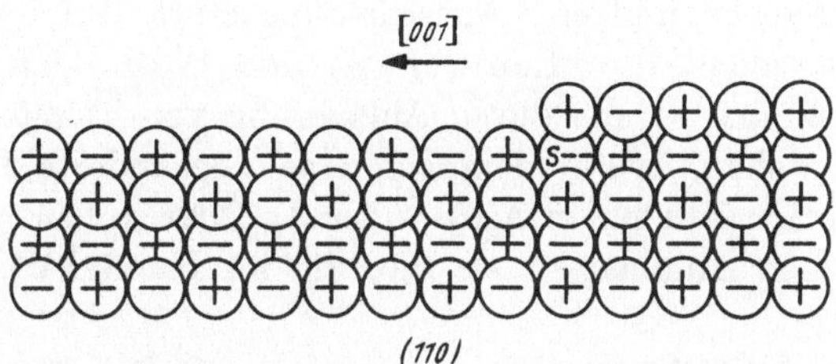

Abb. 91. Ausscheidung Schottkyscher Fehlordnung an Versetzungen. Infolge Anwesenheit von S'_G-Ionen in der Umgebung der Versetzungslinie werden Halogenlücken angelagert

Raumladung an der Versetzungslinie wird die Bewegung der Elektronen in schwefelhaltigen Kristallen hauptsächlich im Gitter erfolgen und eine weitere Anlagerung von Elektronen, die bei Belichtung erzeugt werden können, an Versetzungen nicht stattfinden. (Dagegen wird in Silberhalogeniden mit zweiwertigen Kationenzusätzen eine bevorzugte Wanderung der Elektronen an den Versetzungen möglich. Dieser Tatbestand kann zur Erklärung der Versuche von HAYNES, SHOCKLEY und SÜPTITZ, Kapitel IX, § 4, herangezogen werden.)

Ein Teil der Schwefelionen im Gitter, die Träger der sensibilisierenden Absorption im langwelligsten Maximum sind, wird durch zurückgebliebene Bromionenlücken kompensiert und bildet zusammen mit freien Bromionenlücken die auf Zimmertemperatur abgeschreckte Konzentration Schottkyscher Fehlordnung. Die Auswanderung dieser Schwefelionen erfolgt gemeinsam mit Bromlücken an die inneren Oberflächen und stellt den langsamsten Prozeß der Auswanderung Schottkyscher Fehlordnung dar.

Bromlücken, die an Sprungstellen neben S'_G angelagert sind, erzeugen die Zentren $S'_G Br^{\bullet}_\square{}^{\frac{1}{2}}$, also Komplexe mit einer halben negativen Überschußladung, die für die Anlagerung von Elektronen nicht mehr in Frage kommen. Diese Zentren bilden eine weitere sensibilisierende Absorption im Bereich des Ausläufers. Infolge stärkerer Bindung der Elektronen von S'_G-Ionen in der Umgebung einer $Br^{\cdot\frac{1}{2}}_{\square}$-Lücke liegt die sensibilisierende Absorption von $S'_G Br^{\cdot\frac{1}{2}}_{\square}$ kurzwelliger als diejenige von S'_G (Kapitel VI, Abb. 36 und 37).

Entsprechend diesem Mechanismus wird also neben der Bildung dissoziierter Schwefelionen, die für die langwelligste Bande im Ausläufer der Absorption verantwortlich sind, gleichzeitig eine bestimmte Konzentration von $S'_G Br^{\cdot\frac{1}{2}}_{\square}$, deren Absorption kurzwelliger liegt, entstehen.

Durch Lagerung bei Zimmertemperatur entstehen durch Reaktion von S'_G-Ionen mit $Br^{\cdot}_{\square}$ oder $Ag^{\cdot}_{\bigcirc}$ stabile $S'_G Br^{\cdot}_{\square}$- oder $Ag^{\cdot}_{\bigcirc} S'_G$-Komplexe. Durch längere Lagerung findet eine Auswanderung von $S'_G Br^{\cdot}_{\square}$ an die Grenzflächen und eine Ausscheidung statt. Infolgedessen wird die sensibilisierende Absorption von S'_G und $S'_G Br^{\cdot\frac{1}{2}}_{\square}$-Komplexen abnehmen. Die Vorgänge, die durch Anlagerung von Störstellen an Versetzungen entstehen, lassen demnach eine abgeänderte Deutung der beiden Absorptionsbanden in AgBr- oder AgCl-Kristallen mit Zusätzen von zweiwertigen Anionen zu als die, die im Kapitel VI beschrieben wurde.

Die Störstelle $S'_G Br^{\cdot\frac{1}{2}}_{\square}$ ist im Gegensatz zu $S'_G Br^{\cdot}_{\square}$ für die Bildung freier Elektronen durch Absorption der Strahlung und nicht für ihre Anlagerung verantwortlich.

Folgendes muß noch beachtet werden: Durch die Absorption der Strahlung an einem $S'_G Br^{\cdot\frac{1}{2}}_{\square}$-Komplex wird ein Elektron abgespalten und der Rest $S_G Br^{\cdot\frac{1}{2}}_{\square}$ eine $+ e/2$-Ladung tragen entsprechend einer Reaktion

$$S'_G Br^{\cdot\frac{1}{2}}_{\square} + h \cdot \nu \rightarrow S_G Br^{\cdot\frac{1}{2}}_{\square} + e'. \qquad (9)$$

Es können durch die sekundäre Reaktion

$$S_G Br^{\cdot\frac{1}{2}}_{\square} \rightarrow S_G Ag'^{\frac{1}{2}}_{\square} + Ag^{\cdot}_{\bigcirc} \qquad (10)$$

Silberionen auf Zwischengitterplätzen gebildet werden. Die rechte Seite dieser Reaktionsgleichung besagt, daß durch Entfernung eines Elektrons nach Absorption des Lichtquants ein Hindernis für die Bildung von Silberlücken in der Umgebung des Schwefels beseitigt wird. Bei der Bestrahlung werden Silberionen auf Zwischengitterplätzen ähnlich wie bei der Absorption in $Ag^{\cdot}_{\bigcirc} S'_G$-Komplexen entstehen.

Für die Anlagerung der Elektronen kommen in abgeschreckten Kristallen nur $S'_G Br^{\cdot}_{\square}$ und $Br^{\cdot}_{\square}$ in Frage. Demnach wird der Reaktionsmechanismus nach der Absorption der Strahlung, wie im vorigen Paragraphen beschrieben, ablaufen. Allerdings wird neben der Abspaltung der Elektronen an $Ag^{\cdot}_{\bigcirc} S'_G$-Komplexen und an S'_G auch eine Abspaltung an $S'_G Br^{\cdot\frac{1}{2}}_{\square}$ stattfinden. Sie ist der Einfachheit halber im vorigen Paragraphen nicht berücksichtigt worden.

§ 11. Bildung neuer Störstellen und photochemischer Reaktionsprodukte durch mechanische Verformung der Silberhalogenide

Anders liegen die Verhältnisse an mechanisch verformten Kristallen (s. auch Kap. XII). Mechanische Verformung, die z. B. auch durch rasche Abkühlung erfolgen kann (infolge eines bei der Abkühlung auftretenden Temperaturgradienten), wird in Silberhalogeniden Sprungstellen in Versetzungslinien erzeugen.

Wird der Kristall nur in einer Richtung verformt, dann entstehen in Stufenversetzungen, die den Kristall in anderen Richtungen durchsetzen, Sprungstellen, deren Konzentration die Zahl der zuvor vorhandenen Sprungstellen übersteigen kann. Sie werden sich bei der Bildung der photochemischen Reaktionsprodukte bemerkbar machen. Es entstehen Störstellen, von denen wir nur die wichtigsten Sorten betrachten wollen. Es werden bei der mechanischen Verformung auch $\mathrm{Br}_{\square}^{\cdot\frac{1}{2}}$ und $\mathrm{Ag}_{\square}^{\prime\frac{1}{2}}$ mit $\pm e/2$-Ladungen gebildet.

Bei dem Gleiten einzelner Netzebenen gegeneinander während der Verformung ist nur die Konzentration und die Lage der einzelnen Stufenversetzungen maßgebend. Die Bildung von Sprungstellen erfolgt nicht durch Anlagerung von Lückenaggregaten, sondern durch Gleiten einzelner Netzebenen. Für das Gleiten sind die Stufenversetzungen, die in den gegeneinandergleitenden Netzebenen liegen, verantwortlich.

Selbstverständlich werden auch hier Komplexe $\mathrm{S}_G^{\prime}\mathrm{Br}_{\square}^{\cdot\frac{1}{2}}$ entstehen. Bei der mechanischen Verformung wird das Gleichgewicht infolge bevorzugter Ausscheidung Schottkyscher Fehlordnung hauptsächlich auf der Seite der assoziierten Komplexe $\mathrm{Ag}_{\bigcirc}^{\cdot}\mathrm{S}_G^{\prime}$ liegen, so daß im wesentlichen Störstellen $\mathrm{Ag}_{\bigcirc}^{\cdot}\mathrm{S}_G^{\prime}$, $\mathrm{Br}_{\square}^{\cdot\frac{1}{2}}$ und $\mathrm{Ag}_{\square}^{\prime\frac{1}{2}}$ vorkommen. Dissoziierte Schwefelionen, die während der Verformung in die Umgebung einer Sprungstelle mit einer negativen Überschußladung, z. B. $\mathrm{Ag}_{\square}^{\prime}$, kommen, spalten ihre Elektronen schon während der Verformung ab und bilden photochemische Reaktionsprodukte ohne Bestrahlung. Auf solche experimentelle Untersuchungen wollen wir bei der Behandlung der photochemischen Eigenschaften mechanisch verformter Kristalle nochmals zurückkommen.

Störstellen $\mathrm{Br}_{\square}^{\cdot\frac{1}{2}}$, die in hoher Konzentration gebildet werden, und $[\mathrm{Ag}_{\bigcirc}^{\cdot}\mathrm{S}_G^{\prime}]\,\mathrm{Br}_{\square}^{\cdot\frac{1}{2}}$ sind Fänger für Elektronen. Es kommen in verformten Kristallen zusätzlich noch folgende Reaktionen in Frage

$$e' + \mathrm{Br}_{\square}^{\cdot\frac{1}{2}} \rightarrow \mathrm{Br}_{\square}^{\prime\frac{1}{2}} \quad \text{und} \quad e' + [\mathrm{Ag}_{\bigcirc}^{\cdot}\mathrm{S}_G^{\prime}]\,\mathrm{Br}_{\square}^{\cdot\frac{1}{2}} \rightarrow [\mathrm{Ag}_{\bigcirc}^{\cdot}\mathrm{S}_G^{\prime}]\,\mathrm{Br}_{\square}^{\prime\frac{1}{2}}. \qquad (11)$$

Beide photochemischen Reaktionsprodukte tragen negative Überschußladung. Sie können Silberionen auf Zwischengitterplätzen anlagern und gröbere Aggregate mit positiver Überschußladung bilden. Die für die Anlagerung an $\mathrm{Br}_{\square}^{\cdot\frac{1}{2}}$ und $[\mathrm{Ag}_{\bigcirc}^{\cdot}\mathrm{S}_G^{\prime}]\,\mathrm{Br}_{\square}^{\cdot\frac{1}{2}}$ notwendigen Elektronen und

Silberionen auf Zwischengitterplätzen können durch direkte Absorption der Strahlung in $Ag^{\bullet}_{\bigcirc}S'_{G}$-Komplexen oder durch Reaktion der durch Grundgitterabsorption erzeugten Defektelektronen mit diesen $Ag^{\bullet}_{\bigcirc}S'_{G}$ Komplexen (s. § 16) entstehen.

Während im idealen Gitter die Konzentrationen der assoziierten und dissoziierten Störstellen, die als Fänger für freie Elektronen und Silberionen auf Zwischengitterplätzen bei der Bildung der photochemischen Reaktionsprodukte in Frage kommen, sich aus der Störstellenstatistik des idealen Gitters ableiten lassen, ist eine solche Berechnung für die Störstellen, die bei der mechanischen Verformung gebildet werden und deren Konzentration sich experimentell bemerkbar macht, nicht mehr möglich. Weder die Konzentration der Versetzungslinien/cm^2 noch die Konzentration der Sprungstellen in Abhängigkeit von der mechanischen Verformung ist einer quantitativen Behandlung zugängig.

Infolge ihrer Wichtigkeit bei experimentellen Untersuchungen muß man jedoch diese Vorgänge mindestens qualitativ bei der Bildung der photochemischen Reaktionsprodukte berücksichtigen. Mechanische Verformung läßt sich insbesondere bei Silberhalogeniden kaum vermeiden.

§ 12. Diskussion der gemessenen photochemischen Reaktionsprodukte in $AgBr$-Ag_2S- und $AgBr$-Ag_2Se-Kristallen

Wir wollen uns nunmehr mit der Deutung der experimentellen Ergebnisse, die bei der Bildung der photochemischen Reaktionsprodukte durch Bestrahlung an Silberbromidkristallen mit Ag_2S- oder Ag_2Se-Zusatz erhalten wurden, befassen.

Um die vielen experimentell gefundenen Banden deuten zu können, ist es zunächst wichtig, die Energien abzuschätzen, die durch die Bindung der Elektronen an die einzelnen Störstellen frei werden. Benutzen wir die gleiche Methode wie in Kapitel VI, dann können wir mit Sicherheit behaupten, daß die Bindung der Elektronen an den isolierten Störstellen $Br^{\bullet}_{\square}$ bedeutend stärker als an den $S'_{G}Br^{\bullet}_{\square}$-Komplexen ist. Demzufolge werden die photochemischen Reaktionsprodukte $Br_{\square}$ kurzwelliger als die $S'_{G}Br_{\square}$ absorbieren. Durch Anlagerung eines Silberions auf Zwischengitterplatz an die $S'_{G}Br_{\square}$-Störstelle wird eine kurzwelligere Bande als die der $S'_{G}Br_{\square}$ entstehen. Man wird entsprechend dem Reaktionsmechanismus, der durch die Gln. (4), (5), (6) und (7) formuliert ist, das von VOLKE (Abb. 89) gemessene erste Absorptionsmaximum bei etwa 950 mμ den $Ag^{\bullet}_{\bigcirc}[S'_{G}Br_{\square}]$-Komplexen zuordnen.

Die Absorption der Strahlung erzeugt freie Elektronen. Sie werden an $S'_{G}Br^{\bullet}_{\square}$ angelagert und erzeugen $S'_{G}Br_{\square}$ als kleinste photochemische Reaktionsprodukte. $S'_{G}Br_{\square}$-Komplexe sind jedoch sehr instabil. Die Anlagerungsdauer der Elektronen an $S'_{G}Br^{\bullet}_{\square}$ ist auch bei tiefer Temperatur so kurz, daß die Komplexe nur durch weitere Anlagerung von $Ag_{\bigcirc}^{\bullet}$-Ionen stabilisiert werden können.

Die hier diskutierte Zuordnung der Banden, die von STASIW, SEIFERT, VOLKE und SCHOLZ erhalten wurden, weicht in einigen wesentlichen Punkten von derjenigen in der Literatur ab. Sie ergibt sich nunmehr in der Zusammenfassung sämtlicher veröffentlichter und noch nicht veröffentlichter Meßergebnisse. Der prinzipielle Reaktionsmechanismus, der aus der statistischen Behandlung der Störstellentheorie folgt und der auch in der Literatur behandelt wurde, bleibt natürlich davon unberührt. Die Zuordnung der Bande 950 mμ zu den gröberen Aggregaten $Ag_{\bigcirc}^{\bullet}\,[S_G'Br_{\Box}]$ und nicht zu den $S_G'Br_{\Box}$, obwohl diese zuerst erscheinen müßten, läßt sich aus dem experimentellen Tatbestand ableiten.

Wie in der Abb. 89 und 90 gezeigt wurde, liegt das langwellige Hauptmaximum der photochemischen Reaktionsprodukte nach der Einstrahlung in das durch Sensibilisierung hervorgerufene Spektrum bei Ag_2S-haltigen Silberbromidkristallen langwelliger als dasjenige bei Ag_2Se-Zusatz. Das durch Sensibilisierung hervorgerufene Spektrum selbst zeigt dagegen ein entgegengesetztes Verhalten; und zwar liegt das Maximum der ersten Bande der Ausläuferabsorption in Ag_2S-haltigen Silberbromidkristallen bei 490 mμ und in Ag_2Se-haltigen bei 514 mμ.

Dieses an sich merkwürdige Verhalten der durch Sensibilisierung und der durch photochemische Reaktionsprodukte hervorgerufenen Absorption kann leicht durch Bildung der einfachsten Zentren $Ag_{\bigcirc}^{\bullet}\,[S_G'Br_{\Box}]$ und $Ag_{\bigcirc}^{\bullet}\,[Se_G'Br_{\Box}]$ qualitativ erklärt werden. Ein $Ag_{\bigcirc}^{\bullet}\,[S_G'Br_{\Box}]$-Zentrum ist gleichbedeutend mit einem Farbzentrum, das an einen Frenkelschen Komplex $Ag_{\bigcirc}^{\bullet}S_G'$ angelagert ist.

Die Energie, die bei Lichtabsorption von einem $Ag_{\bigcirc}^{\bullet}\,[S_G'Br_{\Box}]$- oder $Ag_{\bigcirc}^{\bullet}\,[Se_G'Br_{\Box}]$-Komplex aufgenommen wird, kann durch folgenden Kreisprozeß berechnet werden: Man entfernt zunächst das angelagerte Farbzentrum vom $Ag_{\bigcirc}^{\bullet}S_G'$-Komplex. Die dazu notwendige Arbeit hat den Betrag A_1. Zur Ionisation des im Gitter auf diese Weise entstandenen isolierten Farbzentrums (unter Bildung eines freien Elektrons und einer Bromlücke) ist anschließend noch der Energiebetrag ΔE aufzuwenden. Bei der Anlagerung der Bromlücke an den Frenkelschen Komplex $Ag_{\bigcirc}^{\bullet}S_G'$ (wo zuvor das Farbzentrum abgetrennt wurde), wird ein Energiebetrag A_2 gewonnen. Die absorbierte Energie ist demnach

$$h\nu = A_1 + \Delta E - A_2 .$$

Der Energiebetrag ΔE ist für $Ag_{\bigcirc}^{\bullet}\,[S_G'Br_{\Box}]$- und $Ag_{\bigcirc}^{\bullet}\,[Se_G'Br_{\Box}]$-Komplexe gleich. Dagegen unterscheiden sich A_1 und A_2 für beide Komplexe. A_2 besteht aus zwei Anteilen, wenn man nur die Wechselwirkung der Bromlücke mit dem Fremdion berücksichtigt: Aus einem

Coulomb-Anteil $\frac{e^2}{d}$ und dem Anteil der Polarisationsenergie $\frac{e\mu}{d^2}$, wobei μ das Dipolmoment des Fremdions bedeutet. Es ist also $A_2 = \frac{e^2}{d}\left(1 - \frac{\mu}{ed}\right)$. Das Dipolmoment μ wird von dem Silberion auf Zwischengitterplatz erzeugt, das sich in unmittelbarer Nachbarschaft des Fremdions befindet. Bei der Anlagerung der Bromionenlücke an einen $Ag^{\bullet}_{\bigcirc} S'_G$- bzw. $Ag^{\bullet}_{\bigcirc} Se'_G$-Komplex wirkt dieser Anteil im entgegengesetzten Sinne wie die Coulomb-Anziehung, also abstoßend. Infolge der größeren Polarisierbarkeit der Selenionen ist der Betrag A_2 beim $Ag^{\bullet}_{\bigcirc}[Se'_G Br_{\square}]$-Komplex kleiner als beim $Ag^{\bullet}_{\bigcirc}[S'_G Br_{\square}]$-Komplex. Dieser Unterschied bewirkt, daß das Absorptionsspektrum der schwefelhaltigen Komplexe entsprechend der letzten Formel, die aus dem Kreisprozeß gewonnen wurde, langwelliger als das der selenhaltigen liegt.

Etwas problematischer ist die Abschätzung des Energieanteiles A_1. Sicher ist jedoch, daß die Elektronenbahnen des Farbzentrums die des Schwefelions infolge geringerer Polarisierbarkeit der Schwefelionen durch die angelagerten Silberionen auf Zwischengitterplätzen stärker überlappen als die des Selenions. A_1 bewirkt, daß die Bindung des Elektrons des Farbzentrums im $Ag^{\bullet}_{\bigcirc}[S'_G Br_{\square}]$-Komplex lockerer ist als im $Ag^{\bullet}_{\bigcirc}[Se'_G Br_{\square}]$-Komplex.

Ein ähnliches Verhalten zeigen auch $Ag^{\bullet}_{\bigcirc}[Te'_G Br_{\square}]$-Komplexe. Das Absorptionsspektrum dieser photochemischen Reaktionsprodukte ist noch kurzwelliger als dasjenige von $Ag^{\bullet}_{\bigcirc}[Se'_G Br_{\square}]$. Andere Zentren, z.B. die einfachen Zentren $S'_G Br_{\square}$ oder $Se'_G Br_{\square}$, werden ein solches umgekehrtes Verhalten gegenüber der sensibilisierenden Absorption nicht zeigen. Nur wenn gleichzeitig ein Silberion auf Zwischengitterplatz an $S'_G Br_{\square}$ angelagert ist, was eine zusätzliche Polarisation hervorruft, ist ein solches umgekehrtes Verhalten zu erwarten.

Gleiches Verhalten zeigen die Absorptionsspektren der photochemischen Reaktionsprodukte und das durch Sensibilisierung erzeugte Spektrum der Ag_2S- oder Ag_2Se-haltigen Silberchloridkristalle.

Es ist experimentell gezeigt, daß eine hohe photochemische Ausbeute an verschiedenen Reaktionsprodukten in AgBr mit Ag_2S nur bis zu den Temperaturen von etwa $-160°$ C erreicht werden kann. Die Abspaltung und Bildung freier Elektronen im Silberbromid dagegen erfolgt, wie die Versuche der lichtelektrischen Leitung zeigen (Kapitel IX, § 6), mit der gleichen Quantenausbeute noch bis zu der Temperatur des flüssigen Wasserstoffs.

Würde die langwelligste Bande bei 950 mμ den angelagerten Elektronen an $S'_G Br^{\bullet}_{\square}$ entsprechen, dann müßte die Bildung dieser photochemischen Reaktionsprodukte bei Wasserstofftemperatur mindestens mit der gleichen Ausbeute wie bei $-160°$ C erfolgen. Die Lebensdauer der

Elektronen an Störstellen und damit auch die Stabilität der photochemischen Reaktionsprodukte steigt nämlich mit sinkender Temperatur.

Die Bildung von gröberen Aggregaten $Ag^{\bullet}_{\bigcirc}$ $[S'_G Br_{\square}]$ hängt dagegen von der Wanderung von Silberionen auf Zwischengitterplätzen ab. Die Diffusion von $Ag^{\bullet}_{\bigcirc}$ nimmt stark mit der Temperatur ab. Bei Erwärmung wird die von VOLKE gemessene Absorptionsbande bei 950 mμ instabil, baut sich jedoch bei —140° C nur ganz geringfügig ab.

Die von STASIW und SEIFERT und STASIW (Abb. 88) bei 720, 660 und 560 mμ gemessenen Banden bzw. das kontinuierliche von VOLKE gemessene Absorptionsspektrum im kurzwelligen Bereich bilden sich

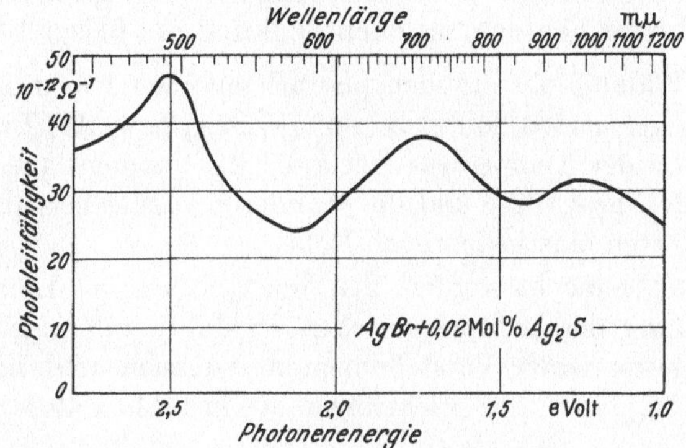

Abb. 92. Photoleitfähigkeit eines vorbestrahlten AgBr-Kristalls mit Ag_2S in Abhängigkeit von der eingestrahlten Photonenenergie

dann relativ leicht, wenn die Kristalle nach dem Abschrecken schwach verformt werden. [Die Existenz der Bande im Bereich von 700 mμ konnte auch von JUNG (Abb. 92) durch Messung der lichtelektrischen Leitung bei der Bestrahlung in die zuvor gebildeten photochemischen Reaktionsprodukte sichergestellt werden. Neben einem Maximum des lichtelektrischen Stromes bei 950 mμ tritt deutlich noch ein zweites Maximum bei etwa 700 mμ auf.]

Die Bande bei 720 mμ ist bei der Temperatur der flüssigen Luft instabil und baut sich im Laufe der Zeit ab. Die beiden Banden bei 720 und 660 mμ würde man eventuell der Anlagerung von Elektronen an Störstellen, die erst in mechanisch verformten Kristallen gebildet werden, z.B. an $Br^{\bullet\frac{1}{2}}_{\square}$ und $[Ag^{\bullet}_{\bigcirc} S'_G] Br^{\bullet\frac{1}{2}}_{\square}$, zuordnen. Durch anschließende Anlagerung von einem oder mehreren Silberionen auf Zwischengitterplätzen und einer entsprechenden Anzahl von Elektronen wird schließlich eine stabile Bande, die dem kleinsten Kolloid oder einem vorkolloidalen Zentrum entspricht, bei etwa 560 mμ gebildet. Die Abb. 88 zeigt nämlich, daß eine Lagerung von etwa $^1/_2$ bis zu 1 Std bei —190° C genügt, um das bei 720 mμ aufgebaute Spektrum abzubauen. Dagegen wächst, wenn auch (infolge Rekombinationen) nicht in gleichem Ausmaße, das Maximum bei 560 mμ. Nach Erwärmung oder Bestrahlung mit rotem Licht findet ein vollständiger Abbau der photochemischen Reaktionsprodukte, insbesondere im kurzwelligen Bereich, statt.

Neben diesen Banden im langwelligen Bereich existiert noch ein Spektrum der photochemischen Reaktionsprodukte im Bereich der sensibilisierenden Absorption. Es wird sich hier um die Absorption der Reaktionsprodukte, die durch Anlagerung von Elektronen an äußeren Oberflächen entstehen, handeln.

§ 13. Quantitative Abschätzung der Einzelprozesse beim Ablauf einer photochemischen Reaktion am Beispiel AgBr-Ag_2S

Bei der Bildung der stabilen photochemischen Reaktionsprodukte mit einem angelagerten Ion, z. B. $Ag^{\bullet}_{\bigcirc}\,[S'_G Br_{\square}]$ bzw. $Ag^{\bullet}_{\bigcirc} Br'^{\,\frac{1}{2}}_{\square}$, in Abhängigkeit von der Temperatur spielt die Anlagerungsdauer des Elektrons an $S'_G Br^{\bullet}_{\square}$ bzw. $Br^{\bullet\,\frac{1}{2}}_{\square}$ und die Wanderung der Silberionen auf Zwischengitterplätzen eine bedeutende Rolle.

Es soll nun versucht werden, den Mechanismus der Einzelprozesse, der zur Bildung der photochemischen Produkte führt, entsprechend den bisher gewonnenen Vorstellungen auszubauen und insbesondere die Anlagerungsdauer der Elektronen an instabilen Zentren zu berechnen[29].

Aus den Messungen der Ionenleitung und insbesondere der Dipolresonanz (Kapitel III) ist es möglich, die Sprungfrequenzen und die Schwellenenergie von Silberionen auf Zwischengitterplätzen bei 40° K in Ag_2Se-haltigen AgBr-Kristallen zu bestimmen. Die Schwellenenergie U ergibt sich zu 0,07 eV und die Sprungfrequenz zu 800/sec. Daraus lassen sich mit Gl. (2), Kapitel III, die Sprungfrequenzen für sämtliche Temperaturen abschätzen.

Mit der Kenntnis der Sprungfrequenzen läßt sich, falls die Anlagerungsdauer des Elektrons, z. B. an $Br^{\bullet\,\frac{1}{2}}_{\square}$, bekannt wäre (bei Vernachlässigung der Wechselwirkung einzelner Störstellen untereinander), auch die Temperatur abschätzen, bei der bei einer bestimmten Bestrahlungsstärke, z. B. mit 10^{16} Lichtquanten/sec, eine meßbare Konzentration von $Ag^{\bullet}_{\bigcirc} Br'^{\,\frac{1}{2}}_{\square}$ entsteht. Bei der Bildung von $Ag^{\bullet}_{\bigcirc} Br'^{\,\frac{1}{2}}_{\square}$ durch Anlagerung von Elektronen und $Ag^{\bullet}_{\bigcirc}$ an $Br^{\bullet\,\frac{1}{2}}_{\square}$ ist die Anlagerungsdauer der Elektronen in der $Br^{\bullet\,\frac{1}{2}}_{\square}$-Bindung und die Diffusion von $Ag^{\bullet}_{\bigcirc}$ entscheidend.

Aus den gemessenen Temperaturwerten, bei denen noch eine meßbare Konzentration der photochemischen Reaktionsprodukte entsteht, und aus den bekannten Sprungfrequenzen läßt sich die Anlagerungsdauer der Elektronen bestimmen.

Es soll nunmehr die Anlagerungsdauer der Elektronen an $Br^{\cdot\frac{1}{2}}_{\square}$ bei Beachtung der Vorgänge, die sich bei der Bestrahlung und Bildung der photochemischen Reaktionsprodukte abspielen, abgeschätzt werden.

Bei der Bestrahlung mit 436 mμ wird die Absorption hauptsächlich im Grundgitter und in $Ag^{\cdot}_{\bigcirc}S'_{G}$ erfolgen. Die Absorption im Grundgitter führt infolge der Sekundärprozesse (§ 16) zu denselben Endprodukten. Entsprechend den Reaktionsgleichungen (4) und (5) werden bei Bestrahlung mit 10^{16} Lichtquanten/sec 10^{16} freie Elektronen und die gleiche Zahl von Silberionen auf Zwischengitterplätzen pro sec entstehen. Experimentell wurde von STASIW die Temperatur, bei der eine meßbare Konzentration von mehr als 10^{16} instabilen Zentren nach etwa 10^{3} sec Belichtung entsteht, zu ungefähr $-130°$ C bestimmt. Ebenfalls konnte experimentell gezeigt werden, daß bei Einstrahlung im stationären Zustand eine Konzentration von etwa 10^{16} instabilen Zentren, die z. B. $Br'^{\frac{1}{2}}_{\square}$ sein könnten und die sich in der Absorption der Bande bei 720 mμ bemerkbar machen, gebildet wird.

Im stationären Zustand werden demnach 10^{16} freie Elektronen und Silberionen auf Zwischengitterplätzen und gleichfalls eine fast ebenso große Konzentration von $Br'^{\frac{1}{2}}_{\square}$ erzeugt. Der mittlere Abstand der beiden letzten Störstellen, der $Ag^{\cdot}_{\bigcirc}$ und $Br'^{\frac{1}{2}}_{\square}$, in Gitterkonstanten gerechnet, ist etwa $(10^{7})^{\frac{1}{3}}$. Im Mittel sind demnach in einem Kubikzentimeter mit 10^{23} Zwischengitterplätzen 10^{16} Elementargebiete mit 10^{7} Teilchen pro Elementargebiet vorhanden. In jedem dieser Gebiete befindet sich ein bewegliches Silberion auf Zwischengitterplatz und ein unbewegliches $Br'^{\frac{1}{2}}_{\square}$-Teilchen. Die Entfernung der einzelnen $Ag^{\cdot}_{\bigcirc}$ und $Br'^{\frac{1}{2}}_{\square}$ voneinander läßt sich aus der Wahrscheinlichkeit für die Besetzung der Gitterplätze abschätzen.

Die Konzentration n_m der Teilchenpaare, deren Partner m Gitterkonstanten voneinander entfernt sind, läßt sich aus der Massenwirkungsgleichung oder durch eine Wahrscheinlichkeitsbetrachtung berechnen und beträgt

$$n_m = \frac{10^{23}}{(10^{7})^{2}} m^{3}.$$

Durch diese Beziehung werden Wirkungsbereiche m für Silberionen auf Zwischengitterplätzen eingeführt und die Konzentration der einzelnen Wirkungsbereiche bestimmt. Für einen Abstand von zehn Gitterkonstanten ist die Konzentration des Wirkungsbereiches $n_{10} = 10^{12}$. Die Wahrscheinlichkeit dafür, daß ein bewegliches $Ag^{\cdot}_{\bigcirc}$ bei seiner Diffusion ein $Ag^{\cdot}_{\bigcirc}Br'^{\frac{1}{2}}_{\square}$ bildet, läßt sich nunmehr abschätzen. Ein $Ag^{\cdot}_{\bigcirc}$-Ion erreicht nämlich auf dem kürzesten Wege einen Ort, der um m Gitterbausteine von seinem Ursprung liegt, in einer Zeit m/ν mit einer Wahrscheinlichkeit $(1/6)^{m}$, wobei ν die Sprungfrequenz bedeutet. Die Sprungzeit m/ν, in der ein $Ag^{\cdot}_{\bigcirc}$-Ion auf dem kürzesten Wege über m Gitterbausteine hinweg ein $Br'_{\square}{}^{\frac{1}{2}}$ erreicht, ist für die Bildung stabiler photochemischer Reaktionsprodukte von entscheidender Bedeutung. Ist nämlich die Anlagerungsdauer des Elektrons an $Br'_{\square}{}^{\frac{1}{2}}$ größer als die Sprungzeit m/ν, dann bildet sich stets ein photochemisches Reaktionsprodukt. Ein $Br'_{\square}{}^{\frac{1}{2}}$ kann nämlich von einem $Ag_{\bigcirc}$-Ion auch auf Umwegen erreicht werden. In einem solchen Fall ist es möglich, zur Bestimmung der Wahrscheinlichkeit die Gesetze zu benutzen, die aus der Diffusionsgleichung abgeleitet werden. Es interessieren hier diejenigen Fälle, bei denen die Wanderungsdauer m/ν der Silberionen auf Zwischengitterplätzen gleich der Anlagerungsdauer des Elektrons ist.

Bei etwa $-130°$ C, also bei der Temperatur, bei der die Bildung der photochemischen Reaktionsprodukte noch deutlich in der Zeit von 10^3 sec zu beobachten ist, berechnet man die Sprungfrequenz $\nu = \nu_0 \exp\left[\frac{-U_0}{kT}\right]$ zu etwa 10^8/sec. Ein $Ag^{\bullet}_{\bigcirc}$-Ion, das zehn Gitterbausteine von einem $Br'_{\square}{}^{\frac{1}{2}}$ entfernt ist, wird also während der Sprungzeit $m/\nu = 10^{-7}$ sec ein $Br'_{\square}{}^{\frac{1}{2}}$-Zentrum mit einer Wahrscheinlichkeit von $(1/6)^{10} \approx 7 \cdot 10^{-8}$ erreichen und das photochemische Reaktionsprodukt $Ag^{\bullet}_{\bigcirc}Br'_{\square}{}^{\frac{1}{2}}$ bilden. Nimmt man an, daß bei dieser Temperatur die Anlagerungsdauer des Elektrons von der gleichen Größenordnung wie die Sprungzeit ist, dann werden die 10^{12} Teilchen, die den Wirkungsbereich $m = 10$ bilden, während der Sprungzeit 10^{-7} sec wegen der geringen Wahrscheinlichkeit $7 \cdot 10^{-8}$ nur 10^5 photochemische Reaktionsprodukte bilden. Nach 1 sec, wenn dieser Vorgang sich 10^7 mal wiederholt hat, werden 10^{12} photochemische Reaktionsprodukte entstanden sein. In 10^3 sec wieder stehen 10^{15} meßbare $Ag^{\bullet}_{\bigcirc}Br'_{\square}{}^{\frac{1}{2}}$ zur Verfügung.

Diese speziellen Annahmen stimmen gut mit den experimentellen Ergebnissen überein. Wir kommen demnach zu dem Ergebnis, daß bei der Bildung der photochemischen Reaktionsprodukte in Silberhalogeniden, insbesondere im Silberbromid mit Zusatz von zweiwertigem Schwefel, die Anlagerungsdauer des Elektrons an $Br'_{\square}{}^{\frac{1}{2}}$ etwa 10^{-7} sec beträgt.

Nach dieser Abschätzung der Anlagerungsdauer der Elektronen kann auch der lichtelektrische Strom, der sich in Zusatzkristallen AgBr mit Ag_2S ausbilden müßte (Kapitel IX), abgeschätzt werden.

Bei der Deutung der experimentellen Ergebnisse kann also gezeigt werden, daß noch bei der Temperatur von $-130°$ C die Anlagerungsdauer des Elektrons etwa 10^{-7} sec beträgt. Dabei handelt es sich um eine Anlagerung von Elektronen an Störstellen mit $+e/2$-Ladungen. Sicher ist, daß die Anlagerungsdauer der Elektronen an $S'_G Br^{\bullet}_{\square}$ bei der Bildung der photochemischen Reaktionsprodukte $S'_G Br_{\square}$ nicht größer ist. Es ist nicht mehr erstaunlich, daß die Bande bei 950 mμ in Silberbromid den Komplexen $Ag^{\bullet}_{\bigcirc}$ $[S'_G Br_{\square}]$ zuzuordnen ist und nur bei tiefen Temperaturen entsteht.

Deshalb ist verständlich, wie auch die Diskussion der Sekundärströme in Silberhalogeniden zeigt, daß flache Fallen für Elektronen existieren, aus denen sie schon im Temperaturbereich des flüssigen Wasserstoffs abgespalten werden.

Es wurde nur eine rohe Abschätzung durchgeführt. Um die Berechnung infolge verschiedener statistischer Effekte nicht zu komplizieren, auf die wir hier nicht eingehen, wurde absichtlich für die Abschätzung der Anlagerungsdauer von Elektronen eine Einstrahlung von etwa 10^{16} Lichtquanten/sec zugrunde gelegt.

Erstaunlich ist es auf alle Fälle (auch dann, wenn diese Abschätzung um eine oder zwei Größenordnungen abweichen sollte), daß die Anlagerungsdauer des Elektrons an Störstellen auch bei tiefen Temperaturen noch so kleine Werte annimmt. Dadurch wird es nochmals klar, welche Bedeutung die Stabilisierung der photochemischen Reaktionsprodukte in Silberhalogeniden durch die Diffusion von Silberionen auf Zwischengitterplätzen besitzt.

§ 14. Einige weitere experimentelle Untersuchungen des photochemischen Reaktionsmechanismus an AgBr-Ag_2S-Mischkristallen

Die Abb. 93 zeigt die Absorption der photochemischen Reaktionsprodukte nach einer Bestrahlung mit 436 mμ, und zwar wieder an einem AgBr-Ag_2S-Mischkristall, der sich in einem Nichtgleichgewichtszustand befand. Der Kristall wurde bei 400° C wieder 10 Std lang getempert und anschließend bei 70° C einige Stunden gelagert, dann erst bei — 120° C bestrahlt und bei — 180° C gemessen. Ein solcher Kristall zeigt ein anderes Absorptionsspektrum als die in früheren Paragraphen behandelten. Die Absorption mit dem Maximum bei 490 mμ, die bei den unbestrahlten Kristallen auftrat, ist verschwunden, und die gesamte sensibilisierende Absorption liegt kurzwelliger. Durch die Lagerung findet eine fast vollständige Assoziation der S'_G und $Br^{\bullet}_{\square}$ statt. Jetzt sind nur noch assoziierte Störstellen $Ag^{\bullet}_{\bigcirc}S'_G$, $S'_G Br^{\bullet}_{\square}$ in geringer Konzentration und sicher noch ausgeschiedenes Ag_2S vorhanden, welches, wie wir gesehen haben, zu den photochemischen Prozessen bei tiefen Temperaturen keinen Beitrag liefert. Vielleicht kommen noch einige größere Aggregate vor, deren Beteiligung zunächst infolge der Kompliziertheit schwieriger zu verstehen ist. Der zuletzt beschriebene Kristall ist bedeutend lichtunempfindlicher. Durch die lange Lagerung bei 70° C ist zwar eine vollständige Assoziation der Störstellen erreicht worden, jedoch war die gleichzeitige Ausscheidung von Ag_2S nicht zu vermeiden. Die Gesamtkonzentration der sensibilisierenden Störstellen ist kleiner geworden. Nach einer kurzen Bestrahlung zeigt der Kristall zwei Absorptionsbanden, eine bei 560 mμ und eine bei 640 mμ. Die Bande bei 720 mμ und die kurzwellige Absorption fehlten. Der Mechanismus ist nicht schwer zu verstehen. Die photochemisch wirksame Absorption findet nur an $Ag_{\bigcirc}^{\bullet} S'_G$ statt, die Elektronenanlagerung nur an $S'_G Br_{\square}^{\bullet}$ und größeren Aggregaten. Es können

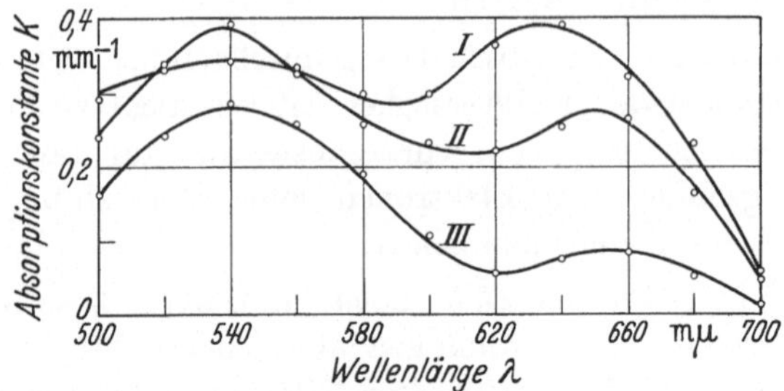

Abb. 93. Absorption eines bei 70° C getemperten $AgBr + Ag_2S$-Kristalls. *I.* Absorption nach dem Bestrahlen mit 436 mμ. *II.* Absorption nach Erwärmung auf 20° C. *III.* Absorption nach Bestrahlung von 620 bis 700 mμ bei 20° C. Die Messung der Absorption erfolgte bei −183° C

sich entsprechend den Reaktionen (4), (5) und (6), (7) $Ag_{\bigcirc}^{\bullet} [S'_G Br_{\square}]$ und höhere vorkolloidale Aggregate bilden.

Folgender grundsätzlicher Tatbestand muß noch berücksichtigt werden: Während der Lagerung der $AgBr$-Ag_2S-Mischkristalle bei Zimmer-

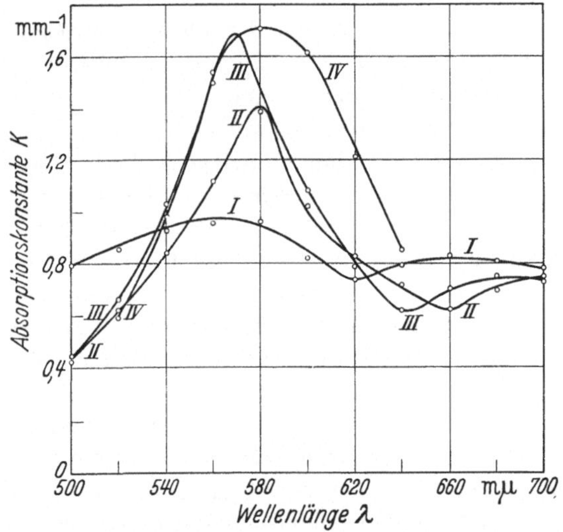

Abb. 94. Absorption eines bei 70° C getemperten $AgBr + Ag_2S$-Kristalls. *I.* Nach Bestrahlung mit 436 mμ bei −120° C. *II.* Absorption bei Zimmertemperatur nach dem Erwärmen. *III.* Absorption 27 Std später. *IV.* Absorption nach Rotbestrahlung

temperatur laufen gleichzeitig zwei Prozesse nebeneinander ab. Der erste Prozeß versucht, den von hoher Temperatur auf tiefe Temperatur eingefrorenen Nichtgleichgewichtszustand, der durch die Gln. (1a) bis (1e) beschrieben ist, zu beseitigen, d. h. durch Assoziation der Störstellenteilchen und durch Auswandern von $Ag'_{\square}$- und $Br^{\bullet}_{\square}$-Lücken an die Versetzungen den Zustand herzustellen, der durch kleinere Werte der Gleichgewichtskonstanten charakterisiert ist. Dieser Prozeß ist von einem zweiten begleitet: Die Löslichkeit von Ionen und molekulardispersem Ag_2S in AgBr ist bei hoher Temperatur viel größer als bei tiefer. Die für photochemische Prozesse benutzten, der Schmelze zugefügten Ag_2S-Konzentrationen sind unterhalb von 300° C, entsprechend dem Zustandsdiagramm, nicht mehr löslich. Im thermodynamischen Gleichgewicht kann nur eine optisch nicht mehr nachweisbare Konzentration von Ag_2S eingebaut werden.

Bei tiefen Temperaturen ist ferner in Silberhalogeniden praktisch nur die Frenkelsche Fehlordnung verwirklicht. Durch Lagerung der Kristalle wird sich langsam der der Lagerungstemperatur entsprechende Gleichgewichtszustand einstellen. Der Anteil Schottkyscher Fehlordnung sinkt. Nimmt man nun an, daß nur der Schottkysche Fehlordnungstyp für eine hohe photochemische Ausbeute verantwortlich ist, dann ist auch verständlich, daß gelagerte Kristalle, selbst dann, wenn noch eine geringe Mischung vorhanden ist, nur geringe Lichtempfindlichkeit zeigen.

Werden solche Kristalle mit starker Intensität bei —120° C bis zur Sättigung bestrahlt, dann entsteht, wie in Abb. 94 gezeigt ist, ein breites Spektrum. Einzelne Maxima sind schwer zu erkennen. Davon sind höchstens Andeutungen vorhanden. Nach der Erwärmung auf Zimmertemperatur bildet sich stabiles kolloidales Silber. Nach längerer Bestrahlung bei tiefen Temperaturen erfolgt die Bildung gröberer Aggregate, die einer Vorstufe zur Kolloidbildung entsprechen.

§ 15. Allgemeines zur Photochemie der AgCl-Kristalle mit Zusatz von Ag_2S oder Ag_2Se

Ähnliche Versuche wie am AgBr mit Ag_2S sind von SCHÖNE[23], SCHOLZ[26], VOLKE[25] an AgCl mit Ag_2S-Zusatz ausgeführt worden. Gegenüber den Silberbromid-Silbersulfid-Mischkristallen besitzt AgCl mit Ag_2S-Zusatz einen Vorteil: Infolge der kleineren Gitterkonstanten ist der für die Termlage der Elektronen an Störstellen maßgebende elektrostatische Anteil der Bindungsenergie größer. Dadurch ist es möglich, in AgCl-Ag_2S-Mischkristallen die photochemischen Reaktionsprodukte, die in AgBr-Kristallen mit Ag_2S-Zusatz (z.B. in denjenigen, deren Absorption bei 720 mμ liegt), bei —190° C instabil waren, zu stabilisieren. In den bei +70° C gelagerten AgBr-Ag_2S-Mischkristallen war es möglich, nur bei Temperaturen über —120° C gröbere photochemische Reaktionsprodukte zu erzeugen. Unterhalb von —120° C gelingt es besonders an gepreßten Kristallen infolge Bildung neuer Störstellen und der durch die Verformung höheren Beweglichkeiten der einzelnen

Störstellen, z.B. der Silberionen auf Zwischengitterplätzen, die photochemische Ausbeute zu erhöhen.

Sowohl in Silberbromid wie auch in Silberchlorid soll die Abspaltung des Elektrons von $Ag^{\bullet}_{\bigcirc}S'_G$ entsprechend der Reaktionsgleichung (4) erfolgen. Die Bindung des Elektrons an die $Ag^{\bullet}_{\bigcirc}S'_G$-Störstelle ist im Silberchlorid infolge des größeren Betrages der elektrostatischen Energie des Gitters größer und damit auch die Absorption kurzwelliger als im Silberbromid. Durch eine geeignete Wahl der Wellenlänge des eingestrahlten Lichtes kann erreicht werden, daß die Absorption am $Ag^{\bullet}_{\bigcirc}S'_G$ stattfindet. Nach der Bestrahlung des Silberchlorids bei $-190°$ C beobachtet man eine verhältnismäßig hohe Ausbeute an photochemischen Reaktionsprodukten. Es wäre sicher nicht korrekt anzunehmen, daß in Ag_2S-haltigem AgBr die Absorption nur zur Anregung und damit zu einer kleinen photochemischen Ausbeute bei der Temperatur von $-190°$ C, in AgCl aber zur Abspaltung des Elektrons führt. Eine solche Annahme stünde im Widerspruch zu den Ergebnissen der lichtelektrischen Versuche von JUNG[30], wonach auch noch bei 20° K Photoleitung auftritt. Es handelt sich doch in beiden Fällen um Absorption an der gleichen $Ag^{\bullet}_{\bigcirc}S'_G$-Störstelle, die sich im wesentlichen nur durch den elektrostatischen Anteil der Gitterenergie der umgebenden Ionen des AgBr oder AgCl unterscheidet. Sowohl in AgBr wie auch in AgCl wird durch Absorption im $Ag^{\bullet}_{\bigcirc}S'_G$-Komplex das Elektron im Gitter beweglich gemacht und an den $S'_GBr^{\bullet}_{\square}$-Komplex bzw. an $S'_GCl^{\bullet}_{\square}$ angelagert.

Betrachtet man nochmals zum Vergleich die Vorgänge im Silberbromid. Die gröberen Aggregate entstehen durch Anlagerung von $Ag^{\bullet}_{\bigcirc}$ an $S'_GBr_{\square}$. Die in Gl. (7) beschriebene Reaktion führt zu den Reaktionsprodukten $Ag^{\bullet}_{\bigcirc}[S'_GBr_{\square}]$. Diese entstehen dadurch, daß sich die Silberionen auf Zwischengitterplätzen an die schon gebildeten Störstellen $S'_GBr_{\square}$ anlagern. Die Bildung der noch gröberen Aggregate findet nach den Reaktionsgleichungen (8) und (11) statt. Ist jedoch die Anlagerungsdauer des Elektrons am $S'_GBr^{\bullet}_{\square}$ klein gegenüber der Diffusionszeit m/v eines Silberions auf Zwischengitterplatz, dann zerfällt $S'_GBr_{\square}$ in ein Elektron und $S'_GBr^{\bullet}_{\square}$, und es können keine stabilen $Ag^{\bullet}_{\bigcirc}[S'_GBr_{\square}]$ gebildet werden. Wir sahen, daß die Anlagerungsdauer des Elektrons an einer Störstelle $S'_GBr^{\bullet}_{\square}$ und die Diffusion der Silberionen auf Zwischengitterplätzen im Kristallgitter für eine meßbare Anreicherung der stabilen Produkte verantwortlich sind. Sowohl die Anlagerungsdauer wie auch die Diffusion der Silberionen auf Zwischengitterplätzen hängen von der Temperatur ab. Ist die Temperaturabhängigkeit der beiden Größen so, daß bei höheren Temperaturen die Anlagerungsdauer des Elektrons größer als die Zeit ist, welche Silberionen auf Zwischengitterplätzen zum Herandiffundieren benötigen, dann ist die Erzeugung der gröberen Aggregate bei diesen Temperaturen möglich. In $AgCl$-Ag_2S-Mischkristallen ist die Bindung der Elektronen an Störstellen stärker als in AgBr-Ag_2S-Mischkristallen. Daneben zeigten die Messungen der Ionenleitung an AgCl und AgBr, daß im ersteren die Diffusionskonstante der Silberionen auf Zwischengitterplätzen größer als im Silberbromid ist. Beide Eigenschaften sind für die Bildung der photochemischen Reaktionsprodukte im AgCl auch noch bei $-190°$ C verantwortlich (Abb. 95).

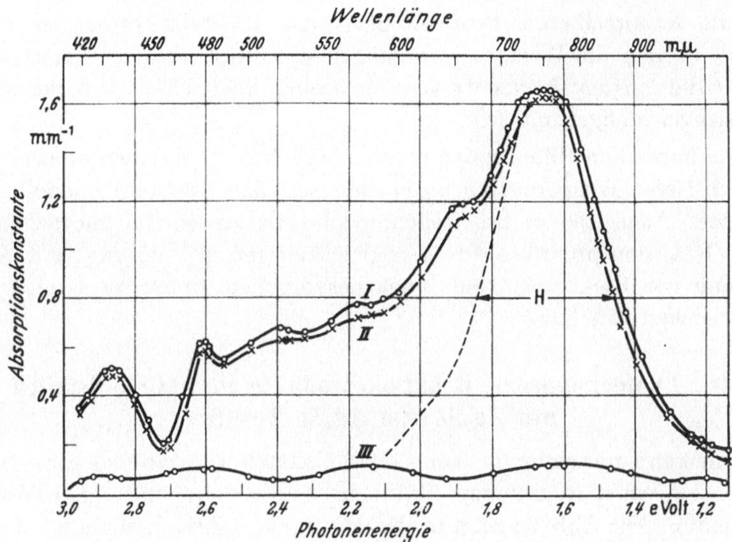

Abb. 95. Absorption der photochemischen Reaktionsprodukte eines AgCl + Ag_2S-Kristalls. *I.* Nach Bestrahlung mit 405 mμ bei $-185°$ C. *II.* 4 Std später. *III.* Nach Rotbestrahlung

Der Vergleich der experimentellen Ergebnisse von Silberbromid und Silberchlorid liefert den eindeutigen Beweis dafür, daß eine Absorption an Störstellen, die zur Bildung freier Elektronen mit der gleichen Quantenausbeute führt, nicht immer zur Bildung photochemischer Reaktionsprodukte bei tiefen Temperaturen ausreichen muß. Auch bei Temperaturen, wo im Silberbromid mit Ag_2S-Zusatz keine photochemischen Prozesse stattfinden, tritt lichtelektrische Leitung auf, und zwar ist der lichtelektrische Strom im Silberbromid mit Ag_2S-Zusatz größer als im Silberchlorid mit Ag_2S-Zusatz. Die Bildung der photochemischen Reaktionsprodukte verkleinert den Betrag der Primärströme.

Aus diesen Versuchen sieht man nochmals: Es ist nicht notwendig anzunehmen, daß die Absorption nur zu einer Anregung führt und die Befreiung des Elektrons durch Wärmestöße erfolgt, die bei tiefen Temperaturen seltener vorkommen. Vielmehr sind sämtliche Störstellen an der Bildung der photochemischen Reaktionsprodukte beteiligt. Auch zur

Berechnung der mittleren Konzentration der freien Elektronen, die sich in der lichtelektrischen Leitung bemerkbar machen, müssen neben den Wärmestößen noch die Energieverhältnisse nicht einer einzelnen, sondern sämtlicher Störstellen berücksichtigt werden. Nur dann, wenn die Abtrennung der Elektronen im Kristallgitter an einer einzigen Störstellenart erfolgt und keine weiteren Reaktionen vorkommen oder wenn es, wie eventuell bei der Messung lichtelektrischer Ströme, möglich ist, nur die unmittelbaren Prozesse nach der Lichtabsorption zu verfolgen, werden die Wärmeschwingungen an dieser einzigen Störstellenart für die mittlere Konzentration der freien, lichtelektrisch wirksamen Elektronen maßgebend sein.

Wir haben die Bildung der photochemischen Reaktionsprodukte im Bereich tiefer Temperaturen an einem speziellen Störstellenmodell betrachtet. Auch andere Störstellenmodelle, bei denen die photochemischen Reaktionsprodukte aus der gleichzeitigen Wanderung und Anlagerung von Elektronen und Ionen hervorgehen, führen prinzipiell zu dem gleichen Ergebnis.

§ 16. Photochemische Reaktionsprodukte in AgCl-Kristallen mit Ag_2S- oder Ag_2Se-Zusatz

Man kann nunmehr die bei —190° C durch Bestrahlung erzeugten photochemischen Reaktionsprodukte im Silberchlorid mit Ag_2S-Zusatz betrachten. Die Abb. 95 zeigt ihr Spektrum nach ihrer Erzeugung durch Bestrahlung mit Licht starker Intensität der Wellenlänge 405 mμ. Ebenso wie beim Silberbromid ist die Vorgeschichte des Mischkristalls sehr wichtig. Abb. 95 zeigt Meßergebnisse an einem Kristall mit 0,01 Mol-% Ag_2S, der dicht unter dem Schmelzpunkt 24 Std lang getempert und danach rasch auf Zimmertemperatur abgekühlt wurde. Nach etwa 15 min Lagerung wurde der Kristall weiter auf —190° C abgekühlt. Man sieht eine große Zahl Absorptionsbanden mit einem ausgeprägten Maximum bei 750 mμ und mehreren weniger deutlichen bei etwa 650, 560 mμ usw. Das Maximum bei 430 mμ braucht nicht reell zu sein. Die Messung erfolgte durch Vergleich mit einem gleichbehandelten unbestrahlten AgCl-Kristall mit Ag_2S. Infolge Aufbau einer breiten Absorption und Abnahme der sensibilisierenden Absorption mit dem ausgeprägten Maximum bei etwa 450 mμ durch Bestrahlung kann das in dem gleichen Bereich erzeugte Minimum vorgetäuscht sein.

Das Absorptionsmaximum bei 750 mμ entspricht den Komplexen $Ag^{\bullet}_{\bigcirc}\,[S'_G Cl_{\square}]$. Die entsprechende Absorption lag im AgBr bei 950 mμ.

Das Absorptionsspektrum im kurzwelligen Bereich, wie es in der Abb. 96 dargestellt wird, entspricht der Anlagerung von Elektronen

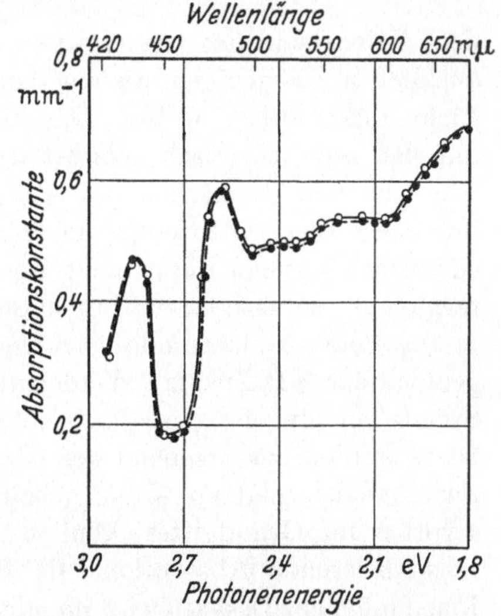

Abb. 96. Absorptionsspektrum der photochemischen Reaktionsprodukte eines $AgCl+Ag_2S$-Kristalls nach Bestrahlung mit 405 mμ

an $Cl_{\square}^{\bullet\frac{1}{2}}$. Diese Zentren werden vermehrt infolge unbeabsichtigter Verformung. Ähnliche Absorptionsspektren im AgBr liegen bei 720 mμ und kurzwelliger. Wie die Abb. 97 zeigt, erhöht sich nämlich die Absorption im kurzwelligen Bereich gegenüber derjenigen von 750 mμ besonders stark in mechanisch verformten Kristallen. Ist der beschriebene Mechanismus der Bildung der photochemischen Reaktionsprodukte richtig, dann müssen wir erwarten, daß die Kristalle, die bei höherer Temperatur bestrahlt werden, einen Umbau der einzelnen photochemischenReaktionsprodukte zeigen, der sich in der Absorption bemerkbar macht. Neben den einfachen bilden sich noch größere Aggregate, deren Anwesenheit sich im Absorptionsspektrum bemerkbar macht. Eine Zuordnung der Spektren läßt sich jetzt, falls man von der kolloidalen Absorption in AgCl absieht, nicht mehr durchführen.

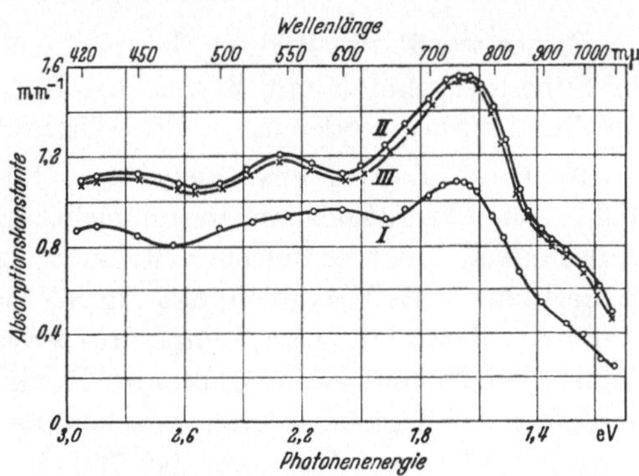

Abb. 97. Absorptionsspektrum der photochemischen Reaktionsprodukte eines bei Zimmertemperatur gepreßten $AgCl+Ag_2S$-Kristalls. *I.* Nach der Bestrahlung (1 min) mit 405 mμ bei −185° C. *II.* Nach weiterer Bestrahlung. *III.* Nach 4 Std Lagerung bei −185° C

Wir haben bis jetzt solche photochemischen Prozesse in Silberhalogeniden mit Zusätzen betrachtet, bei denen eine Abtrennung der Elektronen an Störstellen durch Licht stattfindet. Diese Elektronen verursachen die sensibilisierende Absorption.

§ 17. Elektronen- und Ionenprozesse nach der Absorption der Strahlung im Grundgitter der Silberhalogenid-Mischkristalle

Findet die Absorption im Grundgitter statt, dann entstehen Elektronen und Defektelektronen, welche, wie wir gesehen haben, im Kristallgitter diffundieren können[29,31]. Die Elektronen, die diesmal aus dem Valenzband des Grundgitters stammen, werden ähnliche Prozesse auslösen wie diejenigen, die aus den sensibilisierenden Störstellen durch Licht abgespalten wurden. Die wandernden Defektelektronen können mit den photochemisch gebildeten Reaktionsprodukten rekombinieren oder von den Störstellen S'_G, $Ag^{\bullet}_{\bigcirc}S'_G$ und $S'_G Hal^{\bullet}_{\square}$ mit den locker gebundenen Elektronen eingefangen und lokalisiert werden. Die Defektelektronen können dann nicht mehr mit photochemischen Produkten reagieren. Wir sehen, daß auch hier der Zusatz neben der sensibilisierenden eine stabilisierende Wirkung besitzt, ähnlich wie bei Alkalihalogeniden der KH-Zusatz. Werden die Defektelektronen an den $Ag^{\bullet}_{\bigcirc}S'_G$-Störstellen eingefangen, dann entstehen zunächst $Ag^{\bullet}_{\bigcirc}S_G$-Störstellen. Diese werden entsprechend der Gl. (5) zur Bildung der Silberionen auf Zwischengitterplätzen Anlaß geben. Demnach wird auch bei der Absorption im Grundgitter, ähnlich wie durch die Einstrahlung in die sensibilisierende Absorption, die Bewegung der Elektronen und der Ionen möglich. Deshalb wird im allgemeinen die Einstrahlung ins Grundgitter zu den gleichen photochemischen Reaktionsprodukten führen wie die in den Ausläufer der sensibilisierenden Absorption.

§ 18. Das Verhalten der photochemischen Reaktionsprodukte bei Rotlichtbestrahlung

Bisher wurde die Bildung der photochemischen Reaktionsprodukte in Silberhalogeniden mit Zusatz bei Einstrahlung in die Absorption des Sensibilisators oder in die des Wirtsgitters betrachtet.

Nach der Bestrahlung erscheint in Silberhalogeniden eine größere Zahl von Absorptionsbanden im sichtbaren Spektralbereich, die die Anwesenheit photochemischer Reaktionsprodukte verraten. In abgeschreckten AgBr-Kristallen mit Ag_2S-Zusatz enthält die Absorption, wenn die Bestrahlung im Temperaturbereich unterhalb $-150°$ C stattfindet, bei 950 mμ ein ausgeprägtes Maximum. In AgCl-Kristallen mit Ag_2S-Zusatz zeigt sich unter gleichen Bedingungen eine ähnliche Absorption mit einem Maximum bei 750 mμ.

Wird nun anschließend der Kristall mit rotem Licht (z.B. >650 mμ) bestrahlt, dann werden die gebildeten photochemischen Reaktionsprodukte fast vollständig ausgebleicht. Durch Absorption der langwelligen Strahlung in den photochemischen Reaktionsprodukten entstehen freie Elektronen, jedoch rekombinieren diese Elektronen nicht alle mit den Ursprungszentren. Eine große Zahl wird auch an anderen Störstellen gebunden. Durch die erste Bestrahlung wird nämlich ein neuer Gleichgewichtszustand hergestellt, dem sich die bei tiefer Temperatur noch beweglichen Störstellen während und nach der Bestrahlung anpassen müssen.

Die gegenüber der ersten Bestrahlung unterschiedlichen Elementarvorgänge bei der nochmaligen Bestrahlung nach dem Ausbleichen können experimentell beobachtet werden. Die nochmalige Bestrahlung mit kurzwelligem sichtbarem Licht nach dem Ausbleichen führt, wie SCHOLZ[26] und JELTSCH[32] gezeigt haben, im allgemeinen zur gleichen Sättigungskonzentration der photochemischen Reaktionsprodukte (Abb. 98). Dagegen verläuft der zeitliche Anstieg der Absorptionskonstanten dk/dt, wie das die gleiche Abbildung zeigt, bei der zweiten Bestrahlung unter gleichen Bestrahlungsbedingungen bedeutend steiler als bei der ersten.

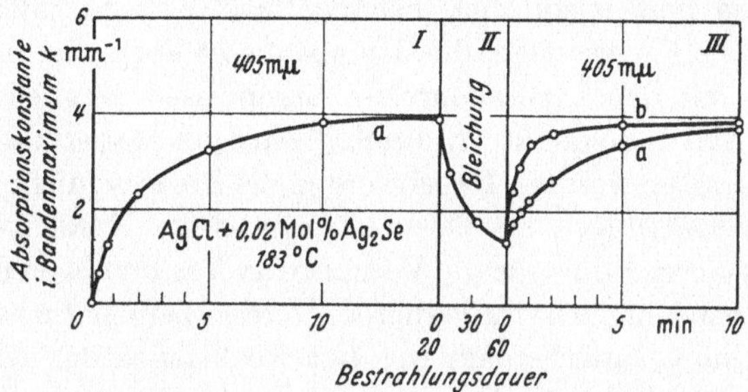

Abb. 98. Bildung photochemischer Reaktionsprodukte in Abhängigkeit von der Bestrahlungsdauer. *I*. Nach erstmaliger Bestrahlung. *II*. Ausbleichen durch Rotbelichtung. *III*. Bei nochmaliger Bestrahlung mit 405 mμ

Dieses unterschiedliche Verhalten läßt sich auch im Fluoreszenzspektrum der bei der Temperatur des flüssigen Wasserstoffs bestrahlten Kristalle beobachten. Es wird jedoch erst später bei der Untersuchung der photochemischen Reaktionsvorgänge in mechanisch verformten Kristallen genauer behandelt.

§ 19. Das Verhalten der photochemischen Reaktionsprodukte bei Röntgenbestrahlung

Das Spektrum der mit Röntgenlicht bestrahlten Kristalle unterscheidet sich in seinem Aufbau praktisch kaum von dem der mit kurzwelligem Licht bestrahlten. Obwohl bei Bestrahlung mit Röntgenlicht die photochemischen Reaktionsprodukte erst durch Sekundärelektronen erzeugt werden, wird, wie das von JELTSCH gezeigt wurde, die gleiche Energie für die Bildung eines Reaktionsproduktes wie bei Bestrahlung mit sichtbarem Licht benötigt. In den mit Röntgenlicht bestrahlten Kristallen liegt der Energiebedarf für die Erzeugung eines photochemischen Reaktionsproduktes bei der Temperatur von etwa $-180°$ C bei 170 bis 820 eV. Die Schwankungen in dem Energiebedarf sind vom Kristallmaterial abhängig. Die Quantenausbeute η der mit dem Licht der Wellenlänge 436 mμ bestrahlten Kristalle beträgt im gleichen Temperaturbereich etwa 0,003 bis 0,014 Zentren/Quant. Man braucht also pro gebildetes Zentrum die gleiche Energie.

Für die Bildung der photochemischen Reaktionsprodukte bei Bestrahlung mit Röntgenlicht wird demnach praktisch der gleiche Reaktionsmechanismus wie bei den mit dem kurzwelligen Licht bestrahlten Kristallen maßgebend sein. Allerdings lassen sich schon bei der ersten Röntgenbestrahlung bedeutend höhere Sättigungswerte erreichen.

§ 20. Das Verhalten der Störstellen im stationären Gleichgewicht während der Bestrahlung

Wir wollen nunmehr das bei Silberhalogeniden mit Zusätzen zugrunde gelegte und ausführlich behandelte Modell thermodynamisch formulieren. Die Folgerungen, die sich aus dieser Formulierung ergeben, können dann mit den experimentellen Ergebnissen verglichen werden. Es zeigt sich, daß diese qualitativ durch die aus der Statistik abgeleiteten Gesetze beschrieben werden. Dabei werden die Prozesse nicht behandelt, die sich an Versetzungen abspielen. Einige dieser Ergebnisse können aber auch das Verständnis für die Vorgänge an Versetzungen erleichtern.

Um die Übersicht nicht zu verlieren, werden bei der thermodynamischen Behandlung zunächst nur die vier Reaktionen der Gln. (4), (5), (6) und (7) berücksichtigt. Daraus ergibt sich schon das Wesentliche über die Entstehung der photochemischen Reaktionsprodukte.

Bei genügend langer Einstrahlung mit konstanter Bestrahlungsstärke wird sich in Mischkristallen ein stationärer Zustand einstellen, der durch Massenwirkungsgleichungen beschrieben werden kann. Entsprechend den vier Reaktionsgleichungen entstehen durch die Einstrahlung Störstellen, deren Gitterkonzentrationen angegeben werden. Zwischen den Gitterkonzentrationen der Störstellen gelten die folgenden Massenwirkungsgleichungen

$$\left.\begin{array}{llll} \text{a)} & \dfrac{x_0 \cdot N}{x_1} = \dfrac{k_1}{k_2} & \text{b)} & \dfrac{x_1 \cdot n}{x} = \dfrac{k_3 \cdot B}{k_4} \\ \text{c)} & \dfrac{x_2 \cdot n}{x_3} = \dfrac{k_5}{k_6} & \text{d)} & \dfrac{x_3 \cdot x_0}{x_4} = \dfrac{k_7}{k_8} \end{array}\right\} \quad (12)$$

n bezeichnet die Gitterkonzentration der freien Elektronen,
N bezeichnet die Gitterkonzentration der S_G-Ionen,
x_0 bezeichnet die Gitterkonzentration der $Ag^{\bullet}_{\bigcirc}$-Ionen,
x bezeichnet die Gitterkonzentration der $Ag^{\bullet}_{\bigcirc}S'_G$-Komplexe,
x_1 bezeichnet die Gitterkonzentration der $Ag^{\bullet}_{\bigcirc}S_G$-Komplexe,
x_2 bezeichnet die Gitterkonzentration der $S'_G Br^{\bullet}_{\square}$-Komplexe,
x_3 bezeichnet die Gitterkonzentration der $S'_G Br_{\square}$-Komplexe,
x_4 bezeichnet die Gitterkonzentration der $Ag^{\bullet}_{\bigcirc}\,[S'_G Br_{\square}]$-Komplexe,
B bezeichnet die Bestrahlungsstärke.

k_1 bis k_8 bedeuten die Geschwindigkeitskonstanten der einzelnen Reaktionen (sie sind mit den Geschwindigkeitskonstanten, der Gln. (1a) bis (1e) nicht identisch).

Hinzu kommen noch folgende Nebenbedingungen

$$x + x_1 + N = y \qquad x_2 + x_3 + x_4 = y_1 . \tag{13}$$

Die Nebenbedingungen gelten unter der Annahme, daß die Gesamtkonzentration y der Frenkelschen und y_1 der Schottkyschen Fehlordnung nach dem Abkühlen auf tiefe Temperatur während der Bestrahlung unverändert bleibt.

Gl. (12b) bedeutet: Während der Bestrahlung zerfallen die Komplexe $Ag_{\bigcirc}^{\bullet} S_G'$, deren Gitterkonzentration x ist, entsprechend der Reaktionsgleichung (4) in x_1 und n, jedoch so, daß die Gesamtkonzentration der Frenkelschen Fehlordnung derjenigen vor der Bestrahlung entspricht. Die Gesamtkonzentration der Frenkelschen Fehlordnung ist gleich der Gitterkonzentration der Komplexe x vor der Bestrahlung. Die gleichen Überlegungen gelten auch für die Gitterkonzentration der Schottkyschen Fehlordnung y_1.

Ferner gilt noch die Beziehung

$$x_0 = N - x_4 . \tag{14}$$

Sie ist durch folgende Überlegung einzusehen: Für die Gitterkonzentration $Ag_{\bigcirc}^{\bullet}$ ist die Reaktionsgleichung (5) maßgebend. Entsprechend dieser Reaktionsgleichung werden zunächst S_G- und $Ag_{\bigcirc}^{\bullet}$-Störstellen in gleicher Gitterkonzentration, also $x_0 = N$ gebildet. Während die Gitterkonzentration der S_G-Störstellen unverändert bleibt, wird die Gitterkonzentration der $Ag_{\bigcirc}^{\bullet}$ durch die Reaktion mit den Komplexen $S_G' Br_{\square}$ zu $Ag_{\bigcirc}^{\bullet} [S_G' Br_{\square}]$ entsprechend der Gl. (7) um die Gitterkonzentration der Komplexe $Ag_{\bigcirc}^{\bullet} [S_G' Br_{\square}]$ vermindert.

Schließlich gilt noch die Neutralitätsbedingung

$$x_0 + x_1 = x_3 + n . \tag{15}$$

Sie besagt, daß die Gitterkonzentration der Störstellen mit negativer Überschußladung gleich der Gitterkonzentration der Störstellen mit positiver Überschußladung ist. Durch Elimination von x_0, x_1 und x_3 aus den Gln. (13) und (14) ergibt sich die Beziehung

$$n + x - x_2 = y - y_1 . \tag{16}$$

Im Prinzip ist es möglich, aus diesen acht Gln. (12) bis (16) sämtliche Gitterkonzentrationen für vorgegebene Geschwindigkeitskonstanten k_1 bis k_8 zu berechnen. Eine solche Berechnung führt zu unübersichtlichen Resultaten. Allein schon die Diskussion der Gln. (12a) bis (12d) zeigt, daß die gröberen Komplexe $Ag_{\bigcirc}^{\bullet} [S_G' Br_{\square}]$ mit wachsender Bestrahlungsstärke stärker als x_3 anwachsen. Mit einer zunehmenden Zahl absorbierter Lichtquanten steigt nämlich entsprechend den Reaktionsgleichungen (4) und (5) neben der Gitterkonzentration der freien Elektronen auch die der Silberionen auf Zwischengitterplätzen.

Aus der Massenwirkungsgleichung (12d) ergibt sich sofort, daß mit steigender Gitterkonzentration x_0 auch das Verhältnis x_4/x_3 ansteigen muß.

An dem speziellen Beispiel konnte gezeigt werden, daß mit steigender Bestrahlungsstärke die Konzentration der gröbsten photochemischen Reaktionsprodukte relativ zu den kleineren erhöht werden kann. Das gilt auch dann, wenn noch andere photochemische Reaktionsprodukte auftreten und die einschränkenden Bedingungen nicht gelten, die zur Vereinfachung der Berechnung eingeführt wurden. Mit steigender Bestrahlungsstärke wächst stets die Konzentration der gröbsten Teilchen. In der Abb. 93 wird das Maximum der Absorption bei 640 mμ dem kleineren Komplex (der mit keiner in den Gln. (12) auftretenden Zentrensorte identisch ist) zugeordnet. Mit steigender Bestrahlungsstärke ergibt sich nämlich ein starkes Ansteigen der Absorption bei 560 mμ. Ein ähnliches Verhalten werden die photochemischen Reaktionsprodukte, die den beiden Maxima zugeordnet wurden, auch noch vor dem Erreichen des stationären Gleichgewichts zeigen. Am Anfang der Belichtung sind jedoch zunächst Reaktionsprodukte, die durch Elektronenprozesse entstehen, maßgebend. Erst nach einiger Zeit laufen während der Bestrahlung die Ionenprozesse an.

§ 21. Zeitliche Änderung verschiedenartiger Störstellen während der Bestrahlung

Die zeitliche Änderung der einzelnen Gitterkonzentrationen während der Belichtung besteht aus der Bildung und Rückbildung der einzelnen Störstellen. Die Reaktionsgleichung (4) besagt, daß nach der Absorption der Lichtquanten die Gitterkonzentration der $Ag^{\bullet}_{\bigcirc}S'_G$-Störstellen abnimmt. Bei der Absorption des Lichtes durch die $Ag^{\bullet}_{\bigcirc}S'_G$-Komplexe werden freie Elektronen und die Komplexe $Ag^{\bullet}_{\bigcirc}S_G$ gebildet. Ihre Konzentration ist der Bestrahlungsstärke und der Gitterkonzentration der $Ag^{\bullet}_{\bigcirc}S'_G$-Störstellen im Silberbromidgitter proportional. Der Proportionalitätsfaktor k_3 gibt den Anteil der absorbierten Lichtquanten an, der zur Erzeugung freier Elektronen führt. Freie Elektronen sind im Gitter nicht beständig. Sie können wieder mit den Störstellen $Ag^{\bullet}_{\bigcirc}S_G$ rekombinieren oder an Störstellen $S'_G Br^{\bullet}_{\square}$ angelagert werden und $S'_G Br_{\square}$-Zentren erzeugen. Die Rekombination und die Anlagerung werden durch die Geschwindigkeitskonstanten k_4 und k_5 bestimmt. Für die zeitliche Abnahme der Gitterkonzentration x ergibt sich demnach die Beziehung

$$\dot{x} = -k_3 B x + k_4 x_1 n. \tag{17}$$

Die Anlagerung der freien Elektronen an $S'_G Br^{\bullet}_{\square}$-Störstellen mit der Geschwindigkeitskonstante k_5 ist nämlich an der Bildung und Rückbildung der Konzentration $Ag_{\bigcirc}^{\bullet}S_G'$ nicht unmittelbar beteiligt, und deshalb gehen diese Anteile in die Gl. (17) nicht ein.

Im stationären Gleichgewicht mit $\dot{x} = 0$ ergibt sich sofort die Gl. (12b). Durch eine ähnliche Überlegung können aus den Reaktionsgleichungen (4), (5), (6) und (7) auch die zeitlichen Veränderungen der Gitterkonzentrationen n, N, x_0, x_1, x_2, x_3 und x_4 bestimmt werden. Es ergibt sich für diese Konzentrationen folgendes nichtlineares Gleichungssystem

$$\left.\begin{aligned}
&\text{a)}\quad \dot{x}_1 = k_3 B x - k_4 x_1 n - k_1 x_1 - k_2 x_0 N = -(\dot{x} - \dot{N}),\\
&\text{b)}\quad \dot{x}_2 = k_5 x_3 - k_6 x_2 n,\\
&\text{c)}\quad \dot{x}_3 = k_6 x_2 n - k_5 x_3 + k_7 x_4 - k_8 x_3 x_0 = -(\dot{x}_4 - \dot{x}_3),\\
&\text{d)}\quad \dot{x}_4 = k_8 x_3 x_3 - k_7 x_4,\\
&\text{e)}\quad \dot{x}_0 = k_1 x_1 - k_2 x_0 N - k_8 x_3 x_0 - k_7 x_4 = \dot{N} - \dot{x}_4,\\
&\text{f)}\quad \dot{n} = k_3 B x - k_4 x_1 n - k_5 x_3 - k_6 x_2 n = -(\dot{x} - \dot{x}_2),\\
&\text{g)}\quad \dot{N} = k_1 x_1 - k_2 x_0 N.
\end{aligned}\right\} \tag{18}$$

Die Bezeichnung der Geschwindigkeitskonstanten k_1 bis k_8 ist identisch mit derjenigen, die in den Gln. (12) enthalten ist.

Eine direkte Lösung des nichtlinearen Differentialgleichungssystems der Gln. (17) und (18a) bis (18g) ist nicht möglich. Die Lösung kann jedoch in zwei Schritten vorgenommen werden: Im ersten Schritt wird angenommen, daß die Konzentrationen x_0 und n sich langsam verändern. Diese Annahme wird durch die Versuche bestätigt. Die Konzentrationen x_0 und n werden zunächst als konstant angesehen.

Unter dieser Voraussetzung können die zeitlichen Änderungen der übrigen sechs Gitterkonzentrationen x, x_1, x_2, x_3, x_4 und N, die durch Gl. (17) bis Gl. (18g) beschrieben sind, bestimmt werden.

Auflösung der Differentialgleichungen (18a) und (18g) ergibt bei konstantem x_0 und n für N eine Differentialgleichung

$$\frac{d^2N}{dt^2} + \alpha_1 \frac{dN}{dt} + \beta_1 N + \gamma_1 = 0, \tag{19}$$

mit

$$\begin{aligned}
\alpha_1 &= k_2 x_0 + k_3 B + k_4 n + k_1,\\
\beta_1 &= k_2 k_3 x_0 B + k_2 k_4 x_0 n + k_1 k_3 B,\\
\gamma_1 &= k_1 k_3 B y.
\end{aligned}$$

Dabei wird berücksichtigt, daß die Konzentration der Frenkelschen Fehlordnung durch die Beziehung

$$x_1 + x + N = y \tag{20}$$

vorgegeben ist.

Die Lösung der Differentialgleichung ist leicht anzugeben. Unter der Voraussetzung, daß vor der Bestrahlung keine photochemischen Reaktionsprodukte im Kristallgitter vorhanden waren und sich nach längerer Bestrahlung eine Sättigungskonzentration N_s einstellt und die Beziehungen

$$\alpha_1^2 \gg 4\beta_1 \quad \text{und} \quad \alpha_1 \gg \frac{\beta}{\alpha_1}$$

gelten, ergibt sich für die zeitliche Änderung der Konzentration der Störstellen die Gleichung

$$N = N_s\left(1 - \exp\left[-\frac{\beta_1}{\alpha_1}t\right]\right). \tag{21}$$

Auch die Zeitabhängigkeit anderer Störstellenkonzentrationen kann aus den Gln. (17) bis (18g) berechnet werden. Für x_1 ergibt sich z.B. eine der Differentialgleichung (19) ähnliche Beziehung

$$\frac{d^2 x_1}{dt^2} + \alpha_1 \frac{dx_1}{dt} + \beta_1 x_1 - \gamma_2 = 0, \tag{22}$$

wobei

$$\gamma_2 = k_2 k_3 B x_0 y$$

ist.

Nach der Absorption der Strahlung in den $Ag_{\bigcirc}^{\bullet} S_G'$-Komplexen werden noch vor dem Anlaufen der Ionenprozesse Elektronenprozesse stattfinden, so daß durch die Absorption der Strahlung in $Ag_{\bigcirc}^{\bullet} S_G'$ eine ganz bestimmte Konzentration $x_1 = x_{1e}$ der Störstellen $Ag_{\bigcirc}^{\bullet} S_G$ gebildet wird. Diese Konzentration ist abhängig von der raschen Einstellung der Elektronenprozesse. Die Dissoziation der Störstellen $Ag_{\bigcirc}^{\bullet} S_G$ in S_G und $Ag_{\bigcirc}^{\bullet}$ ist für die später anlaufenden Ionenprozesse maßgebend. $x_1 = x_{1e}$ gilt, wenn in der Lösung der Differentialgleichung (22)

$$\exp(-\alpha_1 t) \approx 0 \quad \text{und} \quad \exp\left(-\frac{\beta_1}{\alpha_1}t\right) \approx 1$$

ist.

Als Lösung der Differentialgleichung (22), die ausführlich in der Arbeit STASIW [21] behandelt wird, ergibt sich

$$x_1 = x_{1s} - (x_{1s} - x_{1e}) \exp\left(-\frac{\beta_1}{\alpha_1}t\right). \tag{23}$$

Durch ähnliche Überlegungen erhält man für die übrigen Störstellenkonzentrationen die Beziehungen

$$\left.\begin{aligned}
&\text{a)} \quad x_3 = x_{3s} - (x_{3s} - x_{3e}) \exp\left[-\frac{\beta_2}{\alpha_2}t\right], \\
&\text{b)} \quad x_4 = x_{4s}\left[1 - \exp\left(-\frac{\beta_2}{\alpha_2}t\right)\right], \\
&\text{c)} \quad x\ = (x_e - x_s) \exp\left(-\frac{\alpha_1}{\beta_1}t\right) + x_s, \\
&\text{d)} \quad x_2 = (x_{2e} - x_{2s}) \exp\left(-\frac{\beta_2}{\alpha_2}t\right) - x_{2s},
\end{aligned}\right\} \tag{24}$$

mit

$$\alpha_2 = k_2 + k_6 n + k_7 + k_7 x_0$$

und

$$\beta_2 = k_5 k_7 + k_6 k_7 n + k_6 k_8 n x_0 .$$

x_{3_e}, x_e und x_{2_e} bedeuten die Gitterkonzentrationen der $S'_G Br_\square$, $Ag^{\bullet}_{\bigcirc} S'_G$ und $S'_G Br^{\bullet}_\square$, die sich nach rascher Einstellung der Elektronenprozesse ergeben. Der Index s kennzeichnet die Sättigungskonzentration.

Die Gln. (21) und (23) bis (24d) können noch nicht als vollständige Lösungen des Problems angesehen werden. Tatsächlich ergibt sich infolge der langsamen Veränderlichkeit von x_0 und n auch eine zeitliche Änderung der Ausdrücke

$$\frac{\beta_1}{\alpha_1} \quad \text{und} \quad \frac{\beta_2}{\alpha_2} .$$

Die zeitliche Änderung der x_0 und n kann aus den Gln. (18e) und (18f) berechnet werden.

Integriert ergeben sich die Beziehungen

$$\text{a)} \quad N - x_4 = x_0 \quad \text{und} \quad \text{b)} \quad n + x - x_2 = y - y_1 . \qquad (25)$$

Sie sind mit den Gln. (14) und (16) identisch.

Durch Einsetzen der zeitabhängigen Werte von N, x_4, x und x_2 aus den Gln. (21), (24b), (24c) und (24d) in die Gln. (25a) und (25b) kann für jeden Wert von t der entsprechende Wert von x_0 und n ermittelt werden. Damit ist das Problem vollständig gelöst.

Zur quantitativen Berechnung des zeitabhängigen Wachstums der einzelnen Störstellenkonzentrationen wurde ein ganz bestimmtes Modell benutzt, aus dem die Reaktionsgleichungen gewonnen wurden. Dieses Modell beruht auf der Fehlordnungstheorie von WAGNER und SCHOTTKY. Man nimmt an, daß an den photochemischen Prozessen neben den Elektronenprozessen auch Ionenprozesse maßgebend beteiligt sind. Es ist nun wichtig, den Wert dieses Modells zu prüfen und zu zeigen, daß mit seiner Hilfe der photochemische Reaktionsmechanismus der Silberhalogenide mit Zusätzen erfaßt werden kann.

Die quantitative Berechnung des Wachstums der photochemischen Reaktionsprodukte von einfachen Störstellen in Abhängigkeit von der Bestrahlungsstärke unter der Annahme der Wanderung von Elektronen und Silberionen auf Zwischengitterplätzen wird auch bei der Bildung noch höherer Aggregate einen gleichen Verlauf zeigen. Man entnimmt schon aus der Gl. (12d), daß im stationären Zustand die Konzentration der gröberen Komplexe mit steigender Bestrahlungsstärke rascher ansteigen muß als die der kleineren.

Das gleiche gilt auch für die zeitliche Änderung der photochemischen Reaktionsprodukte am Anfang der Bestrahlung. Aus dem Verhalten der Zentren in Abhängigkeit von der Bestrahlungszeit kann die relative Größe der einzelnen Zentren bestimmt werden.

Solche Messungen wurden von SEIFERT und STASIW[22] an Silberbromidkristallen mit Ag_2S-Zusatz durchgeführt. Sie beobachteten die Bildung der photochemischen Reaktionsprodukte in ihrer Abhängigkeit von der Bestrahlungsdauer. Die Ergebnisse der Messungen sind in der Abb. 99 dargestellt. In dieser Abbildung sind die Absorptionskonstanten der einzelnen photochemischen Reaktionsprodukte mit den Absorptionsmaxima bei 540, 640 und 720 mμ in Abhängigkeit von der Bestrahlungszeit aufgetragen.

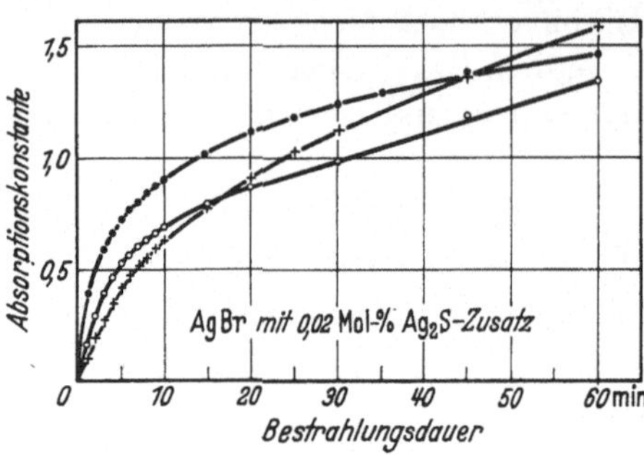

Abb. 99. Zeitliche Zunahme der Absorptionsbanden während der Bestrahlung bei −120° C mit einer Wellenlänge von 436 mμ. ● Zunahme der Absorption bei 640 mμ; ○ Zunahme der Absorption bei 540 mμ; × Zunahme der Absorption bei 720 mμ

Man erkennt aus dieser Abbildung, daß die Bande bei 640 mμ zuerst entsteht, während die Bande bei 540 mμ erst nach einer Stunde den Wert der 640 mμ-Bande erreichen würde. Demnach sind die Zentren bei 540 mμ sicher größer als diejenigen von 640 mμ. Das Verhalten der Bande bei 720 mμ läßt sich nicht mit dieser Betrachtung erklären. Ihre Eigenschaften müßten noch durch genauere Messungen nachgeprüft werden.

Zwölftes Kapitel

Photochemische Prozesse in mechanisch verformten Kristallen

§ 1. Allgemeines zur mechanischen Verformung der Kristalle

Silberchlorid und Silberbromid lassen sich infolge ihrer plastischen Eigenschaften bei Zimmertemperatur sehr leicht mechanisch verformen, wobei die Einkristallstruktur (Bezirke von einigen Millimetern Durchmesser) praktisch zerstört wird[1].

Bei der Diskussion der experimentellen Ergebnisse wurde gezeigt, daß durch geringe, ungewollte mechanische Verformung der Silberhalogenidkristalle mit Ag_2S-, Ag_2Se-Zusätzen neue Störstellen gebildet werden können. Ihre Entstehung wurde mit den Vorgängen, die sich an den im Gitter vorhandenen Versetzungen abspielen, in Zusammenhang gebracht (Kapitel XI, §§ 9 und 10).

[1] O. STASIW: Z. Phys. **127**, 522 (1950); **130**, 39 (1951). — Z. Elektrochem. u. angew. phys. Chem. **56**, 749 (1952).

Aus den mechanischen Eigenschaften der Silberhalogenide kann auf eine hohe Dichte verschiedenartiger Versetzungen geschlossen werden. Der Einfachheit halber wurde nur das Verhalten der Stufenversetzungen untersucht. Wir haben gesehen, daß durch Verformung neue Sprungstellen an den den Kristall durchlaufenden Stufenversetzungen gebildet werden. Möglich ist es, daß auch noch eine große Anzahl mikroskopischer Risse bei der Verformung entstehen können.

In der Umgebung solcher vom idealen Gitter abweichenden Bereiche wird die für die Diffusion der Störstellen maßgebende Schwellenenergie

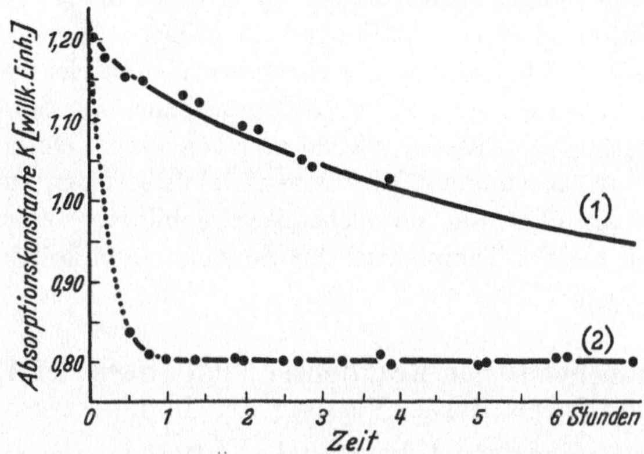

Abb. 100. Zeitlicher Abfall der Absorption zweier verschieden behandelter Kristalle: 1. eines bei hoher Temperatur gepreßten und abgeschreckten Kristalls; 2. eines auf Zimmertemperatur abgeschreckten und anschließend gepreßten Kristalls

an einigen Stellen erhöht, an anderen erniedrigt. Für die makroskopische Diffusion über mehrere Gitterkonstanten spielt die kleinste Schwellenenergie die wichtigste Rolle.

Demnach wird auch die Beweglichkeit von Störstellen, z.B. $Br^{\bullet}_{\square}$, infolge mechanischer Verformung der Kristalle bedeutend größer. Das bedeutet, daß nach der Verformung der abgeschreckten Silberhalogenide mit Ag_2S- oder Ag_2Se-Zusatz keine dissoziierten Schwefel- oder Selenionen vorkommen können. Infolge erhöhter Diffusionsgeschwindigkeit findet spontan eine Assoziation zu $S'_G Hal^{\bullet}_{\square}$- oder $Se'_G Hal^{\bullet}_{\square}$-Komplexen und Ausscheidung von Ag_2S oder Ag_2Se als zweite Phase statt. Die Abb. 100 zeigt, wie rasch sich das Gleichgewicht durch Verformung eingestellt hat. Während das Gleichgewicht in nichtverformten Kristallen (Kurve 1) nach 6 Std noch lange nicht erreicht ist, zeigt der gepreßte Kristall eine fast sofortige Einstellung des Gleichgewichts (Kurve 2). Die Geschwindigkeit der Gleichgewichtseinstellung hängt vom Verformungsgrad ab.

Während die abgeschreckten unverformten AgBr-Kristalle mit Ag_2S- oder Ag_2Se-Zusatz photochemische Empfindlichkeit nur bis zu den Temperaturen von etwa $-160°$ C zeigen, ist die Bildung der photochemischen Reaktionsprodukte in verformten Kristallen noch im Bereich von $-190°$ C möglich.

Durch Einstrahlung in die $Ag^{\bullet}_{\bigcirc}S'_G$-Absorption auch in verformten Kristallen wird entsprechend den Reaktionsgleichungen (4) und (5) je Komplex ein freies Elektron und ein bewegliches Silberion auf Zwischengitterplatz geschaffen. Die Elektronen und $Ag^{\bullet}_{\bigcirc}$-Ionen können sich nicht nur an $S'_G Br^{\bullet}_{\square}$, sondern auch an Störstellen anlagern, die durch mechanische Verformung entstanden sind. Es entstehen z.B. $Br'^{\frac{1}{2}}_{\square}$ oder $[Ag^{\bullet}_{\bigcirc}S'_G]Br^{\bullet\frac{1}{2}}_{\square}$. Infolge der Verformung ist die Beweglichkeit der Silberionen auf Zwischengitterplätzen so groß, daß die der Gl. (11) entsprechende Reaktion spontan stattfindet und größere Aggregate gebildet werden. Die Aufenthaltsdauer des Elektrons in den elektronenbindenden Störstellen ist größer als die Diffusionsdauer der Silberionen auf Zwischengitterplätzen aus der nächsten Umgebung. Durch dauernde abwechselnde Anlagerung von Elektronen und Silberionen auf Zwischengitterplätzen an kleinsten photochemisch gebildeten Zentren ist es möglich, auch bei der Temperatur der flüssigen Luft kolloidales Silber zu erzeugen.

§ 2. Die photochemischen Reaktionsprodukte nach der Verformung und ihr Nachweis durch Messung der Lumineszenzspektren

Durch Verformung von AgBr-Kristallen mit Ag_2S- oder Ag_2Se-Zusatz können sich die gleichen Produkte wie bei der photochemischen Reaktion bilden.

Der experimentelle Nachweis dafür läßt sich durch Untersuchung der Lumineszenzerscheinungen erbringen. STASIW und KOSWIG[2] konnten zeigen, daß die Lumineszenz der belichteten und der mechanisch verformten Kristalle die gleiche spektrale Verteilung besitzt.

Ein bei hoher Temperatur getemperter und auf Zimmertemperatur abgeschreckter Kristall fluoresziert bei etwa $-253°$ C bei der Bestrahlung mit Licht einer Höchstdrucklampe der Wellenlänge 366 mμ mit gelboranger Farbe. Das Lumineszenzspektrum ist in der Abb. 101 dargestellt.

Durch Lagerung bei Zimmertemperatur verändert sich die Lage der Emissionsbande kaum. Lediglich die Intensität der Emissionsstrahlung nimmt ab. Ein anderes Verhalten zeigen die Kristalle, die bei Zimmertemperatur nachträglich mechanisch verformt werden. Die Emissionsbande bei 2,05 eV verschwindet vollständig. Es erscheinen zwei neue Emissionsbanden, wie sie in der Abb. 102 dargestellt sind.

Ein ähnliches Verhalten wie die gepreßten Kristalle zeigen auch die getemperten Kristalle, wenn sie bei Zimmertemperatur belichtet

[2] H. D. KOSWIG u. O. STASIW: Z. wiss. Photographie **51**, 157 (1956).

werden. Es tritt lediglich, wie die Abb. 103 zeigt, eine stärkere Ausbildung der neuentstandenen Emissionsbanden auf. Dasselbe Verhalten

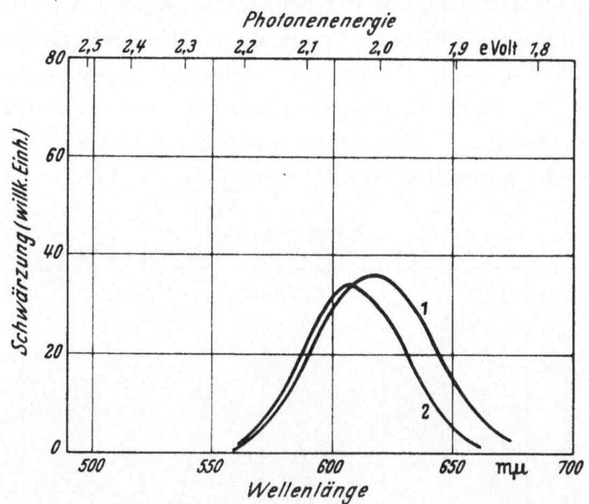

Abb. 101. Fluoreszenzspektren eines getemperten $AgBr + Ag_2S$-Kristalls. 1. Bei $-190°$ C; 2. bei $-253°$ C

zeigen auch Ag_2Se-haltige AgBr-Kristalle. Dieses experimentell festgestellte Verhalten im Fluoreszenzspektrum führt zu der Folgerung,

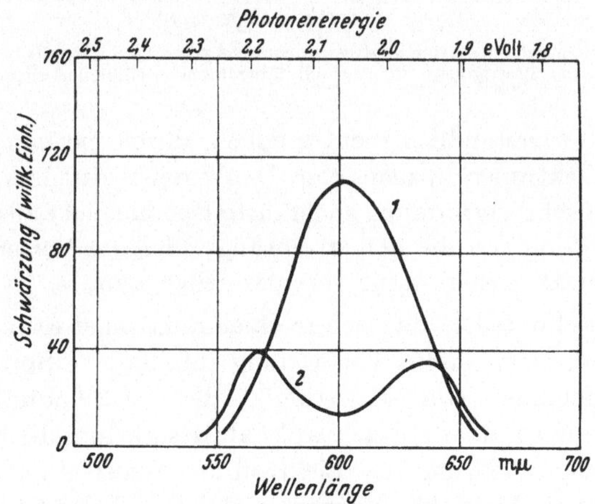

Abb. 102. Fluoreszenzspektrum eines $AgBr + Ag_2S$-Kristalls bei $-253°$ C. 1. Getemperter Kristall; 2. bei Zimmertemperatur gepreßter Kristall

daß mechanische Verformung allein schon zur Bildung photochemischer Reaktionsprodukte führen kann.

Auch das optische Verhalten der abgeschreckten Kristalle ist verschieden von dem der gepreßten. Bei Bestrahlung mit der Wellenlänge

590 mμ zeigen die abgeschreckten Kristalle bei gleicher Bestrahlungsintensität und Bestrahlungsdauer eine bedeutend kleinere Empfindlichkeit als die gepreßten, weil die abgeschreckten Kristalle bei dieser Wellenlänge kaum Licht absorbieren. Durch mechanische Verformung müssen demnach im Wellenlängenbereich um 590 mμ absorbierende Zentren entstanden sein. Auch dieser Versuch zeigt, daß während der mechanischen Verformung eine Umlagerung der Elektronen, die an Schwefel- oder Selenionen gebunden waren, stattgefunden hat.

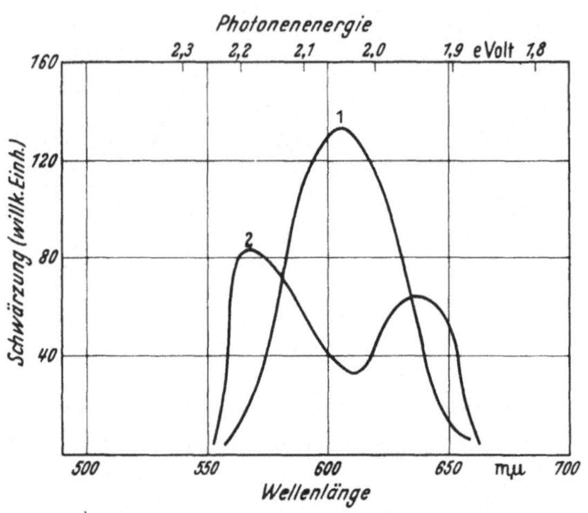

Abb. 103. Fluoreszenzspektrum eines getemperten $AgBr + Ag_2S$-Kristalls bei $-253°$ C. 1. Vor der Bestrahlung; 2. nach der Bestrahlung bei Zimmertemperatur

Es ist selbstverständlich nicht möglich, durch mechanische Verformung diese Elektronen abzuspalten. Dafür reicht die dem Gitter allein durch mechanische Verformung zugeführte Energie nicht aus. Es müssen demnach die Vorgänge, die sich an Sprungstellen der Versetzungen oder an den Rissen abspielen, dafür verantwortlich sein.

Wird am Schwefelion, das sich in einer Linie einer Stufenversetzung befindet, durch mechanische Verformung zufällig eine Sprungstelle mit einer $Ag'^{\frac{1}{2}}_{\square}$ gebildet, dann wird zufolge der $-e/2$-Ladung der $Ag'^{\frac{1}{2}}_{\square}$-Lücke in der unmittelbaren Nachbarschaft des S'_G-Ions die Gitterenergie nicht mehr ausreichen, um das Elektron am Schwefel zu binden. Das gleiche gilt auch für Schwefelionen, die sich z. B. an Oberflächen der mikroskopischen Risse befinden. Auch dort steht nur ein Teil der Gitterenergie für die Bindung der Elektronen zur Verfügung.

Durch Einstrahlung in die Absorption der photochemisch gebildeten Zentren können diese ausgebleicht werden. Es zeigt sich aber, daß das Fluoreszenzspektrum nicht seine ursprüngliche Form annimmt. Die Lage der Fluoreszenzbanden bleibt unverändert. Lediglich die Intensität der langwelligen Bande nimmt zu. Daraus kann geschlossen werden, daß nach dem Ausbleichen die Elektronen und Silberionen auf Zwischengitterplätzen nicht an ihre Ursprungsorte zurückkehren.

Dieser Tatbestand läßt sich z. B. durch Reaktionen der Störstellen an Versetzungen beschreiben. Findet bei der Bildung der photochemischen Reaktionsprodukte die Absorption der Strahlung in $S'_G Br^{\cdot}_{\square}{}^{\frac{1}{2}}$-Störstellen, also an den Versetzungen statt, dann entstehen aus diesen Zentren (nach der Abspaltung von Elektronen unter gleichzeitiger Bildung von Silberionen auf Zwischengitterplätzen, Kapitel XI, § 9, Gl. (10)) neue Störstellenkomplexe $S_G Ag'_{\square}{}^{\frac{1}{2}}$. Diese Komplexe tragen eine Überschußladung $-e/2$. Die durch Absorption der Strahlung gebildeten freien Elektronen und Silberionen auf Zwischengitterplätzen lagern sich im Gitter an und erzeugen photochemische Reaktionsprodukte, z. B. $Ag^{\cdot}_{\bigcirc}\,[S'_G Br_{\square}]$. Bei anschließender Einstrahlung mit rotem Licht in die Absorptionsbande der photochemischen Reaktionsprodukte $Ag^{\cdot}_{\bigcirc}\,[S'_G Br_{\square}]$ werden Elektronen und $Ag^{\cdot}_{\bigcirc}\,[S'_G Br^{\cdot}_{\square}]$ gebildet. Eine Wiederanlagerung der Elektronen an $S_G Ag'_{\square}{}^{\frac{1}{2}}$ unter Bildung des Ursprungszentrums kann aber nur stattfinden, wenn Silberionen auf Zwischengitterplätzen rascher als Elektronen an $S_G Ag'_{\square}{}^{\frac{1}{2}}$ herandiffundieren. Ein solcher Prozeß ist im Anfangsstadium der Belichtung mit rotem Licht sicher unwahrscheinlich. Eine direkte Anlagerung von Elektronen an Störstellen $S_G Ag'_{\square}{}^{\frac{1}{2}}$ ist infolge der negativen Überschußladung nicht möglich. Im Gegenteil, $S_G Ag'_{\square}{}^{\frac{1}{2}}$ bilden neue Sensibilisierungszentren. Erst nach längerer Bestrahlung können die zuvor gebildeten, diffundierenden Silberionen auf Zwischengitterplätzen (infolge ihrer beträchtlichen Konzentration im stationären Zustand) durch Anlagerung an $S_G Ag'_{\square}{}^{\frac{1}{2}}$ $S_G Br^{\cdot}_{\square}{}^{\frac{1}{2}}$ bilden und später die erzeugten Elektronen anlagern.

Wir sehen also, daß die Rückbildung von $S'_G Br^{\cdot}_{\square}{}^{\frac{1}{2}}$ nur mit geringer Wahrscheinlichkeit erfolgen kann und es entsprechend diesem Modell durchaus möglich ist, daß durch Rotbestrahlung der Ursprungszustand nicht erreicht wird.

Im Gegensatz zu unverformten Silberbromid-Ag_2S-Mischkristallen besitzen die gepreßten noch eine interessante Eigenschaft: Nach der Belichtung bei der Temperatur der flüssigen Luft, etwa mit einer Wellenlänge $\lambda < 436$ mμ, ist der Kristall auch für Licht mit Wellenlängen in der Umgebung von 500 bis 650 mμ empfindlich. In diesem Wellenlängenbereich war der Kristall vor der Bestrahlung durchlässig, es fand also keine Absorption des Lichtes statt, und deshalb wurden auch keine photochemischen Reaktionsprodukte in größerer Konzentration gebildet. Durch die Vorbestrahlung wird der gepreßte Kristall im Bereich der Wellenlängen um 600 mμ sensibilisiert. Wird nämlich bei der Temperatur der flüssigen Luft anschließend an die kurzwellige Vorbestrahlung mit 600 mμ weiter bestrahlt, dann bilden sich dauernd neue photochemische

Reaktionsprodukte, ohne daß ein Abbau der vorhandenen Absorption bei 600 mμ stattfindet.

Einen solchen Prozeß zeigt die Abb. 104. Er erinnert an die Vorgänge in der photographischen Platte. Auch dort kann man durch Einstrahlung in die sensibilisierende Absorption des Farbstoffs photochemische Reaktionsprodukte, die durch Umlagerung von Elektronen und Ionen entstehen, erzeugen. Bemerkenswert ist, daß in diesem Falle die Energie der absorbierten Lichtquanten kleiner ist als bei

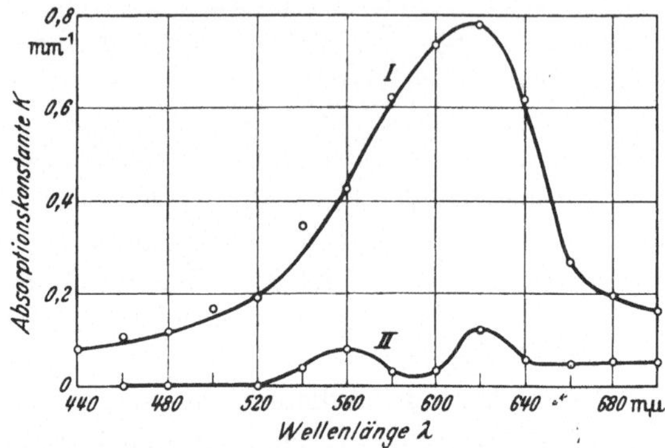

Abb. 104. Absorptionsspektrum der photochemischen Reaktionsprodukte. *I* Nach anschließender Bestrahlung mit 540—580 mμ. *II* Absorption der photochemischen Reaktionsprodukte nach der Bestrahlung mit 436 mμ bei −183° C

Absorption im Bereich der Eigenabsorption oder der ihr vorgelagerten Zusatzabsorption. Die Ionen und Elektronen, die die photochemischen Reaktionsprodukte erzeugen, müssen jedoch von den Zentren der Zusatzabsorption stammen; denn die langwellig absorbierenden Zentren bauen sich nicht ab.

§ 3. Theoretische Ansätze zur Untersuchung der Vorgänge bei der Bildung der photochemischen Reaktionsprodukte nach der Absorption der Strahlung in den Sensibilisierungszentren

Es ist erst dann möglich, diese Prozesse zwanglos und ohne besondere Zusatzhypothesen zu verstehen, wenn man das Kristallgitter als ein thermodynamisches System von Ionen und Störstellen auffaßt und die Reaktionen im gesamten Kristallgitter betrachtet. Dabei können die in neuester Zeit gewonnenen Ergebnisse über die thermische Anregung von gebundenen Elektronen, die im letzten Kapitel behandelt werden, berücksichtigt werden. Die Rechnungen beruhen auf folgenden Annahmen: Die Energie, die zur Abspaltung des Elektrons vom Valenzband oder lokalen Störstellenband in das Leitungsband gebraucht wird, wird von den Wärmeschwingungen des Gitters geliefert. Die Energie, die dem Elektron sekundlich von den Wärmeschwingungen des Gitters zugeführt wird, hängt stark von der Kopplung der Störstelle mit dem Gitter ab. Je besser die Kopplung ist, um so leichter findet die Energieübertragung statt. Die Zahl der sekundlich abgespaltenen Elektronen, also die Geschwindigkeitskonstante des Abspaltungsprozesses, hängt nicht nur vom Termabstand der Elektronen im gebundenen und freien Zustand ab, sondern auch von der Zahl der Phononen, die der Störstelle sekundlich vom Gitter übertragen werden. Die Zahl der pro Zeiteinheit vom Gitter an die Störstelle abgegebenen Phononen wird allgemein aus der Breite der Absorptionsbande bestimmt. HUANG und RHYS[3], DAWYDOW[4], KRYWOHLAS[5], VASSILEFF[6], MEYER[7] u. a.[8,9] zeigen, daß die Geschwindigkeitskonstante proportional dem Ausdruck $\exp\left[-\frac{h\cdot\nu}{B}\right]$ ist, wobei ν die Frequenz des Maximums und B die Halbwertsbreite der Absorptionsbande bedeuten.

Besitzt nun, wie in Abb. 103, die langwellige Sensibilisierungsabsorption eine geringe Breite, das bedeutet eine schlechte Kopplung, und die kurzwellige Absorption eine bedeutend größere Breite, so folgt, daß der Ausdruck

$$\exp\left[-\frac{h\cdot\nu_v}{B_1}\right] \text{ größer als } \exp\left[-\frac{h\cdot\nu_r}{B_2}\right] \quad (1)$$

ist. Hierin sind ν_v die kurzwellige, ν_r die langwellige Absorptionsfrequenz und B_1, B_2 die entsprechenden Bandenbreiten. Demnach ist die Zahl der sekundlich abgespaltenen Elektronen im langwelligen Bereich, wenn man nur die Temperaturanregung berücksichtigt, bedeutend geringer als im kurzwelligen Bereich. Nach der Abspaltung des Elektrons durch langwelliges Licht werden daher im thermodynamischen Gleichgewicht die Elektronen von den Zentren, die im kurzwelligen Bereich absorbieren, nachgeliefert und ersetzen die durch Licht abgespaltenen Elektronen.

Diese Überlegungen führen für den gepreßten Silberbromidkristall mit Silbersulfid-Zusatz zu folgenden Ergebnissen: Bei der Vorbestrahlung des gepreßten $AgBr$-Ag_2S-Mischkristalls wird zunächst eine sensibilisierende Absorption im Bereich um 600 mμ erzeugt. Ohne auf die Struktur der neuen Zentren eingehen zu müssen, braucht man nur anzunehmen, daß die neu entstandenen Zentren, die langwelliger absorbieren, eine bedeutend schlechtere Kopplung mit dem Gitter und damit auch eine geringere Breite der Absorption besitzen als die schon vor der

[3] K. HUANG u. A. RHYS: Proc. Roy. Soc. London A **204**, 406 (1950).
[4] A. S. DAWYDOW: J. exp. u. theor. Phys. (russ.) **4**, 367 (1953).
[5] M. A. KRYWOHLAS: J. exp. u. theor. Phys. (russ.) **2**, 191 (1953).
[6] H. D. VASSILEFF: Phys. Rev. **96**, 603 (1954); **97**, 891 (1955).
[7] H. J. G. MEYER: Diss. Univers. Amsterdam (1956).
[8] M. TRLIFAJ: Czechosl. J. Phys. **5**, 133 (1955).
[9] H. STUMPF: Z. Naturforschg. **10**a, 971 (1955).

Bestrahlung vorhandenen $Ag^{\bullet}_{\bigcirc}S'_{G}$-Zentren. Nach der Abspaltung der Elektronen in den sensibilisierenden Zentren muß sich das ganze System, also das Gitter mit den Störstellen $Ag^{\bullet}_{\bigcirc}S'_{G}$ und die Störstellen, von denen die Elektronen abgespalten wurden, dem neuen Gleichgewicht anpassen. Dabei ist ohne weiteres klar, daß die Störstelle $Ag^{\bullet}_{\bigcirc}S'_{G}$, deren Kopplung mit dem Gitter besser als die der sensibilisierenden Zentren ist, ihr Elektron abgibt und als Sekundärprozeß die Störstelle $Ag^{\bullet}_{\bigcirc}S_{G}$ unter Bildung eines beweglichen Zwischengitterions $Ag^{\bullet}_{\bigcirc}$ zerfällt. Insgesamt bildet sich während der Bestrahlung eine bestimmte Konzentration von Elektronen und Silberionen auf Zwischengitterplätzen, die zur Bildung der photochemischen Reaktionsprodukte zur Verfügung stehen. Wir sehen demnach, daß man zwangsläufig den schon oft in der photographischen Platte beobachteten Effekt verstehen kann. Auch dort wird durch die Absorption des Lichtes in den mit Farbstoff sensibilisierten Emulsionen ein entwickelbares Zentrum erzeugt, ohne daß die sensibilisierende Absorption des Farbstoffes dabei abgebaut wird.

Der thermische Abbau der photochemisch erzeugten Reaktionsprodukte, z. B. durch Erwärmung des Kristallgitters auf höhere Temperatur, wird ganz allgemein auch nach den im letzten Beispiel beschriebenen Gesetzen erfolgen. Für den Abbau durch Erwärmung ist demnach die Lage und Breite der Absorption maßgebend.

Dreizehntes Kapitel

Störstellen und Kernresonanz

§ 1. Grundlagen der magnetischen Kernresonanz

Die Eigenschaften der Störstellen von Ionengittern können theoretisch und experimentell durch Messung der Kernresonanz erfaßt werden. Diese Methode wurde in den letzten Jahren mit großem Erfolg bei der Untersuchung chemischer und physikalischer Eigenschaften fester Stoffe angewandt[1-8].

[1] F. Bloch, W. Hansen u. M. Packard: Phys. Rev. **69**, 680 (1946); **70**, 474 (1946). — E. M. Purcell, H. C. Torrey u. R. V. Pound: Phys. Rev. **69**, 37 (1946).

[2] F. Bloch: Phys. Rev. **70**, 468 (1946).

[3] N. Bloembergen: Nuclear Magn. Relaxation. Thesis. University London 1948. — Physica **15**, 386 (1954); **20**, 1130 (1954). — Defects in Cryst. Solids. London 1955.

[4] N. Bloembergen, E. M. Purcell u. R. V. Pound: Phys. Rev. **73**, 678 (1948).

[5] R. V. Pound: Phys. Rev. **72**, 1273 (1947); **79**, 685 (1951); **81**, 156 (1952). — Progr. Nucl. Phys. **2**, 21 (1953). — J. Phys. Chem. **57**, 743 (1953).

[6] H. C. Torrey: Phys. Rev. **92**, 962 (1953).

[7] J. H. van Vleck: Phys. Rev. **74**, 1168 (1948).

[8] M. Cohen u. F. F. Reif: Defects in Cryst. Solids. London (1955).

In Kristallen werden Kerne mit einem Spin I eine Absorption im Bereich kurzer elektromagnetischer Wellen zeigen. In einem Magnetfeld H findet infolge aufgehobener Entartung zunächst eine Aufspaltung in $I(I+1)$ Zustände statt. Zwischen den einzelnen dieser Zustände können Übergänge stattfinden.

In einem Ionenkristall von hoher Symmetrie und ohne Gitterstörungen wird eine Absorption nur durch magnetische Dipole im Bereich von etwa 20 MH in einem Magnetfeld H_0 von 10000 Gauß stattfinden. Bei Berücksichtigung der Auswahlregel erhält man für die pro Übergang absorbierte Energie den Betrag

$$h\nu = g\,\mu_0 H_0 .$$

μ_0 bedeutet das magnetische Moment des Kernes und H_0 die konstante senkrecht zur Einstrahlrichtung angelegte Feldstärke.

Die Breite der Absorptionslinie hängt von der Lebensdauer der angeregten Zustände und von den lokalen Feldinhomogenitäten ab, wie sie z.B. durch paramagnetische Verunreinigungen verursacht werden.

Die Lebensdauer der angeregten Zustände wird durch Wechselwirkung der Dipole untereinander oder mit dem Gitter bestimmt. Beide Wechselwirkungen werden durch zwei getrennte Relaxationszeiten beschrieben.

Die Spin-Gitterwechselwirkung wird durch die Relaxationszeit T_1 beschrieben. Sie entsteht durch Elementarvorgänge, die nach dem Anlegen des Feldes zwischen dem Spinsystem und der Umgebung bis zur Gleichgewichtseinstellung ablaufen. Nach dem Anlegen des Magnetfeldes wird zunächst nur eine Präzession der Kernmagnete um die Feldlinien stattfinden. Das Spinsystem befindet sich mit der Umgebung nicht im Gleichgewicht, und es ist infolge isotroper Verteilung der Kernmagnete keine Magnetisierung vorhanden. Erst durch Energieaustausch mit den umgebenden Gitterteilchen können Übergänge zwischen den Zuständen erfolgen, und nach einer gewissen Einstellzeit, für die die Relaxationszeit T_1 maßgebend ist, wird sich das Gleichgewicht einstellen und eine Magnetisierung in Richtung des Feldes erfolgen. Die etwas komplexere Relaxationszeit T_2 der Dipol-Dipol-Wechselwirkung entsteht im wesentlichen durch ungleichmäßige Winkelverteilung in einer Projektionsebene senkrecht zum Magnetfeld der um das Magnetfeld präzessierenden Elementarmagnete. Nach einer gewissen Zeit, die durch die Relaxationszeit T_2 beschrieben wird, wird sich ein Ausgleich in den Phasenbeziehungen einstellen. Dieser Ausgleich kann verschiedene Ursachen haben. Es wird z.B. infolge lokaler Unterschiede im Magnetfeld ein Ausgleich in der azimutalen Verteilung der Elementarmagnete erfolgen, der einen Teil der gesamten Relaxationszeit T_2 ausmacht. Im allgemeinen ist im Gitter die Relaxationszeit T_2 kleiner als T_1 und ist dann für die natürliche Linienbreite maßgebend.

Eine Abweichung von der idealen Zusammensetzung des Kristalls durch die Bildung von Lücken im Kristallgitter und die Diffusion dieser Störstellen wird infolge veränderter Wechselwirkung die beiden Relaxationszeiten beeinflussen. Es ist daher prinzipiell möglich, durch die Messung der Linienbreite, für die die veränderten Relaxationszeiten maßgebend sind, Abweichungen vom idealen Kristallbau zu erfassen.

§ 2. Kernquadrupolwechselwirkung und Störstellen

Besitzt ein Kern mit magnetischem Dipolmoment noch ein elektrisches Quadrupolmoment, so tritt eine zusätzliche Wechselwirkung ein, wenn er sich im elektrischen Feldgradienten befindet. Der Einfluß einer solchen Quadrupolwechselwirkung läßt sich gut in Silberbromidkristallen mit Störstellen beobachten, und deshalb soll dieser Einfluß etwas näher untersucht werden.

Zunächst wird in einem Silberbromidkristall bei idealer Zusammensetzung nur eine Absorption der magnetischen Dipole beobachtbar sein. Im Silberbromid besitzt der Kern des Br den Kernspin $I = \frac{3}{2}$, und es sind die Übergänge zwischen den Zuständen $\frac{3}{2} \rightarrow \frac{1}{2}$, $\frac{1}{2} \rightarrow -\frac{1}{2}$ und $-\frac{1}{2} \rightarrow -\frac{3}{2}$ möglich. Da die Energieabstände äquidistant sind, tritt nur eine Absorptionslinie auf.

Durch Bildung von Störstellen, z.B. Silber- oder Halogenlücken, ist die Symmetrie in der Anordnung der einzelnen Gitterbausteine nicht mehr vorhanden. Diese Störstellen bilden überdies Überschußladungen in den einzelnen Kristallbezirken. Sie erzeugen eine zusätzliche unsymmetrische Feldwirkung auf den Kern und führen zur Aufspaltung und Verschiebung der Linien.

Die Quadrupolwechselwirkung und die Diffusion der Störstellen verursacht ähnlich wie bei der Dipolwechselwirkung noch eine Beeinflussung der Lebensdauer der angeregten Zustände und damit auch der Relaxationszeiten T_1 und T_2.

Bei der theoretischen Untersuchung der Eigenschaften, die eine Aufspaltung und Verschiebung der Dipollinien verursachen, besteht die Aufgabe, zunächst die Quadrupolwechselwirkung zu ermitteln und diese als Störung bei der Untersuchung der Eigenwertprobleme einzuführen. Sie ist zuerst von Bloembergen[3,4], Pound[5] und dann von Cohen und Reif[8,9] durchgeführt worden. Wir wollen hier die wesentlichen Ergebnisse zusammenfassen.

Betrachten wir einen ausgedehnten Kern der Ladungsdichte ϱ_k und eine im Abstand r von einem seiner Volumenelemente $d\tau_k$ befindliche

[9] F. Reif: Phys. Rev. **100**, 1597 (1955).

Punktladung e_p. Ihre elektrostatische Wechselwirkungsenergie ist

$$\left.\begin{aligned} W &= e_p \int \frac{\varrho_k}{r}\, d\tau_k \\ &= e_p \int \frac{\varrho_k\, d\tau_k}{(r_k^2 + r_p^2 - 2\, r_k r_p \cos\omega)^{\frac{1}{2}}}. \end{aligned}\right\} \tag{1}$$

r_k ist der Abstand des Elementes $d\tau_k$ und r_p der der Punktladung vom Kernmittelpunkt, ω ist der Winkel, den r_k und r_p miteinander bilden.

Entwickelt man die Wurzel des Integranden (1) nach Kugelfunktionen, dann bekommt man

$$\frac{1}{(r_k^2 + r_p^2 - 2 r_k r_p \cos\omega)^{\frac{1}{2}}} = \frac{1}{r_p} + \frac{r_k}{r_p^2} P_1(\cos\omega) + \frac{r_k^2}{r_p^3} P_2(\cos\omega) + \cdots. \tag{1a}$$

Der Anteil der Quadrupolwechselwirkungsenergie H_q rührt von dem letzten ausgeschriebenen Glied in Gl. (1a) her. $\cos\omega$ läßt sich durch die Winkel ϑ_k, φ_k von $\mathfrak{r}_k$ und ϑ_p, φ_p von $\mathfrak{r}_p$ wie folgt ausdrücken

$$\cos\omega = \cos\vartheta_k \cos\vartheta_p + \sin\vartheta_k \sin\vartheta_p \cos\varphi_k \cos\varphi_p + \sin\vartheta_k \sin\vartheta_p \sin\varphi_k \sin\varphi_p.$$

In dem Ausdruck für die Quadrupolwechselwirkungsenergie

$$H_q = \frac{e_p}{r_p^3} \int \varrho_k\, r_k^2 P_2(\vartheta_k, \varphi_k, \vartheta_p, \varphi_p)\, d\tau_k \tag{1b}$$

führt man für den Kern kartesische Koordinaten ein mit Hilfe der Beziehungen

$$\left.\begin{aligned} & x_{1k} = r_k \sin\vartheta_k \cos\varphi_k, \quad x_{2k} = r_k \sin\vartheta_k \sin\varphi_k, \quad x_{3k} = r_k \cos\vartheta_k, \\ & r_k^2 P_2(\cos\omega) = r_k^2\, \tfrac{1}{2}\,(3\cos^2\omega - 1) \\ & \qquad = a_{11} x_{1k}^2 + 2a_{12} x_{1k} x_{2k} + 2a_{13} x_{1k} x_{3k} + a_{22} x_{2k}^2 + \\ & \qquad\quad + 2a_{23} x_{2k} x_{3k} + a_{33} x_{3k}^2 \\ & \qquad = \sum_{\mu\nu} a_{\mu\nu}\, x_{\mu k}\, x_{\nu k} \\ & \text{mit den Koeffizienten} \\ & \qquad a_{11} = \tfrac{1}{2}\,(3\sin^2\vartheta_p \cos^2\varphi_p - 1) \\ & \qquad a_{22} = \tfrac{1}{2}\,(3\sin^2\vartheta_p \sin^2\varphi_p - 1) \\ & \qquad a_{33} = \tfrac{1}{2}\,(3\cos^2\vartheta_p - 1) \\ & \qquad a_{12} = \tfrac{3}{2}\sin^2\vartheta_p \cos\varphi_p \sin\varphi_p \\ & \qquad a_{13} = \tfrac{3}{2}\cos\vartheta_p \sin\vartheta_p \cos\varphi_p \\ & \qquad a_{23} = \tfrac{3}{2}\cos\vartheta_p \sin\vartheta_p \sin\varphi_p. \end{aligned}\right\} \tag{1c}$$

Die Indizes μ und ν laufen von 1 bis 3.

Wir schreiben die Wechselwirkungsenergie W in etwas anderer Form

$$W = \int \varrho_k \, V(\mathfrak{r}_k, \mathfrak{r}_p) \, d\tau_k,$$

wobei $V(\mathfrak{r}_k, \mathfrak{r}_p)$ das von der Punktladung herrührende Potential am Ort des Kernelementes $d\tau_k$ ist. $V(\mathfrak{r}_k, \mathfrak{r}_p)$ wollen wir um den als Koordinatenursprung gewählten Kernmittelpunkt in eine Reihe entwickeln, so daß W die folgende Gestalt annimmt

$$W = \int \varrho_k \left\{ V_0 + \sum_{\mu} \frac{\partial V}{\partial x_\mu}\bigg|_0 x_{\mu k} + \frac{1}{2} \sum_{\mu,\nu} \frac{\partial^2 V}{\partial x_\mu \partial x_\nu}\bigg|_0 x_{\mu k} x_{\nu k} + \cdots \right\} d\tau_k.$$

Der Index 0 bezieht sich auf den Kernmittelpunkt. Vergleicht man die beiden für W gewonnenen Reihen, so erkennt man, daß

$$\frac{1}{2} \sum_{\mu,\nu} \frac{\partial^2 V}{\partial x_\mu \partial x_\nu}\bigg|_0 x_{\mu k} x_{\nu k} = \frac{e_p}{r_p^3} \sum_{\mu,\nu} a_{\mu\nu} x_{\mu k} x_{\nu k}$$

sein muß, d.h. die $a_{\nu\mu}$ sind bis auf einen konstanten Faktor die Komponenten des durch die Punktladung am Kernmittelpunkt hervorgerufenen Gradienten des elektrischen Feldes

$$a_{\mu\nu} = \frac{r_p^3}{2 e_p} \frac{\partial^2 V}{\partial x_\mu \partial x_\nu}\bigg|_0. \tag{1d}$$

Zur Berechnung der Eigenwerte der Quadrupolwechselwirkungsenergie ist es bequem, die Summe (1c) in folgende Form umzuordnen

$$\left.\begin{aligned} \sum_{\mu,\nu} a_{\mu\nu} x_{\mu k} x_{\nu k} = {} & \tfrac{1}{4} (a_{11} - a_{22} - 2i\, a_{12}) (x_{1k} + i\, x_{2k})^2 + \\ & + \tfrac{1}{4} (a_{11} - a_{22} + 2i\, a_{12}) (x_{1k} - i\, x_{2k})^2 + \\ & + (a_{13} - i\, a_{23}) \frac{x_{3k}(x_{1k} + i\, x_{2k}) + (x_{1k} + i\, x_{2k}) x_{3k}}{2} + \\ & + (a_{13} + i\, a_{23}) \frac{x_{3k}(x_{1k} - i\, x_{2k}) + (x_{1k} - i\, x_{2k}) x_{3k}}{2} + \\ & + \tfrac{1}{6} (2a_{33} - a_{11} - a_{22}) (2x_{3k}^2 - x_{1k}^2 - x_{2k}^2) + \\ & + \tfrac{1}{3} (a_{11} + a_{22} + a_{33}) (x_{1k}^2 + x_{2k}^2 + x_{3k}^2). \end{aligned}\right\} \tag{2}$$

Die symmetrische Form ist hierbei gewählt worden, da wir die Kernkoordinaten durch die entsprechenden nichtvertauschbaren Kernspinvektorkomponenten I_1, I_2, I_3 ersetzen wollen. Als Proportionalitätsfaktor errechnet sich der Ausdruck $eQ/I(2I-1)$. e ist die Elementarladung, I der Kernspin in Einheiten von $\hbar$, und Q ist das Quadrupolmoment des Kernes, das durch folgende Gleichung definiert ist

$$Q = \frac{1}{e} \int \varrho_{k, m_I = I} \, [3 x_{3k}^2 - r_k^2] \, d\tau_k,$$

wobei die Integration bei $m_I = I$ auszuführen ist.

Zur Berechnung der Energiezustände des Kernes im Magnetfeld ist zunächst die Schrödinger-Gleichung des ungestörten Problems

$$H\psi = \alpha\psi$$

zu lösen. Die hieraus gewonnenen ψ sind zugleich Eigenfunktionen der Gleichungen

$$I^2\psi = \lambda\psi$$

und

$$I_3\psi = m\psi,$$

wobei $\lambda = I\,(I+1)$ ist.

Die Verschiebung der Energieterme ist in erster Näherung gleich den Diagonalelementen der Matrix der Quadrupolwechselwirkung, die mit Hilfe der Funktionen des ungestörten Problems gebildet werden. Die Quadrupolwechselwirkung sieht nach der Substitution der Kernkoordinaten durch die Kernspinvektorkomponenten (Gl. (2) und (1d)) folgendermaßen aus

$$\left.\begin{aligned} H_q = \frac{1}{2}\,\frac{eQ}{I(2I-1)}\Bigg[&\frac{1}{4}\left(\frac{\partial^2 V}{\partial x_1 \partial x_1}\bigg|_0 - \frac{\partial^2 V}{\partial x_2 \partial x_2}\bigg|_0 - 2i\,\frac{\partial^2 V}{\partial x_1 \partial x_2}\bigg|_0\right)(I_1 + i I_2)^2 + \\ &+ \frac{1}{4}\left(\frac{\partial^2 V}{\partial x_1 \partial x_1}\bigg|_0 - \frac{\partial^2 V}{\partial x_2 \partial x_2}\bigg|_0 + 2i\,\frac{\partial^2 V}{\partial x_1 \partial x_2}\bigg|_0\right)(I_1 - i I_2)^2 + \\ &+ \left(\frac{\partial^2 V}{\partial x_1 \partial x_3}\bigg|_0 - i\,\frac{\partial^2 V}{\partial x_2 \partial x_3}\bigg|_0\right)\frac{I_3(I_1 + iI_2) + (I_1 + iI_2)\,I_3}{2} + \\ &+ \left(\frac{\partial^2 V}{\partial x_1 \partial x_3}\bigg|_0 + i\,\frac{\partial^2 V}{\partial x_2 \partial x_3}\bigg|_0\right)\frac{I_3(I_1 - iI_2) + (I_1 - iI_2)\,I_3}{2} + \\ &+ \frac{1}{6}\left(2\,\frac{\partial^2 V}{\partial x_3 \partial x_3}\bigg|_0 - \frac{\partial^2 V}{\partial x_1 \partial x_1}\bigg|_0 - \frac{\partial^2 V}{\partial x_2 \partial x_2}\bigg|_0\right)(3I_3^2 - I^2)\Bigg]. \end{aligned}\right\} \quad (2\text{a})$$

Das letzte Glied von (2) verschwindet, da $a_{11} + a_{22} + a_{33} = \Delta V = 0$ ist. Außerdem ist $I_1^2 + I_2^2 + I_3^2 = I^2$ gesetzt. Da die Operatoren $I_+ = I_1 + iI_2$ bzw. $I_- = I_1 - iI_2$, angewendet auf eine Eigenfunktion, deren magnetische Quantenzahl um 1 heben bzw. senken, erhält man einen Diagonalanteil der Matrix für H_q nur von dem letzten Glied der Gl. (2a)

$$\int \psi_{\alpha I m} H_q \psi_{\alpha I m}\, d\tau =$$

$$\frac{1}{12}\,\frac{eQ}{I(2I-1)}\left(2\,\frac{\partial^2 V}{\partial x_3 \partial x_3}\bigg|_0 - \frac{\partial^2 V}{\partial x_1 \partial x_1}\bigg|_0 - \frac{\partial^2 V}{\partial x_2 \partial x_2}\bigg|_0\right)\langle \alpha I m | 3I_3^2 - I^2 | \alpha I m\rangle .$$

Mit

$$2\,\frac{\partial^2 V}{\partial x_3 \partial x_3}\bigg|_0 - \frac{\partial^2 V}{\partial x_1 \partial x_1}\bigg|_0 - \frac{\partial^2 V}{\partial x_2 \partial x_2}\bigg|_0 = 3\,\frac{\partial^2 V}{\partial x_3 \partial x_3}\bigg|_0,$$

$$\langle \alpha I m | 3I_3^2 | \alpha I m\rangle = 3m^2$$

und

$$\langle \alpha I m | I^2 | \alpha I m\rangle = I(I+1)$$

erhält man

$$\langle \alpha I m | H_q | \alpha I m\rangle = \frac{1}{4}\,\frac{\partial^2 V}{\partial x_3 \partial x_3}\bigg|_0 \frac{eQ}{I(2I-1)}\left(3m^2 - I(I+1)\right).$$

Die Frequenz der Absorptionslinie ergibt sich aus der Differenz benachbarter Energieterme zu

$$\left.\begin{aligned} \nu &= \frac{E(m)-E(m-1)}{h} \\ &= \nu_0 + \Delta\nu \\ &= \nu_0 + \frac{eQ}{h}\cdot\frac{3(2m-1)}{4I(2I-1)}\cdot\left.\frac{\partial^2 V}{\partial x_3\,\partial x_3}\right|_0 . \end{aligned}\right\} \tag{3}$$

Man sieht sofort, daß die Störungstheorie erster Ordnung für den Übergang $m=+\frac{1}{2}\to-\frac{1}{2}$ keine Frequenzverschiebung liefert. Nur für die Übergänge $m=\frac{3}{2}\to+\frac{1}{2}$ und $m=-\frac{1}{2}\to-\frac{3}{2}$ findet man eine Frequenzänderung, die in dem Termschema der Abb. 105 dargestellt ist. Im ganzen erhält man für $I=\frac{3}{2}$ bei Quadrupolwechselwirkung eine Aufspaltung in drei Linien.

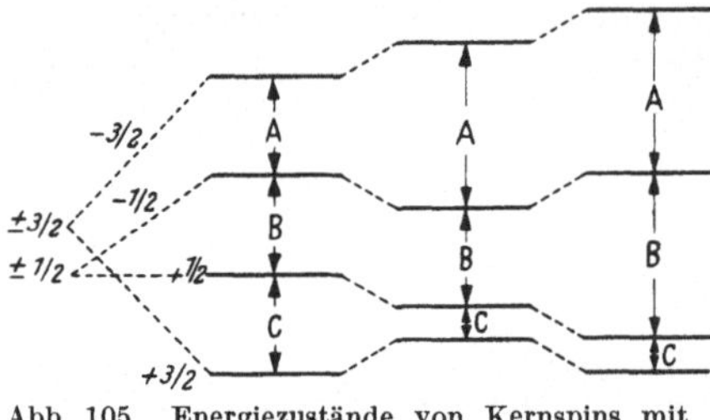

Abb. 105. Energiezustände von Kernspins mit $I=\frac{3}{2}$ in einem Magnetfeld

Die Quadrupolwechselwirkung im Silberbromid ist durch die Anwesenheit der auch bei sorgfältiger Reinigung und Temperung nicht zu verhindernden Versetzungen schon so groß, daß eine Aufspaltung auftritt. Da eine Versetzung an den Orten verschiedener Kerne ganz verschiedene Feldgradienten hervorruft, sind die beiden Linien der Übergänge $m=\frac{3}{2}\to\frac{1}{2}$ und $m=-\frac{1}{2}\to-\frac{3}{2}$ so breit, daß sie nicht mehr beobachtbar sind. Will man z. B. den Einfluß zusätzlicher Lücken auf die Quadrupolwechselwirkung untersuchen, so muß man sich auf Beobachtung der Hauptlinie, d. h. des Überganges $m=\frac{1}{2}\to-\frac{1}{2}$, beschränken und die Störungsrechnung bis zur zweiten Ordnung durchführen.

Die Quadrupolwechselwirkungsenergie H_q (2a) kann mit den schon definierten Spinoperatoren I_+ und I_- auf folgende Form gebracht werden

$$\left.\begin{aligned} H_q = \frac{eQ}{4I(2I-1)}\{(3I_3^2-I^2)V_0 + (I_+I_3+I_3I_+)V_{-1} + \\ + (I_-I_3+I_3I_-)V_{+1} + I_+^2 V_{-2} + I_-^2 V_{+2}\}. \end{aligned}\right\} \tag{4}$$

Darin sind

$$V_0 = \left.\frac{\partial^2 V}{\partial x_3\,\partial x_3}\right|_0, \qquad V_{\pm 1} = \left.\frac{\partial^2 V}{\partial x_1\,\partial x_3}\right|_0 \pm i\left.\frac{\partial^2 V}{\partial x_2\,\partial x_3}\right|_0$$

und

$$V_{\pm 2} = \frac{1}{2}\left(\left.\frac{\partial^2 V}{\partial x_1\,\partial x_1}\right|_0 - \left.\frac{\partial^2 V}{\partial x_2\,\partial x_2}\right|_0\right) \pm i\left.\frac{\partial^2 V}{\partial x_1\,\partial x_2}\right|_0 .$$

Führt man die Störungsrechnung in zweiter Näherung durch, so erhält man für den Übergang $m=\frac{1}{2}\to-\frac{1}{2}$ den von Bloembergen und von

Cohen und Reif berechneten Ausdruck für die Frequenzänderung

$$\Delta \nu = -\frac{(2I+3)}{8I^2(2I-1)} \cdot \left(\frac{eQ}{h}\right)^2 \cdot \frac{1}{\nu_0} \cdot \left(|V_1|^2 - \frac{1}{2}|V_2|^2\right). \tag{5}$$

V_1 und V_2 berechnet man für das Potential der Punktladung $V = \beta \frac{e_p}{r}$ mit einem zusätzlichen Abschirmungsfaktor β, der sämtliche Polarisations- und Deformationseffekte berücksichtigt. In Polarkoordinaten erhält man

$$|V_1| = \frac{3\beta e_p}{r_p^3} \cos\vartheta_p \sin\vartheta_p \, e^{i\varphi_p}, \qquad |V_2| = \frac{3}{2} \frac{\beta e_p}{r_p^3} \sin^2\vartheta_p \, e^{2i\varphi_p}. \tag{5a}$$

Dissoziierte Störstellen mit ihren örtlichen Überschußladungen können also, wie die Gl. (5) zeigt, infolge der weitreichenden Wirkung die Über-

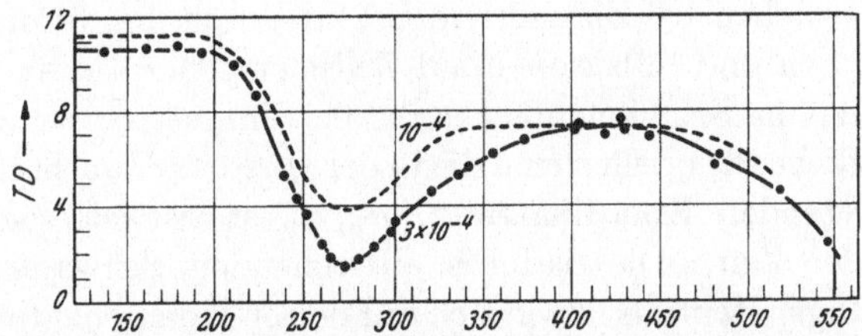

Abb. 106. Kernresonanzabsorption in Abhängigkeit von der Temperatur in AgBr-$CdBr_2$-Kristallen ------ Bei einem Zusatz von 10^{-4}% $CdBr_2$; ——— bei einem Zusatz von $3 \cdot 10^{-4}$ $CdBr_2$. $D \sim 1/(\Delta\nu_H)^2$

gänge $m = \frac{1}{2} \to -\frac{1}{2}$ stark beeinflussen. Der Quotient absolute Temperatur durch Quadrat der Linienbreite $T/(\Delta\nu_H)^2$ bleibt für alle Temperaturen angenähert konstant, wenn man von der Änderung thermischer Fehlordnung absieht. (Der Wert der Magnetisierung zeigt nämlich, entsprechend der Formel von Langevin, eine mit der Temperatur umgekehrt proportionale Abhängigkeit. Deshalb tritt bei der Bestimmung der Linienbreite im Quotienten der Temperaturfaktor T auf.) Werden aber mit wachsender Temperatur gittereigene Fehlstellen gebildet, so nimmt dieser Quotient mit der Temperatur ab. Dies wurde von Cohen und Reif[8] an zusatzfreien Silberbromidkristallen gemessen. Durch Zusatz zweiwertiger Kationen, z. B. Cd^{++} zur gleichen Substanz, müssen aus Neutralitätsgründen Silberionenlücken der gleichen Konzentration unabhängig von der Temperatur entstehen. Sowohl die Cadmiumionen als auch die Silberionenlücken stellen Überschußladungen dar, die zur Quadrupolwechselwirkung Anlaß geben. Fällt die Konzentration gittereigener Fehlstellen unter die des Zusatzes, so müßte mit sinkender Temperatur der Quotient $T/(\Delta\nu_H)^2$ konstant bleiben. Findet jedoch in dem betrachteten Temperaturbereich eine Assoziation der beiden Fehlstellensorten zu $Cd^{\cdot}_G Ag'_{\square}$-Komplexen statt, so haben wir es nicht mehr mit isolierten Überschußladungen zu tun, sondern mit

Dipolen, deren Feldgradient bedeutend rascher mit der Entfernung abnimmt. Der Quotient $T/(\Delta\nu_H)^2$ wächst dann mit sinkender Temperatur und bleibt wieder konstant, wenn vollkommene Assoziation erreicht ist. Den geschilderten Kurvenverlauf der Größe $T/(\Delta\nu_H)^2$ in Abhängigkeit von der Temperatur erhielten COHEN und REIF im Bereich von tiefen Temperaturen bis zu Zimmertemperatur an AgBr mit $CdBr_2$-Zusatz und deuteten ihn in der oben besprochenen Weise (Abb. 106).

Spätere Versuche von REIF[9], die über 20° C hinaus unternommen wurden, zeigten ein Wiederansteigen der Kurve, das mit der bisherigen Deutung im Widerspruch steht. Es liegt nahe, das Auftreten eines Minimums bei Zimmertemperatur mit dem Einfluß der Beweglichkeiten der Ladungsträger (besonders der Kationenlücken) auf die Relaxationszeiten T_1 und T_2 zu deuten. Die Quadrupolwechselwirkung im AgBr wird im wesentlichen bei Zimmertemperatur durch die diffundierenden Silberionenlücken und Silberionen auf Zwischengitterplätzen bestimmt. (Die Diffusion von Bromionenlücken ist bei Zimmertemperatur klein.)

Für bewegliche Störstellen sind die in der Quadrupolwechselwirkungsenergie auftretenden Koordinaten $r_p, \vartheta_p, \varphi_p$ statistisch schwankende Funktionen der Zeit. Die dadurch entstehenden Schwankungen des Wechselwirkungspotentials lassen sich in Fourier-Komponenten zerlegen, und die Spektraldichte der Schwankung für die einfache und doppelte Larmor-Frequenz ist für die Relaxationszeit maßgebend. Basierend auf der Arbeit von TORREY[6] über die magnetische Wechselwirkung diffundierender Dipole fand REIF einen ähnlichen Verlauf von T_1 für die Quadrupolwechselwirkung. Danach hat T_1 ein Minimum für Temperaturen, bei denen die Sprungfrequenz der Silberionenlücken etwas oberhalb der Larmor-Frequenz liegt. Wird in diesem Minimum T_1 kleiner als T_2, was bei AgBr unter den Versuchsbedingungen von REIF der Fall ist, so tritt eine Verbreiterung der Resonanzlinie auf. Abb. 106 zeigt die von REIF gemessene Intensität der Kernresonanzlinie in Abhängigkeit von der Temperatur. Man erkennt aus der Kurve, daß das Minimum etwa bei 273° K liegt.

Die aus den Leitfähigkeitsmessungen von TELTOW und KURNICK gewonnenen Sprungfrequenzen, auf Zimmertemperatur extrapoliert, würden ein Minimum von 287° K oder 308° K ergeben. Trotz der sicher ziemlich ungenauen Extrapolation und der teils schlecht zu rechtfertigenden Voraussetzungen der Theorie (dissoziierte Punktladungen) ist die Übereinstimmung der gewonnenen Daten gut. Demnach wird das experimentell gemessene Minimum dem Einfluß der diffundierenden Silberlücken zugeordnet.

Die Abnahme der Intensität bei hoher Temperatur, wie sie die Abb. 106 oberhalb 450° K zeigt, wird von REIF durch die nochmalige Abnahme von T_1 gedeutet, die durch die diffundierenden Bromlücken, deren Sprungfrequenz bei diesen Temperaturen in die Nähe der Larmor-Frequenz kommen kann, hervorgerufen wird.

Wir sehen, daß die Kernresonanzabsorption eine neue Möglichkeit eröffnet, die Eigenschaften störstellenhaltiger Ionenkristalle zu untersuchen.

§ 3. Paramagnetische Resonanz

Eine im Prinzip ähnliche Methode wie die der Kernresonanz eignet sich für die Untersuchung paramagnetischer Störstellen in Kristallen. Doch treten hier an die Stelle der Kerne an Störstellen oder Verunreinigungen gebundene Elektronen, deren Gesamtdrehmoment verschieden von Null ist (paramagnetische Resonanzabsorption). Bei den gleichen Magnetfeldern von einigen tausend Gauß muß man hier wegen des etwa zweitausendmal größeren Wertes des Bohrschen Magnetons gegenüber dem Kernmagneton im Mikrowellengebiet bei einigen Zentimetern arbeiten. Lage, Breite und Zahl der Absorptionslinien hängen unter anderem von der Art des Kristallfeldes am Ort der Störstelle ab. Aus den experimentell bestimmbaren g-Werten gemäß der Gleichung

$$h\nu = g\,\mu_B H_0,$$

wobei μ_B das Bohrsche Magneton und H_0 die Feldstärke des konstanten Magnetfeldes sind, lassen sich Schlüsse auf die Eigenschaften der Störstelle und des umgebenden Kristallfeldes ziehen. Derartige Messungen an Farbzentren und V-Zentren in Alkalihalogeniden sind unter anderem von Kip, Kittel, Levy und Portis[10,11,12] durchgeführt worden.

Mit dieser kurzen Betrachtung des Einflusses der Störstellen auf die kern- und paramagnetische Resonanzabsorption wollen wir dieses Kapitel beschließen.

Vierzehntes Kapitel

Anwendung der adiabatischen Näherung auf Kristalle mit Störstellen

§ 1. Quantentheoretische Behandlung der optischen Eigenschaften der Ionenkristalle mit Störstellen

Eine der wichtigsten Aufgaben war, zuerst die Bildung von Störstellen und die Reaktionsvorgänge der Störstellen in festen Körpern mittels der statistischen Thermodynamik zu erfassen. Wir haben

---

[10] C. Kittel: Defects of Cryst. Solids, London 33 (1954).

[11] A. F. Kipp, C. Kittel, R. A. Levy u. A. M. Portis: Phys. Rev. 91, 1066 (1953).

[12] A. M. Portis: Phys. Rev. 91, 1071 (1953).

gesehen, daß bei der Zugabe von Ag_2S zu einem Silberhalogenidkristall, und dasselbe gilt im Prinzip auch für andere feste Körper, verschiedene Störstellen entstehen, deren Zahl und Konzentration von dem Zusatz, der Belichtung und der Temperatur des Ionenkristalls abhängig ist. Aus den experimentellen Daten, z.B. aus dem Verhalten der Absorption des Kristalls vor und nach der Belichtung, wurde nach einem Zusammenhang mit der Art der Störstellen, die hypothetisch eingeführt wurden, gesucht. Bei dem gegenwärtigen Stand der Forschung auf diesem Gebiet verspricht dieser Weg den größten Erfolg.

Diese phänomenologische Theorie führt jedoch zu einer großen Zahl von Parametern, die nur aus dem Experiment ermittelt werden können. Man muß sich darüber klar sein, daß die große Zahl der frei zur Verfügung stehenden Parameter in der thermodynamisch-statistischen Theorie durch ihre passende Wahl die Übereinstimmung mit dem Experiment oft vortäuschen kann. Diese Theorie kann also nur ein allgemeines ordnendes Prinzip darstellen, mit dem man aus dem Ablauf der Reaktionen auf die Existenz der „vermutlichen" Störstellen schließen kann.

Eine der wichtigsten Aufgaben der Theorie wäre, diese Parameter zu berechnen und sie nachträglich in die Reaktionsgleichungen einzuführen. Dann wäre es möglich, z.B. die Gleichgewichtskonzentration der Störstellen bei einer bestimmten Temperatur zu bestimmen. Wir wären dann überzeugt, daß das Modell der eingeführten Störstellen richtig ist. Um nun diese Parameter zu berechnen, ist es notwendig, in den Mechanismus der atomaren Prozesse einzudringen und sie zu berechnen.

Solche Berechnungen können nur auf der Grundlage der Wellenmechanik angestellt werden. Die mathematischen Schwierigkeiten begrenzen jedoch ihren Anwendungsbereich. Die oft vorgenommenen Vereinfachungen sind so groß, daß die Folgerungen, die gezogen werden, praktisch keine Bedeutung besitzen.

Die Behandlung eines Kristallgitters, das aus Elektronen und Kernen besteht, stellt für die Wellenmechanik ein Mehrkörperproblem dar. Die Elektronen untereinander, die Elektronen und Kerne und schließlich die Kerne untereinander üben Wechselwirkungen aufeinander aus, und es wäre zunächst die Aufgabe, diese Wechselwirkungen genau zu berechnen.

Die erste Vereinfachung, die bei der quantentheoretischen Behandlung des Festkörpers eingeführt wurde, war die Zurückführung des Mehrkörperproblems auf das Einkörperproblem. Die geläufigste Methode ist die des „self cons. field" von HARTREE. Man betrachtet ein ausgewähltes Elektron im Felde aller übrigen Ladungen. An Stelle der

Coulomb-Wechselwirkung wird das periodische Potential des Gitters eingeführt. Das aus diesen Theorien resultierende „Bändermodell“ des Kristallgitters wurde mit Erfolg zur Klärung der Fragen der metallischen Leitfähigkeit usw. angewandt.

Mittels dieses vereinfachten Modells wurde qualitativ die Lage der einzelnen Absorptionsbanden in reinen Ionengittern und solchen mit Zusätzen bestimmt. Mit diesen vereinfachten Annahmen konnten aber nicht die thermischen Eigenschaften der Störstellen abgeschätzt werden.

Die Lage der Terme des gestörten Gitters und die Halbleitereigenschaften des Ionenkristalles konnten durch zusätzliche Einführung von lokalisierten Zuständen, die in das Bändermodell eingebaut wurden, angenähert abgeschätzt werden.

In diesem Kapitel wird die Wechselwirkung von Gitterschwingungen und Elektronen mittels adiabatischer Näherung behandelt. Es gelingt dadurch für das F-Zentrum, welches die einfachste Störstelle der Alkalihalogenide darstellt, sowohl die Lage wie die Breite der Absorption in Abhängigkeit von der Temperatur zu bestimmen.

Zum Nachweis der gebildeten photochemischen Reaktionsprodukte stehen die gemessenen Absorptionsspektren zur Verfügung. Das Verhalten der Absorptionsspektren bei Belichtung der Kristalle ist ein qualitatives Maß für den Ablauf einer photochemischen Reaktion.

Ein befriedigender quantitativer Zusammenhang der mittels optischer Methoden gewonnenen Größen mit den Geschwindigkeitskonstanten, die aus der Statistik abgeleitet und mit dem Experiment verglichen wurden, kann nur dann gewonnen werden, wenn bei der quantentheoretischen Behandlung der Absorption die Wechselwirkung der Elektronen und der Gitterschwingungen berücksichtigt wird. Die quantentheoretische Behandlung der strahlungslosen Übergänge gibt prinzipiell die Möglichkeit, die thermischen Eigenschaften der Störstellen einer theoretischen Untersuchung zugänglich zu machen. Die Energie für die thermische Abspaltung des Elektrons wird dem Wärmevorrat des Gitters entnommen, der durch Gitterschwingungen bestimmt wird, und stellt einen inversen Vorgang zu strahlungslosen Übergängen dar. Deshalb sollen die theoretischen Versuche, die Lage der Spektren und die strahlungslosen Übergänge mittels adiabatischer Näherung quantitativ zu berechnen, etwas ausführlicher behandelt werden.

§ 2. Adiabatische Näherung

Um das Verhalten von Kristallen mit Störstellen zu beschreiben, wurde in letzter Zeit ein neuer Weg beschritten, der in starkem Maße die Wechselwirkung der Störstellen mit den Gitterschwingungen berücksichtigt[1-9]. Einige Fragen über die Absorption an den Störstellen wurden hiermit geklärt. Auch konnten qualitativ einige Eigenschaften der strahlungslosen Übergänge und der thermischen Anregung der Elektronen im Kristallgitter beschrieben werden. Das Problem liegt darin, die Energiezustände der Störstellen bzw. der Elektronen in den Störstellen zu berechnen und die Übergangswahrscheinlichkeiten zwischen diesen verschiedenen Zuständen zu bestimmen. Das ist jedoch gar nicht so einfach, denn wir haben im Kristallgitter ein System, in dem viele Teilchen, Elektronen und Ionen, miteinander in Wechselwirkung stehen, zu behandeln. Im stationären Fall lautet die zugehörige Schrödinger-Gleichung dieses Systems

$$\left\{-\frac{\hbar^2}{2m}\sum_i \frac{\partial^2}{\partial x_i^2} - \sum_k \frac{\hbar^2}{2M_k}\frac{\partial^2}{\partial X_k^2} + V(x,X)\right\}\Psi(x,X) = E\,\Psi(x,X). \quad (1)$$

Hierbei wurde die Annahme gemacht, daß der Kristall aus Ionen besteht, die sich an den Orten X_k befinden, und daß er Elektronen an den Orten x_i enthalte. x und X sind die Abkürzungen für die Gesamtheit der Elektronenkoordinaten x_i und der Ionenkoordinaten X_k. Die beiden ersten Ausdrücke stellen die kinetische Energie der Elektronen und Ionen dar, $V(x,X)$ die Wechselwirkungsenergie des Systems: der Elektronen unter sich, der Ionen unter sich und der Elektronen mit den Ionen. Es ist nun zweckmäßig, von $V(x,X)$ die potentielle Energie der Ionen untereinander abzuspalten

$$V(x,X) = V_1(x,X) + V_2(X). \quad (2)$$

Da wir die Wechselwirkung der Störstellenelektronen mit den Ionen des Kristalls nicht als klein ansehen, können wir also die übliche quantenmechanische Störungsrechnung, die in nullter Näherung die Wechselwirkung vernachlässigt, nicht anwenden. Wir müssen also die Wechselwirkung schon in nullter Näherung mit berücksichtigen. Eine exakte Lösung zu finden ist wegen der auftretenden mathematischen Schwierigkeiten aussichtslos. Wir müssen daher zu einer anderen Näherungsmethode greifen.

---

[1] M. Born u. R. Oppenheimer: Ann. Phys. **84**, 457 (1927).

[2] S. J. Pekar: Zusammenfassender Bericht: Fortschritte der Physik **1**, 367 (1954). — Untersuchungen über die Elektronentheorie der Kristalle. Berlin: Akademie-Verlag 1954.

[3] K. Huang u. A. Rhys: Proc. Roy. Soc. A **204**, 406 (1950).

[4] M. Lax: J. Chem. Phys. **20**, 1752 (1952).

[5] R. C. O'Rourke: Phys. Rev. **91**, 265 (1953).

[6] R. Kubo: Phys. Rev. **86**, 929 (1952).

[7] A. Haug: Z. Phys. **138**, 529 (1954).

[8] A. S. Dawydow: J. exp. u. theor. Phys. (russ.) **4**, 367 (1953).

[9] H. Fröhlich: Advances Phys. **3**, 325 (1954).

Wegen der verschiedenen Massen von Ionen und Elektronen scheint es zweckmäßig, den Kristall aufzuteilen in ein System mit schweren Massen, den langsam schwingenden Ionen, und ein System mit leichten Massen, den schnell schwingenden Elektronen. Diese Einteilungsmöglichkeit aber ist gerade die Voraussetzung zur Anwendung der adiabatischen Näherung. Da sich die Ionen mit ihren verhältnismäßig großen Massen bedeutend langsamer bewegen als die schwachgebundenen Elektronen in den Störstellen, kann man die Bewegung der Ionen gegenüber der der Elektronen vernachlässigen und die Bewegung der Elektronen so behandeln, als erfolge sie im Felde der ruhenden Ionen. Zu jeder augenblicklichen Ionenkonfiguration stellt sich sofort der entsprechende stationäre Elektronenzustand ein. Die Elektronenfunktion muß also außer von x, den Elektronenkoordinaten, noch von den Koordinaten der Ionen X als Parameter abhängen. Mathematisch drückt sich diese Unterteilung durch folgenden Produktansatz für die Lösungsfunktion $\Psi(x, X)$ aus:

$$\Psi(x, X) = \psi_s(x, X) \cdot \chi_{ns}(X) \tag{3}$$

(s Abkürzung für Elektronenquantenzahlen, n Abkürzung für Ionenquantenzahlen). Die Elektronenfunktion $\psi_s(x, X)$ hängt ab von zwei Variablen x, X und einem Quantenzahlensystem s. Die Ionenfunktion $\chi_{ns}(X)$ hängt dagegen nur ab von einer Variablen X, dafür aber von den Quantenzahlen beider Systeme. Die Kopplung ist also gegenseitig.

Um die Bewegungsgleichung der Elektronen im Felde der ruhenden Ionen zu erhalten, vernachlässigen wir in (1) $-\frac{\hbar^2}{2M_k}\frac{\partial^2}{\partial X_k^2}$ und die für die Bewegung des Elektrons belanglose Größe $V_2(X)$. Das ergibt zur Bestimmung der Elektronenfunktion $\psi_s(x, X)$ die Gleichung

$$\left\{-\frac{\hbar^2}{2m}\sum_i \frac{\partial^2}{\partial x_i^2} + V_1(x, X)\right\}\psi_s(x, X) = E_s(X)\,\psi_s(x, X). \tag{4}$$

Die Energie des Elektronensystems $E_s(X)$ hängt ebenfalls von der Ionenkonfiguration X ab, ist also eine Funktion der durch $V_1(x, X)$ eingeführten Ionenkoordinaten. Umgekehrt erfolgt die verhältnismäßig langsame Bewegung der Ionen in einem Feld, welches nicht von der augenblicklichen Elektronenkonfiguration abhängt, sondern nur von ihrer mittleren Ladungsverteilung. Quantitativ kommt dies in Gl. (9) durch das Glied $E_s(X)$ zum Ausdruck.

Nun soll nachgewiesen werden: Unter Verwendung des Ansatzes (3) sowie der Schrödinger-Gleichung (4) für die Elektronenbewegung erhält man aus der Gl. (1) auch für die Ionenbewegung eine geeignete Schrödinger-Gleichung.

(3) in (1) eingesetzt, ergibt

$$\left.\begin{aligned}&\left\{-\frac{\hbar^2}{2m}\sum_i \frac{\partial^2}{\partial x_i^2}+V_1(x,X)\right\}\psi_s(x,X)\,\chi_{ns}(X)+\\&+\big(V_2(X)-E_{sn}\big)\,\psi_s(x,X)\,\chi_{ns}(X)-\sum_k\frac{\hbar^2}{2M_k}\frac{\partial^2}{\partial X_k^2}\big(\psi_s(x,X)\,\chi_{ns}(X)\big)=0.\end{aligned}\right\}\quad(5)$$

Unter Verwendung von (4) folgt

$$\begin{aligned}&\{E_s(X)+V_2(X)-E_{sn}\}\,\psi_s(x,X)\,\chi_{ns}(X)-\\&\qquad-\sum_k\frac{\hbar^2}{2M_k}\left\{\psi_s\frac{\partial^2\chi_{ns}}{\partial X_k^2}+2\frac{\partial\psi_s}{\partial X_k}\cdot\frac{\partial\chi_{ns}}{\partial X_k}+\frac{\partial^2\psi_s}{\partial X_k^2}\chi_{ns}\right\}=0.\end{aligned}$$

Die Multiplikation mit $\psi_s^*(x,X)$ und anschließende Integration über alle Elektronenkoordinaten liefert unter Beachtung der Normierungsbedingung

$$\int_{\text{Kristall}}\psi_s^*(x,X)\,\psi_s(x,X)\,dx=1 \qquad (6)$$

die Gleichung

$$-\sum_k\frac{\hbar^2}{2M_k}\frac{\partial^2\chi_{ns}}{\partial X_k^2}+\{V_2(X)+E_s(X)-E_{sn}\}\,\chi_{ns}(X)-D\chi_{ns}(X)=0 \qquad (7)$$

mit der Abkürzung D für den Operator

$$D=\sum_k\left[\frac{\hbar^2}{M_k}\left(\int\psi_s^*\frac{\partial\psi_s}{\partial X_k}dx\right)\frac{\partial}{\partial X_k}+\frac{\hbar^2}{2M_k}\left(\int\psi_s^*\frac{\partial^2\psi_s}{\partial X_k^2}dx\right)\right]. \qquad (8)$$

Unter der Annahme, daß $D\chi_{ns}$ sehr klein ist gegenüber den anderen Ausdrücken, erhalten wir für die Bewegung der Ionen ebenfalls wieder eine Schrödinger-Gleichung, nur ist hier die potentielle Energie der Ionen vermehrt um die Energie des Elektronensystems.

$$\left\{-\sum_k\frac{\hbar^2}{2M_k}\frac{\partial^2}{\partial X_k^2}+V_2(X)+E_s(X)-E_{sn}\right\}\chi_{ns}(X)=0. \qquad (9)$$

Um diese Gleichung als die Bewegungsgleichung der Ionen ansprechen zu können, muß noch die Kleinheit von $D\chi_{ns}$ nachgewiesen werden.

Da die $\psi_s(x,X)$ Lösungen der zeitunabhängigen Schrödinger-Gleichung sind, können sie als reell angenommen werden. Die Normierungsgleichung (6) nach X_k differenziert liefert dann

$$\int\psi_s(x,X)\frac{\partial\psi_s}{\partial X_k}dx=0,$$

womit der erste Ausdruck von D verschwindet:

$$\sum_k\frac{\hbar^2}{2M_k}\int\psi_s^*\frac{\partial\psi_s}{\partial X_k}dx\to\sum_k\frac{\hbar^2}{2M_k}\int\psi_s\frac{\partial\psi_s}{\partial X_k}dx=0.$$

Zur Abschätzung des zweiten Ausdruckes nehmen wir an, daß die Elektronen so an die Ionen gebunden sind, daß ihre Wechselwirkung nur von ihrem gegenseitigen Abstand $x_i - X_k$ abhängt, dann ist angenähert

$$\sum_k \frac{\partial}{\partial X_k} \approx -\sum_i \frac{\partial}{\partial x_i}$$

und D nimmt für $M_k = M$ die Gestalt an:

$$\left.\begin{aligned} D &\approx \frac{\hbar^2}{2M} \sum_i \int \psi_s^* \frac{\partial^2 \psi_s}{\partial x_i^2} \, dx = \frac{m}{M} \sum_i \int \psi_s^* \left(\frac{\hbar^2}{2m} \frac{\partial^2 \psi_s}{\partial x_i^2} \right) dx \\ D &\approx \frac{1}{2000} \sum_i \int \psi_s^* \left(\frac{\hbar^2}{2m} \frac{\partial^2 \psi_s}{\partial x_i^2} \right) dx. \end{aligned}\right\} \quad (10)$$

Da diese Größe angenähert 1/2000 der kinetischen Energie der Elektronen ist, kann man sie in guter Näherung vernachlässigen. Die Gln. (4) und (9) charakterisieren also das Verhalten eines Ionenkristalls, in dem sich Elektronen enthaltende Störstellen befinden. Zur Lösung dieser Gleichungen müssen wir nun ein konkretes Modell für den Kristall und die darin enthaltenen Störstellen zugrunde legen. Da die Ionen im Kristall an einen ganz bestimmten Gitterpunkt über längere Zeit hin gebunden sind, werden sie Schwingungen um diese Gitterpunkte ausführen, die als Gitterschwingungen bekannt sind. Ihnen wollen wir uns jetzt zuwenden.

§ 3. Darstellung von Gitterschwingungen in Normalkoordinaten

Die Darstellung der Gitterschwingungen in Normalkoordinaten hat den Vorteil, daß hierbei die Gitterschwingungen als ein System von ungekoppelten harmonischen Oszillatoren auftreten.

Die Ionen im Kristall sind durch ihre Wechselwirkungskräfte an gewisse Gitterpunkte gebunden, die mit X_{k0} bezeichnet werden sollen. Infolge der thermischen Bewegung werden sie Schwingungen um diese Gleichgewichtslagen ausführen, so daß die augenblickliche Koordinate des k-ten Teilchens X_k meist verschieden von X_{k0} ist. $X_k - X_{k0}$ stellt dann die Verschiebung des k-ten Teilchens aus seiner Ruhelage dar. Die kinetische Energie des eindimensionalen Gitters wird dann gegeben durch den Ausdruck

$$T = \tfrac{1}{2} \sum_k M_k (X_k - X_{k0})^{\cdot 2}. \quad (11)$$

Die Summe läuft über alle Gitterteilchen k mit der Masse M_k. Nehmen wir die Verschiebungen $X_k - X_{k0}$ als sehr klein an, so können wir bei der Reihenentwicklung der potentiellen Energie $V_2(X)$ aus (2) oder (9) die Glieder, die höher als zweiter Ordnung sind, vernachlässigen.

$$\left.\begin{aligned} V_2(X_1,\ldots,X_k\ldots) &= V_0(X_{10}\ldots X_{k0}\ldots) + \sum_i V_i\cdot(X_i - X_{i0}) + \\ &+ \frac{1}{2!}\sum_{i,k}(X_i - X_{i0})\,V_{ik}\,(X_k - X_{k0}) + \cdots. \end{aligned}\right\} \tag{12}$$

Die Gleichgewichtslagen X_{k0} werden gegeben durch das Minimum von $V_2(X)$:

$$\left.\frac{\partial V_2(X)}{\partial X_k}\right|_{X_{k0}} = 0 \qquad \text{liefert} \qquad V_i = 0.$$

Da ferner dem konstanten Term keine weitere Bedeutung zukommt, wollen wir ihn bei den weiteren Betrachtungen weglassen, so daß lediglich für $V_2(X)$ bleibt

$$V_2(X) = \frac{1}{2!}\sum_{ik}(X_i - X_{i0})\,V_{ik}(X_k - X_{k0}). \tag{13}$$

Das Potential $V_2(X)$ im Dreidimensionalen hat die Form:

$$V_2 = V(X_1, X_2, \ldots, X_k, \ldots, X_N; Y_1, \ldots, Y_N; Z_1, \ldots, Z_N).$$

Die Reihenentwicklung ergibt:

$$\begin{aligned} V_2 = \frac{1}{2!}\Bigg\{\sum_{i=1}^{N}\sum_{k=1}^{N}\Bigg[\left(\frac{\partial^2 V}{\partial X_i \partial X_k}\right)_0 \Delta X_i \Delta X_k + \left(\frac{\partial^2 V}{\partial Y_i \partial Y_k}\right)_0 \Delta Y_i \Delta Y_k + \\ + \left(\frac{\partial^2 V}{\partial Z_i \partial Z_k}\right)_0 \Delta Z_i \Delta Z_k\Bigg] + 2\sum_{i=1}^{N}\sum_{k=1}^{N}\Bigg[\left(\frac{\partial^2 V}{\partial X_i \partial Y_k}\right)_0 \Delta X_i \Delta Y_k + \\ + \left(\frac{\partial^2 V}{\partial X_i \partial Z_k}\right)_0 \Delta X_i \Delta Z_k + \left(\frac{\partial^2 V}{\partial Y_i \partial Z_k}\right)_0 \Delta Y_i \Delta Z_k\Bigg]\Bigg\}. \end{aligned}$$

Hierbei bedeuten

$$\Delta X_i = X_i - X_{i0}; \qquad \Delta Y_j = Y_j - Y_{j0}; \qquad \Delta Z_k = Z_k - Z_{k0}.$$

Nun werden die Ableitungen $\frac{\partial V_2}{\partial X_k}$, $\frac{\partial V_2}{\partial Y_k}$, $\frac{\partial V_2}{\partial Z_k}$ gebildet:

$$\begin{aligned} \frac{\partial V_2}{\partial X_k} = \sum_{j=1}^{N}\Bigg[\left(\frac{\partial^2 V}{\partial X_j \partial X_k}\right)_0 (X_j - X_{j0}) + \\ + \left(\frac{\partial^2 V}{\partial Y_j \partial X_k}\right)_0 (Y_j - Y_{j0}) + \left(\frac{\partial^2 V}{\partial Z_j \partial X_k}\right)_0 (Z_j - Z_{j0})\Bigg]. \end{aligned}$$

Entsprechende Ausdrücke ergeben sich für $\frac{\partial V_2}{\partial Y_k}$ und $\frac{\partial V_2}{\partial Z_k}$: Die Bewegungsgleichung in Richtung der X-Achse $M_k(X_k - X_{k0})^{\cdot\cdot} + \frac{\partial V_2}{\partial X_k} = 0$ ergibt:

$$M_k(X_k - X_{k0})^{\cdot\cdot} + \sum_{j=1}^{N} \left(\frac{\partial^2 V}{\partial X_j \partial X_k}\right)_0 (X_j - X_{j0}) +$$

$$+ \sum_{j=1}^{N} \left(\frac{\partial^2 V}{\partial Y_j \partial X_k}\right)_0 (Y_j - Y_{j0}) + \sum_{j=1}^{N} \left(\frac{\partial^2 V}{\partial Z_j \partial X_k}\right)_0 (Z_j - Z_{j0}) = 0.$$

Entsprechende Bewegungsgleichungen erhält man für Y_k und Z_k. Die Bewegungsgleichung des k-ten Gitterteilchens im eindimensionalen Fall

$$M_k(X_k - X_{k0})^{\cdot\cdot} + \sum_i V_{ik}(X_i - X_{i0}) = 0 \tag{14}$$

liefert mit dem Ansatz

$$X_k - X_{k0} = b_k e^{-i\omega t} \tag{15}$$

ein homogenes Gleichungssystem für die b_k

$$-\omega^2 M_k b_k + \sum_i V_{ik} b_i = 0. \tag{16}$$

Das ist nur miteinander verträglich, wenn die Koeffizientendeterminante verschwindet.

$$\| -\omega^2 M_k \delta_{ik} + V_{ik} \| = 0. \tag{17}$$

Hieraus können die Eigenfrequenzen des Gitters bestimmt werden. Es müßte noch nachgewiesen werden, daß sich für die Eigenwerte ω^2 der Gl. (17) nur reelle positive Zahlen ergeben, damit ω als Eigenfrequenz angesehen werden darf. Dieser Nachweis dürfte sehr schwierig sein.

Besteht das Kristallgitter aus N Elementarzellen und sind n Teilchen in der Elementarzelle, so haben wir ein System von nN Punktmassen mit $3nN$ Freiheitsgraden. Die Determinantenbedingung führt also auf eine Gleichung $3nN$-ten Grades für ω^2. Diese kann jedoch durch Beschreibung der Gitterschwingungen in Normalkoordinaten auf eine Gleichung $3n$-ten Grades für ω^2 reduziert werden. Die Wurzeln ω_j, $1 \leq j \leq 3$ enthalten den Wellenzahlvektor der Gitterschwingungen $\mathfrak{w}$ als Parameter, der seinerseits wieder N Werte annehmen kann, so daß wir doch wieder $3nN$ Eigenfrequenzen erhalten. Zur Charakterisierung der verschiedenen Schwingungsformen werden die Wurzeln als Zweige bezeichnet. Schwingen die benachbarten Teilchen gleichphasig, ähnlich dem Kontinuum, so sind es Schwingungen des elastischen oder akustischen Zweiges. Da man eine Schwingungsrichtung in eine longitudinale und zwei transversale Komponenten aufspalten kann, gibt es dementsprechend stets drei akustische Zweige. Die restlichen $3n - 3$ Zweige werden als optische bezeichnet. Hier schwingen benachbarte Teilchen gegeneinander, erzeugen also, wenn es sich um entgegengesetzt geladene Ionen handelt, ein Dipolmoment.

Um die weiteren Rechnungen recht einfach zu gestalten, wollen wir im Augenblick einen Kristall mit nur einem Teilchen in der Elementarzelle betrachten. Eine Verallgemeinerung ist bedeutend komplizierter. In diesem Fall treten nur akustische Schwingungen auf, und wir können die Verschiebung $X_k - X_{k0}$ in eine longitudinale u_1 und zwei transversale Komponenten u_2, u_3 zerlegen. Verwenden wir zur Beschreibung der Gitterschwingungen den Wellenzahlvektor $\mathfrak{w}$, so sind die Schwingungen in Richtung von $\mathfrak{w}$ longitudinale, $u_1 = \mathfrak{w}/\omega$, und senkrecht dazu transversale. Die Verschiebungen $X_k - X_{k0}$ werden dargestellt als lineare Überlagerung sämtlicher Normalschwingungen:

$$\left.\begin{aligned} X_k - X_{k0} &= \frac{1}{\sqrt{N \cdot M_k}} \sum_{\mathfrak{w},j} n_{x_j}(\mathfrak{w})\, a_{j\,\mathfrak{w}}(t) \cdot e^{i(\mathfrak{w},\, \mathfrak{R}_{k0})}, \\ \mathfrak{R}_{k0} &= \{X_{k0},\ Y_{k0},\ Z_{k0}\}. \end{aligned}\right\} \quad (18)$$

Entsprechende Gleichungen gelten für $\Delta Y_k = Y_k - Y_{k0}$ und $\Delta Z_k = Z_k - Z_{k0}$. $\mathfrak{R}_{k0}$ ist Ortsvektor der Gleichgewichtslage vom k-ten Atom. $\mathfrak{n}_j(\mathfrak{w}) = \{n_{x_j}(\mathfrak{w}), n_{y_j}(\mathfrak{w}), n_{z_j}(\mathfrak{w})\}$ ist Einheitsvektor in Richtung der j-ten Schwingung. Bei $\sum_{\mathfrak{w},j}$ wird summiert über alle N-Werte des Wellenzahlvektors und alle Schwingungsrichtungen j. Die zeitabhängigen Elongationen $a_{j\,\mathfrak{w}}(t)$ der Normalschwingungen stellen die zeitabhängigen Entwicklungskoeffizienten der Verschiebung dar. Damit $X_k - X_{k0}$ eine reelle Größe bleibt, muß

$$a_j(-\mathfrak{w}) = a_j^*(\mathfrak{w}) \quad (19)$$

gesetzt werden.

Setzen wir (18) in die kinetische Energie (11) ein, so folgt

$$T = \frac{1}{2} \sum_k M_k \{(X_k - X_{k0})^{\cdot 2} + (Y_k - Y_{k0})^{\cdot 2} + (Z_k - Z_{k0})^{\cdot 2}\}$$

$$\begin{aligned} T = \frac{1}{2} \sum_{\substack{\mathfrak{w} \\ j}} \sum_{\substack{\mathfrak{w}' \\ j'}} \dot{a}_j(\mathfrak{w})\, \dot{a}_{j'}(\mathfrak{w}') \Big(\frac{1}{N} \sum_k e^{i(\mathfrak{w}+\mathfrak{w}',\, \mathfrak{R}_{k0})}\Big) \cdot \{n_{x_j}(\mathfrak{w})\, n_{x_{j'}}(\mathfrak{w}') + \\ + n_{y_j}(\mathfrak{w})\, n_{y_{j'}}(\mathfrak{w}') + n_{z_j}(\mathfrak{w})\, n_{z_{j'}}(\mathfrak{w}')\} \end{aligned}$$

$$T = \frac{1}{2} \sum_{\substack{\mathfrak{w} \\ j}} \sum_{\substack{\mathfrak{w}' \\ j'}} \dot{a}_j(\mathfrak{w})\, \dot{a}_{j'}(\mathfrak{w}') \cdot \frac{1}{N} \sum_k e^{i(\mathfrak{w}+\mathfrak{w}',\mathfrak{R}_{k0})} \cdot \big(\mathfrak{n}_j(\mathfrak{w}),\, \mathfrak{n}_{j'}(\mathfrak{w}')\big).$$

Unter der Annahme, daß die $\mathfrak{R}_{k0}$ regelmäßig über das ganze Gitter verteilt sind, liefert die Summation über k

$$\sum_k e^{i(\mathfrak{w}+\mathfrak{w}',\, \mathfrak{R}_{k0})} = N\, \delta_{\mathfrak{w}+\mathfrak{w}',\,0}\,. \quad (20)$$

Es ergeben sich nur Beiträge für $\mathfrak{w}' = -\mathfrak{w}$. Dann gilt aber

$$\left(\mathfrak{n}_j(\mathfrak{w}), \mathfrak{n}_{j'}(\pm\mathfrak{w})\right) = \delta_{jj'}. \tag{21}$$

Mit (19) folgt

$$T = \tfrac{1}{2}\sum_{\mathfrak{w},j} \dot{a}_j(\mathfrak{w})\,\dot{a}_j^*(\mathfrak{w}). \tag{22}$$

Für die potentielle Energie (13) liefert der Ansatz (18)

$$V_2 = \frac{1}{2}\sum_{\substack{\mathfrak{w}\\ j}}\sum_{\substack{\mathfrak{w}'\\ j'}} a_j(\mathfrak{w})\,a_{j'}(\mathfrak{w}')\sum_{i,k}\frac{\mathfrak{n}_{xj}(\mathfrak{w})\,V_{ik}\,\mathfrak{n}_{xj'}(\mathfrak{w}')}{N\sqrt{M_i M_k}}\,e^{i\mathfrak{w}X_{i0}}\cdot e^{\mathfrak{w}\,i'X_{k0}}. \tag{23}$$

Wir müssen hier wieder $\mathfrak{w}' = -\mathfrak{w}$ setzen und erhalten damit

$$V_2 = \frac{1}{2}\sum_{\substack{\mathfrak{w}\\ j,j'}} a_j(\mathfrak{w})\,a_{j'}^*(\mathfrak{w})\sum_{i,k}\frac{\mathfrak{n}_j(\mathfrak{w})\,V_{ik}\,\mathfrak{n}_{xj}(-\mathfrak{w})}{N\sqrt{M_i M_k}}\,e^{i\mathfrak{w}(X_{i0}-X_{k0})}. \tag{24}$$

Um die potentielle Energie weiter auswerten zu können, ist es zweckmäßig, für die $a_j(\mathfrak{w})$ die Bewegungsgleichungen aus (22) und (24) aufzustellen. Man erhält sie folgendermaßen:

$$\frac{d}{dt}(T + V_2) = 0$$

$$\frac{dT}{dt} = \frac{1}{2}\sum_{\mathfrak{w},j}(\ddot{a}_j\dot{a}_j^* + \dot{a}_j\ddot{a}_j^*),\quad \frac{dV_2}{dt} = \frac{1}{2}\sum_{\substack{\mathfrak{w}\\ j,j'}}\left(\dot{a}_j a_{j'}^*\sum_{i,k} + a_{j'}\dot{a}_j^*\sum_{i,k}\right),$$

damit

$$\frac{1}{2}\sum_{\mathfrak{w},j}\dot{a}_j^*\left(\ddot{a}_j + \sum_{j'} a_{j'}\sum_{i,k}\right) + \frac{1}{2}\sum_{\mathfrak{w},j}\dot{a}_j\left(\ddot{a}_j^* + \sum_{j'} a_{j'}^*\sum_{i,k}\right) = 0.$$

Daraus folgt

$$\ddot{a}_j(\mathfrak{w}) + \sum_{j'} a_{j'}(\mathfrak{w})\sum_{i,k}\frac{\mathfrak{n}_{j'}(\mathfrak{w})\,V_{ik}\,\mathfrak{n}_j(-\mathfrak{w})}{N\sqrt{M_i M_k}}\,e^{i\mathfrak{w}(X_{i0}-X_{k0})} = 0. \tag{25}$$

Der übliche Ansatz

$$a_j(\mathfrak{w}) \sim e^{-i\omega_j(\mathfrak{w})t} \qquad \text{oder} \qquad \ddot{a}_j(\mathfrak{w}) = -\,\omega_j^2\,a_j(\mathfrak{w})$$

liefert

$$-\,\omega_j^2(\mathfrak{w})\,a_j(\mathfrak{w}) + \sum_{j'} a_{j'}(\mathfrak{w})\sum_{i,k}\frac{\mathfrak{n}_{j'}(\mathfrak{w})\,V_{ik}\,\mathfrak{n}_j(-\mathfrak{w})}{N\sqrt{M_i M_k}}\,e^{i\mathfrak{w}(X_{i0}-X_{k0})} = 0. \tag{26}$$

Da j, j' von 1 bis 3 laufen, haben wir hier ein homogenes Gleichungssystem dritten Grades für $\omega_j^2(\mathfrak{w})$, dessen drei Wurzeln die Abhängigkeit der drei akustischen Frequenzzweige vom Wellenzahlvektor liefern. Sind nun statt eines Teilchens zwei in der Elementarzelle, so kommen noch drei weitere Wurzeln hinzu, die optischen Frequenzzweige.

In einem Schema können wir uns die Dispersion der Eigenfrequenzen folgendermaßen veranschaulichen: Die Zweige, deren Frequenzen mit verschwindendem Wellenzahlvektor ebenfalls gegen Null gehen, sind die akustischen, die mit nichtverschwindender Frequenz die optischen. Die zu $\mathfrak{w} = 0$ zugehörige Frequenz der optischen Zweige wird als „optische Grenzfrequenz" bezeichnet. Hier schwingen die jeweils gleichen Teilchen der Elementarzellen mit der Wellenlänge ∞ gegeneinander.

(26) in (24) eingesetzt, ergibt

$$V_2 = \frac{1}{2} \sum_{\mathfrak{w},j} \omega_j^2(\mathfrak{w})\, a_j(\mathfrak{w})\, a_j^*(\mathfrak{w}) \tag{27}$$

und für die Gesamtenergie der Gitterschwingungen

$$E_{0s} = \frac{1}{2} \sum_{\mathfrak{w},j} \left(\dot{a}_j(\mathfrak{w})\, \dot{a}_j^*(\mathfrak{w}) + \omega_j^2(\mathfrak{w})\, a_j(\mathfrak{w})\, a_j^*(\mathfrak{w})\right). \tag{28}$$

Um die Schwingungsenergie auf die gewohnte Form zu bringen, führen wir reelle Variable ein vermittels

$$a_j(\mathfrak{w}) = \frac{1}{\sqrt{2}} \left(q_j(\mathfrak{w}) + i\, q_j(-\mathfrak{w})\right),$$

$$a_j^*(\mathfrak{w}) = \frac{1}{\sqrt{2}} \left(q_j(\mathfrak{w}) - i\, q_j(-\mathfrak{w})\right) = a_j(-\mathfrak{w}).$$

Wir erhalten

$$E_{0s} = \frac{1}{4} \sum_{\mathfrak{w},j} \left\{\dot{q}_j^2(\mathfrak{w}) + \dot{q}_j^2(-\mathfrak{w}) + \omega_j^2\left(q_j^2(\mathfrak{w}) + q_j^2(-\mathfrak{w})\right)\right\}, \tag{29}$$

was sich wegen $q_j^2(\mathfrak{w}) = q_j^2(-\mathfrak{w})$ vereinfacht zu

$$E_{0s} = \frac{1}{2} \sum_{\mathfrak{w},j} \{\dot{q}_j^2(\mathfrak{w}) + \omega_j^2\, q_j^2\}. \tag{30}$$

Durch Einführung der kanonisch konjugierten Impulse

$$p_j(\mathfrak{w}) = \dot{q}_j(\mathfrak{w})$$

erhalten wir endlich die gesuchte Hamilton-Funktion der Gitterschwingungen

$$H_{0s} = \frac{1}{2} \sum_{\mathfrak{w},j} \left(p_j^2(\mathfrak{w}) + \omega_j^2 q_j^2\right). \tag{31}$$

Von hier aus gibt es nun zwei Möglichkeiten, die Gitterschwingungen zu quantisieren. Um zur Schrödingerschen Darstellung zu kommen, ersetzen wir

$$p_j(\mathfrak{w}) \to \frac{\hbar}{i} \frac{\partial}{\partial q_j(\mathfrak{w})}$$

und bekommen für den Hamilton-Operator der Gitterschwingungen

$$H_{0s} = \frac{1}{2} \sum_{\mathfrak{w},j} \left(-\hbar^2 \frac{\partial^2}{\partial q_j^2(\mathfrak{w})} + \omega_j^2(\mathfrak{w})\, q_j^2(\mathfrak{w})\right). \tag{32}$$

Der Operator hat die Eigenwerte

$$E(n_j(\mathfrak{w})) = \sum_{\mathfrak{w},j} \hbar\,\omega_j(\mathfrak{w})\left(n_j(\mathfrak{w}) + \tfrac{1}{2}\right), \tag{33}$$

wobei die $n_j(\mathfrak{w})$ die ganzzahligen Besetzungszahlen der Schwingungsquanten der Größe $\hbar\omega_j(\mathfrak{w})$ sind.

Wir können aber auch für die Größen $p_j(\mathfrak{w})$ und $q_j(\mathfrak{w})$ die Vertauschungsrelationen einführen

$$p_j(\mathfrak{w})\,q_{j'}(\mathfrak{w}') - q_{j'}(\mathfrak{w}')\,p_j(\mathfrak{w}) = [p_j(\mathfrak{w})\,q_{j'}(\mathfrak{w}')] = i\hbar\,\delta_{jj'}\,\delta_{\mathfrak{w},\mathfrak{w}'}\,. \tag{34}$$

Die Substitution

$$\left.\begin{aligned} b_j(\mathfrak{w}) &= \left(\frac{\omega_j(\mathfrak{w})}{2\hbar}\right)^{\frac{1}{2}}\left(q_j(\mathfrak{w}) + \frac{i}{\omega_j(\mathfrak{w})}\,p_j(\mathfrak{w})\right) \\ b_j^*(\mathfrak{w}) &= \left(\frac{\omega_j(\mathfrak{w})}{2\hbar}\right)^{\frac{1}{2}}\left(q_j(\mathfrak{w}) - \frac{i}{\omega_j(\mathfrak{w})}\,p_j(\mathfrak{w})\right) \end{aligned}\right\} \tag{35}$$

führt auf die folgenden Vertauschungsrelationen für die Operatoren $b_j(\mathfrak{w})$ und $b_j^*(\mathfrak{w})$:

$$b_j(\mathfrak{w})\,b_{j'}^*(\mathfrak{w}') - b_{j'}^*(\mathfrak{w}')\,b_j(\mathfrak{w}) = \delta_{jj'}\,\delta_{\mathfrak{w},\mathfrak{w}'} \tag{36}$$

und auf den Hamilton-Operator

$$H_{0s} = \sum_{\mathfrak{w},j} \hbar\,\omega_j(\mathfrak{w})\left(b_j^*(\mathfrak{w})\,b_j(\mathfrak{w}) + \tfrac{1}{2}\right). \tag{37}$$

Wir können $b_j^*(\mathfrak{w})b_j(\mathfrak{w})$ deuten als einen Operator, dessen Eigenwerte nach der Gl. (33) die Besetzungszahlen der Schwingungsquanten mit der Energie $\hbar\omega_j(\mathfrak{w})$ sind.

Sind n Gitterbausteine in der Elementarzelle vorhanden, so läuft die Summe j über alle Zweige $1 \leqq j \leqq 3$. Für die optischen Eigenschaften der Ionenkristalle aber haben meist nur die Schwingungen des optisch-longitudinalen Zweiges eine wesentliche Bedeutung, denn nur sie erzeugen Dipolmomente, die einen Einfluß auf die Störstellenelektronen haben (PEKAR). Damit entfällt der Index über j und wir setzen der Bequemlichkeit halber w dafür als Index

$$q_j(\mathfrak{w}) \to q_w, \qquad b_j(\mathfrak{w}) \to b_w\,.$$

Aus (32) und (37) werden (32a) und (37a)

$$H_{0s} = \frac{1}{2}\sum_w\left(-\hbar^2\frac{\partial^2}{\partial q_w^2} + \omega_w^2\,q_w^2\right). \tag{32a}$$

$$H_{0s} = \sum_w \hbar\,\omega_w\,(b_w^*\,b_w + \tfrac{1}{2})\,. \tag{37a}$$

§ 4. Elektronenübergänge in Störstellen

Zur Behandlung der verschiedenen Übergänge der Elektronen innerhalb der Störstellen benötigen wir die zeitabhängige Schrödinger-Gleichung

$$H\Psi = i\hbar\dot{\Psi}. \tag{38}$$

Nach (1) und (2) hat der Hamilton-Operator die Form

$$H = -\frac{\hbar^2}{2m}\sum_i \frac{\partial^2}{\partial x_i^2} - \sum_k \frac{\hbar^2}{2M_k}\frac{\partial^2}{\partial X_k^2} + V_1(x, X) + V_2(X).$$

Zweckmäßigerweise führen wir für die Ionenbewegung gleich die Normalkoordinaten entsprechend (32a) ein:

$$H = -\frac{\hbar^2}{2m}\sum_i \frac{\partial^2}{\partial x_i^2} + V_1(x, q) + \frac{1}{2}\sum_w\left(-\hbar^2\frac{\partial^2}{\partial q_w^2} + \omega_w^2 q_w^2\right). \tag{39}$$

Entsprechend der adiabatischen Näherung verwenden wir für die Lösungsfunktion den Ansatz

$$\Psi(x, q) = \psi_s(x, q)\,\chi_{ns}(q)\,e^{-\frac{i}{\hbar}E_{sn}t}. \tag{40}$$

Im Kap. XIV, § 2 wurde mit Hilfe der Gln. (1), (2), (3) sowohl die Elektronengleichung (4) als auch die Ionengleichung (9) abgeleitet. Analog ergibt hier der Ansatz (40) die Elektronengleichung:

$$\left\{-\frac{\hbar^2}{2m}\sum_i \frac{\partial^2}{\partial x_i^2} + V_1(x, q)\right\}\psi_s(x, q) = E_s(q)\,\psi_s(x, q) \tag{41}$$

sowie die Ionengleichung:

$$\left\{\frac{1}{2}\sum_w\left(-\hbar^2\frac{\partial^2}{\partial q_w^2} + \omega_w^2 q_w^2\right) + E_s(q)\right\}\chi_{ns}(q) = E_{sn}\,\chi_{ns}(q). \tag{42}$$

In der Ionengleichung (42) wurde wieder $D\chi_{ns}(q)$ neben $E_s(q)\chi_{ns}(q)$ als sehr klein vernachlässigt. Aus diesen Gln. (41) und (42) berechnet man nun die Funktionen $\psi_s(x, q)$ und $\chi_{ns}(q)$, mit denen man die Funktion

$$\Phi_{sn}(x, q) = \psi_s(x, q)\,\chi_{ns}(q) \tag{43}$$

bildet. Die Funktion $\Phi_{sn}(x, q)$ dient als „Nullte Näherung" zur weiteren Lösung der Gleichung

$$H\Psi = i\hbar\dot{\Psi}.$$

Hierbei gilt für $\Phi_{sn}(x, q)$ die Beziehung:

$$(H - H'')\,\Phi_{sn} = E_{sn}\,\Phi_{sn} \tag{44}$$

oder

$$H_0 \Phi_{sn} = E_{sn} \Phi_{sn}$$

mit

$$H'' \Phi_{sn}(x, q) = -\hbar^2 \sum_w \left(\frac{\partial \chi_{ns}}{\partial q_w} \cdot \frac{\partial \psi_s}{\partial q_w} + \frac{1}{2} \chi_{ns} \frac{\partial^2 \psi_s}{\partial q_w^2} \right). \tag{45}$$

H'' sehen wir jetzt als Störung von H_0 an. Dieser Störoperator hängt sehr eng zusammen mit dem vernachlässigten Operator D. Die stationären Energiezustände hat also nur der verkürzte Operator H_0, während der ursprüngliche Hamilton-Operator keine mehr hat; es finden Übergänge zwischen den einzelnen Zuständen von H_0 statt. Darin liegt natürlich eine gewisse Willkür. Zur Berechnung der Übergangswahrscheinlichkeiten, die durch H'' hervorgerufen werden, müssen wir uns der Gleichung zuwenden

$$\{H_0 + H''\} \Psi = i \hbar \dot{\Psi}. \tag{46}$$

Wird der Kristall mit Licht bestrahlt, so brauchen wir in guter Näherung nur die Einwirkung der Lichtwelle auf die Elektronen zu berücksichtigen, während wir die auf die Ionen vernachlässigen können. Durch die Lichtwelle $\mathfrak{E}$ erhalten die Elektronen die Zusatzenergie

$$H' = \sum_i (\mathfrak{p}_i \mathfrak{E}_i) = -\sum_i e(\mathfrak{r}_i, \mathfrak{E}_i), \tag{47}$$

wobei $\mathfrak{E}_i$ die elektrische Feldstärke am Orte $\mathfrak{r}_i \equiv \{x_i, y_i, z_i\}$ des i-ten Elektrons ist. Mit dieser zusätzlichen Störung hätten wir also jetzt die Gleichung zu lösen

$$\{H_0 + H' + H''\} \Psi = i \hbar \dot{\Psi}, \tag{48}$$

wobei beide Störungen H' und H'' Übergänge zwischen den einzelnen Zuständen von H_0 hervorrufen.

Betrachten wir strahlungslose Übergänge des Elektrons, so ist kein äußeres Feld vorhanden, $H' = 0$, und das zugehörige Problem lautet

$$\{H_0 + H''\} \Psi = i \hbar \dot{\Psi}. \tag{46}$$

Bei Übergängen infolge der Einwirkung eines äußeren Feldes wird jedoch H'' gegenüber H' vernachlässigt und somit für Strahlungsübergänge die Gleichung zugrunde gelegt

$$\{H_0 + H'\} \Psi = i \hbar \dot{\Psi}. \tag{49}$$

Zur Berechnung der Übergangswahrscheinlichkeiten, die durch die Störungen H' und H'' entstehen, verwenden wir die Diracsche Störungsrechnung, entwickeln also die Funktion Ψ nach Eigenfunktionen des

„ungestörten“ Operators H_0 mit zeitabhängigen Entwicklungskoeffizienten, deren Absolutquadrate die Wahrscheinlichkeit darstellen, das System in dem vorgegebenen Zustand anzutreffen.

$$\Psi(x, q, t) = \sum_{s,n} a_{sn}(t)\, \Phi_{sn}(x, q)\, e^{-\frac{i}{\hbar} E_{sn} t}. \tag{50}$$

Hierbei läuft s über alle Zustände des Elektrons in der Störstelle, n über alle Schwingungszustände des Gitters. Gehen wir mit dem Ansatz (50) in (49) oder (46), so folgt

$$\left.\begin{aligned} &\sum_{s,n} a_{sn}(t)\{H_0 \Phi_{sn} + H' \Phi_{sn}\}\, e^{-\frac{i}{\hbar} E_{sn} t} \\ &\qquad = i\hbar \sum_{s,n} \left\{-\frac{i}{\hbar} E_{sn} \Phi_{sn} a_{sn}(t) + \dot{a}_{sn}(t)\, \Phi_{sn}\right\} e^{-\frac{i}{\hbar} E_{sn} t}, \\ &\sum_{s,n} a_{sn}(t)\{(H_0 \Phi_{sn} - E_{sn} \Phi_{sn}) + H' \Phi_{sn}\}\, e^{-\frac{i}{\hbar} E_{sn} t} \\ &\qquad = i\hbar \sum_{s,n} \dot{a}_{sn}(t)\, \Phi_{sn}\, e^{-\frac{i}{\hbar} E_{sn} t}. \end{aligned}\right\} \tag{51}$$

Gemäß (44) verschwindet die runde Klammer. Multiplikation mit $\Phi^*_{s'n'}(x, q)$ und anschließende Integration über alle Koordinaten liefert mit der Orthogonalitäts- und Normierungsbedingung

$$\iint \Phi^*_{s'n'}(x, q)\, \Phi_{sn}(x, q)\, dx\, dq = \delta_{ss'}\, \delta_{nn'} \tag{52}$$

das Gleichungssystem

$$i\hbar\, \dot{a}_{s'n'}(t) = \sum_{s,n} a_{sn}(t) \cdot \iint \Phi^*_{s'n'} H' \Phi_{sn}\, dx\, dq \cdot e^{-\frac{i}{\hbar}(E_{sn} - E_{s'n'})t}. \tag{53}$$

Hier müssen wir jetzt die Rechnungen für zeitunabhängige Störungen H'' und für zeitabhängige $H'(t)$ getrennt weiterführen. Bei letzteren spalten wir zweckmäßigerweise den Zeitfaktor ab

$$H'(t) = \widetilde{H}'_{-} e^{-i\omega t} + \widetilde{H}'_{+} e^{i\omega t} = -\sum_i e(\mathfrak{r}_i, \mathfrak{E}_i), \tag{54}$$

da die elektrische Feldstärke $\mathfrak{E}_i$ reell sein muß. (54) mit (53) ergibt, wenn man nur Absorption berücksichtigt,

$$i\hbar\, \dot{a}_{s'n'}(t) = \sum_{s,n} a_{sn}(t) \iint \Phi^*_{s'n'} \widetilde{H}'_{-} \Phi_{sn}\, dx\, dq \cdot e^{\frac{i}{\hbar}(E_{s'n'} - E_{sn} - \hbar\omega)t}. \tag{53a}$$

Das Gleichungssystem (53) bzw. (53a) lösen wir jetzt durch schrittweise Näherung mit der Annahme, daß zur Zeit $t = 0$ sich das System im

Zustand $s_1 n_1$ befindet und die Störung erst ab $t > 0$ beginnt. Das ergibt die Anfangsbedingungen

$$t = 0, \quad a_{s_1 n_1}(0) = 1, \quad \text{alle anderen} \quad a_{s n}(0) = 0 \tag{55}$$

und in erster Näherung für kleine t die Gleichungen

$$i \hbar \dot{a}_{s' n'}(t) = \iint \Phi^*_{s' n'} \widetilde{H}'_- \Phi_{s_1 n_1} \, dx \, dq \cdot e^{\frac{i}{\hbar}(E_{s' n'} - E_{s_1 n_1} - \hbar\omega) t} . \tag{56}$$

Die Übergangswahrscheinlichkeit pro Zeiteinheit, das ist die Wahrscheinlichkeit, daß das System in der Zeiteinheit vom Zustand $s_1 n_1$ infolge der Störung in den Zustand $s' n'$ übergeht, wird gegeben durch die Beziehung

$$W^{s' n'}_{s_1 n_1} = \frac{d}{dt} |a_{s' n'}(t)|^2 . \tag{57}$$

Die Übergangswahrscheinlichkeit pro Zeiteinheit ist dementsprechend für optische Übergänge

$$W^{s' n'}_{s_1 n_1} = \frac{2\pi}{\hbar} \left| \iint \Phi^*_{s' n'}(x, q) \widetilde{H}'_- \Phi_{s_1 n_1}(x, q) \, dx \, dq \right|^2 \delta(E_{s' n'} - E_{s_1 n_1} - \hbar\omega) \tag{58}$$

und für strahlungslose Übergänge

$$W^{s' n'}_{s_1 n_1} = \frac{2\pi}{\hbar} \left| \iint \Phi^*_{s' n'}(x, q) \, H'' \, \Phi_{s_1 n_1}(x, q) \, dx \, dq \right|^2 \delta(E_{s' n'} - E_{s_1 n_1}) . \tag{59}$$

Zur Ableitung führen wir die Abkürzung ein

$$x = \frac{1}{\hbar} (E_{s' n'} - E_{s_1 n_1} - \hbar\omega)$$

und haben den Ausdruck auszuwerten nach Gl. (56)

$$\left| \int_0^t e^{i x t} dt \right|^2 = \left| \frac{1}{i x} (e^{i x t} - 1) \right|^2 = \left| \frac{e^{i \frac{x}{2} t}}{i} \right|^2 \cdot \left| \frac{e^{\frac{i x t}{2}} - e^{-\frac{i x t}{2}}}{x} \right|^2 = \frac{\sin^2\left(\frac{x}{2} t\right)}{\left(\frac{x}{2}\right)^2} .$$

Die Funktion

$$f(x) = \frac{\sin^2\left(\frac{x}{2} t\right)}{\left(\frac{x}{2}\right)^2}$$

hat ihr Maximum bei $x = 0$, wo sie den Wert t^2 annimmt und von hier aus rasch abnimmt. Den Flächeninhalt können wir durch das doppelte Dreieck mit den Seiten t^2 und $x_0 = \frac{2\pi}{t}$ abschätzen zu $2\pi t$. Je größer t ist, desto besser können wir $f(x)$ durch die Diracsche δ-Funktion ersetzen, denn es gilt exakt:

$$\delta(x) = \lim_{t \to \infty} \frac{1}{2\pi t} \cdot \frac{\sin^2\left(\frac{x}{2} t\right)}{\left(\frac{x}{2}\right)^2} .$$

Damit erhält man für $|a_{s'n'}(t)|^2$ folgenden Ausdruck

$$|a_{s'n'}(t)|^2 = \frac{1}{\hbar^2} \left| \iint \Phi^*_{s'n'}(x, q)\, \widetilde{H}'_-\, \Phi_{s_1 n_1}(x, q)\, dx\, dq \right|^2 \cdot 2\pi t\, \delta(x).$$

$$\delta(x) = \hbar\, \delta(E_{s'n'} - E_{s_1 n_1} - \hbar\omega).$$

Wird $\hbar$ noch aus der δ-Funktion herausgezogen, so folgt damit Gl. (58) bzw. (59).

Die Darstellung durch die δ-Funktion hat den Vorteil einer bedeutend bequemeren Berechnung der Übergangswahrscheinlichkeiten.

§ 5. Zum Problem der Lichtabsorption in Störstellen

Die Elektronenübergänge in den Störstellen rufen zusätzliche Banden gegenüber der Absorption des reinen Kristalls hervor. Die ersten Berechnungen solcher Banden, die in guter Übereinstimmung mit den experimentellen Ergebnissen stehen, sind von Pekar (1949) und von Huang-Rhys (1950) durchgeführt worden. Sie beschäftigen sich hauptsächlich mit den Absorptionseigenschaften der Farbzentren in Alkalihalogeniden.

Um die Absorptionskonstante für eine derartige Bande zu berechnen, müssen wir ein konkretes Modell über die Störstelle und ihre Wechselwirkung mit dem Kristallgitter entwerfen. Zur Vereinfachung nehmen wir an, der Kristall enthalte nur eine einzige Art von Störstellen mit einer derart geringen Konzentration, daß ihre mittleren Abstände so groß sind, daß ihre gegenseitige Wechselwirkung vernachlässigt werden kann.

Wird der Kristall mit Licht bestrahlt, so ist die Wahrscheinlichkeit, daß das System vom Zustand $s_1 n_1$ mit der Energie $E_{s_1 n_1}$ nach $s_2 n_2$ mit der Energie $E_{s_2 n_2}$ übergeht und hierbei ein Lichtquant der Größe $\hbar\omega$ absorbiert, nach (58)

$$W^{s_2 n_2}_{s_1 n_1} = \frac{2\pi}{\hbar} \left| \iint \Phi^*_{s_2 n_2}(x, q)\, \widetilde{H}'_-\, \Phi_{s_1 n_1}\, dx\, dq \right|^2 \delta(E_{s_2 n_2} - E_{s_1 n_1} - \hbar\omega). \quad (58)$$

Um die Gesamtenergie zu erhalten, welche pro Zeit- und Volumeneinheit im Kristall absorbiert wird, müssen wir (58) noch mit der Zahl $N(s_1)$ derjenigen absorbierenden Zentren pro Volumen multiplizieren, die Elektronen im Zustand s_1 enthalten, und mit der Wahrscheinlichkeit, daß der Schwingungszustand, der durch die Quantenzahl n_1 charakterisiert wird, realisiert ist. Dieser Ausdruck wird noch über alle Anfangs- und Endzustände summiert, die der Bedingung gehorchen

$$E_{s_1 n_1} + \hbar\omega = E_{s_2 n_2}. \quad (60)$$

Unter der Voraussetzung, daß die Ionenschwingungen sich bei diesem Übergange im thermodynamischen Gleichgewicht befinden, können wir eine kanonische Verteilung der Ionenschwingungen annehmen. Die Wahrscheinlichkeit, ein Schwingungsquant $\hbar\omega_w$ mit der Besetzungszahl n_w anzutreffen, ist

$$p(n_w) = \frac{e^{-\left(n_w+\frac{1}{2}\right)\frac{\hbar\omega_w}{kT}}}{\sum\limits_{n_w=0}^{\infty} e^{-\left(n_w+\frac{1}{2}\right)\frac{\hbar\omega_w}{kT}}}, \qquad p(n_w) = \left(1-e^{-\frac{\hbar\omega_w}{kT}}\right) e^{-n_w\frac{\hbar\omega_w}{kT}}. \tag{61}$$

Für den Mittelwert der Besetzungszahlen $\bar{n}_w$ bei der Temperatur T folgt die bekannte Formel

$$\bar{n}_w = \sum_{n_w=0}^{\infty} n_w\, p(n_w) = \left(e^{\frac{\hbar\omega_w}{kT}} - 1\right)^{-1}. \tag{62}$$

Die Wahrscheinlichkeit, daß der Anfangszustand n_1 vorhanden ist, ist

$$p(n_1) = \prod_w p(n_{1w}), \qquad p(n_{1w}) = \left(1-e^{-\frac{\hbar\omega_w}{kT}}\right) e^{-n_{1w}\frac{\hbar\omega_w}{kT}}. \tag{62a}$$

Die zeitliche Abnahme der Energiedichte u des einfallenden Lichtes lautet damit

$$-\frac{\Delta u}{\Delta t} = N(s_1) \sum_{n_1, n_2=0}^{\infty} p(n_1)\, W_{s_1 n_1}^{s_2 n_2}\, \hbar\omega. \tag{63}$$

Fällt in der Richtung $\mathfrak{n}$ polarisiertes Licht ein

$$\mathfrak{E} = E\, e^{-i\omega t}\, \mathfrak{n},$$

dann ergibt (63) mit (58)

$$-\frac{\Delta u}{\Delta t} = 2\pi\omega N(s_1) E^2 \sum_{n_1, n_2=0}^{\infty} p(n_1) \left| \iint \Phi^*_{s_2 n_2}(x, q) \times \right.$$
$$\left. \times \sum_i e\, x_i\, \mathfrak{n}\; \Phi_{s_1 n_1}(x, q)\, dx\, dq \right|^2 \delta(E_{s_2 n_2} - E_{s_1 n_1} - \hbar\omega).$$

Die Absorptionskonstante ist definiert als die relative Abnahme der eingestrahlten Energiedichte pro Längeneinheit Δx des Kristalls

$$\varkappa = -\frac{1}{u}\cdot\frac{\Delta u}{\Delta x} = -\frac{n}{u\cdot c}\cdot\frac{\Delta u}{\Delta t} \tag{64}$$

$n(\omega)$ Brechungsindex des Kristalls, c Vakuumgeschwindigkeit. Mit der Energiedichte $u = \frac{1}{4\pi} n^2 E^2$ im Kristall ergibt sich ein allgemeiner Ausdruck für die Absorptionskonstante in der Form

$$\left.\begin{aligned} \varkappa_{s_1 s_2}(\omega) = \frac{8\pi^2\omega N(s_1)}{c\, n(\omega)} \sum_{n_1, n_2=0}^{\infty} p(n_1) \left| \iint \Phi^*_{s_2 n_2}(x, q) \sum_i e\, x_i\, \mathfrak{n} \right. \times \\ \left. \times \Phi_{s_1 n_1}(x, q)\, dx\, dq \right|^2 \delta(E_{s_2 n_2} - E_{s_1 n_1} - \hbar\omega). \end{aligned}\right\} \tag{65}$$

Für die weitere Rechnung müssen wir die Matrixelemente auswerten, die mit Elektronen- und Ionenfunktionen geschrieben die Form haben

$$\int \Phi^*_{s_2 n_2}(x,q) \,|\sum_i e\, x_i\, n|\, \Phi_{s_1 n_1}(x,q)\, dx\, dq = \int \chi^*_{s_2 n_2}(q)\, M_{s_1 s_2}(q)\, \chi_{s_1 n_1}(q)\, dq \tag{66}$$

mit

$$M_{s_1 s_2}(q) = \int \psi^*_{s_2} \,|\sum_i e\, x_i\, n|\, \psi_{s_1}\, dx. \tag{67}$$

Die Schwierigkeiten liegen hier in der Bestimmung der Lösungsfunktion der Elektronengleichung (41). Ihnen können wir vorläufig jedoch aus dem Wege gehen, wenn wir als erste Vereinfachung das Franck-Condon-Prinzip verwenden. Ihm liegt die Annahme zugrunde, daß die Elektronenübergänge so rasch erfolgen, daß die Ionenkoordinaten während des Überganges sich kaum ändern und daher durch einen geeigneten Mittelwert q_0 ersetzt werden können.

$$\psi_s(x,q) \to \psi_s(x, q_0).$$

Damit wird $M_{s_1 s_2}(q)$ konstant und kann bei der Integration über q in (66) vor das Integral gezogen werden. Das Franck-Condon-Prinzip sagt also aus, daß wir die Dipolmomente der Elektronen in den Störstellen $M_{s_1 s_2}(q)$ in erster Näherung als unabhängig von den Koordinaten der Gitterschwingungen ansehen können. Entwickeln wir die Elektronenfunktion nach kleinen Auslenkungen um den Mittelwert

$$\psi_s(x,q) = \psi_s(x,q_0) + \frac{1}{N^{\frac{1}{2}}} \sum_w \beta^s_w(x)\,(q_w - q_{w_0}) + \cdots, \tag{68}$$

so erhalten wir durch Berücksichtigung der weiteren Glieder die Abweichungen vom Franck-Condon-Prinzip. Diese machen sich jedoch erst in einiger Entfernung vom Maximum der Bande bemerkbar, so daß wir von ihnen keinen Gebrauch machen wollen.

§ 6. Die Ionengleichung

Der Ionengleichung (42) wollen wir jetzt unser Hauptinteresse zuwenden, denn bei der Verwendung des Franck-Condon-Prinzipes sind es ja im wesentlichen ihre Lösungsfunktionen, die die Absorptionskonstante bestimmen. (42) hatte die Form

$$\left\{\frac{1}{2} \sum_w \left(-\hbar^2 \frac{\partial^2}{\partial q_w^2} + \omega_w^2 q_w^2\right) + E_s(q)\right\} \chi_{sn}(q) = E_{sn}\chi_{sn}(q). \tag{42}$$

Hier ist $E_s(q)$ die von der jeweiligen Ionenkonfiguration abhängige Energie des Elektrons im Zustand s, die aus der Elektronengleichung

$$\left\{-\frac{\hbar^2}{2m} \sum_i \frac{\partial^2}{\partial x_i^2} + V_1(x,q)\right\} \psi_s(x,q) = E_s(q)\,\psi_s(x,q) \tag{41}$$

bestimmt werden muß.

$E_s(q)$ vermittelt die Kopplung zwischen dem Elektronen- und Ionensystem. Da es aber nicht einfach ist, die Gl. (41) für beliebige Schwingungsformen q des Gitters zu lösen, werden wir also versuchen, für $E_s(q)$ einen allgemeinen Potenzreihenansatz zu machen.

$$E_s(q) = \varepsilon_s - \frac{1}{N^{\frac{1}{2}}} \sum_w A_w^s q_w + \cdots. \tag{69}$$

Dabei ist ε_s die Energie des Elektrons, wenn keine Gitterschwingungen vorhanden sind. Das zweite Glied berücksichtigt eine lineare Kopplung zwischen den Elektronen der Störstelle im Zustand s und den Gitterschwingungen q_w durch die Kopplungskonstanten A_w^s. Das ist der Gedanke von HUANG-RHYS[3]. Die Gl. (42) geht mit diesem Ansatz über in

$$\left\{\frac{1}{2} \sum_w \left(-\hbar^2 \frac{\partial^2}{\partial q_w^2} + \omega_w^2 q_w^2\right) - \frac{1}{N^{\frac{1}{2}}} \sum_w A_w^s q_w + \varepsilon_s\right\} \chi_{sn}(q) = E_{sn} \chi_{sn}(q). \tag{70}$$

Durch die Substitution

$$q_w^s = q_w - \frac{1}{N^{\frac{1}{2}}} \cdot \frac{A_w^s}{\omega_w^2} \tag{71}$$

erhalten wir die Schrödinger-Gleichung eines Systems ungekoppelter harmonischer Oszillatoren, deren Variable q_w^s jetzt aber vom Elektronenzustand s abhängen

$$\left\{\frac{1}{2} \sum_w \left(-\hbar^2 \frac{\partial^2}{\partial q_w^{s\,2}} + \omega_w^2 q_w^{s\,2}\right) + \varepsilon_s - \frac{1}{2N} \sum_w \frac{A_w^{s\,2}}{\omega_w^2}\right\} \chi_{sn}(q_w^s) = E_{sn} \chi_{sn}(q_w^s). \tag{72}$$

Die Eigenwerte der Gl. (72) hängen jetzt von den Besetzungszahlen n_w der Ionenschwingungsquanten $\hbar\omega_w$ und vom Zustand des Elektrons ab

$$E_{sn} = \sum_w \hbar\omega_w \left(n_w + \frac{1}{2}\right) + \varepsilon_s - \frac{1}{2N} \sum_w \frac{A_w^{s\,2}}{\omega_w^2}. \tag{73}$$

Die Gesamtenergie setzt sich also zusammen aus der Energie der einzelnen Gitteroszillatoren, der Elektronenenergie im ruhenden Gitter ε_s und der Kopplungsenergie der Elektronen mit den Gitterschwingungen.

PEKAR[2] stellt bei seinen Betrachtungen zu diesem Problem in sehr anschaulicher Form die Abhängigkeit der Koordinaten der Gitterschwingungen vom Elektronenzustand in den Vordergrund. Die Rolle der potentiellen Energie der Ionenschwingungen hat nach Gl. (42) die Funktion

$$F_s(q) = \tfrac{1}{2} \sum_w \omega_w^2 q_w^2 + E_s(q). \tag{74}$$

Bei der Lösung der Elektronengleichung (41) nimmt er nun an, daß sich die Ionen vorwiegend in der Nähe derjenigen Koordinaten befinden, in denen ihre potentielle Energie ein Minimum ist. Setzen wir die Ableitung

$$\frac{\partial F_s}{\partial q_w} = \omega_w^2 q_w + \frac{\partial E_s}{\partial q_w} \tag{75}$$

null, so erhalten wir die Minimumskoordinaten, die zufolge (75) durch $E_s(q)$ vom Elektronenzustand abhängen und deshalb mit q_{ws} bezeichnet werden sollen

$$q_{ws} = -\frac{1}{\omega_w^2} \cdot \frac{\partial E_s}{\partial q_w}. \tag{76}$$

Die gemäß Gl. (76) eingeführten Minimumskoordinaten q_{ws} sind verschieden von den durch Gl. (71) definierten Koordinaten q_w^s.

Bei der Lösung der Elektronengleichung (41) wirkt sich das dahingehend aus, daß wir statt (41)

$$\left.\begin{aligned} &\left\{-\frac{\hbar^2}{2m}\sum_i \frac{\partial^2}{\partial x_i^2} + V_1(x, q_{ws}) + V_1(x, q) - V_1(x, q_{ws})\right\}\times \\ &\qquad\qquad \times \psi_s(x, q) = E_s(q)\,\psi_s(x, q) \end{aligned}\right\} \tag{77}$$

jetzt in erster Näherung eine Gleichung lösen, in der wir $V_1(x, q)$ durch $V_1(x, q_{ws})$ ersetzt haben und $V_1(x, q) - V_1(x, q_{ws})$ als Störung betrachten. Unter der Annahme, daß die Auslenkung $q_w - q_{ws}$ klein ist, können wir die Störung in eine Potenzreihe entwickeln

$$V_1(x, q) - V_1(x, q_{ws}) = \sum_w V_w(x)\,(q_w - q_{ws}) + \cdots \tag{78}$$

und in erster Näherung mit dem linearen Glied abbrechen. Für die Eigenwerte und Lösungsfunktionen von (77) ergibt die Störungsrechnung in erster Näherung (vgl. (68) und Anhang I, S. 286)

$$E_s(q_w) = E_s(q_{ws}) + \sum_w V_{wss}(q_w - q_{ws}) + \cdots, \tag{79}$$

$$\psi_s(x, q_w) = \psi_s(x, q_{ws}) - \sum_w \beta_w^s(q_w - q_{ws}) + \cdots \tag{80}$$

mit den Abkürzungen

$$\left.\begin{aligned} V_{ws's} &= \int \psi_{s'}^*(x, q_{ws})\,V_w(x)\,\psi_s(x, q_{ws})\,dx \\ \text{und}\qquad \beta_w^s &= \sum_{s'}{}' \frac{V_{ws's}}{E_{s'}(q_{ws}) - E_s(q_{ws})}\,\psi_{s'}(x, q_{ws}). \end{aligned}\right\} \tag{81}$$

Die Gl. (76) liefert mit (79) zur Bestimmung der Minimumskoordinaten

$$q_{ws} = -\frac{1}{\omega_w^2} V_{wss}(q_{ws}), \tag{82}$$

mit deren Hilfe wir die potentielle Energie (74) in eine quadratische Form umschreiben können

$$F_s(q_w) = F_s + \tfrac{1}{2}\sum_w \omega_w^2 (q_w - q_{ws})^2. \tag{83}$$

Hierbei ist F_s das Minimum der potentiellen Energie im Zustand s des Elektronensystems. Die Ionengleichung (42) geht mit (74) bzw. (83)

über in eine Gleichung

$$\left\{\frac{1}{2}\sum_w\left(-\hbar^2\frac{\partial^2}{\partial q_w^2}+\omega_w^2(q_w-q_{ws})^2\right)+F_s\right\}\chi_{sn}(q)=E_{sn}\chi_{sn}(q), \tag{84}$$

die der Gl. (72) von HUANG-RHYS vollkommen gleichwertig ist. Die Eigenwerte von (84) sind analog (73)

$$E_{sn}=F_s+\sum_w\hbar\omega_w(n_w+\tfrac{1}{2}) \tag{85}$$

ebenfalls die eines Systems ungekoppelter Oszillatoren mit Energien $\hbar\omega_w$, deren Gleichgewichtslagen jetzt aber entsprechend (82) vom Elektronenzustand abhängen. Beim optischen Elektronenübergang $s_1\to s_2$ geht also das Kristallgitter vom Zustand s_1 mit den Schwingungsquantenzahlen n_{1w} in den Zustand s_2 mit den Quantenzahlen n_{2w} über. Die damit verbundene Energieänderung der Gitterschwingungen äußert sich in einer Wärmeerzeugung im Gitter, die gerade so groß ist, um den Energiebedarf für die Gleichgewichtsverschiebungen der einzelnen Oszillatoren zu decken. Bei diesem Übergang werden Lichtquanten der Größe

$$\hbar\omega=E_{s_2n_2}-E_{s_1n_1}=F_{s_2}-F_{s_1}+\sum_w\hbar\omega_w(n_{2w}-n_{1w}) \tag{86}$$

absorbiert. Betrachten wir nach PEKAR einen „rein elektronischen Übergang“, der charakterisiert ist durch die Bedingung $n_{1w}=n_{2w}$, so haben die hierbei absorbierten Lichtquanten die Größe

$$\hbar\omega_{el}(s_1s_2)=F_{s_2}-F_{s_1}, \tag{87}$$

womit (86) geschrieben werden kann

$$E_{s_2n_2}-E_{s_1n_1}=\hbar\omega_{el}(s_1s_2)+\sum_w\hbar\omega_w(n_{2w}-n_{1w}). \tag{88}$$

Da die einzelnen Oszillatoren durch die Frequenzen ω_w charakterisiert werden können, machen wir für die Lösungsfunktion von (84) den Produktansatz

$$\chi_{ns}(q)=\prod_w\chi_{n_ws}(q_w-q_{ws}) \tag{89}$$

und erhalten als Lösung von Gl. (84) für die χ_{n_ws} die bekannten Funktionen für die harmonischen Oszillatoren

$$\left.\begin{aligned}&\chi_{n_ws}(q_w-q_{ws})\\&=\left(\frac{\omega_w}{\pi\hbar}\right)^{\frac{1}{4}}(2^{n_w}n_w!)^{-\frac{1}{2}}e^{-\frac{1}{2}\left(\frac{\omega_w}{\hbar}\right)(q_w-q_{ws})^2}H_{n_w}\left(\sqrt{\frac{\omega_w}{\hbar}}\,(q_w-q_{ws})\right),\end{aligned}\right\} \tag{90}$$

wobei die H_{n_w} die hermitischen Polynome vom Grade n_w sind.

§ 7. Berechnung der Absorptionskonstanten

Mit der Aufstellung der Lösungsfunktion der Ionengleichung (42) können wir zur Auswertung der Matrixelemente (66) und damit zur Berechnung der Absorptionskonstanten nach der von O'ROURKE[5] gegebenen Darstellung (65) übergehen. Es war

$$\left.\begin{aligned}\varkappa_{s_1 s_2}(\omega) = \frac{8\pi^2 \omega N(s_1)}{c \cdot n(\omega)} \sum_{n_1, n_2=0}^{\infty} p(n_1) \Big| \iint \Phi^*_{s_2 n_2}(x,q) \Big| \sum_i e\, x_i\, n \Big| \times \\ \times \Phi_{s_1 n_1}(x,q)\, dx\, dq \Big|^2 \cdot \delta(E_{s_2 n_2} - E_{s_1 n_1} - \hbar\omega).\end{aligned}\right\} \quad (65)$$

Unter Verwendung des Franck-Condon-Prinzips und des Produktansatzes (89) können wir die Matrixelemente umformen in

$$\left.\begin{aligned}&\iint \Phi^*_{s_2 n_2}(x,q) \,|\sum_i e\, x_i\, n|\, \Phi_{s_1 n_1}\, dx\, dq \\ &\quad = M_{s_1 s_2} \prod_w \int \chi^*_{n_{2w} s_2}(q_w - q_{w s})\, \chi_{n_{1w} s_1}(q_w - q_{w s})\, dq_w.\end{aligned}\right\} \quad (91)$$

Die Wahrscheinlichkeit, daß der Schwingungszustand mit den Quantenzahlen n_{1w} vorhanden ist, ist gemäß (62a) ebenfalls ein Produkt. Benutzen wir noch die Fourier-Darstellung für die δ-Funktion

$$\delta(E_{s_2 n_2} - E_{s_1 n_1} - \hbar\omega) = \frac{1}{2\pi\hbar} \int_{-\infty}^{+\infty} \exp\left\{\frac{it}{\hbar}(E_{s_2 n_2} - E_{s_1 n_1} - \hbar\omega)\right\} dt \quad (92)$$

und setzen hier Gl. (88) ein, so folgt

$$\left.\begin{aligned}&\delta(E_{s_2 n_2} - E_{s_1 n_1} - \hbar\omega) \\ &\quad = \frac{1}{2\pi\hbar} \int_{-\infty}^{+\infty} \exp\{it(\omega_{el} - \omega)\} \prod_w e^{it\omega_w (n_{2w} - n_{1w})}\, dt.\end{aligned}\right\} \quad (93)$$

Setzen wir (62a), (91) und (93) in (65) ein, so können wir $\prod_w$ vor das Summenzeichen ziehen

$$\left.\begin{aligned}\varkappa_{s_1 s_2}(\omega) = \frac{8\pi^2 \omega N(s_1)\, |M_{s_1 s_2}|^2}{c \cdot n(\omega)} \cdot \frac{1}{2\pi\hbar} \times \\ \times \int_{-\infty}^{+\infty} e^{it(\omega_{el} - \omega)} \prod_w \Bigg(\sum_{\substack{n_{1w} \\ n_{2w}}=0}^{\infty} p(n_{1w}) \Big| \int \chi^*_{n_{2w} s_2}(q_w - q_{w s_2}) \times \\ \times \chi_{n_{1w} s_1}(q_w - q_{w s_1})\, dq_w \Big|^2 e^{i\omega_w t (n_{2w} - n_{1w})} \Bigg) dt\end{aligned}\right\} \quad (94)$$

oder kurz

$$\varkappa_{s_1 s_2}(\omega) = \frac{8\pi^2 \omega N(s_1) \, | M_{s_1 s_2} |^2}{c \cdot n(\omega)} \cdot \frac{1}{2\pi\hbar} \int\limits_{-\infty}^{+\infty} e^{it(\omega_{el} - \omega)} \Theta_{s_1 s_2}(t) \, dt \tag{95}$$

mit den Abkürzungen

$$\Theta_{s_1 s_2}(t) = \prod_w \Theta_w(t) \tag{96}$$

und

$$\left.\begin{aligned} \Theta_w(t) = \sum_{\substack{n_{1w} \\ n_{2w}} = 0}^{\infty} p(n_{1w}) \, \Big| \int \chi^*_{n_{2w} s_2}(q_w - q_{w s_2}) \times \\ \times \chi_{n_{1w} s_1}(q_w - q_{w s_1}) \, dq_w \Big|^2 e^{i \omega_w t (n_{2w} - n_{1w})}. \end{aligned}\right\} \tag{97}$$

Die Auswertung liefert (vgl. Anhang II, S. 287) unter Verwendung von Slatersummen den einfachen Ausdruck

$$\Theta_w(t) = \exp\left[- \frac{\frac{\omega_w}{\hbar} (q_{w s_2} - q_{w s_1})^2}{\mathfrak{Ctg}\left(\frac{1}{2} \frac{\hbar \omega_w}{kT} + \frac{1}{2} i \omega_w t\right) - \mathfrak{Ctg}\left(\frac{1}{2} i \omega_w t\right)} \right]. \tag{98}$$

Da sich eine Summe meistens leichter auswerten läßt als ein Produkt, formen wir (96) um in

$$\Theta_{s_1 s_2}(t) = \prod_w \Theta_w(t) = e^{\sum\limits_w \ln \Theta_w}.$$

Die Auswertung der Summe im allgemeinen Fall ist recht kompliziert. Es sei

$$f_{s_1 s_2}(t) = \sum_w \ln \Theta_w. \tag{99}$$

Für die Absorptionskonstante (95) ergibt sich nun mit $f_{s_1 s_2}(t)$ eine einfache Integraldarstellung.

$$\varkappa_{s_1 s_2}(\omega) = \frac{8\pi^2 \omega N(s_1) \, | M_{s_1 s_2} |^2}{c \cdot n(\omega)} \cdot \frac{1}{2\pi\hbar} \int\limits_{-\infty}^{+\infty} \exp\{i(\omega_{el} - \omega)t + f_{s_1 s_2}(t)\} \, dt.$$

Da die Absorptionskonstante meist doch nur in willkürlichen Einheiten angegeben wird, wollen wir sie so normieren, daß die Fläche unter der Absorptionskurve gleich eins ist [vgl. (103)]. Das ist der Fall für die Größe

$$\vartheta_{s_1 s_2}(\omega) = \frac{1}{2\pi\hbar} \int\limits_{-\infty}^{+\infty} \exp\{i(\omega_{el} - \omega)t + f_{s_1 s_2}(t)\} \, dt, \tag{100}$$

die wir in Zukunft nur noch betrachten wollen. Die Absorptionskonstante hängt also wesentlich von der Funktion $f_{s_1 s_2}(t)$, d.h. gemäß (99) von der Auswertung der Summation über alle Werte des Wellenzahlvektors $\mathfrak{w}$ ab

$$\left.\begin{aligned} f_{s_1 s_2}(t) &= \sum_w \ln \Theta_w \\ &= \sum_w \left[- \frac{\frac{\omega_w}{\hbar} (q_{w s_2} - q_{w s_1})^2}{\mathfrak{Ctg}\left(\frac{1}{2} \frac{\hbar \omega_w}{kT} + \frac{1}{2} i \omega_w t\right) - \mathfrak{Ctg}\left(\frac{1}{2} i \omega_w t\right)} \right]. \end{aligned}\right\} \quad (101)$$

Allgemein läßt sich die Rechnung nicht durchführen, es gibt jedoch einige Spezialfälle, wo die Auswertung gelingt. Bevor wir auf sie eingehen, wollen wir erst noch einige allgemeine Eigenschaften unserer Absorptionsbanden studieren. Es wird sich nämlich zeigen, daß wir zur Berechnung der charakteristischen Größen der Absorptionsbande, das sind ihr Maximum bzw. Schwerpunkt, ihre Halbwertsbreite und Schiefe usw., nur die ersten Glieder der Potenzreihenentwicklung von $f_{s_1 s_2}(t)$ nach t benötigen. Das zeigen wir am besten durch Umkehrung der Fourier-Transformation von (100)

$$e^{f_{s_1 s_2}(t)} = \int_{-\infty}^{+\infty} e^{i(\omega - \omega_{el}) t} \vartheta_{s_1 s_2}(\omega) \, d(\hbar \omega). \quad (102)$$

Setzen wir auf beiden Seiten $t = 0$, so erhalten wir, da nach (101) $f(0) = 0$ ist, die geforderte Normierungsbedingung für die Absorptionskonstante

$$1 = \int_{-\infty}^{+\infty} \vartheta_{s_1 s_2}(\omega) \, d(\hbar \omega). \quad (103)$$

Differenzieren wir (102) auf beiden Seiten nach $i t = \xi$ und setzen anschließend $t = 0$, so folgt mit $f(0) = 0$

$$f'(0) = \int_{-\infty}^{+\infty} (\omega - \omega_{el}) \vartheta_{s_1 s_2}(\omega) \, d(\hbar \omega) = \overline{\omega}_{s_1 s_2} - \omega_{el}, \quad (104)$$

wobei zur Abkürzung die Schreibweise eingeführt wurde

$$\hbar \overline{\omega}_{s_1 s_2} = \int_{-\infty}^{+\infty} \hbar \omega \vartheta_{s_1 s_2}(\omega) \, d(\hbar \omega). \quad (105)$$

$\hbar \overline{\omega}_{s_1 s_2}$ stellt die Koordinate des Schwerpunktes unserer Absorptionsbande dar und gibt also die mittlere Größe der beim optischen Übergang $s_1 n_1 \to s_2 n_2$ absorbierten Lichtquanten an. Da uns auch die Streuungen um diesen Mittelwert $\overline{\omega}_{s_1 s_2}$ interessieren, eliminieren wir mit (104) ω_{el} durch $\overline{\omega}_{s_1 s_2}$ und erhalten für (102)

$$e^{f_{s_1 s_2}(\xi)} = \int_{-\infty}^{+\infty} e^{\xi(\omega - \overline{\omega} + f'(0))} \vartheta_{s_1 s_2}(\omega) \, d(\hbar \omega)$$

oder

$$e^{(f_{s_1 s_2}(\xi) - f'(0) \xi)} = \int_{-\infty}^{+\infty} e^{\xi(\omega - \overline{\omega})} \vartheta_{s_1 s_2}(\omega) \, d(\hbar \omega). \quad (106)$$

Die Potenzreihenentwicklung auf beiden Seiten nach ξ liefert

$$\exp\left\{\frac{1}{2!} f''(0)\,\xi^2 + \frac{1}{3!} f'''(0)\,\xi^3 + \cdots\right\} = \sum_k \frac{\xi^k}{k!} \int_{-\infty}^{+\infty} (\omega - \overline{\omega})^k \vartheta_{s_1 s_2}(\omega)\, d(\hbar\omega)$$

und mit der Entwicklung der Exponentialfunktion

$$1 + \left(\frac{1}{2!} f''(0)\,\xi^2 + \frac{1}{3!} f'''(0)\,\xi^3 + \cdots\right) + \\ + \frac{1}{2}\left(\frac{1}{2!} f''(0)\,\xi^2 + \cdots\right)^2 + \cdots = \sum_k \frac{\xi^k}{k!} \overline{(\omega - \overline{\omega})^k_{s_1 s_2}}.$$

Durch Koeffizientenvergleich folgt

$$\left.\begin{aligned} \overline{\omega}_{s_1 s_2} &= f'(0) + \omega_{el}(s_1 s_2) \\ \overline{(\omega - \overline{\omega})^2_{s_1 s_2}} &= f''(0) \\ \overline{(\omega - \overline{\omega})^3_{s_1 s_2}} &= f'''(0) \\ \overline{(\omega - \overline{\omega})^4_{s_1 s_2}} &= f^{(4)}(0) + 3\,[f''(0)]^2. \end{aligned}\right\} \tag{107}$$

Damit sind die charakteristischen Größen der Absorptionsbande durch die ersten Glieder der Potenzreihenentwicklung von $f_{s_1 s_2}(t)$ leicht zu berechnen: Schwerpunkt (bzw. Maximum), Halbwertsbreite, Schiefe usw.

§ 8. Mittlere Größe der optischen Anregungsenergie

Die mittlere Größe der absorbierten Lichtquanten, das ist die optische Anregungsenergie $\hbar\overline{\omega}_{s_1 s_2}$, wird gegeben durch den Schwerpunkt der Absorptionsbande $s_1 n_1 \to s_2 n_2$. Nach (107) und (101) ergibt sich der Wert

$$\hbar\,\overline{\omega}_{s_1 s_2} = \hbar\,\omega_{el}(s_1 s_2) + \sum_w \tfrac{1}{2}\,\omega_w^2 (q_{w s_2} - q_{w s_1})^2. \tag{108}$$

Die absorbierte Lichtenergie wird von den Elektronen der Störstellen dazu verwendet, ihre eigene Energie zu erhöhen und, infolge der Wechselwirkung mit den Gitterschwingungen, deren Energiezustand zu ändern. Die Energie wird dem Gitter also nicht direkt zugeführt, sondern über die Wechselwirkung mit den Störstellenelektronen, denn mit dem Verschwinden der Störstellen verschwindet die Absorptionsbande ebenfalls. Da die an das Gitter weitergegebene Energie von der gleichen Größenordnung ist wie die vom Elektron selbst aufgenommene Energie, kann die Wechselwirkung nicht als klein angesehen werden, es liegt der Fall starker Kopplung vor.

$\hbar\omega_{el} = F_{s_2} - F_{s_1}$ ist die von den Elektronen aufgenommene Energie, die wir nach PEKAR mit der thermischen Anregungsenergie für den Übergang $s_1 \to s_2$ identifizieren können. Sie ist wesentlich kleiner als die entsprechende optische Anregungsenergie, da beim optischen Übergang noch eine große Anzahl von Gitterschwingungsquanten angeregt wird. Mitteln wir die nach (88) absorbierte Lichtenergie

$$\hbar\omega = \hbar\omega_{el}(s_1 s_2) + \sum_w \hbar\omega_w (n_{2w} - n_{1w}) \tag{88}$$

über die Bande, so folgt durch Vergleich mit (108) für die mittlere Anzahl der angeregten Gitterschwingungsquanten die interessante Beziehung

$$\overline{\sum_w \hbar\omega_w (n_{2w} - n_{1w})}_{s_1 s_2} = \tfrac{1}{2} \sum_w \omega_w^2 (q_{w s_2} - q_{w s_1})^2, \tag{109}$$

die folgende Deutung zuläßt:

Der zweite Term von (108) stellt diejenige Energie dar, die beim Elektronenübergang $s_1 \rightarrow s_2$ benötigt wird, um die damit verbundene Verschiebung der Gleichgewichtslagen der Ionenoszillatoren von der Größe $q_{w s_2} - q_{w s_1}$ hervorzurufen. Da die Verschiebung quadratisch eingeht, wird für diesen Effekt immer Energie verbraucht, die gemäß (109) aus der Schwingungsenergie des Gitters stammt. Um sich ein ungefähres Bild von der Anzahl der erzeugten Gitterschwingungsquanten zu machen, führen wir als Bezugsgröße die Energiequanten der optischen Grenzfrequenz $\hbar\omega_0$ ein und fragen, wieviel solcher Quanten dem Effekt der Gleichgewichtsverschiebung entsprechen

$$S\hbar\omega_0 = \tfrac{1}{2} \sum_w \omega_w^2 (q_{w s_1} - q_{w s_2})^2. \tag{110}$$

Pekar zeigt, daß man S aus dem Stokesschen Effekt entnehmen kann, und erhält für Farbzentren in KBr den Wert 25, während Huang-Rhys aus den Kurven von Mollwo S zu 22 ermitteln.

Da die Bindung der Ionen als temperaturunabhängig angenommen wurde, so ist es auch die Energie, die zur Verschiebung der Gleichgewichtslagen benötigt wird. Ebenfalls hängt die von den Elektronen aufgenommene Energie $\hbar\omega_{el}(s_1 s_2)$ nicht von der Temperatur ab und somit wäre nach (108) der Schwerpunkt der Absorptionsbande konstant bezüglich der Temperatur. Das steht im Widerspruch zu den experimentellen Ergebnissen, wo eine beträchtliche Temperaturabhängigkeit des Bandenmaximums festzustellen ist. Diese Diskrepanz kann durch die Annahme beseitigt werden, daß außer den Gleichgewichtslagen der Ionenoszillatoren noch deren Frequenzen vom Elektronenzustand abhängen. Von Huang und Rhys ist dieser Gedanke zuerst ausgesprochen worden. Das wirkt sich dahingehend aus, daß wir die Eigenwerte (85) der Ionengleichung (42)

$$E_{sn} = F_s + \sum_w \hbar\omega_w (n_w + \tfrac{1}{2}) \tag{85}$$

abändern in

$$E'_{sn} = F_s + \sum_w \hbar\omega_{ws} (n_{ws} + \tfrac{1}{2}). \tag{85a}$$

Die Besetzungszahlen müssen nun auch den Index s tragen, da ihr Mittelwert zur Temperatur T durch die Frequenzen ω_{ws} vom Elektronenzustand abhängig wird

$$\bar{n}_{ws} = \left(e^{\frac{\hbar\omega_{ws}}{kT}} - 1\right)^{-1}. \tag{111}$$

Beim Übergang $s_1 n_{1w} \rightarrow s_2 n_{2w}$ werden also jetzt Lichtquanten absorbiert der Größe

$$\hbar\omega = E'_{s_2 n_2} - E'_{s_1 n_1} = F_{s_2} - F_{s_1} + \sum_w \left[\hbar\omega_{ws_2}(n_{ws_2} + \tfrac{1}{2}) - \hbar\omega_{ws_1}(n_{ws_1} + \tfrac{1}{2})\right]$$

$$\hbar\omega = \hbar\omega_{el} + \sum_w \hbar\omega_{ws_2}(n_{ws_2} - n_{ws_1}) - \sum_w \hbar(\omega_{ws_1} - \omega_{ws_2})(n_{ws_1} + \tfrac{1}{2}). \tag{112}$$

Um die mittlere Größe der absorbierten Lichtquanten zu erhalten, setzen wir die Mittelwerte nach (109) und (111) ein und die Identität

$$\bar{n}_{ws} + \frac{1}{2} = \frac{1}{2}\,\mathfrak{C}\mathrm{tg}\left(\frac{\hbar\omega_{ws}}{2kT}\right) \tag{113}$$

und erhalten

$$\left.\begin{aligned}\hbar\bar{\omega}_{s_1 s_2} = \hbar\omega_{el}(s_1 s_2) + \frac{1}{2}\sum \omega^2_{ws_2}(q_{ws_2} - q_{ws_1})^2 - \\ - \frac{1}{2}\sum_w \hbar(\omega_{ws_1} - \omega_{ws_2})\,\mathfrak{C}\mathrm{tg}\left(\frac{\hbar\omega_{ws_1}}{2kT}\right),\end{aligned}\right\} \tag{114}$$

eine Beziehung, die schon von O'ROURKE hergeleitet worden ist. Der Schwerpunkt der Bande, den wir näherungsweise mit dem Maximum gleichsetzen können, zeigt somit eine Verschiebung mit der Temperatur. Diese ist bei hohen Temperaturen, $kT \gg \hbar\omega_{ws_1}$, annähernd linear

$$\hbar\bar{\omega}_{s_1 s_2} \sim \hbar\omega_{el}(s_1 s_2) + \frac{1}{2}\sum_w \omega^2_{ws_2}(q_{ws_2} - q_{ws_1})^2 - kT\left(\sum_w \left(1 - \frac{\omega_{ws_2}}{\omega_{ws_1}}\right)\right),$$

$$kT \gg \hbar\omega_{ws_1}.$$

Aus dem Richtungsfaktor dieser Geraden können wir die Größenordnung des Effektes der Frequenzänderung abschätzen. Für F-Zentren in KBr folgt aus den Kurven von MOLLWO

$$\sum_w \left(1 - \frac{\omega_{ws_2}}{\omega_{ws_1}}\right) \approx 4.$$

Als Bezugsgröße zur Abschätzung dieses Effektes wählen wir wieder die Energie der optischen Grenzfrequenz $\hbar\omega_0$ und definieren analog (110) eine temperaturabhängige Zahl $R(T)$ durch

$$R(T)\,\hbar\omega_0 = \frac{1}{2}\sum_w \hbar(\omega_{ws_1} - \omega_{ws_2})\,\mathfrak{C}\mathrm{tg}\left(\frac{\hbar\omega_{ws_1}}{2kT}\right) \tag{115}$$

und können damit die mittlere optische Anregungsenergie in die übersichtliche Form bringen

$$\hbar\bar{\omega}_{s_1 s_2} = \hbar\omega_{el}(s_1 s_2) + S\,\hbar\omega_0 - R(T)\,\hbar\omega_0. \tag{116}$$

Von der mittleren absorbierten Lichtenergie $\hbar \bar{\omega}_{s_1 s_2}$ entfällt also die Energie $\hbar \omega_{el}$ auf das Elektron der Störstelle; S Quanten der Größe $\hbar \omega_0$ bewirken eine Verschiebung der Gleichgewichtslagen und $R(T)$ Quanten der Größe $\hbar \omega_0$ ergeben eine Frequenzänderung der Gitteroszillatoren. Damit das Bandenmaximum mit zunehmender Temperatur richtig wandert, müssen wir annehmen, daß die Schwingungsenergie der einzelnen Oszillatoren im angeregten Zustand s_2 kleiner als im Grundzustand s_1 ist.

$$\hbar \omega_{w s_2} < \hbar \omega_{w s_1}.$$

Das Verhalten können wir kurz folgendermaßen deuten: Durch den optischen Übergang des Elektrons aus dem Grundzustand s_1 der Störstelle in einen angeregten Zustand s_2 wird das Gitter deformiert. Es

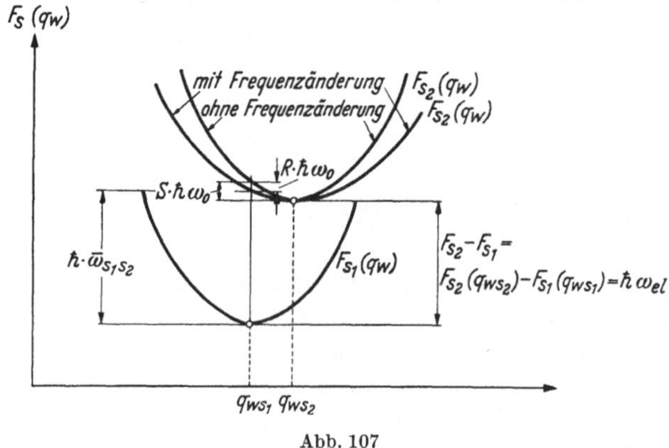

Abb. 107

entsteht eine Veränderung der Gleichgewichtslagen der einzelnen Oszillatoren, die sich in einer Gitteraufweitung äußert. Dadurch werden die Bindungskräfte $\sqrt{\frac{k}{m}} \sim \omega$ kleiner und in diesem veränderten Potential schwingen die Oszillatoren mit einer kleineren Frequenz.

Das kann nach Gl. (83) durch ein Schema (Abb. 107) veranschaulicht werden. Im Zustand s_1 schwingen die Ionen in dem Potential

$$F_{s_1}(q_w) = F_{s_1}(q_{w s_1}) + \tfrac{1}{2} \sum_w \omega_{w s_1}^2 (q_w - q_{w s_1})^2, \tag{83}$$

im angeregten Zustand s_2 in dem Potential

$$F_{s_2}(q_w) = F_{s_2}(q_{w s_2}) + \tfrac{1}{2} \sum_w \omega_{w s_2}^2 (q_w - q_{w s_2})^2$$

mit anderem Scheitelpunkt und anderer Krümmung: $\omega_{w s_1} > \omega_{w s_2}$.

Die Aufteilung der absorbierten Energie ist aus der Abbildung ersichtlich.

§ 9. Die Halbwertsbreite

Die Halbwertsbreite ergibt sich aus dem Schwankungsquadrat der optischen Anregungsenergie

$$H_{s_1 s_2} = \sqrt{\overline{(\hbar\omega - \hbar\overline{\omega})^2_{s_1 s_2}}}. \tag{117}$$

Nach (107) ist $H^2 = \hbar^2 f''(0)$ und damit

$$H^2_{s_1 s_2} = \sum_w \frac{1}{2}\,\omega_w^2 (q_{w s_2} - q_{w s_1})^2 \hbar\omega_w \,\mathfrak{Ctg}\left(\frac{\hbar\omega_w}{2kT}\right). \tag{118}$$

Die Halbwertsbreite verschwindet selbst bei sehr tiefen Temperaturen noch nicht, sondern hat dort noch einen endlichen Betrag,

$$H^2_{s_1 s_2} \sim \frac{1}{2}\sum_w \hbar\omega_w\omega_w^2(q_{w s_2} - q_{w s_1})^2\left(1 + 2e^{-\frac{\hbar\omega_w}{kT}} + \cdots\right), \quad kT \ll \frac{1}{2}\hbar\omega_0, \tag{119}$$

und nimmt von hier aus erst sehr langsam zu, um dann bei hohen Temperaturen parabelformig anzusteigen

$$H_{s_1 s_2} \sim \sqrt{kT}\left(\sum_w \omega_w^2 (q_{w s_2} - q_{w s_1})^2\right)^{\frac{1}{2}}, \qquad kT \gg \tfrac{1}{2}\hbar\omega_0.$$

Die Halbwertsbreite beruht ausschließlich auf der Wechselwirkung der Störstellenelektronen mit den Gitterschwingungen, denn wollten wir die enorme Größe mit der Wärmebewegung erklären, so müßten wir selbst bei 25° K den Elektronen noch Temperaturen bis zu 1000° K zuschreiben, um in Übereinstimmung mit dem Experiment zu bleiben. Für die große Streuung der optischen Anregungsenergie sind vielmehr die Wechselwirkungsprozesse verantwortlich, die zu einer optischen Gitterdeformation führen.

§ 10. Die Absorptionsbande

Für die Absorptionskonstante hatten wir eine einfache Integraldarstellung gewonnen

$$\vartheta_{s_1 s_2}(\omega) = \frac{1}{2\pi\hbar}\int_{-\infty}^{+\infty} \exp\{i(\omega_{el} - \omega)t + f_{s_1 s_2}(t)\}\,dt, \tag{100}$$

die wir jetzt in verschiedenen Näherungen auswerten wollen. Der einfachste Weg ist, $f_{s_1 s_2}(t)$ in eine Potenzreihe zu entwickeln, wobei wir wieder zweckmäßigerweise $it = \xi$ setzen wollen.

$$f_{s_1 s_2}(\xi) = f(0) + f'(0)\,\xi + \frac{1}{2!} f''(0)\,\xi^2 + \cdots. \tag{120}$$

Entsprechend der Gl. (107) haben die Ableitungen die Bedeutung

$$f(0) = 0; \qquad f'_{s_1 s_2}(0) = \overline{\omega}_{s_1 s_2} - \omega_{el}; \qquad \hbar^2 f''(0) = \overline{(\hbar\omega - \hbar\overline{\omega})^2_{s_1 s_2}} = H^2_{s_1 s_2};$$
$$\hbar^3 f'''(0) = \overline{(\hbar\omega - \hbar\overline{\omega})^3_{s_1 s_2}}.$$

Wir definieren durch folgende Gleichungen dimensionslose Größen σ und s

$$\left.\begin{aligned} \tfrac{1}{2}\hbar^2 f''(0) &= \tfrac{1}{2}\overline{(\hbar\omega - \hbar\overline{\omega})^2_{s_1 s_2}} = (\hbar\omega_0)^2\sigma^2 \\ \hbar^3 f'''(0) &= \overline{(\hbar\omega - \hbar\overline{\omega})^3_{s_1 s_2}} = (\hbar\omega_0)^3 s, \end{aligned}\right\} \quad (121)$$

und

beziehen also die Halbwertsbreite $\hbar^2 f''(0)$ und die Schiefe $\hbar^3 f'''(0)$ auf Einheiten der Größe der optischen Grenzfrequenz $\hbar\omega_0$ der Gitterschwingungen. Mit den Ableitungen der Funktion $f_{s_1 s_2}(\xi)$ Gl. (101) können dementsprechend die temperaturabhängigen Zahlen $\sigma(T)$ und $s(T)$ bestimmt werden, und $f(\xi)$ geht über in

$$f_{s_1 s_2}(\xi) = (\overline{\omega}_{s_1 s_2} - \omega_{el})\,\xi + \sigma^2\omega_0^2\xi^2 + \tfrac{1}{6}s\omega_0^3\xi^3 + \cdots. \quad (120\text{a})$$

Aus (100) wird

$$\vartheta_{s_1 s_2}(\omega) = \frac{1}{2\pi\hbar}\int\limits_{-\infty}^{+\infty} \exp\left\{-\left[(\omega - \overline{\omega})\,i\,t + \sigma^2\omega_0^2 t^2 + \frac{i}{6}\,s\,\omega_0^3 t^3 \ldots\right]\right\} dt. \quad (122)$$

In erster Näherung sollen die Ionen keine Schwingungen ausführen, $\omega_0 = 0$. Dann besteht die Absorptionsbande aus einer unendlich dünnen Spektrallinie bei $\hbar\omega = \hbar\overline{\omega}_{s_1 s_2} = \hbar\omega_{el}$, sie entartet also in eine δ-Funktion:

$$\vartheta^{(1)}_{s_1 s_2} = \frac{1}{2\pi\hbar}\int\limits_{t=-\infty}^{+\infty} dt\, e^{-i(\omega-\overline{\omega})t} = \delta(\hbar\omega - \hbar\overline{\omega}_{s_1 s_2}) = \delta(\hbar\omega - \hbar\omega_{el}).$$

In der zweiten Näherung lassen wir eine geringe Wechselwirkung der Störstellenelektronen mit den Gitterschwingungen zu, indem wir das erste ω_0 enthaltende Glied mit berücksichtigen.

$$\vartheta^{(2)}_{s_1 s_2} = \frac{1}{2\pi\hbar}\int\limits_{t=-\infty}^{+\infty} dt \exp\{-[(\omega - \overline{\omega})\,i\,t + \sigma^2\omega_0^2 t^2]\},$$

$$\vartheta^{(2)}_{s_1 s_2} = \frac{1}{\sqrt{4\pi}\,\hbar\omega_0\cdot\sigma}\cdot\exp\left[-\left(\frac{\hbar\omega - \hbar\overline{\omega}_{s_1 s_2}}{2\sigma\hbar\omega_0}\right)^2\right]. \quad (123)$$

Die Absorptionsbande geht in eine Gaußsche Kurve über, besitzt also eine endliche Halbwertsbreite und wird damit im Maximum $\hbar\omega = \hbar\overline{\omega}_{s_1 s_2}$ nicht mehr unendlich. Die Temperaturabhängigkeit der Banden wird durch die der optischen Anregungsenergie $\hbar\overline{\omega}_{s_1 s_2}(T)$ nach (114) und die der Halbwertsbreite $H_{s_1 s_2} = \sqrt{2}\,\hbar\omega_0\cdot\sigma(T)$ nach (118) gegeben.

Jetzt wollen wir die Wechselwirkung nicht mehr als sehr klein ansehen und in dritter Näherung das in ω_0 kubische Glied mitnehmen.

Das ergibt

$$\vartheta^{(3)}_{s_1 s_2} = \frac{1}{2\pi\hbar} \int\limits_{t=-\infty}^{+\infty} dt \exp\left\{-\left[(\omega - \overline{\omega})\, i t + \sigma^2 \omega_0^2 t^2 + \frac{i}{6} s \omega_0^3 t^3 \ldots\right]\right\}.$$

Zur Auswertung dieses Integrals benutzen wir die Sattelpunktsmethode. Die Sattelpunktsmethode ergibt für den Wert I eines Integrals

$$I = \int\limits_a^b \varphi(z)\, dz \qquad \text{annähernd} \qquad I \approx \sqrt{2\pi} \cdot A \cdot \sqrt{\frac{A}{-B}}\,.$$

Hierbei ist:

$$A = \varphi(z_s), \qquad B = \varphi''(z_s), \qquad s \rightleftharpoons \text{Sattelpunkt.}$$

Voraussetzung für die Anwendbarkeit ist, daß auf dem Integrationsweg ein Sattelpunkt liegt. Es gilt nun:

$$\vartheta(\omega) = \frac{1}{2\pi\hbar} \int\limits_{t=-\infty}^{+\infty} dt \exp\{-F(t)\},$$

wobei

$$F(t) = (\omega - \overline{\omega})\, i t + \sigma^2 \omega_0^2 \cdot t^2 + \frac{i}{6} s \omega_0^3 \cdot t^3$$

gilt. Hier ist:

$$I = \int\limits_{-\infty}^{+\infty} \exp\{-F(t)\}\, dt = \int\limits_{-\infty}^{+\infty} \varphi(t)\, dt, \qquad \varphi(t) = e^{-F(t)}.$$

Das Minimum der Funktion $F(t)$ ergibt den Sattelpunkt

$$F'(t) = (\omega - \overline{\omega})\, i + 2\sigma^2 \omega_0^2 \cdot t + \frac{i}{2} s \omega_0^3 \cdot t^2. \tag{124}$$

$F'(t) = 0$ ergibt:

$$t_{1,2} = \frac{2\sigma^2}{s\omega_0} \cdot i \pm \sqrt{\left(\frac{2\sigma^2}{s\omega_0} i\right)^2 \cdot \left\{1 - \frac{2(\omega - \overline{\omega})}{s\omega_0^3} \cdot \frac{s^2 \omega_0^2}{(-4) \cdot \sigma^4}\right\}}$$

$$t_{1,2} = \frac{2\sigma^2}{s\omega_0} \cdot i \cdot \left\{1 \pm \sqrt{1 + \frac{(\omega - \overline{\omega})\, s}{2\omega_0 \sigma^4}}\right\}.$$

Betrachtet wird die Absorptionsbande nur im Bereich:

$$\left|\frac{s}{2\sigma^4} \cdot \frac{\omega - \overline{\omega}}{\omega_0}\right| \ll 1\,; \tag{125}$$

$$t_1 = 2 \cdot \frac{2\sigma^2}{s\omega_0} \cdot i, \qquad t_2 = \frac{-i}{2\omega_0 \sigma^2} \left(\frac{\omega - \overline{\omega}}{\omega_0}\right).$$

Das Minimum von $F(t)$ ist:

$$t_2 = \frac{-i}{2\omega_0 \sigma^2} \left(\frac{\omega - \overline{\omega}}{\omega_0}\right),$$

weil $F''(t_2) > 0$ ist.

$$t_s = \frac{-i}{2\omega_0\sigma^2}\cdot\left(\frac{\omega-\overline{\omega}}{\omega_0}\right)$$

ist der Sattelpunkt der Funktion $\varphi(t) = e^{-F(t)}$, denn t_s ist Minimum von $F(t)$, also Maximum von $\varphi(t)$.

Nun werden $A = e^{-F(t_s)}$ und $B = \varphi''(t_s)$ berechnet:

$$\varphi(t) = e^{-F(t)},\quad \varphi'(t) = -F'(t)\cdot e^{-F(t)},\quad \varphi''(t) = -F''(t)\cdot e^{-F(t)} + [F'(t)]^2\cdot e^{-F},$$

$$A = e^{-F(t_s)},\qquad B = \varphi''(t_s) = -F''(t_s)\cdot e^{-F(t_s)},$$

$$F''(t_s) = 2\sigma^2\omega_0^2 + i\,s\,\omega_0^3 t_s = 2\sigma^2\omega_0^2\cdot\left(1+\frac{1}{4}\cdot\frac{s}{\sigma^4}\cdot\frac{\omega-\overline{\omega}}{\omega_0}\right) > 0\,.$$

$$F(t_s) = (\omega-\overline{\omega})\,i\,t_s + \sigma^2\omega_0^2 t_s^2 + \frac{i}{6}\cdot s\,\omega_0^3 t_s^3$$

ergibt

$$F(t_s) = \left(\frac{\omega-\overline{\omega}}{2\omega_0\sigma}\right)^2 - \frac{s}{6\sigma^3}\cdot\left(\frac{\omega-\overline{\omega}}{2\omega_0\sigma}\right)^3.$$

Mit diesen Ausdrücken für A und B kann nun leicht das Integral I und damit auch $\vartheta(\omega)$ angegeben werden

$$I = \int_{-\infty}^{+\infty} e^{-F(t)}\,dt = \sqrt{2\pi}\cdot A\cdot\sqrt{\frac{A}{-B}} = \sqrt{2\pi}\cdot e^{-F(t_s)}\cdot\sqrt{\frac{e^{-F(t_s)}}{F''(t_s)\cdot e^{-F(t_s)}}}\,.$$

Also haben wir:

$$I = \int_{-\infty}^{+\infty} e^{-F(t)}\,dt = \sqrt{2\pi}\cdot e^{-F(t_s)}\cdot\sqrt{\frac{1}{F''(t_s)}}\,.$$

Es werden nun die Größen für $F(t_s)$ und $F''(t_s)$ eingesetzt:

$$I = \sqrt{2\pi}\cdot\frac{\exp\left\{-\left(\frac{\omega-\overline{\omega}}{2\omega_0\sigma}\right)^2 + \frac{s}{6\sigma^3}\cdot\left(\frac{\omega-\overline{\omega}}{2\omega_0\sigma}\right)^3\right\}}{\sqrt{2\sigma^2\omega_0^2}\cdot\left\{1+\frac{1}{4}\cdot\frac{s}{\sigma^4}\cdot\frac{\omega-\overline{\omega}}{\omega_0}\right\}^{\frac{1}{2}}}\,.$$

Da nun $\vartheta(\omega) = \frac{I}{2\pi\hbar}$ gilt, erhalten wir endlich für $\vartheta^{(3)}_{s_1 s_2}(\omega)$ den Ausdruck:

$$\vartheta^{(3)}_{s_1 s_2}(\omega) = \frac{1}{\sqrt{4\pi}\,\hbar\,\omega_0\cdot\sigma}\cdot\frac{\exp\left\{-\left(\frac{\omega-\overline{\omega}}{2\omega_0\sigma}\right)^2 + \frac{s}{6\sigma^3}\left(\frac{\omega-\overline{\omega}}{2\omega_0\sigma}\right)^3\right\}}{\left[1+\frac{1}{2}\cdot\frac{s}{\sigma^3}\left(\frac{\omega-\overline{\omega}}{2\omega_0\sigma}\right)\right]^{\frac{1}{2}}}\,. \qquad (126)$$

Die Formel gilt nur in einem Bereich, der durch Gl. (125) abgegrenzt wird. Durch das kubische Glied im Exponenten wird die Kurve unsymmetrisch, und das Maximum der Bande fällt im allgemeinen Fall nicht mehr mit dem Schwerpunkt zusammen

$$\hbar\,\omega_{\max} \approx \hbar\,\overline{\omega}_{s_1 s_2} - \left(\frac{s}{2\sigma^2}\right)\hbar\,\omega_0 . \tag{127}$$

Die Differenz kann einige hundertstel eV betragen.

In der hier betrachteten Darstellung haben wir die Absorptionskonstante auf den Schwerpunkt bezogen

$$\vartheta_{s_1 s_2}(\omega) = \vartheta(\omega - \overline{\omega}) .$$

Wandert dieser, so wandert die ganze Kurve mit. Wir können also die Schar der Absorptionsbanden dadurch gewinnen, daß wir sie bei festem $\overline{\omega}_{s_1 s_2}$ für verschiedene Temperaturen entsprechend der Abhängigkeit von $\sigma^2(T) \sim f''(0)$ und $s(T) \sim f'''(0)$ aufzeichnen und dann entsprechend der Wanderung der optischen Anregungsenergie $\overline{\hbar\omega_{s_1 s_2}(T)}$ nach Gl. (114) verschieben.

PEKAR berechnete (1949) die Absorptionskonstante in einer andern Näherung. Er machte die Annahme, daß die Dispersion der Eigenfrequenzen des Gitters vernachlässigt werden kann, und setzte sie alle gleich der optischen Grenzfrequenz

$$\omega_w = \omega_0 . \tag{128}$$

Damit vereinfacht sich die Funktion $f_{s_1 s_2}(t)$ von (101) zu

$$f_{s_1 s_2}(t) = -\left[\mathfrak{Ctg}\left(\frac{\beta_0}{2} + \frac{i}{2}\,\omega_0 t\right) - \mathfrak{Ctg}\left(\frac{i}{2}\,\omega_0 t\right)\right]^{-1} \cdot \left(\sum_w \frac{\omega_w}{\hbar}\,[q_{w s_1} - q_{w s_2}]^2\right),$$

$$\beta_0 = \frac{\hbar\,\omega_0}{kT},$$

oder mit der Abkürzung $2S$ nach Gl. (110) für die Summe $\sum\limits_w \frac{\omega_w}{\hbar}\,(q_{w s_1} - q_{w s_2})^2$:

$$\left.\begin{aligned} f_{s_1 s_2}(t) &= 2\,S \cdot \frac{\mathfrak{Sin}\left(\frac{\beta_0}{2} + \frac{i}{2}\,\omega_0 t\right) \cdot \mathfrak{Sin}\left(\frac{i}{2}\,\omega_0 t\right)}{\mathfrak{Sin}\left(\frac{\beta_0}{2}\right)} \\ &= S \cdot \left\{ i \sin(\omega_0 t) - \mathfrak{Ctg}\left(\frac{\beta_0}{2}\right) + \mathfrak{Ctg}\left(\frac{\beta_0}{2}\right) \cdot \cos(\omega_0 t) \right\}. \end{aligned}\right\} \tag{129}$$

Dies in (100) eingesetzt ergibt

$$\vartheta_{s_1 s_2}(\omega) = \frac{1}{2\pi\hbar} \cdot \exp\left[- S \cdot \mathfrak{Ctg}\left(\frac{\beta_0}{2}\right)\right] \times$$

$$\times \int\limits_{t=-\infty}^{+\infty} dt\, \exp\left\{- i\,(\omega - \omega_{el})\,t + S\left[i \sin(\omega_0 t) + \mathfrak{Ctg}\left(\frac{\beta_0}{2}\right) \cdot \cos(\omega_0 t)\right]\right\}.$$

Da

$$\frac{\cos\left(\omega_0 t - \frac{i}{2}\beta_0\right)}{\mathfrak{Sin}\left(\frac{1}{2}\beta_0\right)} = i\sin(\omega_0 t) + \mathfrak{Ctg}\left(\frac{\beta_0}{2}\right)\cdot\cos(\omega_0 t)$$

gilt, setzen wir $\left(\omega_0 t - \frac{i}{2}\beta_0\right) = x$ und erhalten mit

$$p = p(\omega) = \frac{\omega - \omega_{el}(s_1, s_2)}{\omega_0}, \qquad \beta_0 = \frac{\hbar\omega_0}{kT}, \qquad 2S = \sum_w \frac{\omega_w}{\hbar}(q_{ws_1} - q_{ws_2})^2,$$

$$\vartheta_{s_1 s_2}(\omega) = \frac{1}{2\pi\hbar\omega_0}\cdot\exp\left[-S\cdot\mathfrak{Ctg}\left(\frac{\beta_0}{2}\right) + \frac{\beta_0}{2}p\right]\times$$

$$\times\int_{x=-\infty}^{+\infty} dx\exp\left[ipx + \frac{S}{\mathfrak{Sin}\left(\frac{\beta_0}{2}\right)}\cdot\cos x\right].$$

Das Integral $\int_{x=-\infty}^{+\infty} dx\exp[\;]$ kann nun auf Bessel-Funktionen zurückgeführt werden. Es wird hierzu als Abkürzung eingeführt: $a = \frac{S}{\mathfrak{Sin}\left(\frac{1}{2}\beta_0\right)}$.

$$\vartheta(\omega) = \frac{1}{\hbar\omega_0}\cdot\exp\left[-S\cdot\mathfrak{Ctg}\left(\frac{\beta_0}{2}\right) + \frac{\beta_0}{2}p\right]\cdot\frac{1}{2\pi}\times$$

$$\times\int_{x=-\infty}^{+\infty} dx\exp[ipx + a\cos x],$$

$$\vartheta(\omega) = \frac{1}{\hbar\omega_0}\cdot\exp\left[-S\cdot\mathfrak{Ctg}\left(\frac{\beta_0}{2}\right) + \frac{\beta_0}{2}p\right]\cdot\frac{1}{2\pi}\cdot\sum_{k=-\infty}^{+\infty}\times$$

$$\times\int_{x=2\pi k}^{2\pi k+2\pi} dx\exp[ipx + a\cos x].$$

Man führt nun eine neue Integrationsvariable x' ein:

$$x' = x - 2\pi k, \qquad dx' = dx, \qquad \cos x = \cos x', \qquad e^{ipx} = e^{ipx'}\cdot e^{ip(2\pi k)},$$

$$x = x' + 2\pi k, \qquad x = 2\pi k \rightleftharpoons x' = 0, \qquad x = (2\pi k + 2\pi) \rightleftharpoons x' = 2\pi.$$

Dann ergibt sich für das Integral:

$$\int_{x=2\pi k}^{2\pi k+2\pi} dx\exp[ipx + a\cos x] = \int_{x'=0}^{2\pi} dx'\exp[ipx' + a\cos x']\cdot e^{ip(2\pi k)}.$$

Somit haben wir für $\vartheta(\omega)$ die Gleichung:

$$\vartheta(\omega) = \frac{1}{\hbar\omega_0}\cdot\exp\left[-S\cdot\mathfrak{Ctg}\left(\frac{\beta_0}{2}\right) + \frac{\beta_0}{2}p\right]\cdot\frac{1}{2\pi}\times$$

$$\times\sum_{k=-\infty}^{+\infty}\int_{x'=0}^{2\pi} dx'\exp[ipx' + a\cos x']\cdot e^{ip(2\pi k)}.$$

Das Integral ist unabhängig von k, kann daher vor die $\sum\limits_{k=-\infty}^{+\infty}$ gesetzt werden:

$$\vartheta(\omega) = \frac{1}{\hbar\omega_0} \cdot \exp\left[- S \cdot \mathfrak{Ctg}\left(\frac{\beta_0}{2}\right) + \frac{\beta_0}{2} p\right] \times$$

$$\times \left\{\frac{1}{2\pi} \int\limits_{x'=0}^{2\pi} d x' \exp[i p x' + a \cos x']\right\} \sum_{k=-\infty}^{+\infty} e^{i p (2\pi k)}.$$

Nun gilt aber

$$\sum_{k=-\infty}^{+\infty} e^{i p 2\pi k} = \sum_{l=-\infty}^{+\infty} \delta(p-l), \qquad l = \text{ganzzahlig}.$$

Damit erhalten wir

$$\vartheta(\omega) = \frac{1}{\hbar\omega_0} \cdot \exp\left[- S \cdot \mathfrak{Ctg}\left(\frac{\beta_0}{2}\right) + \frac{\beta_0}{2} p\right] \times$$

$$\times \left\{\frac{1}{2\pi} \int\limits_{x=0}^{2\pi} d x \cdot \exp[i p x + a \cos x]\right\} \sum_{l=-\infty}^{+\infty} \delta(p-l).$$

Nur wenn p ganzzahlig ist, hat $\vartheta(\omega)$ einen von 0 verschiedenen Wert. Für ganzzahlige p-Werte ist aber

$$I_p(a) \equiv \frac{1}{2\pi} \int\limits_{x=0}^{2\pi} d x \cdot \exp[i p x + a \cos x]$$

eine modifizierte Bessel-Funktion p-ter Ordnung.

Damit haben wir schließlich:

$$\vartheta(\omega) = \frac{1}{\hbar\omega_0} \cdot \exp\left[- S \cdot \mathfrak{Ctg}\left(\frac{\beta_0}{2}\right) + \frac{\beta_0}{2} p\right] \cdot I_p\left(\frac{S}{\mathfrak{Sin}\left(\frac{\beta_0}{2}\right)}\right) \sum_{l=-\infty}^{+\infty} \delta(p-l). \quad (130)$$

Es soll nun die Temperaturabhängigkeit durch die mittleren Quantenzahlen $\bar{n}_0$ der Gitteroszillatoren ausgedrückt werden. Es gilt

$$\bar{n}_0 = \bar{n}_1 = \bar{n}_2 = \cdots = \bar{n}_w = \cdots,$$

$$\bar{n}_0 = (e^{\beta_0} - 1)^{-1}, \qquad \mathfrak{Ctg}\left(\frac{\beta_0}{2}\right) = 2\bar{n}_0 + 1,$$

$$\left[\mathfrak{Sin}\left(\frac{\beta_0}{2}\right)\right]^{-1} = 2 \cdot \sqrt{\bar{n}_0(\bar{n}_0 + 1)}, \qquad \exp\left(\frac{\beta_0}{2} p\right) = \left(1 + \frac{1}{\bar{n}_0}\right)^{p/2}, \qquad \beta_0 = \frac{\hbar\omega_0}{kT}.$$

Daher erhalten wir für die Absorptionskonstante $\vartheta(\omega)$ die Beziehung:

$$\left.\begin{aligned}\vartheta_{s_1 s_2}(\omega, \bar{n}_0) = \frac{1}{\hbar\omega_0} \cdot \exp\left[-S\cdot(2\bar{n}_0+1)\right]\cdot\left(1+\frac{1}{\bar{n}_0}\right)^{p/2} \times \\ \times I_p\left(2S\sqrt{\bar{n}_0(\bar{n}_0+1)}\right)\cdot\sum_{l=-\infty}^{+\infty}\delta(p-l).\end{aligned}\right\} \tag{130a}$$

Nur wenn $p(\omega) = \frac{\omega-\omega_{el}}{\omega_0}$ ganzzahlig ist, ist also die Absorptionskonstante $\vartheta(\omega)$ verschieden von Null. Diese Eigenschaft von $\vartheta(\omega)$ ist aber nichts anderes als die Resonanzbedingung:

$$E_{s_2 n_2} - E_{s_1 n_1} = \hbar\omega.$$

Denn aus dieser Resonanzbedingung $(E_{s_2 n_2} - E_{s_1 n_1}) = \hbar\omega$ folgt für $\omega_w = \omega_0$ die Beziehung $p(\omega) =$ ganzzahlig. Deshalb besteht also das Absorptionsspektrum aus einzelnen äquidistanten Linien der Energie:

$$\hbar\omega = \hbar\omega_{el} + p\cdot\hbar\omega_0 \qquad (p = \text{ganzzahlig}), \tag{131}$$

die alle den Abstand $\hbar\omega_0$ voneinander haben.

Physikalisch störend in der Beziehung $\vartheta(\omega)$ ist der Faktor $\sum_{l=-\infty}^{+\infty}\delta(p-l)$. Die δ-Funktion kommt ja in $\vartheta(\omega)$ nur deshalb vor, weil die Übergangswahrscheinlichkeiten durch die δ-Funktion ausgedrückt wurden. Um die Resultate von Huang-Rhys und Pekar zu erhalten, muß man diesen Faktor $\sum_{l=-\infty}^{+\infty}\delta(p-l)$ weglassen. Dann haben die einzelnen Absorptionslinien von $\vartheta(\omega)$ endliche Intensität. Pekar nimmt nun an, daß mit zunehmender Berücksichtigung der Dispersion (die einzelnen ω_w werden voneinander verschieden) die einzelnen Linien eine endliche Breite erhalten und schließlich das Absorptionsspektrum in die umhüllende Kurve übergeht. Man erhält dann eine Absorptionsbande. Wenn also der Faktor $\sum_{l=-\infty}^{+\infty}\delta(p-l)$ weggelassen wird, erhalten wir die von Pekar (1949) und von Huang-Rhys (1950) angegebene Formel:

$$\begin{aligned}\vartheta_{s_1 s_2}(p, \bar{n}_0) = \frac{1}{\hbar\omega_0}\cdot\left(1+\frac{1}{\bar{n}_0}\right)^{p/2} \times \\ \times \exp\left[-S\cdot(2\bar{n}_0+1)\right]\cdot I_p\left\{2S\cdot\sqrt{\bar{n}_0(\bar{n}_0+1)}\right\}.\end{aligned}$$

Ziehen wir von der absorbierten Lichtenergie $\hbar\omega$ den Anteil ab, den das Elektron zur Erhöhung seiner eigenen Energie verwendet, $\hbar\omega_{el}(s_1, s_2)$, so erhalten wir die an das Gitter abgegebene Wechselwirkungsenergie.

Wollen wir diese in Einheiten der Ionenschwingungsquanten $\hbar\omega_0$ angeben, so ist deren Wert

$$p = \frac{\hbar\omega - \hbar\omega_{el}}{\hbar\omega_0} \tag{131a}$$

ganzzahlig, wenn es nur eine Größe von Ionenschwingungsquanten gibt. Damit haben wir die anschauliche Bedeutung von p (131) und seiner Ganzzahligkeit. Gibt es verschiedene Größen von Ionenschwingungsquanten, d.h. lassen wir eine Dispersion der Eigenfrequenzen des Gitters zu, so wird auch die Ganzzahligkeit von p wegfallen und wir werden eine kontinuierliche Absorptionskurve erhalten. Der Mittelwert von p ist nach Gl. (108) und (110)

$$\bar{p}_{s_1 s_2} = \frac{\hbar\bar{\omega}_{s_1 s_2} - \hbar\omega_{el}}{\hbar\omega_0} = S \quad \text{mit} \quad S \cdot \hbar\omega_0 = \frac{1}{2}\sum_w \omega_w^2 (q_{w s_1} - q_{w s_2})^2$$

und damit temperaturunabhängig. Berücksichtigen wir die Abhängigkeit der Eigenfrequenzen der Ionen vom Elektronenzustand, so folgt mit Gl. (114) und (115)

$$\bar{p}_{s_1 s_2} = S - R(T) \quad \text{mit} \quad R(T) \cdot \hbar\omega_0 = \frac{1}{2}\sum_w \hbar(\omega_{w s_1} - \omega_{w s_2}) \cdot \mathfrak{Ctg}\left(\frac{\hbar\omega_{w s_1}}{2kT}\right).$$

Die Zahl der erzeugten Gitterschwingungsquanten wird mit zunehmender Temperatur kleiner. Die Temperaturverschiebung des Maximums bekommen wir dementsprechend aus der Formel (130) für die Absorptionskonstante, wenn dort p durch p' ersetzt wird

$$\left.\begin{aligned} \vartheta'_{s_1 s_2}(\omega, T) = \frac{1}{\hbar\omega_0} \cdot \exp\left\{- S \cdot \mathfrak{Ctg}\left(\frac{\hbar\omega_0}{2kT}\right) + p'(\omega, T) \cdot \frac{\hbar\omega_0}{2kT}\right\} \times \\ \times I_{p'(\omega,T)}\left(\frac{S}{\mathfrak{Sin}\left(\frac{\hbar\omega_0}{2kT}\right)}\right) \end{aligned}\right\} \tag{130b}$$

mit der Bedeutung von

$$p'(\omega, T) = \frac{1}{\hbar\omega_0} \cdot [\hbar\omega - \hbar\omega_{el} - R(T) \cdot \hbar\omega_0]. \tag{131b}$$

Die Formeln (130) und (130a) haben gegenüber der Näherungsformel (126) den Nachteil großer Unhandlichkeit und sind vor allem nur auf Kristalle mit geringer Dispersion anwendbar.

§ 11. Strahlungslose Übergänge

Im vorangegangenen Kapitel wurde die Lichtabsorption an Störstellen in Ionenkristallen mit der Methode der adiabatischen Näherung behandelt. Hierbei stellte sich heraus, daß neben der Energieänderung des Elektrons zugleich mehrere Ionenschwingungsquanten angeregt werden. Das ist natürlich nur dann möglich, wenn eine starke Kopplung zwischen dem Elektronen- und Ionensystem vorhanden ist. Diese kann unter Umständen sogar soweit führen, daß ohne äußere Einflüsse ein Energieaustausch zwischen den Störstellenelektronen und den Ionenschwingungen stattfindet. Zur Unterscheidung solcher Übergänge von denen, die durch Bestrahlung hervorgerufen werden, sind sie strahlungslose Übergänge genannt worden. Wird die Energie des Elektrons durch Übertragung von Schwingungsenergie aus dem Wärmeinhalt des Gitters erhöht, so haben wir den Fall der „thermischen Anregung" vor uns. Diese kann bis zur vollständigen Abtrennung des Elektrons führen, der „thermischen Ionisation". Der umgekehrte Vorgang, die Rekombination eines Elektrons des Leitungsbandes mit einer ionisierten Störstelle, ist ebenfalls ein strahlungsloser Übergang. Hier wird die Energie des Elektrons in Schwingungsenergie des Gitters umgewandelt. Da die Änderung der Elektronenenergie bis zu 1 eV beträgt, während die Gitterschwingungsquanten $\hbar\omega_w$ in der Größenordnung von angenähert 0,02 eV liegen, müssen also bei einem solchen Übergang bis zu 50 Gitterschwingungsquanten beteiligt sein. Mit Hilfe der adiabatischen Näherung wurde dieser Vorgang zuerst von HUANG-RHYS und DAWYDOW als „simultaner Mehrquantenübergang" gedeutet, jedoch sind die errechneten Wahrscheinlichkeiten für solche Übergänge noch zu klein. Wir müssen hierbei bedenken, daß eigentlich die strahlungslosen Übergänge weitaus häufiger sind als die strahlenden, denn die Erscheinungen der Phosphoreszenz und der Lumineszenz treten doch nur in bestimmten Kristallen auf und verschwinden sogar hier mit zunehmender Temperatur.

Das Problem liegt also darin, Übergangswahrscheinlichkeiten für strahlungslose Prozesse zu finden, die mindestens so groß sind wie die für strahlende. Bisher ist das vor allem bei tiefen Temperaturen noch nicht gelungen. Es ist aber doch möglich, einige qualitative Aussagen über derartige Vorgänge zu machen[8–14].

Zur Berechnung der Übergangswahrscheinlichkeiten gehen wir von der im Abschnitt 4 abgeleiteten Gl. (59) aus. Die Wahrscheinlichkeit, daß das System Kristallgitter-Störstelle in der Zeiteinheit aus dem Zustand $s_1 n_1$ in den Zustand $s_2 n_2$ strahlungslos übergeht, war hiernach

$$w_{s_1 n_1}^{s_2 n_2} = \frac{2\pi}{\hbar} \left| \int \Phi_{s_2 n_2}^{*}(x, q)\, H''\, \Phi_{s_1 n_1}(x, q)\, dx\, dq \right|^2 \cdot \delta(E_{s_2 n_2} - E_{s_1 n_1}). \quad (59)$$

[10] M. A. KRYWOHLAS: J. exp. u. theor. Phys. (russ.) **2**, 191 (1953).

[11] H. D. VASSILEFF: Phys. Rev. **96**, 603 (1954); **97**, 891 (1955).

[12] H. J. G. MEYER: Diss. Univers. Amsterdam 1956.

[13] M. TRLIFAJ: Czechoslov. J. Phys. **5**, 133 (1955).

[14] H. STUMPF: Z. Naturforschg. **10**a, 971 (1955).

Setzen wir entsprechend Gl. (43) die Elektronen- und Ionenfunktionen und nach Gl. (45) den Störoperator ein, so folgt eine Beziehung, die wir als Grundlage unserer Betrachtungen über strahlungslose Prozesse ansehen wollen

$$\left.\begin{aligned} w_{s_1 n_1}^{s_2 n_2} = \frac{2\pi}{\hbar} \cdot \Big| \int \psi_{s_2}^*(x, q)\, \chi_{n_2 s_2}^*(q) \cdot \sum_w (-\hbar^2) \Big[\frac{\partial \chi_{n_1 s_1}}{\partial q_w} \cdot \frac{\partial \psi_{s_1}}{\partial q_w} + \\ + \frac{1}{2} \chi_{n_1 s_1}(q) \frac{\partial^2 \psi_{s_1}}{\partial q_w^2} \Big] dx\, dq \Big|^2 \cdot \delta(E_{s_2 n_2} - E_{s_1 n_1}). \end{aligned}\right\} \quad (132)$$

Um die totale Übergangswahrscheinlichkeit $W_{s_1 s_2}$ pro Zeiteinheit vom Zustand s_1 in den Zustand s_2 zu erhalten, müssen wir (59) wieder über alle Anfangszustände thermisch mitteln und über alle Endzustände summieren

$$W_{s_1 s_2} = \sum_{\{n_1\}=0}^{\infty} \sum_{\{n_2\}=0}^{\infty} p(n_1) \cdot w_{s_1 n_1}^{s_2 n_2}. \quad (133)$$

Es ist das analoge Vorgehen wie bei der Berechnung der absorbierten Gesamtenergie bestimmter Größe im vorigen Kapitel. Die Wahrscheinlichkeit, daß der Anfangszustand n_1 vorhanden ist, wird also nach Gl. (62a) gegeben durch

$$p(n_1) = \prod_w p(n_{1w}) \quad \text{mit} \quad p(n_{1w}) = \left[1 - e^{-\frac{\hbar \omega_w}{kT}}\right] \cdot e^{-n_{1w} \frac{\hbar \omega_w}{kT}}.$$

(132) in (133) eingesetzt, ergibt

$$\left.\begin{aligned} W_{s_1 s_2} = \frac{2\pi}{\hbar} \sum_{\{n_1\}, \{n_2\}} p(n_1) \cdot \Big| \int \psi_{s_2}^*(x, q) \cdot \chi_{n_2 s_2}^*(q) \times \\ \times \sum_w (-\hbar^2) \Big[\frac{\partial \chi_{n_1 s_1}}{\partial q_w} \cdot \frac{\partial \psi_{s_1}}{\partial q_w} + \frac{1}{2} \chi_{n_1 s_1}(q) \frac{\partial^2 \psi_{s_1}}{\partial q_w^2} \Big] dx\, dq \Big|^2 \times \\ \times \delta(E_{s_2 n_2} - E_{s_1 n_1}). \end{aligned}\right\} \quad (134)$$

Bei der Auswertung der Matrixelemente können wir hier das Franck-Condon-Prinzip nicht anwenden, da nach Gl. (59) dann $W_{s_1 s_2}$ verschwinden würde. Für die strahlungslosen Übergänge ist es also unbedingt erforderlich, die Abhängigkeit der Elektronenfunktionen von den Ionenkoordinaten zu berücksichtigen, mindestens in Form des linearen Ansatzes (80)

$$\psi_s(x, q) = \psi_s(x, q_{ws}) - \sum_w \beta_w^s(x)\, (q_w - q_{ws}) + \cdots. \quad (135)$$

Auf diese Näherung wollen wir uns beschränken und damit das Glied $\frac{\partial^2 \psi_s}{\partial q_w^2}$ vernachlässigen, während $\frac{\partial \psi_s}{\partial q_w} = -\beta_w^s(x)$ nun von q_w unabhängig wird. Aus (134) folgt damit

$$\left.\begin{aligned} W_{s_1 s_2} = \frac{2\pi}{\hbar} \sum_{\{n_1\},\{n_2\}} p(n_1) \Big| \sum_w (-\hbar^2) \int \chi^*_{n_2 s_2}(q) \frac{\partial \chi_{n_1 s_1}}{\partial q_w} dq \times \\ \times \int \psi^*_{s_2}(x, q_w) \cdot \frac{\partial \psi_{s_1}(x,q)}{\partial q_w} dx \Big|^2 \cdot \delta(E_{s_2 n_2} - E_{s_1 n_1}). \end{aligned}\right\} \quad (136)$$

Bei der Integration über die Elektronenkoordinaten x verwenden wir den Ansatz (135), vernachlässigen jedoch die in β^s_w quadratischen Glieder gegenüber den linearen

$$\int \psi^*_{s_2}(x, q_w) \cdot \frac{\partial \psi_{s_1}(x,q)}{\partial q_w} dx$$

$$= \int \Big[\psi^*_{s_2}(x, q_{w s_2}) - \sum_{w'} \beta^{s_2 *}_{w'} (q_{w'} - q_{w s_2})\Big] \cdot (-\beta^{s_1}_w)\, dx \approx - \int \psi^*_{s_2}(x, q_{w s_2})\, \beta^{s_1}_w\, dx,$$

womit das Integral über die Elektronenfunktionen konstant wird bezüglich der Integration über die Ionenkoordinaten und mit $M_{w(s_1 s_2)}$ abgekürzt werden soll

$$\int \psi^*_{s_2}(x, q_w) \cdot \frac{\partial \psi_{s_1}(x, q_w)}{\partial q_w} dx \approx \int \psi^*_{s_2}(x, q_{w s_2}) \cdot \frac{\partial \psi_{s_1}(x, q_w)}{\partial q_w} dx = M_{w(s_1 s_2)}. \quad (137)$$

Damit die Aufsummation in der gleichen Weise gelingt wie bei den strahlenden Übergängen, schreiben wir die δ-Funktion wieder als Integral entsprechend (93)

$$\delta(E_{s_2 n_2} - E_{s_1 n_1}) = \frac{1}{2\pi\hbar} \int_{t=-\infty}^{+\infty} dt \cdot e^{i\omega_{el} t} \cdot \prod_w \exp[i t \omega_w (n_{2w} - n_{1w})] \quad (138)$$

und erhalten damit für $W_{s_1 s_2}$ die Integraldarstellung

$$W_{s_1 s_2} = \hbar^2 \cdot \int_{t=-\infty}^{+\infty} dt \cdot \Theta_{s_1 s_2}(t) \cdot \exp[i\omega_{el}(s_1 s_2) \cdot t] \quad (139)$$

mit der Abkürzung

$$\left.\begin{aligned} \Theta_{s_1 s_2}(t) = \sum_{\{n_{1w}\},\{n_{2w}\}} \Big[\prod_w p(n_{1w}) \exp\{i t \omega_w (n_{2w} - n_{1w})\}\Big] \times \\ \times \Big| \sum_{w'} M_{w'} \int \chi^*_{n_2 s_2}(q) \frac{\partial \chi_{n_1 s_1}(q)}{\partial q_{w'}} dq \Big|^2. \end{aligned}\right\} \quad (140)$$

Verwandeln wir das Quadrat in ein Doppelintegral

$$\Theta_{s_1 s_2}(t) = \sum_{\{n_{1w}\},\{n_{2w}\}} \Big[\prod_w p(n_{1w}) \cdot \exp\{i t \omega_w (n_{2w} - n_{1w})\}\Big] \times$$

$$\times \sum_{w' w''} M_{w'} M^*_{w''} \iint \chi^*_{n_2 s_2}(q)\, \chi_{n_2 s_2}(\bar{q}) \frac{\partial \chi_{n_1 s_1}(q)}{\partial q_{w'}} \cdot \frac{\partial \chi^*_{n_1 s_1}(\bar{q})}{\partial \bar{q}_{w''}} dq\, d\bar{q}$$

und setzen den Produktansatz (89) für die Ionenfunktionen ein, so folgt

$$\Theta_{s_1 s_2}(t) = \sum_{\{n_{1w}, n_{2w}\}=0}^{\infty} \left[\prod_w p(n_{1w}) \cdot \exp\{i t \omega_w (n_{2w} - n_{1w})\}\right] \times$$

$$\times \int\limits_{\{q\}} \int\limits_{\{\bar{q}\}} \Big\{\prod_w d q_w \, d\bar{q}_w \, \chi^*_{n_{2w} s_2}(q_w - q_{w s_2}) \, \chi_{n_{2w} s_2}(\bar{q}_w - q_{w s_2}) \times$$

$$\times \sum_{w' w''} M_{w'} \frac{\partial}{\partial q_{w'}} \cdot M_{w''} \frac{\partial}{\partial \bar{q}_{w''}} \prod_w \chi_{n_{1w} s_1}(q_w - q_{w s_1}) \, \chi_{n_{1w} s_1}(\bar{q}_w - q_{w s_1})\Big\}$$

und nach Vertauschung von Summationen und Integrationen

$$\Theta_{s_2 s_2}(t) = \Big[\prod_w \Theta_w(t)\Big] \cdot \Big\{\Big[\sum_{w'} \frac{G_{w'}(t)}{\Theta_{w'}(t)}\Big]^2 + \sum_{w'} \Big[\frac{\Gamma_{w'}(t)}{\Theta_{w'}(t)} - \frac{G^2_{w'}(t)}{\Theta^2_{w'}(t)}\Big]\Big\}; \quad (141)$$

hierbei bedeuten:

$$\Theta_w(t) = \sum_{\{n_{1w}, n_{2w}\}=0}^{\infty} p(n_{1w}) \, e^{i \omega_w t (n_{2w} - n_{1w})} \times$$

$$\times \left|\int \chi_{n_{2w} s_2}(q_w - q_{w s_2}) \, \chi_{n_{1w} s_1}(q_w - q_{w s_1}) \, d q_w\right|^2.$$

$$G_w(t) = M_w \cdot \sum_{n_{1w}, n_{2w}} p(n_{1w}) \cdot e^{i \omega_w t (n_{2w} - n_{1w})} \times$$

$$\times \int d q_w \int d\bar{q}_w \, \chi_{n_{2w} s_2}(q_w - q_{w s_2}) \times$$

$$\times \chi_{n_{2w} s_2}(\bar{q}_w - q_{w s_2}) \cdot \frac{\partial}{\partial \bar{q}_w} [\chi_{n_{1w} s_1}(q_w - q_{w s_1}) \, \chi_{n_{1w} s_1}(\bar{q}_w - q_{w s_1})],$$

$$\Gamma_w(t) = M_w^2 \cdot \sum_{n_{1w}, n_{2w}} p(n_{1w}) \cdot e^{i w_w t (n_{2w} - n_{1w})} \times$$

$$\times \left[\int d q_w \, \chi_{n_{2w} s_2}(q_w - q_{w s_2}) \cdot \frac{\partial}{\partial q_w} \chi_{n_{1w} s_1}(q_w - q_{w s_1})\right]^2.$$

Die Auswertung von (141) ist etwas mühselig, läßt sich aber elementar unter Verwendung von Slatersummen durchführen. Die Rechnung ist ähnlich der in § 7 und liefert das Ergebnis (s. Anhang II, S. 287)

$$\left.\begin{aligned} \Theta_{s_1 s_2}(t) = e^{f_{s_1 s_2}(t)} \cdot \Big\{\sum_w M_w^2 \frac{\omega_w}{2\hbar} \Big[g(\omega_w t) + \mathfrak{Ctg} \frac{\hbar \omega_w}{2kT}\Big] + \\ + \Big[\sum_w M_w (q_{w s_2} - q_{w s_1}) \frac{\omega_w}{2\hbar} g(\omega_w t)\Big]^2\Big\}. \end{aligned}\right\} \quad (142)$$

Hierbei ist $f_{s_1 s_2}(t)$ die durch Gl. (101) gegebene Funktion, deren Ableitungen die Momente der Absorptionskurve charakterisierten, und $g(\omega_w t)$ ist definiert durch

$$g(\omega_w t) = -\mathfrak{Ctg}\left(\frac{\hbar \omega_w}{2kT}\right) + i \sin(\omega_w t) + \cos(\omega_w t) \cdot \mathfrak{Ctg}\left(\frac{\hbar \omega_w}{2kT}\right) \quad (143)$$

oder

$$g(\omega_w t) = -\mathfrak{Ctg}\left(\frac{\hbar\omega_w}{2kT}\right) + \frac{1}{\mathfrak{Sin}\left(\frac{\hbar\omega_w}{2kT}\right)} \cdot \cos\left(\omega_w t - i\frac{\hbar\omega_w}{2kT}\right). \quad (143\,\mathrm{a})$$

Die Gl. (139) können wir in eine der Gl. (100) für den Absorptionskoeffizienten vollkommen analoge Form bringen,

$$W_{s_1 s_2}(t) = \hbar^2 \cdot \int\limits_{t=-\infty}^{+\infty} \exp\{i\omega_{el}(s_1 s_2)\cdot t + f_{s_1 s_2}(t) + \ln\Phi(t)\}\cdot dt, \quad (144)$$

in der jedoch noch ein Zusatzglied auftritt mit der Bedeutung

$$\left.\begin{aligned}\Phi(t) = \sum_w M_w^2 \cdot \frac{\omega_w}{2\hbar}\left[g(\omega_w t) + \mathfrak{Ctg}\left(\frac{\hbar\omega_w}{2kT}\right)\right] + \\ + \left[\sum_w M_w (q_{w_{s_2}} - q_{w_{s_1}})\frac{\omega_w}{2\hbar} g(\omega_w t)\right]^2.\end{aligned}\right\} \quad (145)$$

Die Integration über t in Gl. (144) ist sehr kompliziert und ist daher noch nicht allgemein durchgeführt worden. Wir wollen sie hier in verschiedenen Näherungen ausführen.

Die einfachste Möglichkeit ist, den Exponenten in eine Potenzreihe zu entwickeln. Der Exponent hat die Form

$$F(t) = i\omega_{el} t + f_{s_1 s_2}(t) + \ln\Phi(t) \quad (146)$$

und eine Entwicklung bis zu den Gliedern zweiter Ordnung liefert

$$\left.\begin{aligned}F(t) = \ln\left[\sum_w M_w^2 \cdot \frac{\omega_w}{2\hbar}\mathfrak{Ctg}\left(\frac{\hbar\omega_w}{2kT}\right)\right] + \\ + it[\omega_{el} + f'(0) + \omega_0\alpha] - t^2\left[\frac{1}{2}f''(0) + \omega_0^2\beta\right] + \cdots.\end{aligned}\right\} \quad (147)$$

Die auftretenden Größen geben wir in Einheiten der Gitterschwingungsquanten $\hbar\omega_0$ an, um dimensionslose Parameter einführen zu können. Es bedeuten

$$\left.\begin{aligned}\hbar\omega_0\cdot\alpha = \frac{\sum_w M_w^2\cdot\hbar\omega_w^2}{\sum_w M_w^2\omega_w\cdot\mathfrak{Ctg}\left(\frac{\hbar\omega_w}{2kT}\right)} \\ \text{und} \\ (\hbar\omega_0)^2\cdot\beta = \frac{\hbar^2}{2\cdot\Phi(0)}\cdot\left[\Phi''(0) - \frac{\Phi'^2(0)}{\Phi(0)}\right].\end{aligned}\right\} \quad (148)$$

Nach Gl. (107) und (121) ist

$$\omega_{el} + f'(0) = \overline{\omega}_{s_1 s_2} \quad \text{und} \quad \tfrac{1}{2}\hbar^2\cdot f''(0) = \tfrac{1}{2}H_{s_1 s_2}^2 = (\hbar\omega_0)^2\cdot\sigma^2, \quad (149)$$

wobei $\overline{\omega}_{s_1 s_2}$ den Schwerpunkt der entsprechenden Absorptionsbande bedeutet und $\sigma \sim \frac{H_{s_1 s_2}}{\hbar\omega_0}$ die Größe der Halbwertsbreite in Einheiten $(\hbar\omega_0)$

angibt. Damit wird $F(t)$:

$$\left.\begin{aligned} F(t) &= \ln\left[\sum_w M_w^2 \frac{\omega_w}{2\hbar} \mathfrak{Ctg}\left(\frac{\hbar\omega_w}{2kT}\right)\right] + \\ &+ it[\overline{\omega}_{s_1 s_2} + \alpha\omega_0] - (\omega_0 t)^2 (\sigma^2 + \beta) \ldots \end{aligned}\right\} \tag{150}$$

und Gl. (144) bekommt die Form

$$\left.\begin{aligned} W_{s_1 s_2} &= \left[\sum_w M_w^2 \hbar\omega_w \mathfrak{Ctg}\left(\frac{\hbar\omega_w}{2kT}\right)\right] \times \\ &\times \int\limits_{t=-\infty}^{+\infty} dt \cdot \exp\{it[\overline{\omega}_{s_1 s_2} + \alpha\omega_0] - (\omega_0 t)^2 (\sigma^2 + \beta) \ldots\}. \end{aligned}\right\} \tag{151}$$

Bei ruhendem Gitter $\omega_w = 0$ kann das Elektron natürlich nicht thermisch angeregt werden, $W_{s_1 s_2}$ verschwindet.

Berücksichtigen wir die Wechselwirkung des Elektrons mit den Gitterschwingungen durch die Mitnahme der Glieder bis zu ω_0^2, so erhalten wir für die Wahrscheinlichkeit, daß das Elektron infolge thermischer Anregung vom Zustand s_1 nach s_2 gelangt, den Ausdruck

$$W_{s_1 s_2} = \frac{\sum_w \hbar\omega_w M_w^2 \cdot h \cdot \mathfrak{Ctg}\left(\frac{\hbar\omega_w}{2kT}\right)}{\sqrt{4\pi} \cdot (\hbar\omega_0\sigma) \cdot \left(1 + \frac{\beta}{\sigma^2}\right)^{\frac{1}{2}}} \cdot \exp\left\{-\left[\frac{(\hbar\overline{\omega}_{s_1 s_2} + \alpha\hbar\omega_0)^2}{(2\sigma\hbar\omega_0)^2 \cdot \left(1 + \frac{\beta}{\sigma^2}\right)}\right]\right\}, \tag{152}$$

oder näherungsweise, wenn $(\beta/\sigma^2) \ll 1$, (vgl. (123))

$$W_{s_1 s_2} \approx \frac{\sum_w \hbar\omega_w M_w^2 h \cdot \mathfrak{Ctg}\left(\frac{\hbar\omega_w}{2kT}\right)}{\sqrt{2\pi} \cdot H_{s_1 s_2}} \cdot \exp\left\{-\frac{1}{2}\left[\frac{\hbar\overline{\omega}_{s_1 s_2} + \alpha\hbar\omega_0}{H_{s_1 s_2}}\right]^2\right\}. \tag{153}$$

Entscheidend für die thermische Anregung sind also die Lage $\hbar\overline{\omega}_{s_1 s_2}$ und die Halbwertsbreite $H_{s_2 s_1}$ der Absorptionsbande. Für die Temperaturabhängigkeit der thermischen Anregung können wir also auf die Betrachtungen zurückgreifen, die bei der Absorption durchgeführt wurden. Da die Halbwertsbreite sich mit wachsender Temperatur stark vergrößert, während das Maximum zu niederen Energien wandert (114), nimmt die Wahrscheinlichkeit für thermische Anregung mit steigender Temperatur rasch zu. Überraschend aber ist die Tatsache, daß für Banden mit großer optischer Anregungsenergie $\hbar\overline{\omega}_{s_1 s_2}$ die Wahrscheinlichkeit thermischer Anregung durchaus nicht kleiner sein muß als für die mit geringer optischer Anregungsenergie, wenn die Halbwertsbreiten den optischen Anregungsenergien ungefähr proportional sind.

Die Wahrscheinlichkeit für einen strahlungslosen Übergang des Elektrons aus einem angeregten Zustand in den Grundzustand erhalten wir aus (144), indem wir dort statt der Lage der Absorptionsbande die der Emission $\hbar\overline{\omega}_{s_1 s_2}(em) = \hbar\omega_{el} - S \cdot \hbar\omega_0$ einsetzen. Nach Gl. (144) ist dieser Vorgang natürlich viel wahrscheinlicher.

Eine andere Möglichkeit, die Integration in Gl. (144) auszuführen, besteht in der Annahme, daß wir die Dispersion der Eigenfrequenzen des Gitters vernachlässigen können und sie alle gleich der optischen Grenzfrequenz setzen dürfen

$$\omega_w = \omega_0 . \tag{154}$$

Dann vereinfacht sich Gl. (145) zu

$$\left.\begin{aligned} \Phi(t) = \left[\sum_w M_w^2\right] \cdot \frac{\omega_0}{2\hbar} \cdot \left[g(\omega_0 t) + \mathfrak{Ctg}\left(\frac{\hbar\omega_0}{2kT}\right)\right] + \\ + \left[\sum_w M_w (q_{w s_2} - q_{w s_1})\right]^2 \cdot \frac{\omega_0^2}{4\hbar^2} \cdot g^2(\omega_0 t) \end{aligned}\right\} \tag{155}$$

und aus (144) wird mit Gl. (129)

$$f_{s_1 s_2}(t) = S \cdot g(\omega_0 t) \tag{156}$$

der Ausdruck

$$\left.\begin{aligned} W_{s_1 s_2} = \frac{\hbar}{2} \cdot \left[\sum_w M_w^2\right] \cdot \int_{-\infty}^{+\infty} d(\omega_0 t) \cdot e^{i\omega_{el} t + S \cdot g(\omega_0 t)} \cdot \left[g(\omega_0 t) + \mathfrak{Ctg}\left(\frac{\hbar\omega_0}{2kT}\right)\right] + \\ + \frac{\omega_0}{4}\left[\sum_w M_w (q_{w s_2} - q_{w s_1})\right]^2 \cdot \int_{-\infty}^{+\infty} d(\omega_0 t) \cdot g^2(\omega_0 t) \cdot e^{i\omega_{el} t + S \cdot g(\omega_0 t)} . \end{aligned}\right\} \tag{157}$$

Unter Benutzung der Beziehungen

$$I_p(a) = \frac{1}{2\pi} \int_{x=0}^{2\pi} dx \cdot \exp\{i p x + a \cdot \cos x\} \tag{158}$$

und

$$\left.\begin{aligned} \frac{d I_p}{d a} &= \frac{1}{2\pi} \int_{x=0}^{2\pi} dx \cdot \cos x \cdot \exp(i p x + a \cos x) \\ &= \frac{1}{2}\,[I_{p-1}(a) + I_{p+1}(a)] \end{aligned}\right\} \tag{159}$$

folgt nach mühseliger Rechnung für die Wahrscheinlichkeit der thermischen Anregung der Elektronen durch Gitterschwingungen

$$\left.\begin{aligned} W_{s_1 s_2}(p) = \frac{\pi}{2} \cdot \omega_0 \cdot \frac{\exp\left[-p \cdot \frac{\beta_0}{2} - S \cdot \mathfrak{Ctg}\,\frac{\beta_0}{2}\right]}{\mathfrak{Sin}\left(\frac{\beta_0}{2}\right)} \cdot \left[\sum_{l=-\infty}^{+\infty} \delta(p - l)\right] \times \\ \times \left\{ Q^2\,[I_{p-1}(a) + I_{p+1}(a)] + \frac{Y^2 \cdot \frac{1}{4} \cdot \frac{1}{2}}{\mathfrak{Sin}\left(\frac{\beta_0}{2}\right)} \times \right. \\ \times \left[\left(4\,\mathfrak{Cof}^2\left(\frac{\beta_0}{2}\right) + 2\right) I_p(a) - 4\,\mathfrak{Cof}\left(\frac{\beta_0}{2}\right) \times \right. \\ \left.\left. \times \left(I_{p-1}(a) + I_{p+1}(a)\right) + I_{p-2}(a) + I_{p+2}(a)\right]\right\} \end{aligned}\right\} \tag{160}$$

mit den dimensionslosen Abkürzungen

$$\left.\begin{aligned} Q^2 &= \frac{\hbar}{\omega_0}\sum_w M_w^2 \quad \text{und} \quad Y^2 = \Big[\sum_w M_w (q_{w s_2} - q_{w s_1})\Big]^2, \\ \beta_0 &= \frac{\hbar\omega_0}{kT} \quad \text{und} \quad a = \frac{S}{\mathfrak{Sin}\left(\frac{\hbar\omega_0}{kT}\right)}. \end{aligned}\right\} \tag{161}$$

Eine besondere Bedeutung kommt dem Parameter p zu. Er ist analog (131) definiert als das Verhältnis der thermischen Anregungsenergie $\hbar\omega_{el}$ zur Energie eines Gitterschwingungsquantes $\hbar\omega_0$.

$$p = \frac{\hbar\omega_{el}}{\hbar\omega_0}. \tag{162}$$

Da p im Index der Bessel-Funktion stehend nur ganzzahlige Werte annehmen kann,

$$\hbar\omega_{el} = p\cdot\hbar\omega_0 \quad \text{mit} \quad p = 0, 1, 2, 3, \ldots, \tag{163}$$

hat die Formel (160) für $W_{s_1 s_2}(\hbar\omega_{el})$ nur dann einen Sinn, wenn die thermische Anregungsenergie $\hbar\omega_{el}$ ein Vielfaches der Energie der Gitterquanten ist, im anderen Falle verliert (160) die Gültigkeit. Vernachlässigen wir in ziemlich grober Näherung kleine Differenzen in den Indizes der Funktion

$$R_p(a) = e^{\frac{\beta_0}{2}p} I_p(a), \tag{164}$$

so verschwindet in Gl. (160) der Koeffizient bei Y^2 und es folgt die wesentlich einfachere Beziehung

$$W_{s_1 s_2}(p) = \pi\omega_0\cdot\mathfrak{Ctg}\left(\frac{\beta_0}{2}\right)\cdot\exp\left(-S\cdot\mathfrak{Ctg}\frac{\beta_0}{2} - \frac{p}{2}\beta_0\right)\cdot Q^2\cdot I_p(a). \tag{165}$$

Die Gln. (153) und (165) geben also die Wahrscheinlichkeiten an, daß infolge thermischer Anregung den Elektronen die Energie $\hbar\omega_{el}$ aus der Energie der Gitterschwingungen übertragen wird.

Die Wahrscheinlichkeit des umgekehrten Vorganges, eines strahlungslosen Überganges des Elektrons aus einem angeregten Zustand in den Grundzustand, bei dem die Energie $\hbar\omega_{el}$ an das Gitter abgegeben wird, ist größer und wird beschrieben durch einen Vorzeichenwechsel in (165)

$$W_{s_1 s_2} = \pi\omega_0\cdot\mathfrak{Ctg}\left(\frac{\beta_0}{2}\right)\cdot\exp\left[-S\cdot\mathfrak{Ctg}\left(\frac{\beta_0}{2}\right) + \frac{p}{2}\beta_0\right]\cdot Q^2\cdot I_p(a).$$

Die diskrete Struktur der Übergangswahrscheinlichkeit $W_{s_1 s_2}(p)$ verschwindet, wenn der Anfangs- oder Endzustand des Elektrons einem kontinuierlichen Spektrum angehört, wie es etwa bei den Prozessen der thermischen Ionisation und dem strahlungslosen Einfang von „freien" Elektronen aus dem Leitungsband der Fall ist.

Die Ionisierungswahrscheinlichkeit W_{Ions} für direkte Übergänge aus dem Grundzustand der Störstelle in das Leitfähigkeitsband erhalten wir durch Multiplikation der Übergangswahrscheinlichkeit (165) $W_{s_1 k}$ mit der Dichte der Elektronenzustände im Leitfähigkeitsband und anschließende Integration darüber.

$$W_{\text{Ions}} = \frac{V}{(2\pi)^3} \cdot \int_{k=0}^{\infty} W_{s_1 k}(p) \cdot 4\pi k^2 \cdot dk \tag{166}$$

mit

$$W_{s_1 k}(p) = \pi \omega_0 \cdot \mathfrak{Ctg}\left(\frac{\beta_0}{2}\right) \cdot \exp\left[-S \cdot \mathfrak{Ctg}\left(\frac{\beta_0}{2}\right) - \frac{p}{2}\beta_0\right] \cdot Q^2(k) \cdot I_p(a), \tag{166a}$$

k = Wellenzahlvektor des Elektrons.

Kommt eine stufenweise Ionisierung vor, so stellt (166) nicht die totale Ionisierungswahrscheinlichkeit dar, da die Prozesse der Zwischenstufen nicht mit erfaßt werden.

Die Änderung der Elektronenenergie (87)

$$\hbar \omega_{el} = F_{s_2} - F_{s_1}$$

ist in diesem Falle

$$\hbar \omega_{el} = \varepsilon_0 + \frac{\hbar^2}{2m^*} \cdot k^2, \tag{167}$$

wobei $\varepsilon_0 = p_0 \hbar \omega_0$ den Energieabstand vom Grundniveau der Störstelle bis zum unteren Rand des Leitfähigkeitsbandes bedeutet und $\frac{\hbar^2}{2m^*} k^2$ die kinetische Energie des Elektrons im Band. Für p ergibt sich ein Zusammenhang mit k

$$p = \frac{\hbar \omega_{el}}{\hbar \omega_0} = \frac{\varepsilon_0 + \frac{\hbar^2}{2m^*} k^2}{\hbar \omega_0}, \tag{168}$$

der es erlaubt, die Integration über k in eine über p umzuwandeln. Aus (166) wird

$$W_{\text{Ions}} = \frac{V}{(2\pi)^2} \cdot \left(\frac{2m^* \omega_0}{\hbar}\right)^{\frac{3}{2}} \cdot \int_{p=p_0}^{\infty} W_{s_1 k}(p) \cdot (p - p_0)^{\frac{1}{2}} \cdot dp. \tag{169}$$

Da durch $W_{s_1 k}(p)$ der Integrand nur an diskreten Stellen existiert, geht das Integral in eine Summe über und die Ionisierungswahrscheinlichkeit wird endlich

$$W_{\text{Ions}} = \frac{V}{(2\pi)^2} \cdot \left(\frac{2m^* \omega_0}{\hbar}\right)^{\frac{3}{2}} \cdot \sum_{p=p_0}^{\infty} W_{s_1 k}(p) \cdot (p - p_0)^{\frac{1}{2}}. \tag{170}$$

Eine Diskussion der Formel (170) ist wegen der schwer abzuschätzenden Parameter Q^2, S, p_0 nicht einfach. Sie ist von VASILEFF,

MEYER und TRLIFAJ[11, 12, 13] durchgeführt worden, die alle zu dem übereinstimmenden Ergebnis kommen, daß die rasche Zunahme der strahlungslosen Prozesse mit ansteigender Temperatur durch Formel (170) annähernd bestätigt wird und daß sie bei hohen Temperaturen mit den strahlenden konkurrieren können. Jedoch liegen bei tiefen Temperaturen die Zahlen der strahlungslosen Übergänge um mindestens sechs Zehnerpotenzen zu niedrig.

Mit dem hier betrachteten Mechanismus ist es also im Prinzip möglich, eine Theorie der strahlungslosen Übergänge aufzubauen. Neben der von uns behandelten Vorstellung der strahlungslosen Prozesse als simultane Mehrquantenübergänge gibt es jedoch noch einige andere interessante Deutungsversuche.

ADIROWITSCH[15] will statt dessen diese Prozesse durch eine rasche Folge von Einquantenübergängen erklären. Er legt bei seinen Überlegungen das Hauptgewicht nicht auf die Ionengleichung, sondern auf die Elektronengleichung und charakterisiert im Fall des F-Zentrums die Anionenlücke durch eine elektrische Doppelschicht, die Schwingungen um eine Gleichgewichtslage ausführen kann und daher im Prinzip einen Energieaustausch zwischen Gitter und Elektron ermöglicht. Die Berechnung von Übergangswahrscheinlichkeiten wurde jedoch nicht durchgeführt. HAUG[7] gibt mit einem anderen, kastenförmigen Modell an, daß 5 bis 50 solcher sich nacheinander abspielender Einquantenübergänge möglich sind.

STUMPF[14] untersuchte strahlungslose Übergänge vom Leitfähigkeitsband ins Valenzband bei NaCl-Kristallen mit Frenkel-Defekt. Er berücksichtigt nur die nächsten Nachbarn der Störstelle und nimmt an, daß sich diese Gitterbausteine beim Übergang des Elektrons aus dem Leitfähigkeitsband in die Störstelle infolge der Lokalisierung der Ladung das erste Mal und beim weiteren Sprung in das Valenzband das zweite Mal ändern und dabei jedesmal nach dem Franck-Condon-Prinzip Gitterschwingungen anregen.

Wir wollen hiermit die Betrachtungen über die strahlungslosen Übergänge abschließen und dabei nochmals feststellen, daß es sich hierbei nur um Deutungsversuche handelt und nicht um eine abgeschlossene Theorie.

---

[15] I. E. ADIROWITSCH: Abhandlungen aus der sowj. Physik, Folge 1, 77 (1951).

Anhang

I. Es werden hier die Ausdrücke für $E_s(q_w)$ und $\psi_s(x, q_w)$ abgeleitet. Dies bezieht sich auf S. 258. Wir gehen aus von den Beziehungen:

$$H_{\text{ges}}\,\psi_s(x, q_w) = E_s(q_w)\cdot\psi_s(x, q_w), \qquad H_{\text{ges}} = H + H_{\text{Stö}},$$

$$H \equiv -\frac{\hbar^2}{2m}\cdot\sum_i \frac{\partial^2}{\partial x_i^2} + V_1(x, q_{w_s}), \qquad H_{\text{Stö}} = V_1(x, q_w) - V_1(x, q_{w_s}),$$

$$H\,\psi_{s'}(x, q_{w_s}) = E_{s'}(q_{w_s})\cdot\psi_{s'}(x, q_{w_s}).$$

Nun werden $H_{\text{Stö}}$, $E_s(q_w)$ und $\psi_s(x, q_w)$ in Potenzreihen nach q_w entwickelt, wobei lediglich die linearen Glieder berücksichtigt werden:

$$H_{\text{Stö}} = \sum_w V_w(x)\cdot(q_w - q_{w_s}), \qquad E_s(q_w) = E_s(q_{w_s}) + \sum_w \lambda_w^{(s)}\cdot(q_w - q_{w_s}),$$

$$\psi_s(q_w, x) = \psi_s(q_{w_s}, x) - \sum_w \beta_w^s(x)\cdot(q_w - q_{w_s}).$$

Mit $\beta_w^s(x) = \sum_{s'} \alpha_{s'}^s(w)\cdot\psi_{s'}(x, q_{w_s})$ erhalten wir für $\psi_s(q_w)$ den Ausdruck:

$$\psi_s(x, q_w) = \psi_s(x, q_{w_s}) - \sum_w \sum_{s'} \alpha_{s'}^s(w)\cdot(q_w - q_{w_s})\cdot\psi_{s'}(x, q_{w_s}).$$

Nun müssen wir $\lambda_w^{(s)}$ und $\beta_w^s(x)$ berechnen:

$$H_{\text{ges}}\,\psi_s(x, q_w) = H\,\psi_s(x, q_{w_s}) - \sum_{w, s'} \alpha_{s'}^s(w)\cdot(q_w - q_{w_s})\cdot H\,\psi_{s'}(x, q_{w_s}) +$$
$$+ \sum_w V_w(x)\cdot\psi_s(x, q_{w_s})\cdot(q_w - q_{w_s}) + \cdots,$$

$$E_s(q_w)\cdot\psi_s(x, q_w) = E_s(q_{w_s})\cdot\psi_s(x, q_{w_s}) + \sum_w \lambda_w^s\cdot(q_w - q_{w_s})\cdot\psi_s(x, q_{w_s}) -$$
$$- \sum_{w, s'} \alpha_{s'}^s(w)\cdot(q_w - q_{w_s})\cdot E_s(q_{w_s})\cdot\psi_{s'}(x, q_{w_s}) + \cdots.$$

Beide Größen werden einander gleichgesetzt; dies ergibt

$$\{H - E_s(q_{w_s})\}\,\psi_s(x, q_{w_s}) - \sum_{w, s'} \alpha_{s'}^s(w)\,(q_w - q_{w_s})\cdot[H\,\psi_{s'}(x, q_{w_s}) -$$
$$- E_s(q_{w_s})\cdot\psi_{s'}(x, q_{w_s})] + \sum_w (q_w - q_{w_s})\,[V_w(x) - \lambda_w^s]\cdot\psi_s(x, q_{w_s}) = 0.$$

Hieraus erhalten wir nun:

$$- \sum_{w, s'} \alpha_{s'}^s(w)\cdot(q_w - q_{w_s})\cdot[E_{s'}(q_{w_s}) - E_s(q_{w_s})]\cdot\psi_{s'}(x, q_{w_s}) +$$
$$+ \sum_w (q_w - q_{w_s})\,[V_w(x) - \lambda_w^s]\,\psi_s(x, q_{w_s}) = 0.$$

a) Nun erfolgt Multiplikation mit $\psi_s^*(x, q_{w_s})$, sodann Integration $\int [\ldots] dx$; daraus folgt, bei Berücksichtigung der Orthogonalitätsrelation $\int \psi_s^*(x, q_{w_s}) \psi_{s'}(x, q_{w_s}) dx = \delta_{ss'}$, die Beziehung:

$$\sum_w (q_w - q_{w_s}) \cdot \int \psi_s^*(x, q_{w_s}) [V_w(x) - \lambda_w^s] \psi_s(x, q_{w_s}) dx = 0 .$$

Wir erhalten also:

$$\lambda_w^s = \int \psi_s^*(x, q_{w_s}) V_w(x) \psi_s(x, q_{w_s}) dx .$$

b) Nun erfolgt Multiplikation mit $\psi_{s_1}^*(x, q_{w_s})$, sodann Integration $\int [\ldots] dx$; dies ergibt:

$$-\sum_w \alpha_{s_1}^s(w) \cdot (q_w - q_{w_s}) \cdot [E_{s_1}(q_{w_s}) - E_s(q_{w_s})] +$$
$$+ \sum_w (q_u - q_{w_s}) \int dx\, \psi_{s_1}^*(x, q_{w_s}) V_w(x) \psi_s(x, q_{w_s}) = 0 .$$

Daraus folgt aber:

$$\alpha_{s'}^s(w) = \frac{\int \psi_{s'}^*(x, q_{w_s}) \cdot V_w(x) \cdot \psi_s(x, q_{w_s}) dx}{E_{s'}(q_{w_s}) - E_s(q_{w_s})} ,$$

$$\beta_w^s(x) = \sum_{s'} \frac{\int \psi_{s'}^*(x, q_{w_s}) \cdot V_w(x) \cdot \psi_s(x, q_{w_s}) dx}{E_{s'}(q_{w_s}) - E_s(q_{w_s})} \psi_{s'}(x, q_{w_s}) .$$

Wir haben also für $\psi_s(x, q_w)$ und $E_s(q_w)$ die Relationen:

$$\psi_s(x, q_w) = \psi_s(x, q_{w_s}) - \sum_w \sum_{s'} \frac{(V_w)_{s's}}{E_{s'}(q_{w_s}) - E_s(q_{w_s})} \cdot (q_w - q_{w_s}) \cdot \psi_{s'}(x, q_{w_s})$$

$$E_s(q_w) = E_s(q_{w_s}) + \sum_w (V_w)_{ss} \cdot (q_w - q_{w_s}) .$$

Hierbei bedeutet die Abkürzung $(V_w)_{s's}$:

$$(V_w)_{s's} = \int \psi_{s'}^*(x, q_{w_s}) V_w(x) \psi_s(x, q_{w_s}) dx .$$

II. Es werden in diesem Anhang die Ausdrücke für $\Theta_w(t)$, $G_w(t)$ und $\Gamma_w(t)$ berechnet. Dies bezieht sich auf die S. 261 und 279.

Die Ausgangsgleichungen für $\Theta_w(t)$, $G_w(t)$ und $\Gamma_w(t)$ lauten:

$$\Theta_w(t) = \sum_{n_{1w}=0}^{\infty} \sum_{n_{2w}=0}^{\infty} p(n_{1w}) \cdot e^{i\omega_w t(n_{2w} - n_{1w})} \times$$
$$\times \left| \int_{q_w=-\infty}^{+\infty} dq_w \chi_{n_{2w}s_2}^*(q_w - q_{w_{s_2}}) \cdot \chi_{n_{1w}s_1}(q_w - q_{w_{s_1}}) \right|^2 ,$$

$$G_w(t) = \sum_{n_{1w}=0}^{\infty} \sum_{n_{2w}=0}^{\infty} p(n_{1w}) \cdot e^{i\omega_w t(n_{2w} - n_{1w})} \times$$
$$\times \int_{q_w=-\infty}^{+\infty} dq_w \int_{\bar{q}_w=-\infty}^{+\infty} d\bar{q}_w \chi_{n_{2w}s_2}(q_w - q_{w_{s_2}}) \chi_{n_{2w}s_2}(\bar{q}_w - q_{w_{s_2}}) \times$$
$$\times \frac{\partial}{\partial \bar{q}_w} [\chi_{n_{1w}s_1}(q_w - q_{w_{s_1}}) \chi_{n_{1w}s_1}(\bar{q}_w - q_{w_{s_1}})] \cdot M_w ,$$

$$\Gamma_w(t) = \sum_{n_{1w}=0}^{\infty} \sum_{n_{2w}=0}^{\infty} p(n_{1w}) \cdot e^{i\omega_w t (n_{2w} - n_{1w})} \times$$

$$\times \left[\int_{q_w=-\infty}^{+\infty} dq_w \chi_{n_{2w} s_2}(q_w - q_{w_{s_2}}) \cdot \frac{\partial}{\partial q_w} \chi_{n_{1w} s_1}(q_w - q_{w_{s_1}}) \right]^2 \cdot M_w^2.$$

Hierbei ist:

$$p(n_{1w}) = 2 \cdot \mathfrak{Sin}\left(\frac{\hbar\omega_w}{2kT}\right) \cdot e^{-\frac{\hbar\omega_w}{kT} \cdot \left(n_{1w} + \frac{1}{2}\right)}.$$

Für die weitere Rechnung ist es vorteilhaft folgende Abkürzungen zu verwenden:

$$q_w \leftrightarrow q, \qquad q_{w_{s_1}} \leftrightarrow q_1, \qquad q_{w_{s_2}} \leftrightarrow q_2, \qquad n_{1w} \leftrightarrow n, \qquad n_{2w} \leftrightarrow k,$$

$$\omega_w \leftrightarrow \omega, \quad \chi_{n_{1w} s_1}(q_w - q_{w_{s_1}}) \leftrightarrow \chi_n(q - q_1), \quad \chi_{n_{2w} s_2}(q_w - q_{w_{s_2}}) \leftrightarrow \chi_k(q - q_2).$$

$$\frac{\hbar\omega}{kT} = \beta, \qquad (\beta + i\omega t) = \lambda, \qquad (-i\omega t) = \mu,$$

$$\sqrt{\frac{\omega}{\hbar}} \cdot q = x, \qquad \sqrt{\frac{\omega}{\hbar}} \cdot \bar{q} = \bar{x}, \qquad \sqrt{\frac{\omega}{\hbar}} q_1 = x_1, \qquad \sqrt{\frac{\omega}{\hbar}} \cdot q_2 = x_2,$$

$$x + \bar{x} = u, \qquad x - \bar{x} = \bar{u},$$

$$\mathfrak{Tg}\left(\frac{\mu}{2}\right) = M, \quad \mathfrak{Tg}\left(\frac{\lambda}{2}\right) = N, \quad \mathfrak{Ctg}\left(\frac{\mu}{2}\right) = M^{-1}, \quad \mathfrak{Ctg}\left(\frac{\lambda}{2}\right) = N^{-1},$$

$$r = 2 \cdot \frac{x_1 \cdot N + x_2 \cdot M}{N + M} = 2 \cdot \frac{x_1 \cdot \mathfrak{Tg}\left(\frac{\lambda}{2}\right) + x_2 \cdot \mathfrak{Tg}\left(\frac{\mu}{2}\right)}{\mathfrak{Tg}\left(\frac{\lambda}{2}\right) + \mathfrak{Tg}\left(\frac{\mu}{2}\right)},$$

$$g(\omega_w t) = i \sin(\omega_w t) - \mathfrak{Ctg}\left(\frac{\hbar\omega_w}{2kT}\right) + \mathfrak{Ctg}\left(\frac{\hbar\omega_w}{2kT}\right) \cdot \cos(\omega_w t).$$

Berechnung von $\Theta_w(t)$:

$$\Theta_w(t) = \sum_{n=0}^{\infty} \sum_{k=0}^{\infty} p(n) \cdot e^{i\omega t(k-n)} \left[\int_{q=-\infty}^{+\infty} dq\, \chi_k(q - q_2) \cdot \chi_n(q - q_1) \right]^2.$$

Es gilt nun:

$$p(n) \cdot e^{i\omega t(k-n)} = 2 \cdot \mathfrak{Sin}\left(\frac{\beta}{2}\right) \cdot e^{-\lambda(n+\frac{1}{2})} \cdot e^{-\mu(k+\frac{1}{2})},$$

$$\left[\int_{q=-\infty}^{+\infty} dq\, \chi_k(q - q_2) \cdot \chi_n(q - q_1) \right]^2$$

$$= \int_{\bar{q}=-\infty}^{+\infty} d\bar{q} \int_{q=-\infty}^{+\infty} dq [\chi_k(q - q_2)\, \chi_k(\bar{q} - q_2)] \cdot [\chi_n(\bar{q} - q_1)] \cdot \chi_n(\bar{q} - q_1)].$$

Somit haben wir:

$$\Theta_w(t) = 2 \cdot \mathfrak{Sin}\left(\frac{\beta}{2}\right) \cdot \sum_{n=0}^{\infty} \sum_{k=0}^{\infty} \int_{\bar{q}=-\infty}^{+\infty} d\bar{q} \int_{q=-\infty}^{+\infty} dq \times$$

$$\times [e^{-\mu(k+\frac{1}{2})} \cdot \chi_k(q-q_2) \cdot \chi_k(\bar{q}-q_2)] \cdot [e^{-\lambda(n+\frac{1}{2})} \cdot \chi_n(q-q_1) \cdot \chi_n(\bar{q}-q_1)].$$

Vertauschung von Summation mit Integration, sowie Aufspaltung der Doppelsumme in das Produkt zweier Summen ergibt:

$$\Theta_w(t) = 2 \cdot \mathfrak{Sin}\left(\frac{\beta}{2}\right) \cdot \int_{\bar{q}=-\infty}^{+\infty} d\bar{q} \int_{q=-\infty}^{+\infty} dq \cdot \left[\sum_{n=0}^{\infty} \chi_n(q-q_1)\chi_n(\bar{q}-q_1) \cdot e^{-\lambda(n+\frac{1}{2})}\right] \times$$

$$\times \left[\sum_{k=0}^{\infty} \chi_k(q-q_2)\chi_k(\bar{q}-q_2)\, e^{-\mu(k+\frac{1}{2})}\right].$$

Nun werden folgende neue Variablen eingeführt:

$$\sqrt{\frac{\omega}{\hbar}} \cdot q = x, \qquad \sqrt{\frac{\omega}{\hbar}} \cdot \bar{q} = \bar{x}, \qquad \sqrt{\frac{\omega}{\hbar}} \cdot q_{1,2} = x_{1,2},$$

$$dq = \sqrt{\frac{\hbar}{\omega}} \cdot dx, \qquad d\bar{q} = \sqrt{\frac{\hbar}{\omega}} \cdot d\bar{x}.$$

Ferner setzen wir für die Funktionen χ_n, χ_k ihre expliziten Ausdrücke ein:

$$\chi_n(q-q_1) = \left(\frac{\omega}{\hbar}\right)^{\frac{1}{4}} \cdot \sqrt{\frac{1}{2^n \cdot n! \sqrt{\pi}}} \cdot H_n(x-x_1) \cdot \exp\left\{-\frac{1}{2}(x-x_1)^2\right\},$$

$$\chi_k(q-q_2) = \left(\frac{\omega}{\hbar}\right)^{\frac{1}{4}} \cdot \sqrt{\frac{1}{2^k \cdot k! \sqrt{\pi}}} \cdot H_k(x-x_2) \cdot \exp\left\{-\frac{1}{2}(x-x_2)^2\right\}.$$

Hiermit folgt für $\Theta_w(t)$ die Formel:

$$\Theta_w(t) = 2 \cdot \mathfrak{Sin}\left(\frac{\beta}{2}\right) \cdot \int_{x=-\infty}^{+\infty} dx \int_{\bar{x}=-\infty}^{+\infty} d\bar{x} \cdot \left\{\sum_{n=0}^{\infty} \frac{e^{-\lambda(n+\frac{1}{2})}}{2^n \cdot n! \sqrt{\pi}} \times\right.$$

$$\left. \times H_n(x-x_1) \cdot H_n(\bar{x}-x_1) \cdot \exp\left(-\frac{1}{2}[(x-x_1)^2 + (\bar{x}-x_1)^2]\right)\right\} \times$$

$$\times \left\{\sum_{k=0}^{\infty} \frac{e^{-\mu(k+\frac{1}{2})}}{2^k \cdot k! \sqrt{\pi}} \cdot H_k(x-x_2) \cdot H_k(\bar{x}-x_2) \times\right.$$

$$\left. \times \exp\left(-\frac{1}{2}[(x-x_2)^2 + (\bar{x}-x_2)^2]\right)\right\}.$$

Die in $\Theta_w(t)$ auftretenden Summen kann man mit Hilfe der Mehlerschen Formel (Slater-Summe) berechnen. Auch bei der Bestimmung von $G_w(t)$ und $\Gamma_w(t)$ wird die Mehlersche Formel benutzt werden.

Die Mehlersche Formel (Slater-Summe) lautet:

$$\sum_{j=0}^{\infty} \frac{e^{-(j+\frac{1}{2})\cdot\xi}}{\sqrt{\pi}\cdot 2^j\cdot j!}\cdot H_j(x)\cdot H_j(\bar{x})\cdot\exp\left[-\frac{1}{2}(x^2+\bar{x}^2)\right]$$

$$=\sqrt{\frac{1}{2\pi\cdot\mathfrak{Sin}\,\xi}}\cdot\exp\left\{-\frac{1}{4}\left[(x+\bar{x})^2\cdot\mathfrak{Tg}\left(\frac{\xi}{2}\right)+(x-\bar{x})^2\cdot\mathfrak{Ctg}\left(\frac{\xi}{2}\right)\right]\right\}.$$

Wir erhalten also mit Hilfe der Slater-Summe für $\Theta_w(t)$ folgenden Ausdruck:

$$\Theta_w(t)=\frac{1}{2\pi}\cdot\frac{2\,\mathfrak{Sin}\left(\frac{\beta}{2}\right)}{\sqrt{\mathfrak{Sin}\,\lambda\cdot\mathfrak{Sin}\,\mu}}\cdot\int_{x=-\infty}^{+\infty}dx\int_{\bar{x}=-\infty}^{+\infty}d\bar{x}\,\times$$

$$\times\exp\left\{-\frac{1}{4}\left[(x+\bar{x}-2x_1)^2\cdot\mathfrak{Tg}\left(\frac{\lambda}{2}\right)+(x-\bar{x})^2\cdot\mathfrak{Ctg}\left(\frac{\lambda}{2}\right)\right]\right\}\times$$

$$\times\exp\left\{-\frac{1}{4}\left[(x+\bar{x}-2x_2)^2\cdot\mathfrak{Tg}\left(\frac{\mu}{2}\right)+(x-\bar{x})^2\cdot\mathfrak{Ctg}\left(\frac{\mu}{2}\right)\right]\right\}.$$

Um die Integrale auswerten zu können, muß eine Koordinatentransformation durchgeführt werden:

$$x+\bar{x}=u,\qquad x-\bar{x}=\bar{u}.$$

Dann erhalten wir für $\Theta_w(t)$ die Formel:

$$\Theta_w(t)=\frac{\mathfrak{Sin}\left(\frac{\beta}{2}\right)}{2\pi\cdot\sqrt{\mathfrak{Sin}\,\lambda\cdot\mathfrak{Sin}\,\mu}}\times$$

$$\times\left[\int_{n=-\infty}^{+\infty}du\exp\left\{-\frac{1}{4}\left[(u-2x_1)^2\cdot N+(u-2x_2)^2\cdot M\right]\right\}\right]\times$$

$$\times\left[\int_{\bar{u}=-\infty}^{+\infty}d\bar{u}\exp\left\{-\frac{1}{4}\cdot\bar{u}^2(M^{-1}+N^{-1})\right\}\right].$$

Hierbei bedeuten:

$$\mathfrak{Tg}\,\frac{\mu}{2}=M,\quad\mathfrak{Tg}\,\frac{\lambda}{2}=N,\quad\mathfrak{Ctg}\,\frac{\mu}{2}=M^{-1},\quad\mathfrak{Ctg}\,\frac{\lambda}{2}=N^{-1}.$$

Nun gilt aber:

$$\exp\left\{-\frac{1}{4}\left[(u-2x_1)^2N+(u-2x_2)^2M\right]\right\}$$

$$=\exp\left[-\frac{(x_1-x_2)^2}{M^{-1}+N^{-1})}\right]\cdot\exp\left[-\frac{1}{4}(M+N)(u-r)^2\right]\Big\}.$$

Demnach wird $\Theta_w(t)$ zu:

$$\Theta(t) = \frac{\mathfrak{Sin}\left(\frac{\beta}{2}\right)}{2\pi \cdot \sqrt{\mathfrak{Sin}\,\lambda \cdot \mathfrak{Sin}\,\mu}} \cdot \exp\left[-\frac{(x_1 - x_2)^2}{M^{-1} + N^{-1}}\right] \times$$

$$\times \int\limits_{u=-\infty}^{+\infty} du \exp\left[-\frac{1}{4}(M + N)(u - r)^2\right] \times$$

$$\times \int\limits_{\bar{u}=-\infty}^{+\infty} d\bar{u} \exp\left[-\frac{1}{4}(M^{-1} + N^{-1})\,\bar{u}^2\right].$$

Die beiden Integrale sind leicht auszurechnen, denn es gilt die Beziehung:

$$\int\limits_{x=-\infty}^{+\infty} dx \exp\{a \cdot (-1) \cdot (x - x_0)^2\} = \sqrt{\pi} \cdot a^{-\frac{1}{2}}$$

a kann komplex sein, lediglich $Rt(a) > 0$ muß gelten.

Hiermit folgt aber für $\Theta_w(t)$ die Form:

$$\Theta_w(t) = 2 \cdot \frac{\mathfrak{Sin}\left(\frac{\beta}{2}\right)}{\sqrt{\mathfrak{Sin}(\lambda) \cdot \mathfrak{Sin}\,\mu}} \cdot \frac{1}{\sqrt{\mathfrak{Tg}\,\frac{\lambda}{2} + \mathfrak{Tg}\,\frac{\mu}{2}}} \cdot \frac{1}{\sqrt{\mathfrak{Ctg}\,\frac{\lambda}{2} + \mathfrak{Ctg}\,\frac{\mu}{2}}} \times$$

$$\times \exp\left\{-\frac{(x_1 - x_2)^2}{\mathfrak{Ctg}\left(\frac{\lambda}{2}\right) + \mathfrak{Ctg}\left(\frac{\mu}{2}\right)}\right\}.$$

Mit Hilfe der Formeln

$$\mathfrak{Tg}\,\alpha + \mathfrak{Tg}\,\beta = \frac{\mathfrak{Sin}(\alpha + \beta)}{\mathfrak{Cof}\,\alpha \cdot \mathfrak{Cof}\,\beta} \quad \text{und} \quad \mathfrak{Ctg}\,\alpha + \mathfrak{Ctg}\,\beta = \frac{\mathfrak{Sin}(\alpha + \beta)}{\mathfrak{Sin}\,\alpha \cdot \mathfrak{Sin}\,\beta}$$

erhalten wir die Beziehung:

$$2 \cdot \frac{\mathfrak{Sin}\left(\frac{\beta}{2}\right)}{\sqrt{\mathfrak{Sin}\,\lambda \cdot \mathfrak{Sin}\,\mu}} \cdot \frac{1}{\sqrt{\mathfrak{Tg}\,\frac{\lambda}{2} + \mathfrak{Tg}\,\frac{\mu}{2}}} \cdot \frac{1}{\sqrt{\mathfrak{Ctg}\,\frac{\lambda}{2} + \mathfrak{Ctg}\,\frac{\mu}{2}}} = 1.$$

Damit gelangen wir zum endgültigen Ausdruck für $\Theta_w(t)$:

$$\Theta_w(t) = \exp\left\{-\frac{(x_1 - x_2)^2}{\mathfrak{Ctg}\left(\frac{\lambda}{2}\right) - \mathfrak{Ctg}\left(-\frac{\mu}{2}\right)}\right\}.$$

In $\Theta_w(t)$ werden nun die Abkürzungen eingesetzt:

$$\Theta_w(t) = \exp\left\{-\frac{\frac{\omega_w}{\hbar}(qw_{s_2} - qw_{s_1})^2}{\mathfrak{Ctg}\left[\frac{1}{2}\left(\frac{\hbar\omega_w}{kT} + i\omega_w t\right)\right] - \mathfrak{Ctg}\left(\frac{1}{2}\,i\omega_w t\right)}\right\},$$

$$\prod_w \Theta_w(t) = e^{f_{s_1 s_2}(t)},$$

also:

$$f_{s_1 s_2}(t) = -\sum_w \frac{\left(\frac{\omega_w}{\hbar}\right)(q_{w_{s_2}} - q_{w_{s_1}})^2}{\mathfrak{Ctg}\left[\frac{1}{2}\left(\frac{\hbar\omega_w}{kT} + i\omega_w t\right)\right] - \mathfrak{Ctg}\left(\frac{1}{2} i\omega_w t\right)}.$$

Berechnung von $G_w(t)$:

$$G_w(t) = M_w \cdot \sum_{n=0}^{\infty} \sum_{k=0}^{\infty} p(n) \cdot e^{i\omega t(k-n)} \times$$

$$\times \int_{q=-\infty}^{+\infty} dq \int_{\bar q=-\infty}^{+\infty} d\bar q\, \chi_k(q-q_2)\,\chi_k(\bar q - q_2) \frac{\partial}{\partial \bar q}[\chi_n(q-q_1)\,\chi_n(\bar q - q_1)].$$

Daraus folgt nun:

$$G_w(t) = 2\cdot \mathfrak{Sin}\left(\frac{\beta}{2}\right)\cdot M_w \int_{q=-\infty}^{+\infty} dq \int_{\bar q=-\infty}^{+\infty} d\bar q \left[\sum_{k=0}^{\infty} e^{-\mu(k+\frac{1}{2})}\chi_k(q-q_2)\cdot\chi_k(\bar q - q_2)\times\right.$$

$$\left.\times \frac{\partial}{\partial \bar q}\left[\sum_{n=0}^{\infty} e^{-\lambda(n+\frac{1}{2})}\cdot \chi_n(q-q_1)\,\chi_n(\bar q - q_1)\right]\right.$$

Nun gilt aber:

$$\frac{\partial}{\partial \bar q} = \frac{d\bar x}{d\bar q}\cdot\frac{\partial}{\partial \bar x} = \sqrt{\frac{\omega}{\hbar}}\cdot\frac{\partial}{\partial \bar x}, \qquad \sqrt{\frac{\omega}{\hbar}}\, q = x, \qquad \sqrt{\frac{\omega}{\hbar}}\cdot \bar q = \bar x.$$

Die Summen unter den Integralen lassen sich wieder durch die Mehlersche Formel berechnen:

$$\sum_{k=0}^{\infty} e^{-\mu(k+\frac{1}{2})}\chi_k(q-q_2)\,\chi_k(\bar q - q_2) = \sqrt{\frac{\omega}{\hbar}}\cdot\sqrt{\frac{1}{2\pi\cdot\mathfrak{Sin}\,\mu}}\times$$

$$\times \exp\left\{-\frac{1}{4}\left[(x+\bar x - 2x_2)^2\,\mathfrak{Tg}\frac{\mu}{2} + (x-\bar x)^2\,\mathfrak{Ctg}\frac{\mu}{2}\right]\right\},$$

$$\sum_{n=0}^{\infty} e^{-\lambda(n+\frac{1}{2})}\chi_n(q-q_1)\,\chi_n(\bar q - q_1) = \sqrt{\frac{\omega}{\hbar}}\cdot\sqrt{\frac{1}{2\pi\cdot\mathfrak{Sin}\,\lambda}}\times$$

$$\times \exp\left\{-\frac{1}{4}\left[(x+\bar x - 2x_1)^2\,\mathfrak{Tg}\frac{\lambda}{2} + (x-\bar x)^2\cdot\mathfrak{Ctg}\frac{\lambda}{2}\right]\right\}.$$

Wir bekommen daher für $G_w(t)$ den Ausdruck:

$$G_w(t) = \frac{2\cdot\mathfrak{Sin}\left(\frac{\beta}{2}\right)}{2\pi\sqrt{\mathfrak{Sin}\,\lambda\cdot\mathfrak{Sin}\,\mu}}\cdot M_w\times$$

$$\times \int_{x=-\infty}^{+\infty} dx \int_{\bar x=-\infty}^{+\infty} d\bar x \exp\left[-\frac{1}{4}\{(x+\bar x - 2x_2)^2 M + (x-\bar x)^2\cdot M^{-1}\}\right]\times$$

$$\times \sqrt{\frac{\omega}{\hbar}}\,\frac{\partial}{\partial \bar x}\exp\left[-\frac{1}{4}\{(x+\bar x - 2x_1)^2 N + (x-\bar y)^2\cdot N^{-1}\}\right].$$

Nun gilt aber:

$$\frac{\partial}{\partial \bar{x}} \exp\left\{-\frac{1}{4}\left[(x+\bar{x}-2x_1)^2 N + (x-\bar{x})^2 N^{-1}\right]\right\}$$

$$= \exp\{\,\}\cdot\left(-\frac{1}{4}\right)\cdot 2\cdot\left[(x+\bar{x}-2x_1)N - (x-\bar{x})N^{-1}\right].$$

Weiterhin werden wiederum die Integrationsvariablen u, $\bar{u}$ eingeführt:

$$u = x+\bar{x}, \qquad \bar{u} = x-\bar{x}.$$

Deshalb ergibt sich für $G_w(t)$:

$$G_w(t) = M_w\cdot\sqrt{\frac{\omega}{\hbar}}\cdot\Theta_w(t)\cdot\frac{\mathfrak{Sin}\left(\frac{\beta}{2}\right)}{2\pi\sqrt{\mathfrak{Sin}\,\lambda\cdot\mathfrak{Sin}\,\mu}}\times$$

$$\times\int\limits_{\bar{u}=-\infty}^{+\infty} du \int\limits_{u=-\infty}^{+\infty} d\bar{u}\left(-\frac{1}{4}\right)\cdot 2\cdot\left[N(u-2x_1) - N^{-1}\cdot\bar{u}\right]\times$$

$$\times\exp\left[-\frac{M+N}{4}\cdot(u-r)^2\right]\cdot\exp\left[-\frac{M^{-1}+N^{-1}}{4}\cdot\bar{u}^2\right].$$

Hierbei bedeutet:

$$r = 2\cdot\frac{x_1\cdot N + x_2\cdot M}{N+M}.$$

Bei der Integration beachte man:

$$(u-2x_1) = (u-r) + (r-2x_1),$$

$$\int\limits_{u=-\infty}^{+\infty} du\cdot(u-r)\cdot\exp\left[-\frac{1}{4}(M+N)\cdot(u-r)^2\right] = 0.$$

Damit erhält man aber:

$$G_w(t) = \sqrt{\frac{\omega}{\hbar}}\cdot M_w\cdot\Theta_w(t)\cdot\frac{\mathfrak{Sin}\left(\frac{\beta}{2}\right)}{2\pi\cdot\sqrt{\mathfrak{Sin}\,\lambda\cdot\mathfrak{Sin}\,\mu}}\cdot\left(-\frac{1}{4}\right)\cdot 2\cdot N\cdot(r-2x_1)\times$$

$$\times\int\limits_{u=-\infty}^{+\infty} du\cdot\exp\left[-\frac{M+N}{4}(u-r)^2\right]\cdot\int\limits_{\bar{u}=-\infty}^{+\infty} d\bar{u}\cdot\exp\left[-\frac{1}{4}(M^{-1}+N^{-1})\,\bar{u}^2\right].$$

Nach Ausführung der Integrationen ergibt sich:

$$G_w(t) = \sqrt{\frac{\omega}{\hbar}}\,M_w\cdot\Theta_w(t)\cdot\left(-\frac{1}{4}\right)\cdot 2\cdot N\cdot(r-2x_1).$$

Nun ist $(r-2x_1)$ gleich

$$(r-2x_1) = \frac{2\cdot\mathfrak{Tg}\,\frac{\mu}{2}}{\mathfrak{Tg}\,\frac{\lambda}{2}+\mathfrak{Tg}\,\frac{\mu}{2}}\cdot(x_2-x_1) = \frac{2\cdot\mathfrak{Tg}\,\frac{\mu}{2}\cdot\mathfrak{Cos}\,\frac{\mu}{2}\cdot\mathfrak{Cos}\,\frac{\lambda}{2}}{\mathfrak{Sin}\left(\frac{\beta}{2}\right)}\cdot(x_2-x_1).$$

Deshalb erhalten wir schließlich:

$$\frac{G_w(t)}{(q_2-q_1)} = \frac{1}{2} M_w\left(\frac{\omega}{\hbar}\right)\cdot\Theta_w(t)\cdot\left[i\sin(\omega t) - \mathfrak{Ctg}\left(\frac{\beta}{2}\right) + \mathfrak{Ctg}\left(\frac{\beta}{2}\right)\cdot\cos(\omega t)\right]$$

$$= \frac{1}{2} M_w\left(\frac{\omega}{\hbar}\right)\cdot\Theta_w(t)\cdot g(\omega t).$$

Hierbei bedeutet also:

$$g(\omega t) = i\sin(\omega t) - \mathfrak{Ctg}\left(\frac{\beta}{2}\right) + \mathfrak{Ctg}\left(\frac{\beta}{2}\right)\cdot\cos(\omega t).$$

Wir setzen nun die Abkürzungen ein und haben damit den Endausdruck für $G_w(t)$:

$$\frac{G_w(t)}{\Theta_w(t)} = M_w\cdot\frac{\omega_w}{2\hbar}(q_{w_{s_2}} - q_{w_{s_1}})\cdot g(\omega_w t).$$

Berechnung von $\Gamma_w(t)$:

$$\Gamma_w(t) = \sum_{n=0}^{\infty}\sum_{k=0}^{\infty} p(n)\cdot e^{i\omega t(k-n)}\left[\int_{q=-\infty}^{+\infty} dq\,\chi_k(q-q_2)\cdot\frac{\partial}{\partial q}\chi_n(q-q_1)\right]^2\cdot M_w^2.$$

Hieraus folgt aber:

$$\Gamma_w(t) = M_w^2\cdot 2\cdot\mathfrak{Sin}\frac{\beta}{2}\cdot\int_{q=-\infty}^{+\infty} dq\int_{\bar{q}=-\infty}^{+\infty} d\bar{q}\left[\sum_{k=0}^{\infty} e^{-\mu(k+\frac{1}{2})}\chi_k(q-q_2)\,\chi_k(\bar{q}-q_2)\right]\times$$

$$\times\frac{\partial}{\partial q}\frac{\partial}{\partial\bar{q}}\left[\sum_{n=0}^{\infty} e^{-\lambda(n+\frac{1}{2})}\chi_n(q-q_1)\,\chi_n(\bar{q}-q_1)\right].$$

Die auftretenden Summen werden mit der Mehlerschen Formel ausgerechnet. Ferner beachte man:

$$dq = \sqrt{\frac{\hbar}{\omega}}\cdot dx, \qquad d\bar{q} = \sqrt{\frac{\hbar}{\omega}}\cdot d\bar{x},$$

$$\frac{\partial}{\partial q} = \sqrt{\frac{\omega}{\hbar}}\cdot\frac{\partial}{\partial x}, \qquad \frac{\partial}{\partial\bar{q}} = \sqrt{\frac{\omega}{\hbar}}\cdot\frac{\partial}{\partial\bar{x}}.$$

Deshalb bekommen wir:

$$\Gamma_w(t) = \frac{2\cdot\mathfrak{Sin}\left(\frac{\beta}{2}\right)}{2\pi\sqrt{\mathfrak{Sin}\,\lambda\cdot\mathfrak{Sin}\,\mu}}\cdot M_w^2\times$$

$$\times\int_{x=-\infty}^{+\infty} dx\int_{\bar{x}=-\infty}^{+\infty} d\bar{x}\exp\left\{-\frac{1}{4}\left[(x+\bar{x}-2x_2)^2\,\mathfrak{Tg}\frac{\mu}{2} + (x-\bar{x})^2\,\mathfrak{Ctg}\frac{\mu}{2}\right]\right\}\times$$

$$\times\left(\frac{\omega}{\hbar}\right)\cdot\frac{\partial}{\partial x}\frac{\partial}{\partial\bar{x}}\exp\left\{-\frac{1}{4}\left[(x+\bar{x}-2x_1)^2\cdot\mathfrak{Tg}\frac{\lambda}{2} + (x-\bar{x})^2\cdot\mathfrak{Ctg}\frac{\lambda}{2}\right]\right\}.$$

Es gilt nun:

$$\frac{\partial^2}{\partial x\,\partial \bar{x}} \exp\{\} = \exp\{\} \cdot \frac{1}{4}\,[(x+\bar{x}-2\,x_1)^2 \cdot N^2 - (x-\bar{x})^2 \cdot N^{-2}] -$$

$$- \exp\{\} \cdot \frac{1}{2}\,(N - N^{-1}).$$

Weiterhin führen wir die neuen Integrationsvariablen u und $\bar{u}$ ein:

$$x + \bar{x} = u, \qquad x - \bar{x} = \bar{u}.$$

Hiermit erhalten wir aber:

$$\Gamma_w(t) = \frac{\mathfrak{S}\mathrm{in}\left(\frac{\beta}{2}\right)}{2\pi\sqrt{\mathfrak{S}\mathrm{in}\,\lambda \cdot \mathfrak{S}\mathrm{in}\,\mu}} \cdot M_w^2 \cdot \left(\frac{\omega}{\hbar}\right) \times$$

$$\times \int\limits_{u=-\infty}^{+\infty} du \int\limits_{\bar{u}=-\infty}^{+\infty} d\bar{u} \cdot \exp\left\{-\frac{1}{4}\,[(u-2\,x_2)^2 \cdot M + \bar{u}^2 \cdot M^{-1}]\right\} \times$$

$$\times \left[\frac{N^2}{4}\,(u-2\,x_1)^2 - \frac{N^{-2}}{4}\,\bar{u}^2 - \frac{1}{2}\,N + \frac{1}{2}\,N^{-1}\right] \times$$

$$\times \exp\left\{-\frac{1}{4}\,[(u-2\,x_1)^2 \cdot N + \bar{u}^2 N^{-1}]\right\}.$$

Man benutzt nun die Beziehungen:

$$\exp\{-\tfrac{1}{4}\,[(u-2\,x_2)^2 M + (u-2\,x_1)^2 \cdot N]\}$$

$$= \Theta_w(t) \cdot \exp\{-\tfrac{1}{4}\,(M+N)\,(n-r)^2\},$$

$$(u-2\,x_1)^2 = (u-r)^2 + 2\,(r-2\,x_1)\,(u-r) + (r-2\,x_1)^2 \qquad r = 2 \cdot \frac{x_1 N + x_2 M}{N+M}.$$

Dann erhält man:

$$\frac{\Gamma_w(t)}{\Theta_w(t)} = M_w^2 \cdot \left(\frac{\omega}{\hbar}\right) \cdot \frac{\mathfrak{S}\mathrm{in}\left(\frac{\beta}{2}\right)}{2\pi\sqrt{\mathfrak{S}\mathrm{in}\,\lambda \cdot \mathfrak{S}\mathrm{in}\,\mu}} \times$$

$$\times \int\limits_{u=-\infty}^{+\infty} du \int\limits_{\bar{u}=-\infty}^{+\infty} d\bar{u} \left[\frac{N^2}{4}\,(u-r)^2 + \frac{N^2}{4}\,2 \cdot (r-2\,x_1)\,(u-r) + \right.$$

$$\left. + \frac{N^2}{4}\,(r-2\,x_1)^2 - \frac{N^{-2}}{4}\,\bar{u}^2 - \frac{1}{2}\,N + \frac{1}{2}\,N^{-1}\right] \times$$

$$\times \exp\left\{-\frac{M+N}{4}\,(u-r)^2\right\} \cdot \exp\left\{-\frac{M^{-1}+N^{-1}}{4}\,\bar{u}^2\right\}.$$

Bei der Integration beachte man die Beziehungen:

$$\int\limits_{x=-\infty}^{+\infty} dx \cdot (x-x_0)^2 \cdot \exp\{-a\,(x-x_0)^2\} = \tfrac{1}{2}\sqrt{\pi} \cdot a^{-\frac{3}{2}},$$

$$\int\limits_{x=-\infty}^{+\infty} dx\,(x-x_0) \exp\{-a\,(x-x_0)^2\} = 0.$$

Mit deren Benutzung folgt aber:

$$\frac{\Gamma_w(t)}{\Theta_w(t)} = M_w^2 \cdot \left(\frac{\omega_w}{\hbar}\right) \cdot \frac{\mathfrak{Sin}\left(\frac{\beta}{2}\right)}{2\pi \cdot \sqrt{\mathfrak{Sin}\,\lambda \cdot \mathfrak{Sin}\,\mu}} \cdot \sqrt{\pi} \cdot \sqrt{\pi} \times$$
$$\times \left[\frac{1}{4}(M+N) \cdot \frac{1}{4}(M^{-1}+N^{-1})\right]^{-\frac{1}{2}} \cdot \left\{\frac{N^2}{8}\left[\frac{1}{4}(M+N)\right]^{-1} -\right.$$
$$\left. - \frac{N^{-2}}{8}\left(\frac{M^{-1}+N^{-1}}{4}\right)^{-1} + \frac{N^2}{4}(r-2x_1)^2 - \frac{N}{2} + \frac{N^{-1}}{2}\right\}$$

$$\frac{\Gamma_w(t)}{\Theta_w(t)} = M_w^2 \cdot \left\{\frac{N^2}{8}\left(\frac{M+N}{4}\right)^{-1} - \frac{N^{-2}}{8}\left(\frac{M^{-1}+N^{-1}}{4}\right)^{-1} + \right.$$
$$\left. + \frac{N^2}{4}(r-2x_1)^2 - \frac{N}{2} + \frac{N^{-1}}{2}\right\} \cdot \left(\frac{\omega}{\hbar}\right).$$

Mit Hilfe der Beziehungen:

$$M_w^2 \cdot \left(\frac{\omega}{\hbar}\right) \cdot \frac{N^2}{4} \cdot (r-2x_1)^2 = \left[\frac{G_w(t)}{\Theta_w(t)}\right]^2$$
$$\frac{N^2}{8}\left[\frac{1}{4}(M+N)\right]^{-1} - \frac{N}{2} = -\frac{1}{2} \cdot \frac{1}{M^{-1}+N^{-1}}$$

bekommen wir:

$$\frac{\Gamma_w(t)}{\Theta_w(t)} = \left[\frac{G_w(t)}{\Theta_w(t)}\right]^2 + M_w^2 \cdot \frac{\omega}{2\hbar}\left[\frac{1}{M+N} - \frac{1}{M^{-1}+N^{-1}}\right].$$

Nun gelten aber die Relationen

$$\frac{1}{M+N} = \frac{1}{\mathfrak{Tg}\,\frac{\lambda}{2} + \mathfrak{Tg}\,\frac{\mu}{2}} = \frac{\mathfrak{Cof}\,\frac{\mu}{2} \cdot \mathfrak{Cof}\,\frac{\lambda}{2}}{\mathfrak{Sin}\left(\frac{\beta}{2}\right)},$$

$$\frac{1}{M^{-1}+N^{-1}} = \frac{1}{\mathfrak{Ctg}\,\frac{\lambda}{2} + \mathfrak{Ctg}\,\frac{\mu}{2}} = \frac{\mathfrak{Sin}\,\frac{\lambda}{2} \cdot \mathfrak{Sin}\,\frac{\mu}{2}}{\mathfrak{Sin}\left(\frac{\beta}{2}\right)}.$$

Deshalb erhalten wir also die Formel:

$$\frac{\Gamma_w(t)}{\Theta_w(t)} = \left[\frac{G_w(t)}{\Theta_w(t)}\right]^2 + \frac{M_w^2}{1}\left(\frac{\omega}{2\hbar}\right) \cdot \left[\mathfrak{Ctg}\left(\frac{\beta}{2}\right) \cdot \cos(\omega t) + i\sin(\omega t)\right]$$
$$= \left[\frac{G_w(t)}{\Theta_w(t)}\right]^2 + M_w^2 \cdot \left(\frac{\omega}{2\hbar}\right) \cdot \left[g(\omega t) + \mathfrak{Ctg}\left(\frac{\beta}{2}\right)\right].$$

Wir setzen nun wieder die Abkürzungen ein, und erhalten damit den Endausdruck für $\Gamma_w(t)$ zu:

$$\frac{\Gamma_w(t)}{\Theta_w(t)} = \left[\frac{G_w(t)}{\Theta_w(t)}\right]^2 + M_w^2 \cdot \left(\frac{\omega_w}{2\hbar}\right) \cdot \left[g(\omega_w t) + \mathfrak{Ctg}\left(\frac{\hbar\omega_w}{2kT}\right)\right].$$

Mit diesen Ausdrücken für $\Theta_w(t)$, $G_w(t)$ und $\Gamma_w(t)$ ist es nun ein leichtes, die Absorptionskonstante $\vartheta_{s_1 s_2}(\omega)$ sowie die Wahrscheinlichkeit $W_{s_1 s_2}$ für strahlungslose Übergänge zu berechnen.

Namenverzeichnis

Sachverzeichnis